危险化学品经营单位主要负责人及安全生产管理人员培训教材

（2021 练习题版）

全国安全生产教育培训教材编审委员会　组织编写

中国矿业大学出版社

·徐州·

内容提要

本书是与原国家安全生产监督管理总局颁布实施的《危险化学品经营单位主要负责人安全生产培训大纲及考核标准》（AQ/T 3031—2010）、《危险化学品经营单位安全生产管理人员安全生产培训大纲及考核标准》（AQ/T 3032—2010）和国家安全资格考试题库相配套的教材。内容主要包括：危险化学品经营单位安全生产法律法规、危险化学品基本知识、危险化学品经营单位的安全管理、危险化学品经营、储存、运输和包装的安全管理、危险化学品经营的安全技术措施、工作场所职业危害及其防治、重大危险源与危险化学品事故应急管理等专业知识，并配有典型案例分析。

该书是危险化学品经营单位主要负责人及安全生产管理人员安全培训考试的必备辅导教材，也可作为危险化学品经营单位主要负责人、安全生产管理人员和工程技术人员的工具书。

图书在版编目（CIP）数据

危险化学品经营单位主要负责人及安全生产管理人员培训教材/全国安全生产教育培训教材编审委员会. —徐州：中国矿业大学出版社，2010.5（2021. 4 重印）

ISBN 978-7-5646-0590-2

Ⅰ. 危… Ⅱ. 国… Ⅲ. 化学品-危险物品管理：安全管理-技术培训-教材 Ⅳ. TQ086. 5

中国版本图书馆 CIP 数据核字（2010）第 012643 号

书　　名 危险化学品经营单位主要负责人及安全生产管理人员培训教材
组织编写 全国安全生产教育培训教材编审委员会
责任编辑 李士峰
出　　版 中国矿业大学出版社有限责任公司
（江苏省徐州市解放南路　邮编 221008）
网　　址 http://www. cumtp. com　**E-mail**：cumtpvip@ cumtp. com
印　　刷 涿州市旭峰德源印刷有限公司
开　　本 787 mm×1092 mm　1/16　**印张**　22. 75　**字数**　540 千字
版次印次 2010 年 5 月第 1 版　2021 年 4 月第 3 次印刷
定　　价 46. 00 元
（图书出现印装质量问题，请联系调换：010-64463761　13718532533）

前　言

为贯彻落实中共中央办公厅、国务院办公厅印发的《关于全面加强危险化学品安全生产工作的意见》，进一步做好危险化学品经营单位主要负责人及安全生产管理人员的培训考核工作，着力提高企业安全生产管理水平和从业人员安全素质，应急管理部培训中心对《危险化学品经营单位主要负责人及安全管理人员培训教材》进行了修订。该教材是危险化学品经营单位主要负责人及安全生产管理人员安全生产知识和管理能力考核的必备辅导教材，也可作为危险化学品经营单位从业人员自学的工具书。

本次修订以《危险化学品经营单位主要负责人安全生产培训大纲及考核标准》《危险化学品经营单位安全生产管理人员安全生产培训大纲及考核标准》《化工（危险化学品）企业主要负责人安全生产管理知识重点考核内容（第一版）》《化工（危险化学品）企业安全生产管理人员安全生产管理知识重点考核内容（第一版）》为依据，按照最新颁布法律法规及相关政策，在原有教材的基础上进行了修改。新增了近年来危险化学品安全生产相关国家政策和法规内容，优化了模拟考试练习题的针对性、实效性，以更好地适应危险化学品经营单位主要负责人及安全生产管理人员安全培训考核工作的需要。

本书主要内容包括：危险化学品经营单位安全生产法律法规、危险化学品基本知识、危险化学品经营单位的安全管理、危险化学品经营、储存、运输和包装的安全管理、危险化学品经营的安全技术措施、工作场所职业危害及其防治、重大危险源与危险化学品事故应急管理、典型事故案例分析和模拟考试练习题。

本书共七章，编写分工如下：第一章由朱洪岩、王超编写；第二章、第三章、第四章由邹本莲编写；第五章由金鑫、陈咏梅编写：第六章由王桂兰、许达文编写；第七章由张凤英编写。

本书在编写与修订过程中，得到了应急管理部有关领导和相关司局的指导与帮助，部分省市应急管理局和培训考试机构也给予了大力支持，在此一并表示感谢。

2021 年 4 月

目　　录

第一章　危险化学品经营单位安全生产法律法规

化学品是人类在生活和生产中不可缺少的物品。目前，世界上所发现的化学品已超过1 000万种，常用的也在700万种以上。同时，每年有1 000余种新的化学品问世。其中，约三分之一的化学品具有较大程度的危险性，属于危险化学品。因此，化学品在造福人类的同时，也给人类生产和生活带来了很大的威胁。

到20世纪末，我国已能生产的各种化学产品40 000余种，其中一些主要化学品的生产产量已位于世界前列，化学工业已成为我国的支柱产业之一。在这些众多的化学品中，有许多具有易燃、易爆、腐蚀、强氧化、毒害等危险特性，列入危险货物名录的就有近3 000种。危险化学品生产的发展、品种的增加、经营的扩大，虽然为国民经济的发展提供了强有力的支持，但也存在越来越多的问题，迫切需要加强对危险化学品的安全管理。

我国是化学品生产和进出口的大国。化学品特别是危险化学品的安全管理工作，是关系到人民生命、财产安全，环境保护的大事，因此，我国政府十分重视化学品的安全生产、安全流通和安全使用，相继颁布了一系列法律、法规、规章和标准，对化学品实行全生命周期管理。

经过多年不断地完善，我国已经形成了一套较为完整的安全生产法律体系。这是一个以宪法为依据的，由有关法律、行政法规、地方性法规、行政规章、相关技术标准以及我国全国人民代表大会决定批准、加入的国际公约所组成的综合体系。这是一个包含多种法律层次和法律形式的综合系统。它既包括技术性、程序性法律规范，也包括刑事责任追究、行政处罚等方面的相关法律规范。其中，《中华人民共和国刑法》对生产经营单位及其直接负责人员犯罪行为应承担的刑事责任作了规定；《中华人民共和国行政处罚法》对于规范行政处罚的设定和实施，保障和监督行政机关有效实施行政管理，维持公共利益和社会秩序，保护行政管理相对人的合法权益起了很好的促进作用；《国务院关于特大安全事故行政责任追究的规定》有效地防范特大安全事故的发生，严肃追究特大安全事故的行政责任，保障人民群众生命、财产安全。

第一节　危险化学品经营单位安全生产相关法律

一、《中华人民共和国安全生产法》

《中华人民共和国安全生产法》（以下简称《安全生产法》）根据2014年8月31日第十二届全国人民代表大会常务委员会第十次会议《关于修改〈中华人民共和国安全生产法〉的决定》第二次修正，自2014年12月1日起施行。《安全生产法》总共七章一百一十四条。

（一）立法目的

1. 加强安全生产的监督管理

近年来，我国安全生产形势严峻，重大、特大生产安全事故时有发生，因此有必要根据我国安全生产的实际情况和国家安全生产监督管理体制的调整，加强对安全生产的监督管理，规范生产经营单位的安全生产行为。

2. 防止和减少生产安全事故，保障人民群众生命和财产安全

通过制定《安全生产法》，从法律制度上规范生产经营单位的安全生产行为，确立保障安全生产的法律措施，以国家强制力的形式保障这些法律制度和措施得到严格贯彻执行，防止和减少生产安全事故的发生。

3. 促进经济发展

安全生产的最终目的是保证生产经营单位的生产经营活动能正常进行，不是单纯为安全而安全。因此，制定《安全生产法》，其目的是防止和减少生产经营单位的安全生产事故，使生产经营活动安全、健康地进行，以促进经济的发展。

（二）主要内容

从《安全生产法》直接涉及的对象来看，上至国务院、各级政府、各级工会，下至企业和从业人员，分别规定了其在安全生产中的职责、作用。《安全生产法》所涉及的安全生产方面有安全生产保障、安全生产过程、安全生产监督以及事故应急救援和事故处理。从战略角度来看，有“安全第一、预防为主、综合治理”的安全生产总方针；从战术角度来看，有安全管理的具体要求。它既规定了各有关部门、有关人员在安全生产中的职责，又明确了违反安全生产法的处理办法。因此，它是一部关于安全生产全方位的、立体的、综合性的法律。值得注意的是，《安全生产法》特别强调了对危险物品的安全管理，充分体现了国家对危险物品安全管理的高度重视。

1. 生产经营单位的安全生产保障

（1）生产经营单位应当具备的安全生产条件

生产经营单位必须遵守《安全生产法》和其他有关安全生产的法律、法规，加强安全生产管理，建立、健全安全生产责任制度，完善安全生产条件，确保安全生产。各类生产经营单位应当具备《安全生产法》和有关法律、行政法规和国家标准或者行业标准规定的安全生产条件，这是实现安全生产的基本条件。不具备安全生产条件的，不得从事生产经营活动。

（2）生产经营单位主要负责人的职责

生产经营单位的主要负责人是指在本单位的日常生产经营活动中具有指挥权，能够承担生产经营单位安全生产工作主要领导责任的决策人，包括厂长、经理以及其他主要的领导人员。由于生产经营单位的主要负责人在生产经营单位中处于决策者、指挥者的重要地位，因此，他们是否重视安全生产，对本单位能否实现安全生产具有决定作用。为了实现安全生产，必须实行责任到人的制度，明确生产经营单位的主要负责人是安全生产的第一责任人。《安全生产法》规定生产经营单位的主要负责人和安全生产管理人员必须具备与本单位所从事的生产经营活动相应的安全生产知识和管理能力。其中危险物品的生产、经营、储存单位的主要负责人和安全生产管理人员，应当由有关主管部门对其安全生产知识和管理能力考核合格后方可任职。

（3）对危险物品（包括危险化学品）生产、经营、储存等单位的要求

① 应当设置安全生产管理机构或者配备专职安全生产管理人员。

② 主要负责人和安全生产管理人员，应当由有关主管部门对其安全生产知识和管理能力考核合格后方可任职。

③ 生产、储存危险物品的建设项目，应当分别按照国家有关规定进行安全条件论证和安全评价。

④ 生产、储存危险物品的建设项目的安全设施设计，应当按照国家有关规定报经有关部门审查，按照批准的安全设施设计施工，依照有关法律、行政法规的规定验收。

⑤ 危险物品的容器、运输工具，必须按照国家有关规定，由专业生产单位生产，并经取得专业资质的检测、检验机构检测、检验合格，取得安全使用证或者安全标志，方可投入使用。

⑥ 生产、经营、运输、储存、使用或者处置废弃危险物品时，必须执行有关法律、法规和国家标准或者行业标准，建立专门的安全管理制度，采取可靠的安全措施，接受有关主管部门依法实施的监督管理。

⑦ 对重大危险源应当登记建档，进行定期检测、评估、监控，并制定应急预案，告知从业人员和相关人员在紧急情况下应当采取的应急措施。生产经营单位应当按照国家有关规定，将本单位重大危险源及有关安全措施、应急措施报有关地方人民政府负责安全生产监督管理的部门和其他有关部门备案。

⑧ 生产、经营、储存、使用危险物品的车间、商店、仓库不得与员工宿舍在同一座建筑物内，并应当与员工宿舍保持安全距离。

⑨ 危险物品的生产、经营、储存单位应当建立应急救援组织；生产经营规模较小，可以不建立应急救援组织的，但应当指定兼职的应急救援人员。

⑩ 危险物品的生产、经营、储存单位应当配备必要的应急救援器材、设备，并进行经常性维护、保养，保证正常运转。

2. 从业人员的权力和义务

（1）从业人员八大权利

① 知情权，即有权了解、知道其作业场所和工作岗位存在的危险因素、防范措施和事故应急措施；

② 建议权，即有权对本单位的安全生产工作提出建议；

③ 批评、检举、控告权，即有权对本单位安全生产管理工作中存在的问题提出批评、检举、控告；

④ 拒绝权，即有权拒绝违章作业和强令冒险作业；

⑤ 紧急避险权，即发现直接危及人身安全的紧急情况时，有权停止作业或者采取可能的应急措施后撤离作业场所；

⑥ 依法向本单位提出要求赔偿的权利；

⑦ 获得符合国家标准或者行业标准劳动防护用品的权利；

⑧ 获得安全生产教育和培训的权利。

（2）从业人员的三项义务

① 自觉遵章守纪的义务，即从业人员在作业过程中应当严格遵守本单位的安全生产

规章制度和操作规程，服从管理，正确佩戴和使用劳动防护用品；

② 自觉学习安全生产知识的义务，即要求掌握本职工作所需要的安全生产知识，提高安全生产技能，增强事故预防和应急处理的能力；

③ 险情报告义务，即发现事故隐患和不安全因素有及时报告的义务。

3. 贯彻执行《安全生产法》的要点

学习、宣传、贯彻好《安全生产法》是摆在生产经营单位、从业人员和安全监督监察管理部门等有关部门面前的一项共同任务。在学习、贯彻《安全生产法》时应掌握以下原则：

（1）大力宣传，做到人人知法、懂法、守法

贯彻《安全生产法》重要的是要抓好学习、宣传，提高人们的法律意识和法制观念。各地区、各部门都要运用各种宣传工具，开展多渠道、多层次、多种形式的宣传活动，要把《安全生产法》的学习、宣传与全民族的普法教育结合起来，大力弘扬安全生产文化。各级政府有关部门和生产经营单位要把学习、宣传、贯彻《安全生产法》列入领导的工作日程，认真组织学习，通过学习，使生产经营单位的广大从业人员和干部、工程技术人员都熟悉《安全生产法》的内容。同时，要总结生产经营单位执法、守法好典型和违法、犯法案例，对照法律的规定，进行教育，使宣传教育生动形象，并造成强大的社会舆论，使全社会关心安全生产工作，使生产经营单位的领导和职工真正树立“安全第一、预防为主”的思想，做到在安全生产工作中人人知法、懂法、守法。

（2）认真履行职责，尽职尽力搞好安全生产工作

《安全生产法》对各级人民政府行业主管部门、各级人民政府安全生产监督监察管理部门、生产经营单位和工会组织在安全生产方面的职责进行了明确规定。各级人民政府行业主管部门，要依照《安全生产法》和各部门制定的规章，在各自职权范围内，对安全生产工作进行监督管理，认真履行法律赋予的职责，保证生产经营单位安全工作顺利进行，使安全工作贯穿于整个生产过程中。

政府有关部门要依据《安全生产法》及国家有关行政法规要求，制定和完善必要的规定、办法和制度，采取有效的技术措施和管理手段，帮助和督促生产经营单位和企业改善安全条件，保证安全生产。

（3）生产经营单位和企业及其主管部门的领导干部，要做执法的表率

搞好安全生产要有法律保证，但关键还在于行业主管部门和生产经营单位和企业的领导干部要对安全生产工作具有高度负责的精神和深入细致的工作作风，否则，法律也难以发挥其应有的作用。生产经营单位在企业生产过程中，都不同程度地存在不安全的因素，稍一疏忽就会出问题。领导干部肩负党和人民交给的重任，应当时刻关心广大从业人员和职工的生命健康与国家财产的安全，来不得半点马虎。各级生产经营单位和企业领导干部要带头学习好、执行好、贯彻好《安全生产法》，经常深入第一线，调查研究，检查督促，及时发现和消除事故隐患。

做到以防为主，要坚决克服片面追求经济效益，只要产量、忽视安全，一味蛮干、不讲科学，违章指挥、违章操作等现象。只要生产经营单位和企业及其主管部门的领导干部认真执行《安全生产法》的各项规定，建立严格、科学的规章制度，加强安全管理，就一定能够减少或避免发生生产安全事故。

（4）贯彻执行《安全生产法》必须做到有法必依，违法必究

以前，我国生产经营单位和企业伤亡事故多，且同类事故重复发生，一个重要的原因就是对事故处理不力。尽管中央三令五申对事故要坚持“四不放过”的原则，但处理起来往往阻力重重，一拖再拖，大事化小，小事化了。这种现象不改变，中国的安全生产状况就不可能好转。《安全生产法》的法律责任中，对违法的单位、人员如何进行处罚都有明确规定，必须坚持执行这些规定，加强监督检查工作，把安全监督工作提高到应有的重要位置，这样才能在实践中建立安全生产监督、监察、执法的权威。严肃、认真地做到有法必依，违法必究，是贯彻、执行《安全生产法》的有力保证。

（5）把好广大从业人员这一关，认真、自觉地贯彻、执行《安全生产法》

认真有力地贯彻、执行《安全生产法》，目的在于保护广大从业人员的人身安全和身体健康，促进我国经济建设健康发展。因此，广大生产经营单位的领导和职工必须要有一个清醒的认识，要增强自我保护意识，自觉地履行《安全生产法》中规定的权利和义务，保证生产安全顺利地进行，把“要我安全”变为“我要安全”。各有关部门要认真抓好从业人员这一关，通过教育、培训，做到全体从业人员具有较强的安全意识，掌握安全技术知识，熟悉操作规程。

通过加强安全管理等措施，使广大从业人员做到知法、懂法、守法。只要把生产从业人员这一关把好了，顺利地贯彻、执行《安全生产法》就有了根本保证，同时也为其他相关安全生产法律、法规的执行创造了良好的环境。

二、《中华人民共和国职业病防治法》

2001 年 10 月 27 日第九届全国人民代表大会常务委员会第二十四次会议通过，自 2002 年 5 月 1 日起施行的《中华人民共和国职业病防治法》（以下简称《职业病防治法》）是一部职业病防治的综合法律，共 7 章 79 条。2011 年 12 月 31 日中华人民共和国第十一届全国人民代表大会常务委员会第二十四次会议修订，自公布之日起施行。

（一）立法目的

目的是预防、控制和消除职业病危害，保护劳动者的健康，促进经济发展，实现安全生产。

作为与《安全生产法》平行的法律，该法规定我国职业病防治工作的方针是“预防为主、防治结合”。该法规定了国家、各级政府、各相关部门、企业以及个人在职业病防治中的职责，同时对职业病防治管理工作的各方面要求做了具体规定。

（二）主要内容

1. 职业病的范围

《职业病防治法》所定义的职业病，是指企业、事业单位和个体经济组织等用人单位的劳动者在职业活动中，因接触生产过程中的粉尘、放射性物质和其他有毒、有害物质等因素而引起的疾病。

职业病危害，是指对从事职业活动的劳动者导致职业病的各种危害。职业病危害因素包括：职业活动中存在的各种有害的化学、物理、生物因素以及在作业过程中产生的其他职业有害因素。

2. 用人单位在职业病防治方面的职责和职业病的前期预防

（1）用人单位在职业病防治方面的职责

① 用人单位应当为劳动者创造符合国家职业卫生标准和卫生要求的工作环境和条件，并采取措施保障劳动者获得职业卫生保护。

② 职业病防治责任制。《职业病防治法》第五条规定，用人单位应当建立、健全职业病防治责任制，加强对职业病防治的管理，提高职业病防治水平，对本单位产生的职业病危害承担责任。

③ 工伤社会保险。《职业病防治法》第七条规定，用人单位必须依法参加工伤社会保险。

（2）职业病的前期预防

① 工作场所的职业卫生要求。《职业病防治法》第十五条规定，产生职业病危害的用人单位的设立除应当符合法律、行政法规规定的设立条件外，其工作场所还应当符合下列职业卫生要求：

a. 职业病危害因素的强度或浓度必须符合国家职业卫生标准；

b. 有与职业病危害防护相适应的设施；

c. 生产布局合理，符合有害与无害作业分开的原则；

d. 有配套的更衣间、洗浴间、孕妇休息间等卫生设施；

e. 设备、工具、用具等设施符合保护劳动者生理、心理健康的要求；

f. 法律、行政法规和国务院卫生行政部门关于保护劳动者健康的其他要求。

② 职业病危害项目申报。《职业病防治法》第十六条规定，用人单位工作场所存在职业病目录所列职业病的危害因素的，应当及时、如实向所在地安全生产监督管理部门申报危害项目，接受监督。

③ 建设项目职业病危害预评价。新建、扩建、改建建设项目和技术改造、技术引进项目可能产生职业病危害的，建设单位在可行性论证阶段应当向卫生行政部门提交职业病危害预评价报告。卫生行政部门应当自收到职业病危害预评价报告之日起 30 日内，做出审核决定并书面通知建设单位。未提交预评价报告或预评价报告未经卫生行政部门审核同意的，有关部门不得批准该建设项目。

④ 职业病危害防护设施。建设项目的职业病防护设施所需费用应当纳入建设项目工程预算，并与主体工程同时设计，同时施工，同时投入生产和使用。

3. 劳动过程中职业病的防护与管理、职业病诊断与职业病病人保障

（1）用人单位职业病防治措施

《职业病防治法》第二十一条规定，用人单位应当采取下列职业病防治措施：

① 设置或者指定职业卫生管理机构或者组织，配备专职或者兼职的职业卫生专业人员，负责本单位的职业病防治工作；

② 制定职业病防治计划和实施方案；

③ 建立、健全职业卫生管理制度和操作规程；

④ 建立、健全职业卫生档案和劳动者健康监护档案；

⑤ 建立、健全工作场所职业病危害因素监测及评价制度；

⑥ 建立、健全职业病危害事故应急救援预案。

（2）用人单位职业病管理

① 职业病危害公告和警示。《职业病防治法》第二十五条规定，产生职业病危害的用人单位，应当在醒目位置设置公告栏，公布有关职业病防治的规章制度、操作规程、职业病危害事故应急救援措施和工作场所职业病危害因素检测结果。对产生严重职业病危害的作业岗位，应当在其醒目位置，设置警示标识和中文警示说明。警示说明应当载明产生职业病危害的种类、后果、预防以及应急救治措施等内容。

第二十六条规定，对可能发生急性职业损伤的有毒、有害工作场所，用人单位应当设置报警装置，配置现场急救用品、冲洗设备、应急撤离通道和必要的泄险区。对放射工作场所和放射性同位素的运输、贮存，用人单位必须配置防护设备和报警装置，保证接触放射线的工作人员佩戴个人剂量计。对职业病防护设备、应急救援设施和个人使用的职业病防护用品，用人单位应当进行经常性的维护、检修，定期检测其性能和效果，确保其处于正常状态，不得擅自拆除或者停止使用。

② 劳动合同的职业病危害内容。用人单位与劳动者订立劳动合同（含聘用合同）时，应当将工作过程中可能产生的职业病危害及其后果、职业病防护措施和待遇等如实告知劳动者，并在劳动合同中写明，不得隐瞒或者欺骗。劳动者在已订立劳动合同期间因工作岗位或者工作内容变更，从事与所订立劳动合同中未告知的存在职业病危害的作业时，用人单位应当依照前款规定，向劳动者履行如实告知的义务，并协商变更原劳动合同相关条款。用人单位违反上述规定的，劳动者有权拒绝从事存在职业病危害的作业，用人单位不得因此解除或者终止与劳动者所订立的劳动合同。

4. 职业病患者享受的待遇

职业病病人依法享受国家规定的职业病待遇。对从事接触职业危害因素作业的劳动者，如发现患有或者有疑似职业病的，必须及时诊断、治疗、安置。据此，《职业病防治法》主要从以下几方面做了规定：

① 用人单位应当及时安排对疑似职业病人进行诊断。疑似职业病病人在诊断、医学观察期间的费用，由用人单位承担。

② 单位应当按照国家有关规定，安排职业病病人进行治疗、康复和定期检查。所需费用按照国家有关工伤社会保险的规定执行；没有参加工伤社会保险的，其医疗和生活保障由造成职业病的用人单位承担。

③ 用人单位对不适宜继续从事原工作的职业病人，应当调离岗位，并妥善安置。对从事接触职业病危害的作业的劳动者，用人单位应当给予岗位津贴。用人单位发生分立、合并、解散、破产等情形的，应当对从事接触职业病危害的作业的劳动者进行健康检查，并按照国家有关规定妥善安置职业病病人。

5. 法律责任

用人单位有违反《职业病防治法》规定的行为，分别给予警告、责令限期改正、处1万元以上50万元以下的罚款、责令停止产生职业病危害的作业，或者提请有关人民政府按照国务院规定的权限给予责令停建、关闭的行政处罚。对有直接责任的主管人员和其他直接责任人员，依法给予降级或者撤职的行政处分。

用人单位违反《职业病防治法》规定，造成重大职业病危害事故或者其他严重后果，构成犯罪的，对直接负责的主管人员和其他直接责任人员，依法追究刑事责任。

三、《中华人民共和国消防法》

1998 年 4 月 29 日第九届全国人大常委会第二次会议通过《中华人民共和国消防法》(以下简称《消防法》)，2008 年 10 月 28 日第十一届全国人民代表大会常务委员会第五次会议修订，自 2009 年 5 月 1 日起施行修订后的《消防法》。

(一) 立法目的

《消防法》的立法目的是为了预防火灾和减少火灾危害，加强应急救援工作，保护人身、财产安全，维护公共安全。

(二) 主要内容

1. 消防工作原则

《消防法》继承和发展了我国消防法制建设成果，在总则中规定“消防工作贯彻预防为主、防消结合的方针，按照政府统一领导、部门依法监管、单位全面负责、公民积极参与的原则，实行消防安全责任制，建立健全社会化的消防工作网络”，确立了消防工作的方针、原则和责任制。

消防安全是政府社会管理和公共服务的重要内容，是社会稳定、经济发展的重要保障。各级人民政府必须加强对消防工作的领导。这是贯彻落实科学发展观、建设现代服务型政府、构建社会主义和谐社会的基本要求。政府有关部门对消防工作齐抓共管，这是由消防工作的社会化属性决定的；各级公安、建设、工商、质监、教育、人力资源等部门应当依据有关法律法规和政策规定，依法履行相应的消防安全职责；单位是社会的基本单元，是消防安全管理的核心主体；公民是消防工作的基础，没有广大人民群众的参与，消防工作就得不到发展进步，全社会抗御火灾的基础就不会牢固。因此，“政府”、“部门”、“单位”、“公民”四者都是消防工作的主体，政府统一领导、部门依法监管、单位全面负责、公民积极参与，共同构筑消防安全工作格局，任何一方都非常重要，不可偏废，这是《消防法》确定的消防工作的原则。

2. 政府各有关部门及单位的消防职责

(1) 政府消防工作职责

《消防法》第三条规定：“国务院领导全国的消防工作。地方各级人民政府负责本行政区域内的消防工作。”这是关于各级人民政府消防工作责任的原则规定。

消防安全关系人民安居乐业、社会安定和经济建设，关系改革发展稳定大局，做好消防工作十分重要。国务院作为中央人民政府、最高国家权力机关的执行机关、最高国家行政机关，领导全国的消防工作。同时，消防工作又是一项地方性很强的政府行政工作，许多具体工作，必须由地方政府负责。《消防法》在宏观规划、火灾预防、农村消防工作、消防组织建设、灭火救援、执法监督等方面，对政府具体消防工作责任都做出了明确的规定。

(2) 公安机关及其消防机构职责

《消防法》第四条规定：“国务院公安部门对全国的消防工作实施监督管理。县级以上地方人民政府公安机关对本行政区域内的消防工作实施监督管理，并由本级人民政府公安机关消防机构负责实施。”

《消防法》对公安机关及其消防机构在宣传教育、监督执法、灭火救援、队伍建设、廉政建设等方面都做出了明确规定。

《消防法》规定，公安机关消防机构的工作人员在消防工作中滥用职权、玩忽职守、徇私舞弊，尚不构成犯罪的，依法给予处分。

（3）行政主管部门消防职责

《消防法》第四条第二款规定："县级以上人民政府其他有关部门在各自的职责范围内，依照本法和其他相关法律、法规的规定做好消防安全工作。"

《消防法》规定了教育、人力资源行政主管部门和学校、有关职业培训机构应当将消防知识纳入教育、教学、培训的内容；明确了建设工程的消防设计未经依法审核或者审核不合格的，负责审批该工程施工许可的部门不得给予施工许可；规定了产品质量监督部门、工商行政管理部门应当按照职责加强对消防产品质量的监督检查，对生产、销售不合格的消防产品或者国家明令淘汰的消防产品的，由产品质量监督部门或者工商行政管理部门依照《中华人民共和国产品质量法》的规定从重处罚。

（4）单位消防安全责任

单位是社会消防管理的基本单元，单位对消防安全和致灾因素的管理能力，反映了社会消防安全管理水平，在很大程度上决定了一个城市、一个地区的消防安全形势。《消防法》进一步强化了机关、团体、企业、事业等单位在保障消防安全方面的消防安全职责，明确单位的主要负责人是本单位的消防安全责任人。

《消防法》规定，任何单位都应当无偿为报警提供便利，不得阻拦报警，严禁谎报火警；发生火灾的单位，必须立即组织力量扑救火灾，邻近单位应当给予支援；火灾扑灭后，发生火灾的单位和相关人员应当按照公安机关消防机构的要求保护现场，接受事故调查，如实提供与火灾有关的情况。

3. 公民的权利和义务

公民是消防工作重要的参与者和监督者。《消防法》关于公民在消防工作中权利和义务的规定主要有：

任何人都有维护消防安全、保护消防设施、预防火灾、报告火警的义务。任何成年人都有参加有组织的灭火工作的义务。

任何人不得损坏、挪用或者擅自拆除、停用消防设施、器材，不得埋压、圈占、遮挡消火栓或者占用防火间距，不得占用、堵塞、封闭疏散通道、安全出口、消防车通道。

任何人发现火灾都应当立即报警。任何人都应当无偿为报警提供便利，不得阻拦报警。严禁谎报火警。

火灾扑灭后，相关人员应当按照公安机关消防机构的要求保护现场，接受事故调查，如实提供与火灾有关的情况。

4. 建设工程的消防审核、验收和备案抽查制度

为减少行政许可事项，适应便民利民要求，《消防法》改革了建设工程消防监督管理制度，明确了建设工程消防设计审核、消防验收和备案抽查制度。

《消防法》规定对国务院公安部门规定的大型人员密集场所和其他特殊建设工程，由公安机关消防机构实行建设工程消防设计审核、消防验收。

《消防法》明确了其他工程实行备案抽查制度，规定对其他建设工程，建设单位应当自依法取得施工许可之日起七个工作日内，将消防设计文件报公安机关消防机构备案，公

安机关消防机构应当进行抽查，经依法抽查不合格的，应当停止施工。建设单位在工程验收后应当报公安机关消防机构备案，公安机关消防机构应当进行抽查，经依法抽查不合格的，应当停止使用。

5. 完善消防行政处罚制度

《消防法》适应消防工作发展的需要，在有关法律责任的规定上做出较大修订，加大消防行政处罚力度，补充完善了消防行政处罚制度。

《消防法》增加了应予行政处罚的违反消防法规的行为，解决了修订前的《消防法》对违反消防法规的行为规定得不全、不严密，一些违法行为得不到及时制止、纠正和依法惩处的问题，维护了法律的严肃性和权威性。

《消防法》调整了行政处罚的种类。消防法设定了警告、罚款、拘留、责令停产停业（停止施工、停止使用）、没收违法所得、责令停止执业（吊销相应资质、资格）六类行政处罚，增加了责令停止执业（吊销相应资质、资格）一类行政处罚。对一些严重违反消防法规的行为特别是危害公共安全的行为增设了拘留处罚，增强了法律的威慑力。

6. 危险化学品消防违法行为

《消防法》关于危险化学品消防违法行为主要有：

（1）生产、储存、经营易燃易爆危险品的场所与居住场所设置在同一建筑物内，或者未与居住场所保持安全距离的；

（2）生产、储存、经营其他物品的场所与居住场所设置在同一建筑物内，不符合消防技术标准的；

（3）非法携带易燃易爆危险品进入公共场所或者乘坐公共交通工具的；

（4）违反有关消防技术标准和管理规定生产、储存、运输、销售、使用、销毁易燃易爆危险品的；

（5）违反消防安全规定进入生产、储存易燃易爆危险品场所的；

（6）在禁止明火作业的场所违反规定使用明火作业或者在具有火灾、爆炸危险的场所吸烟、使用明火的。

四、《中华人民共和国特种设备安全法》

（一）特种设备使用单位建立相关管理制度要求

第三十二条规定特种设备使用单位应当使用取得许可生产并经检验合格的特种设备。禁止使用国家明令淘汰和已经报废的特种设备。

第三十四条规定特种设备使用单位应当建立岗位责任、隐患治理、应急救援等安全管理制度，制定操作规程，保证特种设备安全运行。

（二）特种设备维护保养与定期检验

第四十条明确特种设备使用单位应当按照安全技术规范的要求，在检验合格有效期届满前一个月向特种设备检验机构提出定期检验要求。

第四十四条规定锅炉使用单位应当按照安全技术规范的要求进行锅炉水（介）质处理，并接受特种设备检验机构的定期检验。从事锅炉清洗，应当按照安全技术规范的要求进行，并接受特种设备检验机构的监督检验。

第四十五条规定电梯的维护保养应当由电梯制造单位或者依照本法取得许可的安装、

改造、修理单位进行。电梯的维护保养单位应当在维护保养中严格执行安全技术规范的要求，保证其维护保养的电梯的安全性能，并负责落实现场安全防护措施，保证施工安全。

五、刑法及有关司法解释

（一）在生产、作业中违反有关安全管理的规定或强令他人违章冒险作业，因而发生重大伤亡事故或者造成其他严重后果的处罚规定

在安全事故发生后，直接负责的主管人员和其他直接责任人员故意阻挠开展抢救，导致人员死亡或者重伤，或者为了逃避法律追究，对被害人进行隐藏、遗弃，致使被害人因无法得到救助而死亡或者重度残疾的，分别依照刑法第二百三十二条、第二百三十四条的规定，以故意杀人罪或者故意伤害罪定罪处罚。

（二）安全生产设施或者安全生产条件不符合国家规定，因而发生重大伤亡事故或者造成其他严重后果的处罚规定

生产不符合保障人身、财产安全的国家标准、行业标准的安全设备，或者明知安全设备不符合保障人身、财产安全的国家标准、行业标准而进行销售，致使发生安全事故，造成严重后果的，依照刑法第一百四十六条的规定，以生产、销售不符合安全标准的产品罪定罪处罚。

（三）在安全事故发生后，负有报告职责的人员不报或者谎报事故情况，贻误事故抢救的处罚规定

在安全事故发生后，与负有报告职责的人员串通，不报或者谎报事故情况，贻误事故抢救，情节严重的，依照刑法第一百三十九条之一的规定，以共犯论处。

六、《中华人民共和国突发事件应对法》

（一）适用范围

突发事件的预防与应急准备、监测与预警、应急处置与救援、事后恢复与重建等应对活动。

（二）突发事件的概念

突发事件是指突然发生，造成或者可能造成严重社会危害，需要采取应急处置措施予以应对的自然灾害、事故灾难、公共卫生事件和社会安全事件。按照社会危害程度、影响范围等因素，自然灾害、事故灾难、公共卫生事件分为特别重大、重大、较大和一般四级。法律、行政法规或者国务院另有规定的，从其规定。

（三）应急管理体制

国家建立统一领导、综合协调、分类管理、分级负责、属地管理为主的应急管理体制。突发事件应对工作实行预防为主、预防与应急相结合的原则。国家建立重大突发事件风险评估体系，对可能发生的突发事件进行综合性评估，减少重大突发事件的发生，最大限度地减轻重大突发事件的影响。

（四）生产经营单位建立健全安全管理制度的规定

所有单位应当建立健全安全管理制度，定期检查本单位各项安全防范措施的落实情况，及时消除事故隐患；掌握并及时处理本单位存在的可能引发社会安全事件的问题，防止矛盾激化和事态扩大；对本单位可能发生的突发事件和采取安全防范措施的情况，应当

按照规定及时向所在地人民政府或者人民政府有关部门报告。

（五）危险化学品企业建立应急预案、开展隐患排查的要求

危险化学品生产、经营、储运、使用单位应当制定具体应急预案，并对生产经营场所、有危险物品的建筑物、构筑物及周边环境开展隐患排查，及时采取措施消除隐患，防止发生突发事件。

（六）突发事件预警级别的划分标准

可以预警的自然灾害、事故灾难和公共卫生事件的预警级别，按照突发事件发生的紧急程度、发展势态和可能造成的危害程度分为一级、二级、三级和四级，分别用红色、橙色、黄色和蓝色标示，一级为最高级别。

（七）违法行为及应负的法律责任

有关单位有下列情形之一的，由所在地履行统一领导职责的人民政府责令停产停业，暂扣或者吊销许可证或者营业执照，并处五万元以上二十万元以下的罚款；构成违反治安管理行为的，由公安机关依法给予处罚：① 未按规定采取预防措施，导致发生严重突发事件的；② 未及时消除已发现的可能引发突发事件的隐患，导致发生严重突发事件的；③ 未做好应急设备、设施日常维护、检测工作，导致发生严重突发事件或者突发事件危害扩大的；④ 突发事件发生后，不及时组织开展应急救援工作，造成严重后果的。

编造并传播有关突发事件事态发展或者应急处置工作的虚假信息，或者明知是有关突发事件事态发展或者应急处置工作的虚假信息而进行传播的，责令改正，给予警告；造成严重后果的，依法暂停其业务活动或者吊销其执业许可证；构成违反治安管理行为的，由公安机关依法给予处罚。

不服从所在地人民政府及其有关部门发布的决定、命令或者不配合其依法采取的措施，构成违反治安管理行为的，由公安机关依法给予处罚。

单位或者个人违反本法规定，导致突发事件发生或者危害扩大，给他人人身、财产造成损害的，应当依法承担民事责任。违反本法规定，构成犯罪的，依法追究刑事责任。

第二节　危险化学品经营单位安全生产相关法规

中国政府历来重视危险化学品的安全管理工作，在吸取了众多危险化学品事故及国外的经验基础上，先后制定、颁布了一系列的法律、法规、标准和规范。对从事危险化学品的生产经营活动进行规范制约，这在防止发生事故、减少人民生命财产的损失、保护环境等方面取得了显著的效果。本节简要介绍一些危险化学品主要的安全管理方面的法规、标准和规范。

一、《危险化学品安全管理条例》

2011 年 3 月 20 日国务院重新修订颁布了《危险化学品安全管理条例》（国务院令第 591 号），自 2011 年 12 月 1 日起施行，2002 年 1 月 9 日国务院颁布的《危险化学品安全管理条例》同时废止。

（一）立法目的

为了加强危险化学品的安全管理，预防和减少危险化学品事故，保障人民群众生命财产安全，保护环境，制定本条例。

（二）主要内容

《条例》共八章一百零二条，对在中华人民共和国境内生产、经营、储存、运输、使用危险化学品等方面，作出了具体的规定，为强化危险化学品的专项整治和管理提供了有力的依据。

1. 各部门的管理职责

根据《条例》第六条，对危险化学品的生产、储存、使用、经营、运输实施安全监督管理的有关部门（以下统称负有危险化学品安全监督管理职责的部门），依照下列规定履行职责：安全生产监督管理部门负责危险化学品安全监督管理综合工作，组织确定、公布、调整危险化学品目录，对新建、改建、扩建生产、储存危险化学品（包括使用长输管道输送危险化学品，下同）的建设项目进行安全条件审查，核发危险化学品安全生产许可证、危险化学品安全使用许可证和危险化学品经营许可证，并负责危险化学品登记工作。

公安机关负责危险化学品的公共安全管理，核发剧毒化学品购买许可证、剧毒化学品道路运输通行证，并负责危险化学品运输车辆的道路交通安全管理。

质量监督检验检疫部门负责核发危险化学品及其包装物、容器（不包括储存危险化学品的固定式大型储罐，下同）生产企业的工业产品生产许可证，并依法对其产品质量实施监督，负责对进出口危险化学品及其包装实施检验。

环境保护主管部门负责废弃危险化学品处置的监督管理，组织危险化学品的环境危害性鉴定和环境风险程度评估，确定实施重点环境管理的危险化学品，负责危险化学品环境管理登记和新化学物质环境管理登记；依照职责分工调查相关危险化学品环境污染事故和生态破坏事件，负责危险化学品事故现场的应急环境监测。

卫生主管部门负责危险化学品毒性鉴定的管理，负责组织、协调危险化学品事故受伤人员的医疗卫生救援工作。

交通运输主管部门负责危险化学品道路运输、水路运输的许可以及运输工具的安全管理，对危险化学品水路运输安全实施监督，负责危险化学品道路运输企业、水路运输企业驾驶人员、船员、装卸管理人员、押运人员、申报人员、集装箱装箱现场检查员的资格认定。铁路主管部门负责危险化学品铁路运输的安全管理，负责危险化学品铁路运输承运人、托运人的资质审批及其运输工具的安全管理。民用航空主管部门负责危险化学品航空运输以及航空运输企业及其运输工具的安全管理。

工商行政管理部门依据有关部门的许可证件，核发危险化学品生产、储存、经营、运输企业营业执照，查处危险化学品经营企业违法采购危险化学品的行为。

邮政管理部门负责依法查处寄递危险化学品的行为。

2. 危险化学品的分类管辖范围

危险化学品，是指具有毒害、腐蚀、爆炸、燃烧、助燃等性质，对人体、设施、环境具有危害的剧毒化学品和其他化学品。

危险化学品目录，由国务院安全生产监督管理部门会同国务院工业和信息化、公安、环境保护、卫生、质量监督检验检疫、交通运输、铁路、民用航空、农业主管部门，根据化学品危险特性的鉴别和分类标准确定、公布，并适时调整。

监控化学品、属于危险化学品的药品和农药的安全管理，依照本条例的规定执行；法律、行政法规另有规定的，依照其规定。

法律、行政法规对燃气的安全管理另有规定的，依照其规定。

危险化学品容器属于特种设备的，其安全管理依照有关特种设备安全的法律、行政法规的规定执行。

危险化学品的进出口管理，依照有关对外贸易的法律、行政法规、规章的规定执行；进口的危险化学品的储存、使用、经营、运输的安全管理，依照本条例的规定执行。

危险化学品环境管理登记和新化学物质环境管理登记，依照有关环境保护的法律、行政法规、规章的规定执行。危险化学品环境管理登记，按照国家有关规定收取费用。

3. 对危险化学品的全过程管理

国家强调了对包括生产、经营、储存、运输等各个环节实施全过程的管理。依照《条例》第七条，对危险化学品从业单位实施监督管理的有关部门，在依法进行监督检查时，可以行使下列职权：

① 进入危险化学品作业场所实施现场检查，向有关单位和人员了解情况，查阅、复制有关文件、资料；

② 发现危险化学品事故隐患，责令立即消除或者限期消除；

③ 对不符合法律、行政法规、规章规定或者国家标准、行业标准要求的设施、设备、装置、器材、运输工具，责令立即停止使用；

④ 经本部门主要负责人批准，查封违法生产、储存、使用、经营危险化学品的场所，扣押违法生产、储存、使用、经营、运输的危险化学品以及用于违法生产、使用、运输危险化学品的原材料、设备、运输工具；

⑤ 发现影响危险化学品安全的违法行为，当场予以纠正或者责令限期改正。

负有危险化学品安全监督管理职责的部门依法进行监督检查，监督检查人员不得少于2人，并应当出示执法证件；有关单位和个人对依法进行的监督检查应当予以配合，不得拒绝、阻碍。

危险化学品从业单位应当接受有关部门依法实施的监督检查，不得拒绝、阻挠。有关部门派出的工作人员依法进行监督检查时，应当出示证件。

4. 危险化学品生产、使用、经营过程中的管理要求和需要履行的手续

① 生产、储存危险化学品单位的新建、扩建、改建实施统一规划、审批制度。

② 加大重大危险源的监控、管理。

③ 危险化学品生产企业进行生产前，应当依照《安全生产许可证条例》的规定，取得危险化学品安全生产许可证。生产列入国家实行生产许可证制度的工业产品目录的危险化学品的企业，应当依照《中华人民共和国工业产品生产许可证管理条例》的规定，取得工业产品生产许可证。

④ 生产危险化学品必须有安全技术说明书和安全标签。

⑤ 生产、储存、使用剧毒化学品的单位和生产、储存、使用其他危险化学品的单位要对装置进行安全评价。

⑥ 危险化学品包装容器由审查合格的专业生产企业定点生产。

⑦ 危险化学品的经营销售实施经营许可制度。

⑧ 购买剧毒品实施购买凭证、准购证。

⑨ 对危险化学品的运输实行资质认证制度。

⑩ 剧毒化学品公路运输实行公路运输通行证。

⑪ 实行危险化学品的登记制度。

⑫ 从业单位必须制定危险化学品事故应急预案。

二、《安全生产许可证条例》

《安全生产许可证条例》于2004年1月7日国务院第34次常务会议通过，自公布之日起施行。

（一）立法目的

立法目的是为了严格规范安全生产条件，进一步加强安全生产监督管理，防止和减少生产安全事故。

（二）主要内容

1. 非煤矿山企业和危险化学品、烟花爆竹生产企业安全生产许可证的颁发和管理

国务院安全生产监督管理部门负责中央管理的非煤矿山企业和危险化学品、烟花爆竹生产企业安全生产许可证的颁发和管理。省、自治区、直辖市人民政府安全生产监督管理部门负责中央管理范围以外的非煤矿矿山企业和危险化学品、烟花爆竹生产企业安全生产许可证的颁发和管理，并接受国务院安全生产监督管理部门的指导和监督。

2. 企业取得安全生产许可证应当具备的安全生产条件

① 建立、健全安全生产责任制，制定完备的安全生产规章制度和操作规程；

② 安全投入符合安全生产要求；

③ 设置安全生产管理机构，配备专职安全生产管理人员；

④ 主要负责人和安全生产管理人员经考核合格；

⑤ 特种作业人员经有关业务主管部门考核合格，取得特种作业操作资格证书；

⑥ 从业人员经安全生产教育和培训合格；

⑦ 依法参加工伤保险，为从业人员缴纳保险费；

⑧ 厂房、作业场所和安全设施、设备、工艺符合有关安全生产法律、法规、标准和规程的要求；

⑨ 有职业危害防治措施，并为从业人员配备符合国家标准或者行业标准的劳动防护用品；

⑩ 依法进行安全评价；

⑪ 有重大危险源检测、评估、监控措施和应急预案；

⑫ 有生产安全事故应急救援预案、应急救援组织或者应急救援人员，配备必要的应急救援器材、设备；

⑬ 法律、法规规定的其他条件。

3. 安全生产许可证的有效期

安全生产许可证的有效期为3年。安全生产许可证有效期满需要延期的，企业应当于期满前3个月向原安全生产许可证颁发管理机关办理延期手续。

企业在安全生产许可证有效期内，严格遵守有关安全生产的法律法规，且未发生死亡事故的，在安全生产许可证有效期届满时，经原安全生产许可证颁发管理机关同意，可不再审查，将安全生产许可证有效期延期3年。

三、《使用有毒物品作业场所劳动保护条例》

根据职业病防治法和其他有关法律、行政法规的规定，2002年4月30日国务院第57次常务会议通过了《使用有毒物品作业场所劳动保护条例》。

（一）立法目的

立法目的是为了保证作业场所安全使用有毒物品，预防、控制和消除职业中毒危害，保护劳动者的生命安全、身体健康及其相关权益。

（二）主要内容

1. 使用有毒品作业场所的必须符合的要求

① 作业场所与生活场所分开，作业场所不得住人；

② 有害作业与无害作业分开，高毒作业场所与其他作业场所隔离；

③ 设置有效的通风装置；可能突然泄漏大量有毒物品或者易造成急性中毒的作业场所，设置自动报警装置和事故通风设施；

④ 高毒作业场所设置应急撤离通道和必要的泄险区。

2. 劳动防护要求

用人单位应当依照职业病防治法的有关规定，采取有效的职业卫生防护管理措施，加强劳动过程中的防护与管理。

从事使用高毒物品作业的用人单位，应当配备专职的或者兼职的职业卫生医师和护士；不具备配备专职的或者兼职的职业卫生医师和护士条件的，应当与依法取得资质认证的职业卫生技术服务机构签订合同，由其提供有关职业卫生的专业服务。

3. 职业健康监护

用人单位应当对从事使用有毒物品作业的劳动者进行定期职业健康检查。

用人单位发现有职业禁忌或者有与所从事职业相关的健康损害的劳动者，应当将其及时调离原工作岗位，并妥善安置。

4. 劳动者的权利与义务

① 获得职业卫生教育、培训；

② 获得职业健康检查、职业病诊疗、康复等职业病防治服务；

③ 了解工作场所产生或者可能产生的职业中毒危害因素、危害后果和应当采取的职业中毒危害防护措施；

④ 要求用人单位提供符合防治职业病要求的职业中毒危害防护设施和个人使用的职业中毒危害防护用品，改善工作条件；

⑤ 对违反职业病防治法律、法规，危及生命、健康的行为提出批评、检举和控告；

⑥ 拒绝违章指挥和强令进行没有职业中毒危害防护措施的作业；

⑦ 参与用人单位职业卫生工作的民主管理，对职业病防治工作提出意见和建议。

用人单位应当保障劳动者行使上述权利。禁止因劳动者依法行使正当权利而降低其工资、福利等待遇或者解除、终止与其订立的劳动合同。

四、《易制毒化学品管理条例》

2005年8月17日国务院第102次常务会议通过《易制毒化学品管理条例》，自2005年11月1日起施行。

（一）立法目的

该条例的制定目的是为了加强易制毒化学品管理，规范易制毒化学品的生产、经营、购买、运输和进口、出口行为，防止易制毒化学品被用于制造毒品，维护经济和社会秩序。

（二）主要内容

① 国家对易制毒化学品的生产、经营、购买、运输和进口、出口实行分类管理和许可制度。易制毒化学品分为3类。第一类是可以用于制毒的主要原料，第二类、第三类是可以用于制毒的化学配剂。

② 禁止走私或者非法生产、经营、购买、转让、运输易制毒化学品。禁止使用现金或者实物进行易制毒化学品交易。但个人合法购买第一类中的药品类易制毒化学品药品制剂和第三类易制毒化学品的除外。生产、经营、购买、运输和进口、出口易制毒化学品的单位，应当建立单位内部易制毒化学品管理制度。

③ 申请生产第一类易制毒化学品，企业法定代表人和技术、管理人员要具有安全生产和易制毒化学品的有关知识，无毒品犯罪记录。

④ 运输易制毒化学品，运输人员应当自启运起全程携带运输许可证或者备案证明。公安机关应当在易制毒化学品的运输过程中进行检查。因治疗疾病需要，患者、患者近亲属或者患者委托的人凭医疗机构出具的医疗诊断书和本人的身份证明，可以随身携带第一类中的药品类易制毒化学品药品制剂，但是不得超过医用单张处方的最大剂量。医用单张处方最大剂量，由国务院卫生主管部门规定、公布。

⑤ 未经许可或者备案擅自生产、经营、购买、运输易制毒化学品，伪造申请材料骗取易制毒化学品生产、经营、购买或者运输许可证，使用他人的或者伪造、变造、失效的许可证生产、经营、购买、运输易制毒化学品的，由公安机关没收非法生产、经营、购买或者运输的易制毒化学品、用于非法生产易制毒化学品的原料以及非法生产、经营、购买或者运输易制毒化学品的设备、工具，处非法生产、经营、购买或者运输的易制毒化学品货值10倍以上20倍以下的罚款，货值的20倍不足1万元的，按1万元罚款；有违法所得的，没收违法所得；有营业执照的，由工商行政管理部门吊销营业执照；构成犯罪的，依法追究刑事责任。

五、《特种设备安全监察条例》

2009年1月24日，温家宝总理签署公布了“关于修改《特种设备安全监察条例》（2003版）的决定”，根据该决定对《特种设备安全监察条例》作相应的修订后重新公布。修订后的《特种设备安全监察条例》于2009年5月1日起施行。

（一）立法目的

该条例的制定目的是为了加强特种设备的安全监察，防止和减少事故，保障人民群众生命和财产安全，促进经济发展。

（二）主要内容

1.《特种设备安全监察条例》修订后的重大变化

增加高耗能特种设备节能管理的规定和特种设备事故分级和调查的相关制度；将国务院特种设备安全监督管理部门（特种设备安全监督管理部门设在国家质量监督检验检疫总局及县级以上质量技术监督局）行使的部分行政许可权下放给省、自治区、直辖市特种设备安全监督管理部门；将场（厂）内专用机动车辆、移动式压力容器充装、特种设备无损检测的安全监察明确纳入条例调整范围，鼓励实行特种设备责任保险；进一步完善法律责任，加大对违法行为的处罚力度。

2.《特种设备安全监察条例》调整的特种设备范围

《特种设备安全监察条例》所调整的特种设备是指涉及生命安全、危险性较大的锅炉、压力容器、压力管道、电梯、起重机械、客运索道、大型游乐设施和场（厂）内专用机动车辆，同时也包括其附属的安全附件、安全保护装置和与安全保护装置相关的设施。特种设备的目录由国务院特种设备安全监督管理部门制订，报国务院批准后执行。

3. 对特种设备使用单位要求

① 特种设备在投入使用前或者投入使用后30日内，特种设备使用单位应当向直辖市或者设区的市的质量技术监督部门登记。特种设备使用单位应当使用符合安全技术规范要求的特种设备。对于存在严重安全隐患，无改造、维修价值，或者超过安全技术规范规定使用年限的特种设备，使用单位应当及时予以报废，并应当向原登记的质量技术监督部门办理注销。

② 使用单位应当建立特种设备的安全技术档案，记录与设备安全有关的内容。

③《特种设备安全监察条例》使用单位应当按照安全技术规范的定期检验要求，在安全检验合格有效期届满前1个月向特种设备检验检测机构提出定期检验要求。未经定期检验或者检验不合格的特种设备，不得继续使用。

锅炉使用单位应当按照安全技术规范的要求进行锅炉水（介）质处理，并接受特种设备检验检测机构实施的水（介）质处理定期检验。从事锅炉清洗的单位，应当按照安全技术规范的要求进行锅炉清洗，并接受特种设备检验检测机构实施的锅炉清洗过程监督检验。特种设备不符合能效指标的，使用单位应当采取相应措施进行整改。

④ 对客运索道、大型游乐设施等为公众提供服务的特种设备运营使用单位在设备每日投入使用前，应当进行试运行和例行安全检查，并对安全装置进行检查确认。

⑤ 使用单位应当对特种设备作业人员进行特种设备安全、节能教育和培训，保证特种设备作业人员具备必要的特种设备安全、节能知识。特种设备作业人员及其相关管理人员，应当按照国家有关规定经质量技术监督管理部门考核合格，取得国家统一格式的特种作业人员证书，方可从事相应的作业或者管理工作。

六、《工伤保险条例》

2010年12月8日国务院第136次常务会议通过《国务院关于修改〈工伤保险条例〉的决定》（中华人民共和国国务院令第586号），自2011年1月1日起施行。

（一）立法目的

该条例制定的目的是为了保障因工作遭受事故伤害或者患职业病的职工获得医疗救治和经济补偿，促进工伤预防和职业康复，分散用人单位的工伤风险。

（二）主要内容

工伤保险实行社会统筹，设立工伤保险基金，对工伤职工提供经济补偿和实行社会化管理服务。职工发生工伤或患职业病后，应当得到及时救治。《工伤保险条例》明确了工伤范围。

职工有下列情形之一的，应当认定为工伤：

① 在工作时间和工作场所内，因工作原因受到事故伤害的；

② 工作时间前后在工作场所内，从事与工作有关的预备性或者收尾性工作受到事故伤害的；

③ 在工作时间和工作场所内，因履行工作职责受到暴力等意外伤害的；

④ 患职业病的；

⑤ 因工外出期间，由于工作原因受到伤害或者发生事故下落不明的；

⑥ 在上下班途中，受到非本人主要责任的交通事故或者城市轨道交通、客运轮渡、火车事故伤害的。

⑦ 法律、行政法规规定应当认定为工伤的其他情形。

职工有下列情形之一的，视同工伤：

① 在工作时间和工作岗位，突发疾病死亡或者在48小时之内经抢救无效死亡的；

② 在抢险救灾等维护国家利益、公共利益活动中受到伤害的；

③ 职工原在军队服役，因战、因公负伤致残，已取得革命伤残军人证，到用人单位后旧伤复发的。

职工有前款第①项、第②项情形的，按照有关规定享受工伤保险待遇；职工有前款第③项情形的，按照有关规定享受除一次性伤残补助金以外的工伤保险待遇。

职工有下列情形之一的，不得认定为工伤或者视同工伤：

① 故意犯罪的

② 醉酒或者吸毒的

③ 自残或者自杀的。

七、《生产安全事故报告和调查处理条例》

（一）生产安全事故划分等级

根据生产安全事故（以下简称事故）造成的人员伤亡或者直接经济损失，事故一般分为以下等级：特别重大事故，是指造成30人以上死亡，或者100人以上重伤（包括急性工业中毒，下同），或者1亿元以上直接经济损失的事故；重大事故，是指造成10人以上30人以下死亡，或者50人以上100人以下重伤，或者5 000万元以上1亿元以下直接经济损失的事故；较大事故，是指造成3人以上10人以下死亡，或者10人以上50人以下重伤，或者1 000万元以上5 000万元以下直接经济损失的事故；一般事故，是指造成3人以下死亡，或者10人以下重伤，或者1 000万元以下直接经济损失的事故。

文中的“以上”包括本数，所称的“以下”不包括本数。

（二）事故报告的总体要求

事故报告应当及时、准确、完整，任何单位和个人对事故不得迟报、漏报、谎报或者瞒报。事故调查处理应当坚持实事求是、尊重科学的原则，及时、准确地查清事故经过、事故原因和事故损失，查明事故性质，认定事故责任，总结事故教训，提出整改措施，并对事故责任者依法追究责任。

（三）事故现场有关人员和单位负责人报告事故的规定

事故发生后，事故现场有关人员应当立即向本单位负责人报告；单位负责人接到报告后，应当于1小时内向事故发生地县级以上人民政府安全生产监督管理部门和负有安全生产监督管理职责的有关部门报告。情况紧急时，事故现场有关人员可以直接向事故发生地县级以上人民政府安全生产监督管理部门和负有安全生产监督管理职责的有关部门报告。

（四）报告事故应当包括的内容

报告事故应当包括下列内容：① 事故发生单位概况；② 事故发生的时间、地点以及事故现场情况；③ 事故的简要经过；④ 事故已经造成或者可能造成的伤亡人数（包括下落不明的人数）和初步估计的直接经济损失；⑤ 已经采取的措施；⑥ 其他应当报告的情况。

（五）事故补报的规定

事故报告后出现新情况的，应当及时补报。自事故发生之日起30日内，事故造成的伤亡人数发生变化的，应当及时补报。道路交通事故、火灾事故自发生之日起7日内，事故造成的伤亡人数发生变化的，应当及时补报。

（六）事故单位责任人组织应急抢救工作的规定

事故发生地有关地方人民政府、应急管理部门和负有安全生产监督管理职责的有关部门接到事故报告后，其负责人应当立即赶赴事故现场，组织事故救援。

（七）事故现场保护的规定

事故发生后，有关单位和人员应当妥善保护事故现场以及相关证据，任何单位和个人不得破坏事故现场、毁灭相关证据。

因抢救人员、防止事故扩大以及疏通交通等原因，需要移动事故现场物件的，应当做出标志，绘制现场简图并做出书面记录，妥善保存现场重要痕迹、物证。

（八）事故发生单位落实防范和整改措施的规定

事故发生单位应当认真吸取事故教训，落实防范和整改措施，防止事故再次发生。防范和整改措施的落实情况应当接受工会和职工的监督。

八、《生产安全事故应急条例》

（一）生产经营单位事故应急工作职责

为了加强和规范生产安全事故应急工作，《生产安全事故应急条例》（以下简称《条例》）明确了企业的指责，理清了工作机制，明晰了生产安全事故应急工作的体制。

《条例》规定了生产经营单位应当加强生产安全事故应急工作，建立、健全生产安全事故应急工作责任制，其主要负责人对本单位的生产安全事故应急工作全面负责。

（二）生产安全事故应急救援预案编制和修订的规定

《条例》强化了生产安全事故的应急准备，规范了应急预案的编制工作，明确了预案编制的依据和内容。《条例》规定，生产经营单位应当针对本单位可能发生的生产安全事故的特点和危害，进行风险辨识和评估，制定相应的生产安全事故应急救援预案，并向本单位从业人员公布。生产安全事故应急救援预案应当符合有关法律、法规、规章和标准的规定，具有科学性、针对性和可操作性，明确规定应急组织体系、职责分工以及应急救援程序和措施。

同时，规范了应急救援预案的修订工作。明确生产安全事故应急救援预案制定单位应当及时修订相关预案的情形包括：① 制定预案所依据的法律、法规、规章、标准发生重大变化；② 应急指挥机构及其职责发生调整；③ 安全生产面临的风险发生重大变化；④ 重要应急资源发生重大变化；⑤ 在预案演练或者应急救援中发现需要修订预案的重大问题。

（三）生产安全事故应急救援预案演练的规定

演练是保证应急预案有效性的重要手段，《条例》对高危生产经营单位的应急预案演练做出了规定：危险化学品的生产、经营、储存、运输单位应当至少每半年组织 1 次生产安全事故应急救援预案演练，并将演练情况报送所在地县级以上地方人民政府负有安全生产监督管理职责的部门。

（四）建立应急救援队伍及应急救援人员的具体要求

为了加强应急救援队伍建设，提高应急救援人员素质，《条例》明确了高危生产经营单位应急救援队伍建设的规定：危险化学品生产、经营、储存、运输单位应当建立应急救援队伍；其中，小型企业或者微型企业等规模较小的生产经营单位，可以不建立应急救援队伍，但应当指定兼职的应急救援人员，并且可以与邻近的应急救援队伍签订应急救援协议。工业园区、开发区等产业聚集区域内的生产经营单位，可以联合建立应急救援队伍。

应急救援队伍的应急救援人员应当具备必要的专业知识、技能、身体素质和心理素质。应急救援队伍建立单位或者兼职应急救援人员所在单位应当按照国家有关规定对应急救援人员进行培训；应急救援人员经培训合格后，方可参加应急救援工作。应急救援队伍应当配备必要的应急救援装备和物资，并定期组织训练。

（五）应急值班制度及值班人员要求

为保证应急工作顺利开展，及时联络相关人员，《条例》规定了应急值班制度，指出：危险物品的生产、经营、储存、运输单位应当建立应急值班制度，配备应急值班人员。同时，规模较大、危险性较高的易燃易爆物品、危险化学品等危险物品的生产、经营、储存、运输单位应当成立应急处置技术组，实行 24 小时应急值班。

（六）从业人员进行应急教育和培训内容及要求

为避免发生事故后，从业人员不具备基本应急知识无法顺利逃生，《条例》规定：生产经营单位应当对从业人员进行应急教育和培训，保证从业人员具备必要的应急知识，掌握风险防范技能和事故应急措施。

（七）生产安全事故应急救援措施

《条例》规范了生产经营单位初期处置行为，规定发生生产安全事故后，生产经营单位应当立即启动生产安全事故应急救援预案，采取下列一项或者多项应急救援措施，并按照国家有关规定报告事故情况：① 迅速控制危险源，组织抢救遇险人员；② 根据事故危害程度，组织现场人员撤离或者采取可能的应急措施后撤离；③ 及时通知可能受到事故影响的单位和人员；④ 采取必要措施，防止事故危害扩大和次生、衍生灾害发生；⑤ 根据需要请求邻近的应急救援队伍参加救援，并向参加救援的应急救援队伍提供相关技术资料、信息和处置方法；⑤ 维护事故现场秩序，保护事故现场和相关证据。

（八）法律责任

《条例》明确了生产经营单位及其人员多种违法行为的制裁，规定了生产经营单位未制定生产安全事故应急救援预案等违法行为的处罚。

明确了生产经营单位未对应急救援器材、设备和物资进行经常性维护、保养等违法行为的处罚。

明确了生产经营单位未将生产安全事故应急救援预案报送备案、未建立应急值班制度或者配备应急值班人员的违法行为的处罚。

第三节 危险化学品经营安全生产相关部门规章和标准

一、《危险化学品经营许可证管理办法》

根据《安全生产法》和《危险化学品安全管理条例》，2012 年 5 月 21 日国家安全生产监督管理总局局长办公会议审议通过了《危险化学品经营许可证管理办法》，自 2012 年 9 月 1 日起施行。原国家经济贸易委员会 2002 年 10 月 8 日公布的《危险化学品经营许可证管理办法》同时废止。

（一）立法目的

目的是为严格危险化学品经营安全条件，规范危险化学品经营活动，保障人民群众生命、财产安全。

（二）主要内容

1. 危险化学品经营销售单位应当具备的基本条件

① 经营和储存场所、设施、建筑物符合《建筑设计防火规范》（GB 50016）、《石油化工企业设计防火规范》（GB 50160）、《汽车加油加气站设计与施工规范》（GB 50156）、《石油库设计规范》（GB 50074）等相关国家标准、行业标准的规定；

② 企业主要负责人和安全生产管理人员具备与本企业危险化学品经营活动相适应的安全生产知识和管理能力，经专门的安全生产培训和安全生产监督管理部门考核合格，取得相应安全资格证书；特种作业人员经专门的安全作业培训，取得特种作业操作证书；其他从业人员依照有关规定经安全生产教育和专业技术培训合格；

③ 有健全的安全生产规章制度和岗位操作规程；

④ 有符合国家规定的危险化学品事故应急预案，并配备必要的应急救援器材、设备；

⑤ 法律、法规和国家标准或者行业标准规定的其他安全生产条件。

前款规定的安全生产规章制度，是指全员安全生产责任制度、危险化学品购销管理制度、危险化学品安全管理制度（包括防火、防爆、防中毒、防泄漏管理等内容）、安全投入保障制度、安全生产奖惩制度、安全生产教育培训制度、隐患排查治理制度、安全风险管理制度、应急管理制度、事故管理制度、职业卫生管理制度等。

2. 相关罚则

① 未取得经营许可证，擅自从事危险化学品经营的，由省级发证机关或市级发证机

关依照《危险化学品安全管理条例》第七十五条的规定予以处罚。

② 带有储存设施的企业违反《危险化学品安全管理条例》规定，有下列情形之一的，责令改正，处5万元以上10万元以下的罚款；拒不改正的，责令停产停业整顿；经停产停业整顿仍不具备法律、法规、规章、国家标准和行业标准规定的安全生产条件的，吊销其经营许可证：

a. 对重复使用的危险化学品包装物、容器，在重复使用前不进行检查的；

b. 未根据其储存的危险化学品的种类和危险特性，在作业场所设置相关安全设施、设备，或者未按照国家标准、行业标准或者国家有关规定对安全设施、设备进行经常性维护、保养的；

c. 未将危险化学品储存在专用仓库内，或者未将剧毒化学品以及储存数量构成重大危险源的其他危险化学品在专用仓库内单独存放的；

d. 未对其安全生产条件定期进行安全评价的；

e. 危险化学品的储存方式、方法或者储存数量不符合国家标准或者国家有关规定的；

f. 危险化学品专用仓库不符合国家标准、行业标准的要求的；

g. 未对危险化学品专用仓库的安全设施、设备定期进行检测、检验的。

已经取得经营许可证的企业不再具备法律、法规和本办法规定的安全生产条件的，责令改正；逾期不改正的，责令停产停业整顿；经停产停业整顿仍不具备法律、法规、规章、国家标准和行业标准规定的安全生产条件的，吊销其经营许可证。

二、《危险化学品登记管理办法》

2012年5月21日国家安全生产监督管理总局局长办公会议审议通过了《危险化学品登记管理办法》（国家安全生产监督管理总局令第53号），自2012年8月1日起施行。原国家经济贸易委员会2002年10月8日公布的《危险化学品登记管理办法》同时废止。

（一）立法目的

目的是为加强对危险化学品的安全管理，规范危险化学品登记工作，为危险化学品事故预防和应急救援提供技术、信息支持。

（二）主要内容

1. 明确了登记时间

本法在第十条至第十二条规定新建的生产企业应当在竣工验收前办理危险化学品登记。

进口企业应当在首次进口前办理危险化学品登记。

同一企业生产、进口同一品种危险化学品的，按照生产企业进行一次登记，但应当提交进口危险化学品的有关信息。

进口企业进口不同制造商的同一品种危险化学品的，按照首次进口制造商的危险化学品进行一次登记，但应当提交其他制造商的危险化学品的有关信息。

生产企业、进口企业多次进口同一制造商的同一品种危险化学品的，只进行一次登记。

2. 生产单位应登记的内容

（1）分类和标签信息，包括危险化学品的危险性类别、象形图、警示词、危险性说明、防范说明等；

（2）物理、化学性质，包括危险化学品的外观与性状、溶解性、熔点、沸点等物理性质，闪点、爆炸极限、自燃温度、分解温度等化学性质；

（3）主要用途，包括企业推荐的产品合法用途、禁止或者限制的用途等；

（4）危险特性，包括危险化学品的物理危险性、环境危害性和毒理特性；

（5）储存、使用、运输的安全要求，其中，储存的安全要求包括对建筑条件、库房条件、安全条件、环境卫生条件、温度和湿度条件的要求，使用的安全要求包括使用时的操作条件、作业人员防护措施、使用现场危害控制措施等，运输的安全要求包括对运输或者输送方式的要求、危害信息向有关运输人员的传递手段、装卸及运输过程中的安全措施等；

（6）出现危险情况的应急处置措施，包括危险化学品在生产、使用、储存、运输过程中发生火灾、爆炸、泄漏、中毒、窒息、灼伤等化学品事故时的应急处理方法，应急咨询服务电话等。

3. 办理登记的程序

（1）登记企业通过登记系统提出申请；

（2）登记办公室在3个工作日内对登记企业提出的申请进行初步审查，符合条件的，通过登记系统通知登记企业办理登记手续；

（3）登记企业接到登记办公室通知后，按照有关要求在登记系统中如实填写登记内容，并向登记办公室提交有关纸质登记材料；

（4）登记办公室在收到登记企业的登记材料之日起20个工作日内，对登记材料和登记内容逐项进行审查，必要时可进行现场核查，符合要求的，将登记材料提交给登记中心；不符合要求的，通过登记系统告知登记企业并说明理由；

（5）登记中心在收到登记办公室提交的登记材料之日起15个工作日内，对登记材料和登记内容进行审核，符合要求的，通过登记办公室向登记企业发放危险化学品登记证；不符合要求的，通过登记系统告知登记办公室、登记企业并说明理由。

登记企业修改登记材料和整改问题所需时间，不计算在前款规定的期限内。

三、《危险化学品重大危险源监督管理暂行规定》

（一）危险化学品重大危险源辨识与评估

1. 重大危险源辨识

危险化学品单位按照《危险化学品重大危险源辨识》标准，对本单位的危险化学品生产、经营、储存和使用装置、设施或者场所进行重大危险源辨识，并记录辨识过程与结果。

2. 重大危险源评估及分级

危险化学品单位应当对重大危险源进行安全评估并确定重大危险源等级。危险化学品单位可以组织本单位的注册安全工程师、技术人员或者聘请有关专家进行安全评估，也可以委托具有相应资质的安全评价机构进行安全评估。依照法律、行政法规的规定，危险化学品单位需要进行安全评价的，重大危险源安全评估可以与本单位的安全评价一起进行，以安全评价报告代替安全评估报告，也可以单独进行重大危险源安全评估。重大危险源根据其危险程度，分为一级、二级、三级和四级，一级为最高级别。

同时，规定重大危险源有下列情形之一的，应当委托具有相应资质的安全评价机构，按照有关标准的规定采用定量风险评价方法进行安全评估，确定个人和社会风险值：① 构成一级或者二级重大危险源，且毒性气体实际存在（在线）量与其在《危险化学品重大危险源辨识》中规定的临界量比值之和大于或等于1的；② 构成一级重大危险源，且爆炸品或液化易燃气体实际存在（在线）量与其在《危险化学品重大危险源辨识》中规定的临界量比值之和大于或等于1的。

重大危险源安全评估报告包括：① 评估的主要依据；② 重大危险源的基本情况；③ 事故发生的可能性及危害程度；④ 个人风险和社会风险值（仅适用定量风险评价方法）；⑤ 可能受事故影响的周边场所、人员情况；⑥ 重大危险源辨识、分级的符合性分析；⑦ 安全管理措施、安全技术和监控措施；⑧ 事故应急措施；⑨ 评估结论与建议。

3. 重大危险源重新辨识与评估

有下列情形之一的，危险化学品单位应当对重大危险源重新进行辨识、安全评估及分级：① 重大危险源安全评估已满三年的；② 构成重大危险源的装置、设施或者场所进行新建、改建、扩建的；③ 危险化学品种类、数量、生产、使用工艺或者储存方式及重要设备、设施等发生变化，影响重大危险源级别或者风险程度的；④ 外界生产安全环境因素发生变化，影响重大危险源级别和风险程度的；⑤ 发生危险化学品事故造成人员死亡，或者10人以上受伤，或者影响到公共安全的；⑥ 有关重大危险源辨识和安全评估的国家标准、行业标准发生变化的。

（二）危险化学品重大危险源安全管理

1. 监控体系

危险化学品单位应当根据构成重大危险源的危险化学品种类、数量、生产、使用工艺（方式）或者相关设备、设施等实际情况，按照下列要求建立健全安全监测监控体系，完善控制措施：① 重大危险源配备温度、压力、液位、流量、组分等信息的不间断采集和监测系统以及可燃气体和有毒有害气体泄漏检测报警装置，并具备信息远传、连续记录、事故预警、信息存储等功能；一级或者二级重大危险源，具备紧急停车功能。记录的电子数据的保存时间不少于30天；② 重大危险源的化工生产装置装备满足安全生产要求的自动化控制系统；一级或者二级重大危险源，装备紧急停车系统；③ 对重大危险源中的毒性气体、剧毒液体和易燃气体等重点设施，设置紧急切断装置；毒性气体的设施，设置泄漏物紧急处置装置。涉及毒性气体、液化气体、剧毒液体的一级或者二级重大危险源，配备独立的安全仪表系统（SIS）；④ 重大危险源中储存剧毒物质的场所或者设施，设置视频监控系统；⑤ 安全监测监控系统符合国家标准或者行业标准的规定。

2. 管理制度

危险化学品单位应当建立完善重大危险源安全管理规章制度和安全操作规程，并采取有效措施保证其得到执行。通过定量风险评价确定的重大危险源的个人和社会风险值，不得超过本规定的个人和社会可容许风险限值标准。超过个人和社会可容许风险限值标准的，危险化学品单位应当采取相应的降低风险措施。

3. 设备保养

危险化学品单位按照国家有关规定，定期对重大危险源的安全设施和安全监测监控系统进行检测、检验，并进行经常性维护、保养，保证重大危险源的安全设施和安全监测监控系统有效、可靠运行。维护、保养、检测应当做好记录，并由有关人员签字。

4. 消除隐患

危险化学品单位应当明确重大危险源中关键装置、重点部位的责任人或者责任机构，并对重大危险源的安全生产状况进行定期检查，及时采取措施消除事故隐患。事故隐患难以立即排除的，应当及时制定治理方案，落实整改措施、责任、资金、时限和预案。（参见第十六条）

5. 安全培训

危险化学品单位对重大危险源的管理和操作岗位人员进行安全操作技能培训，使其了解重大危险源的危险特性，熟悉重大危险源安全管理规章制度和安全操作规程，掌握本岗位的安全操作技能和应急措施。

6. 警示标志

危险化学品单位应当在重大危险源所在场所设置明显的安全警示标志，写明紧急情况下的应急处置办法。危险化学品单位应当将重大危险源可能发生的事故后果和应急措施等信息，以适当方式告知可能受影响的单位、区域及人员。

7. 应急预案和装备

危险化学品单位依法制定重大危险源事故应急预案，建立应急救援组织或者配备应急救援人员，配备必要的防护装备及应急救援器材、设备、物资，并保障其完好和方便使用；配合地方人民政府安全生产监督管理部门制定所在地区涉及本单位的危险化学品事故应急预案。对存在吸入性有毒、有害气体的重大危险源，危险化学品单位应当配备便携式浓度检测设备、空气呼吸器、化学防护服、堵漏器材等应急器材和设备；涉及剧毒气体的重大危险源，还应当配备两套以上（含本数）气密型化学防护服；涉及易燃易爆气体或者易燃液体蒸气的重大危险源，还应当配备一定数量的便携式可燃气体检测设备。

8. 应急演练与评估

危险化学品单位制定重大危险源事故应急预案演练计划，并按照下列要求进行事故应急预案演练：① 对重大危险源专项应急预案，每年至少进行一次；② 对重大危险源现场处置方案，每半年至少进行一次。

应急预案演练结束后，危险化学品单位应当对应急预案演练效果进行评估，撰写应急预案演练评估报告，分析存在的问题，对应急预案提出修订意见，并及时修订完善。

9. 重大危险源档案

危险化学品单位应当对辨识确认的重大危险源及时、逐项进行登记建档。重大危险源档案包括：① 辨识、分级记录；② 重大危险源基本特征表；③ 涉及的所有化学品安全技术说明书；④ 区域位置图、平面布置图、工艺流程图和主要设备一览表；⑤ 重大危险源安全管理规章制度及安全操作规程；⑥ 安全监测监控系统、措施说明、检测、检验结果；⑦ 重大危险源事故应急预案、评审意见、演练计划和评估报告；⑧ 安全评估报告或者安全评价报告；⑨ 重大危险源关键装置、重点部位的责任人、责任机构名称；⑩ 重大危险源场所安全警示标志的设置情况。

10. 重大危险源向应急管理部门备案

危险化学品单位在完成重大危险源安全评估报告或者安全评价报告后 15 日内，应当填写重大危险源备案申请表，连同本规定第二十二条规定的重大危险源档案材料（其中第二款第五项规定的文件资料只需提供清单），报送所在地县级人民政府安全生产监督管理部门备案。

县级人民政府安全生产监督管理部门应当每季度将辖区内的一级、二级重大危险源备案材料报送至设区的市级人民政府安全生产监督管理部门。设区的市级人民政府安全生产监督管理部门应当每半年将辖区内的一级重大危险源备案材料报送至省级人民政府安全生产监督管理部门。

（三）危险化学品重大危险源核销条件

县级以上地方各级人民政府安全生产监督管理部门应当加强对存在重大危险源的危险化学品单位的监督检查，督促危险化学品单位做好重大危险源的辨识、安全评估及分级、登记建档、备案、监测监控、事故应急预案编制、核销和安全管理工作。

（四）违反本规定的行为及应负的法律责任

1. 对未登记建档等违法行为的处罚

危险化学品单位有下列行为之一的，由县级以上人民政府安全生产监督管理部门责令限期改正，可以处10万元以下的罚款；逾期未改正的，责令停产停业整顿，并处10万元以上20万元以下的罚款，对其直接负责的主管人员和其他直接责任人员处2万元以上5万元以下的罚款；构成犯罪的，依照刑法有关规定追究刑事责任：① 未按照本规定要求对重大危险源进行安全评估或者安全评价的；② 未按照本规定要求对重大危险源进行登记建档的；③ 未按照本规定及相关标准要求对重大危险源进行安全监测监控的；④ 未制定重大危险源事故应急预案的。

2. 未设置安全标志等违法行为的处罚

危险化学品单位有下列行为之一的，由县级以上人民政府安全生产监督管理部门责令限期改正，可以处5万元以下的罚款；逾期未改正的，处5万元以上20万元以下的罚款，对其直接负责的主管人员和其他直接责任人员处1万元以上2万元以下的罚款；情节严重的，责令停产停业整顿；构成犯罪的，依照刑法有关规定追究刑事责任：① 未在构成重大危险源的场所设置明显的安全警示标志的；② 未对重大危险源中的设备、设施等进行定期检测、检验的。

3. 未进行辨识等违法行为的处罚

危险化学品单位有下列情形之一的，由县级以上人民政府安全生产监督管理部门给予警告，可以并处5000元以上3万元以下的罚款：① 未按照标准对重大危险源进行辨识的；② 未按照本规定明确重大危险源中关键装置、重点部位的责任人或者责任机构的；③ 未按照本规定建立应急救援组织或者配备应急救援人员，以及配备必要的防护装备及器材、设备、物资，并保障其完好的；④ 未按照本规定进行重大危险源备案或者核销的；⑤ 未将重大危险源可能引发的事故后果、应急措施等信息告知可能受影响的单位、区域及人员的；⑥ 未按照本规定要求开展重大危险源事故应急预案演练的。

4. 未进行定期检查等违法行为的处罚

危险化学品单位未按照本规定对重大危险源的安全生产状况进行定期检查，采取措施消除事故隐患的，责令立即消除或者限期消除；危险化学品单位拒不执行的，责令停产停业整顿，并处10万元以上20万元以下的罚款，对其直接负责的主管人员和其他直接责任人员处2万元以上5万元以下的罚款。

四、其他有关行政规章

（一）《非药品类易制毒化学品生产、经营许可办法》

《非药品类易制毒化学品生产、经营许可办法》经2006年3月21日国家安全生产监督管理总局局长办公会议审议通过，自2006年4月15日起施行。

1. 立法目的

目的是为了加强非药品类易制毒化学品管理，规范非药品类易制毒化学品生产、经营行为，防止非药品类易制毒化学品被用于制造毒品，维护经济和社会秩序。

2. 主要内容

（1）适用范围

该办法所称非药品类易制毒化学品，是指《易制毒化学品管理条例》附表确定的可以用于制毒的非药品类主要原料和化学配剂。

（2）主要内容

国家对非药品类易制毒化学品的生产、经营实行许可制度。对第一类非药品类易制毒化学品的生产、经营实行许可证管理，对第二类、第三类易制毒化学品的生产、经营实行备案证明管理。

省、自治区、直辖市人民政府安全生产监督管理部门负责本行政区域内第一类非药品类易制毒化学品生产、经营的审批和许可证的颁发工作。设区的市级人民政府安全生产监督管理部门负责本行政区域内第二类非药品类易制毒化学品生产、经营和第三类非药品类易制毒化学品生产的备案证明颁发工作。县级人民政府安全生产监督管理部门负责本行政区域内第三类非药品类易制毒化学品经营的备案证明颁发工作。

国家安全生产监督管理总局监督、指导全国非药品类易制毒化学品生产、经营许可和备案管理工作。县级以上人民政府安全生产监督管理部门负责本行政区域内执行非药品类易制毒化学品生产、经营许可制度的监督管理工作。

生产、经营第一类非药品类易制毒化学品的，必须取得非药品类易制毒化学品生产、经营许可证方可从事生产、经营活动。非药品类易制毒化学品生产、经营许可证有效期为3年。许可证有效期满后需继续生产、经营第一类非药品类易制毒化学品的，应当于许可证有效期满前3个月内向原许可证颁发管理部门提出换证申请并提交相应资料，经审查合格后换领新证。

（二）《安全生产事故隐患排查治理暂行规定》

《安全生产事故隐患排查治理暂行规定》经2007年12月22日国家安全生产监督管理总局局长办公会议审议通过，自2008年2月1日起施行。

1. 立法目的

目的是为了建立安全生产事故隐患排查治理长效机制，强化安全生产主体责任，加强事故隐患监督管理，防止和减少事故，保障人民群众生命财产安全。

2. 主要内容

安全生产事故隐患（以下简称事故隐患），是指生产经营单位违反安全生产法律、法规、规章、标准、规程和安全生产管理制度的规定，或者因其他因素在生产经营活动中存在可能导致事故发生的物的危险状态、人的不安全行为和管理上的缺陷。

事故隐患分为一般事故隐患和重大事故隐患。一般事故隐患，是指危害和整改难度较小，发现后能够立即整改排除的隐患。重大事故隐患，是指危害和整改难度较大，应当全部或者局部停产停业，并经过一定时间整改治理方能排除的隐患，或者因外部因素影响致使生产经营单位自身难以排除的隐患。

生产经营单位应当建立健全事故隐患排查治理制度。生产经营单位主要负责人对本单位事故隐患排查治理工作全面负责。生产经营单位应当建立健全事故隐患排查治理和建档监控等制度，逐级建立并落实从主要负责人到每个从业人员的隐患排查治理和监控责任制。生产经营单位应当每季、每年对本单位事故隐患排查治理情况进行统计分析，并分别于下一季度15日前和下一年1月31日前向安全监管监察部门和有关部门报送书面统计分析表。统计分析表应当由生产经营单位主要负责人签字。

（三）安全生产违法行为行政处罚办法

新修订的《安全生产违法行为行政处罚办法》经2007年11月9日国家安全生产监督管理总局局长办公会议审议通过，自2008年1月1日起施行。

1. 立法目的

目的是为了制裁安全生产的违法行为，规范安全生产行政处罚工作。

2. 主要内容

县级以上人民政府安全生产监督管理部门对生产经营单位及其有关人员在生产经营活动中违反有关安全生产的法律、行政法规、部门规章、国家标准、行业标准和规程的违法行为实施行政处罚，适用《安全生产违法行为行政处罚办法》。

生产经营单位及其有关人员对安全监管监察部门给予的行政处罚，依法享有陈述权、申辩权和听证权；对行政处罚不服的，有权依法申请行政复议或者提起行政诉讼；因违法给予行政处罚而受到损害的生产经营单位，有权依法申请国家赔偿。

《安全生产违法行为行政处罚办法》所称的生产经营单位，是指合法和非法从事生产或者经营活动的基本单元，包括企业法人、不具备企业法人资格的合伙组织、个体工商户和自然人等生产经营主体。

（四）生产经营单位安全培训规定

1. 生产经营单位从业人员、劳务派遣工、实习生的培训和上岗要求

生产经营单位从业人员包括主要负责人、安全生产管理人员、特种作业人员和其他从业人员。

生产经营单位使用被派遣劳动者的，应当将被派遣劳动者纳入本单位从业人员统一管理，对被派遣劳动者进行岗位安全操作规程和安全操作技能的教育和培训。劳务派遣单位应当对被派遣劳动者进行必要的安全生产教育和培训。

生产经营单位接收中等职业学校、高等学校学生实习的，应当对实习学生进行相应的安全生产教育和培训，提供必要的劳动防护用品。学校应当协助生产经营单位对实习学生进行安全生产教育和培训。

生产经营单位从业人员应当接受安全培训，熟悉有关安全生产规章制度和安全操作规程，具备必要的安全生产知识，掌握本岗位的安全操作技能，了解事故应急处理措施，知悉自身在安全生产方面的权利和义务。

2. 生产单位安全生产管理人员安全培训的内容

(1) 国家安全生产方针、政策和有关安全生产的法律、法规、规章及标准;

(2) 安全生产管理、安全生产技术、职业卫生等知识;

(3) 伤亡事故统计、报告及职业危害的调查处理方法;

(4) 应急管理、应急预案编制以及应急处置的内容和要求;

(5) 国内外先进的安全生产管理经验;

(6) 典型事故和应急救援案例分析;

(7) 其他需要培训的内容。

3. 生产单位安全生产管理人员学时要求

初次安全培训时间不得少于32学时。每年再培训时间不得少于12学时。煤矿、非煤矿山、危险化学品、烟花爆竹、金属冶炼等生产单位安全生产管理人员初次安全培训时间不得少于48学时，每年再培训时间不得少于16学时。

4. 生产单位安全培训工作组织实施

生产单位从业人员的安全培训工作，由生产单位组织实施。

(1) 培训内容及方式

生产单位应当坚持以考促学、以讲促学，确保全体从业人员熟练掌握岗位安全生产知识和技能。危险化学品生产单位应当完善和落实师傅带徒弟制度。

具备安全培训条件的生产单位，应当以自主培训为主；可以委托具备安全培训条件的机构，对从业人员进行安全培训。不具备安全培训条件的生产单位，应当委托具备安全培训条件的机构，对从业人员进行安全培训。生产单位委托其他机构进行安全培训的，保证安全培训的责任仍由本单位负责。

(2) 培训资金保障

生产单位应当将安全培训工作纳入本单位年度工作计划。保证本单位安全培训工作所需资金。生产单位安排从业人员进行安全培训期间，应当支付工资和必要的费用。

(3) 培训档案管理

生产单位应当建立健全从业人员安全生产教育和培训档案，由生产单位的安全生产管理机构以及安全生产管理人员详细、准确记录培训的时间、内容、参加人员以及考核结果等情况。

5. 其他从业人员安全培训内容及学时要求

危险化学品生产单位必须对新上岗的临时工、合同工、劳务工、轮换工、协议工等进行强制性安全培训，保证其具备本岗位安全操作、自救互救以及应急处置所需的知识和技能后，方能安排上岗作业。其中，厂（矿）级岗前安全培训内容包括：① 本单位安全生产情况及安全生产基本知识；② 本单位安全生产规章制度和劳动纪律；③ 从业人员安全生产权利和义务；④ 有关事故案例；⑤ 事故应急救援；⑥ 事故应急预案演练及防范措施等。车间（工段、区、队）级岗前安全培训内容包括：① 工作环境及危险因素；② 所从事工种可能遭受的职业伤害和伤亡事故；③ 所从事工种的安全职责、操作技能及强制性标准；④ 自救互救、急救方法、疏散和现场紧急情况的处理；⑤ 安全设备设施、个人防护用品的使用和维护；⑥ 本车间（工段、区、队）安全生产状况及规章制度；⑦ 预防事故和职业危害的措施及应注意的安全事项；⑧ 有关事故案例；⑨ 其他需要培训的内容。（参见第十五条）班组级岗前安全培训内容包括：① 岗位安全操作规程；② 岗位之间工作衔接配合的安全与职业卫生事项；③ 有关事故案例；④ 其他需要培训的内容。

危险化学品生产单位新上岗的从业人员安全培训时间不得少于 72 学时，每年再培训的时间不得少于 20 学时。

6. 危险化学品生产单位安全生产管理人员考核上岗要求

危险化学品生产经营单位安全生产管理人员，自任职之日起 6 个月内，必须经安全生产监管监察部门对其安全生产知识和管理能力考核合格。

7. 违法行为及应负的法律责任

生产经营单位有下列行为之一的，由安全生产监管监察部门责令其限期改正，可以处 1 万元以上 3 万元以下的罚款：① 未将安全培训工作纳入本单位工作计划并保证安全培训工作所需资金的；② 从业人员进行安全培训期间未支付工资并承担安全培训费用的。

生产经营单位有下列行为之一的，由安全生产监管监察部门责令其限期改正，可以处 5 万元以下的罚款；逾期未改正的，责令停产停业整顿，并处 5 万元以上 10 万元以下的罚款，对其直接负责的主管人员和其他直接责任人员处 1 万元以上 2 万元以下的罚款：① 危险化学品生产经营单位安全生产管理人员未按照规定经考核合格的；② 未按照规定对从业人员、被派遣劳动者、实习学生进行安全生产教育和培训或者未如实告知其有关安全生产事项的；③ 未如实记录安全生产教育和培训情况的；④ 特种作业人员未按照规定经专门的安全技术培训并取得特种作业人员操作资格证书，上岗作业的。

（五）《特种作业人员安全技术培训考核管理规定》

1. 危险化学品企业特种作业人员条件

① 年满 18 周岁，且不超过国家法定退休年龄；② 经社区或者县级以上医疗机构体检健康合格，并无妨碍从事相应特种作业的器质性心脏病、癫痫病、美尼尔氏症、眩晕症、癔症、帕金森病、精神病、痴呆症以及其他疾病和生理缺陷；③ 具有初中及以上文化程度；④ 具备必要的安全技术知识与技能；⑤ 具备高中或者相当于高中及以上文化程度。

2. 特种作业人员上岗作业条件

特种作业人员必须经专门的安全技术培训并考核合格，取得《中华人民共和国特种作业操作证》（以下简称特种作业操作证）后，方可上岗作业。

3. 特种作业人员应当接受培训的规定

特种作业人员应当接受与其所从事的特种作业相应的安全技术理论培训和实际操作培训。已经取得职业高中、技工学校及中专以上学历的毕业生从事与其所学专业相应的特种作业，持学历证明经考核发证机关同意，可以免予相关专业的培训。跨省、自治区、直辖市从业的特种作业人员，可以在户籍所在地或者从业所在地参加培训。

4. 特种作业人员安全技术培训条件的规定

对特种作业人员的安全技术培训，具备安全培训条件的生产经营单位应当以自主培训为主，也可以委托具备安全培训条件的机构进行培训。不具备安全培训条件的生产经营单位，应当委托具备安全培训条件的机构进行培训。生产经营单位委托其他机构进行特种作业人员安全技术培训的，保证安全技术培训的责任仍由本单位负责。

5. 特种作业操作证有效期及适用范围

特种作业操作证有效期为6年，在全国范围内有效。特种作业操作证由安全监管总局统一式样、标准及编号。

6. 本行业特种作业目录

(1) 危险化学品安全作业指从事危险化工工艺过程操作及化工自动化控制仪表安装、维修、维护的作业。

(2) 光气及光气化工艺作业指光气合成以及厂内光气储存、输送和使用岗位的作业。

(3) 氯碱电解工艺作业指氯化钠和氯化钾电解、液氯储存和充装岗位的作业。

(4) 氯化工艺作业指液氯储存、气化和氯化反应岗位的作业。

(5) 硝化工艺作业指硝化反应、精馏分离岗位的作业。

(6) 合成氨工艺作业指压缩、氨合成反应、液氨储存岗位的作业。

(7) 裂解（裂化）工艺作业指石油系的烃类原料裂解（裂化）岗位的作业。

(8) 氟化工艺作业指氟化反应岗位的作业。

(9) 加氢工艺作业指加氢反应岗位的作业。

(10) 重氮化工艺作业指重氮化反应、重氮盐后处理岗位的作业。

(11) 氧化工艺作业指氧化反应岗位的作业。

(12) 胺基化工艺作业指胺基化反应岗位的作业。

(13) 磺化工艺作业指磺化反应岗位的作业。

(14) 聚合工艺作业指聚合反应岗位的作业。

(15) 烷基化工艺作业指烷基化反应岗位的作业。

(16) 化工自动化控制仪表作业指化工自动化控制仪表系统安装、维修、维护的作业。

(六)《生产安全事故应急预案管理办法》

1. 应急预案组织编制和实施的责任人

生产经营单位主要负责人负责组织编制和实施本单位的应急预案，并对应急预案的真实性和实用性负责；各分管负责人应当按照职责分工落实应急预案规定的职责。

2. 应急预案的分类

生产经营单位应急预案分为综合应急预案、专项应急预案和现场处置方案。综合应急预案，是指生产经营单位为应对各种生产安全事故而制定的综合性工作方案，是本单位应对生产安全事故的总体工作程序、措施和应急预案体系的总纲。专项应急预案，是指生产经营单位为应对某一种或者多种类型生产安全事故，或者针对重要生产设施、重大危险源、重大活动防止生产安全事故而制定的专项性工作方案。现场处置方案，是指生产经营单位根据不同生产安全事故类型，针对具体场所、装置或者设施所制定的应急处置措施。

3. 应急预案编制的基本要求

① 有关法律、法规、规章和标准的规定；② 本地区、本部门、本单位的安全生产实际情况；③ 本地区、本部门、本单位的危险性分析情况；④ 应急组织和人员的职责分工明确，并有具体的落实措施；⑤ 有明确、具体的应急程序和处置措施，并与其应急能力相适应；⑥ 有明确的应急保障措施，满足本地区、本部门、本单位的应急工作需要；⑦ 应急预案基本要素齐全、完整，应急预案附件提供的信息准确；⑧ 应急预案内容与相关应急预案相互衔接。

4. 成立应急预案编制小组的规定

编制工作小组由本单位有关负责人任组长，吸收与应急预案有关的职能部门和单位的人员，以及有现场处置经验的人员参加。

5. 编制应急预案前的工作要求

编制应急预案前，编制单位应当进行事故风险辨识、评估和应急资源调查。事故风险辨识、评估是指针对不同事故种类及特点，识别存在的危险危害因素，分析事故可能产生的直接后果以及次生、衍生后果，评估各种后果的危害程度和影响范围，提出防范和控制事故风险措施的过程。应急资源调查是指全面调查本地区、本单位第一时间可以调用的应急资源状况和合作区域内可以请求援助的应急资源状况，并结合事故风险辨识评估结论制定应急措施的过程。

6. 编制综合应急预案、专项应急预案和现场处置方案的要求

生产经营单位风险种类多、可能发生多种类型事故的，生产经营单位应当组织编制综合应急预案。综合应急预案包括应急组织机构及其职责、应急预案体系、事故风险描述、预警及信息报告、应急响应、保障措施、应急预案管理等内容。

对于某一种或者多种类型的事故风险，生产经营单位编制相应的专项应急预案，或将专项应急预案并入综合应急预案。专项应急预案包括应急指挥机构与职责、处置程序和措施等内容。

对于危险性较大的场所、装置或者设施，生产经营单位应编制现场处置方案。现场处置方案包括应急工作职责、应急处置措施和注意事项等内容。事故风险单一、危险性小的生产经营单位，可以只编制现场处置方案。

7. 编制应急处置卡的规定

生产经营单位应针对工作场所、岗位的特点，编制简明、实用、有效的应急处置卡。应急处置卡内容包括重点岗位、人员的应急处置程序和措施，以及相关联络人员和联系方式等。

8. 危险化学品从业单位编制应急预案评审的规定

危险化学品的生产、经营（带储存设施的，下同）、储存、运输企业，以及使用危险化学品达到国家规定数量的化工企业，应当对本单位编制的应急预案进行评审，并形成书面评审纪要。

参加应急预案评审的人员应当包括有关安全生产及应急管理方面的专家。应急预案的评审或者论证应当注重基本要素的完整性、组织体系的合理性、应急处置程序和措施的针对性、应急保障措施的可行性、应急预案的衔接性等内容。

9. 应急预案的公布及发放要求

生产经营单位的应急预案经评审或者论证后，由本单位主要负责人签署，向本单位从业人员公布，并及时发放到本单位有关部门、岗位和相关应急救援队伍。

事故风险可能影响周边其他单位、人员的，生产经营单位应当将有关事故风险的性质、影响范围和应急防范措施告知周边的其他单位和人员。

10. 应急预案的备案要求

危险化学品企业在应急预案公布之日起 20 个工作日内，按照分级属地原则，向县级以上人民政府应急管理部门和其他负有安全生产监督管理职责的部门进行备案，并依法向

社会公布。

对于属于中央企业的，其总部（上市公司）的应急预案，报国务院主管的负有安全生产监督管理职责的部门备案，并抄送应急管理部；其所属单位的应急预案报所在地的省、自治区、直辖市或者设区的市级人民政府主管的负有安全生产监督管理职责的部门备案，并抄送同级人民政府应急管理部门。不属于中央企业的应急预案，按照隶属关系报所在地县级以上地方人民政府应急管理部门备案。

生产经营单位预案备案材料包括应急预案备案申报表、应急预案评审意见、应急预案电子文档材料、风险评估结果和应急资源调查清单。

11. 应急预案演练计划制定的要求

危险化学品企业应当至少每半年组织一次生产安全事故应急预案演练，并将演练情况报送所在地县级以上地方人民政府负有安全生产监督管理职责的部门。

12. 应急预案演练效果评估的规定

危险化学品企业应当每三年进行一次应急预案评估。应急预案评估可以邀请相关专业机构或者有关专家、有实际应急救援工作经验的人员参加，必要时可以委托安全生产技术服务机构实施。

13. 应急预案应当及时修订并归档的要求

应急预案修订并归档的情形包括：① 依据的法律、法规、规章、标准及上位预案中的有关规定发生重大变化的；② 应急指挥机构及其职责发生调整的；③ 安全生产面临的风险发生重大变化的；④ 重要应急资源发生重大变化的；⑤ 在应急演练和事故应急救援中发现需要修订预案的重大问题的；⑥ 编制单位认为应当修订的其他情况。

（七）《生产安全事故信息报告和处置办法》

1. 生产经营单位主要负责人事故信息报告要求

生产经营单位发生生产安全事故或者较大涉险事故，接到事故信息报告后 1 小时内报告事故发生地县级应急管理部门。

发生较大以上生产安全事故的，报县级应急管理部门的同时，应在 1 小时内报告省级应急管理部门。

2. 事故信息报告的内容

事故信息的报告应当及时、准确和完整，信息的处置应当遵循快速高效、协同配合、分级负责的原则。内容包括：① 事故发生单位的名称、地址、性质、产能等基本情况；② 事故发生的时间、地点以及事故现场情况；③ 事故已经造成或者可能造成的伤亡人数（包括下落不明、涉险的人数）等。

3. 事故信息续报规定

事故具体情况暂时不清楚的，负责事故报告的单位可以先报事故概况，随后补报事故全面情况。其中，较大涉险事故、一般事故、较大事故每日至少续报 1 次；重大事故、特别重大事故每日至少续报 2 次。事故发生的 30 日内，事故造成的伤亡人数发生变化的要当日续报。

4. 法律责任

办法对生产经营单位及其有关人员对生产安全事故迟报、漏报、谎报或者瞒报的违法行为作出了处罚。

（八）《建设项目安全设施“三同时”监督管理办法》

1. 建设项目安全设施概念

建设项目安全设施是指生产经营单位在生产经营活动中用于预防生产安全事故的设备、设施、装置、构（建）筑物和其他技术措施的总称。

2. 建设项目“三同时”

建设项目安全设施与主体工程同时设计、同时施工、同时投入生产和使用（以下简称“三同时”）。

3. 安全预评价的范围

范围包括：① 非煤矿矿山建设项目；② 生产、储存危险化学品（包括使用长输管道输送危险化学品，下同）的建设项目；③ 生产、储存烟花爆竹的建设项目；④ 金属冶炼建设项目；⑤ 使用危险化学品从事生产并且使用量达到规定数量的化工建设项目（属于危险化学品生产的除外）。

4. 建设项目安全设施设计内容

内容主要包括：① 设计依据；② 建设项目概述；③ 建设项目潜在的危险、有害因素和危险、有害程度及周边环境安全分析；④ 建筑及场地布置；⑤ 重大危险源分析及检测监控；⑥ 安全设施设计采取的防范措施；⑦ 安全生产管理机构设置或者安全生产管理人员配备要求；⑧ 从业人员安全生产教育和培训要求；⑨ 工艺、技术和设备、设施的先进性和可靠性分析；⑩ 安全设施专项投资概算；⑪ 安全预评价报告中的安全对策及建议采纳情况；⑫ 预期效果以及存在的问题与建议；⑬ 可能出现的事故预防及应急救援措施。

5. 建设项目安全设施设计审查申请材料

审查所需要提供的材料包括：① 建设项目审批、核准或者备案的文件；② 建设项目安全设施设计审查申请；③ 设计单位的设计资质证明文件；④ 建设项目安全设施设计；⑤ 建设项目安全预评价报告及相关文件资料。

五、《危险化学品安全生产相关标准》

（一）《危险货物运输包装通用技术条件》（GB 12463—2009）

本标准规定了危险货物运输包装的分类、基本要求、性能试验和检验方法、技术要求、类型和标记代号。

（二）化学品分类和危险性公示通则（GB 13690—2009）

规定了常用危险化学品的分类、危险标志及危险特性，还对 1 074 种常用危险化学品进行了分类，规定了危险性类别、危险标志及危险特性等内容。

适用于常用危险化学品的生产、使用、贮存和运输，也适用于其他化学品。

（三）常用危险化学品贮存通则（GB 15603—1995）

规定了常用化学危险品贮存的基本要求，贮存场所的要求，贮存安排及贮存量限制，养护，化学危险品出入库管理，消防措施，废弃物处理，人员培训等内容。

适用于常用化学危险品的出、入库，贮存及养护。

（四）其他相关标准

① 腐蚀性商品储藏养护技术条件（GB 17915—1999）；

② 毒害性商品储藏养护技术条件（GB 17916—1999）；

③ 危险化学品经营企业开业条件和技术要求（GB 18265—2000）；

④ 危险货物品名表（GB 12268—2012）；

⑤ 化学品安全标签编写规定（GB 15258—2009）；

⑥ 易燃易爆性商品储存养护技术条件（GB 17914—1999）；

⑦《危险化学品重大危险源辨识》（GB 18218—2009）；

⑧ 关于“化学品分类、警示标签和警示性说明安全规范”的 26 个标准；

⑨ 建筑设计防火规范（GB 50016—2006）；

⑩ 汽车加油加气站设计与施工规范（GB 50156—2002）；

⑪ 化学品安全技术说明书　内容和项目顺序（GB/T 16483—2008）。

第四节　作业场所安全使用化学品公约

国际劳工组织于 1990 年 6 月 26 日在日内瓦举行的第 17 届会议上，制定并通过了 170 号《作业场所安全使用化学品公约》，也称之为“1990 年化学品公约”（以下简称 170 号公约）。我国是劳工组织成员国，于 1994 年 10 月 27 日第八届全国人大常委会十次会议审议批准，承认并实施该公约。

（一）宗旨

170 号公约的宗旨是要求政府主管当局、雇主组织、工人组织共同协商努力，采取措施，保护员工免受化学品危害的影响，有助于保护公众和环境的安全。

（二）主要内容

170 号公约分 7 部分共 27 条：第一部分，范围和定义；第二部分，总则；第三部分，分类及有关措施；第四部分，雇主的责任；第五部分，工人的义务；第六部分，工人及代表的权利；第七部分，出口国的责任。

170 号公约里所说的作业场所，指化学品生产、搬运、贮存、运输、废弃、设备维护的所有场所。

170 号公约强调政府主管当局、雇用组织、工人组织三方合作。

1. 政府主管当局的责任

① 与雇主组织和工人组织协商，制定政策并定期检查；

② 当发现问题时有权禁止或限制使用某种化学品；

③ 建立适当的制度或制定专门标准，确定化学品的危险特性，评价分类；提出“标识”或“标签”要求；

④ 制定化学品安全使用说明书（CSDS）编制标准。

2. 雇主的责任

① 对化学品进行分类；

② 对化学品进行标识或加贴标签，使用前采取安全措施；

③ 提供安全技术说明书，在作业现场编制“使用须知”（周知卡）；

④ 保证工人接触化学品的程度符合主管当局的规定；

⑤ 对工人接触程度评估，并有监测、记录（健康监护）；
⑥ 采取措施将危险、危害降低到最低程度；
⑦ 当措施达不到要求时，免费提供个体防护用具；
⑧ 提供急救设施；
⑨ 制定应急处理预案；
⑩ 处置废物应依照法律、法规；
⑪ 对工人进行培训并提供资料、作业须知等；
⑫ 与工人及其代表合作。

3. 工人的权利和义务

① 有权了解化学品的特性、危害性、预防措施、培训程序；
② 当有充分理由判断安全与健康受到威胁可以脱离危险区，并不接受不公正待遇；
③ 与雇主密切合作，遵章守纪；
④ 采取合理步骤对可能产生的危害加以消除或降低。

4. 出口国的责任

在某出口化学品的会员国因工作安全和健康原因全部或部分禁用有害化学品的情况下，此种禁用的事实和原因应由该出口会员国通知进口化学品的国家。

我国批准170号公约表明我国政府已向世界劳工组织正式做出了承诺，使我国的化学品管理与国际管理体系接轨，按照国际通用模式建立新型的化学品管理体系，促进化学品管理逐步国际化。

第五节　危险化学品安全生产相关政策文件

一、《中共中央 国务院关于推进安全生产领域改革发展的意见》

2016年12月18日，党中央、国务院印发了《中共中央 国务院关于推进安全生产领域改革发展的意见》（以下简称《意见》），这是新中国成立以来第一个以党中央、国务院名义出台的安全生产工作的纲领性文件，充分体现了以习近平同志为核心的党中央对安全生产工作的高度重视，标志着安全生产领域的改革发展进入新阶段，对推动我国安全生产工作具有里程碑式的重大意义。

《意见》全文分为六部分，共三十条。明确了提升全社会安全生产整体水平的目标任务，从健全落实安全生产责任制、改革安全监管监察体制、大力推进依法治理、建立安全预防控制体系、加强安全基础保障能力建设等五个方面细化了安全生产领域改革发展的主要方向、时间表、路线图，是当前和今后一个时期指导我国安全生产工作的行动纲领。

（一）安全生产领域改革发展的基本要求和总的方向

1. 坚守一条红线

坚守一条红线是践行党的根本宗旨的必然要求，是全面建成小康社会的内在要求，更是做好安全生产工作的基本要求。历史经验教训表明，红线意识是安全发展观的基本要义，守得严，安全发展观就树得牢、落得实，安全生产形势就平稳可控；反之安全隐患和事故就会迭出，人民群众的切身利益就会受到损害。

2. 把握两个导向

《意见》提出的各项改革举措和政策制度，都是紧紧围绕目标导向和问题导向确定的。

(1) 目标导向

《意见》提出，到 2020 年实现安全生产总体水平与全面建成小康社会相适应、到 2030 年实现安全生产治理体系和治理能力现代化的目标任务。第一个目标主要解决与全面建成小康社会不适应的问题，全力控制生产安全事故总量，全力遏制重特大事故的频繁发生，使广大人民群众切实感受到安全环境的改善和安全感的提高；第二个目标是在完成第一个的基础上，取得安全生产工作更加稳固、更加本质的进步、实现安全生产法制、体制、机制、制度和手段体系的科学、成熟和现代化。

(2) 问题导向

在深入分析和汲取近年发生的重特大事故教训的基础上，《意见》聚焦和着力解决几个方面的问题：一是一些地方“党政同责、一岗双责、齐抓共管、失职追责”规定不明确、安全生产责任不明晰不落实问题。二是安全监管体制不顺、职能交叉、存在监管漏洞和薄弱环节问题。三是安全生产法治观念弱化及法规标准体系不健全、有法不循、执法不严问题。四是防范工作不科学、不系统、不持续和企业主体责任不落实问题。六是安全生产基础薄弱问题。七是市场机制不完善激励约束作用不强问题。八是公众安全意识淡薄和从业人员安全技能素质偏低问题。

3. 坚持五项基本原则

《意见》提出的推进安全生产领域改革发展的五项基本原则，全面贯彻了“五位一体”总体布局和“四个全面”战略布局的部署，体现了五大发展理念的要求，是进一步加强安全生产工作的根本遵循。

(1) 坚持安全发展

发展是第一要务，安全是提高发展质量和效益的本质要求，要贯彻以人民为中心的发展思想，始终把人的生命安全放在首位，正确处理安全与发展的关系。大力实施安全发展战略，为经济社会发展提供强有力的安全保障。

(2) 坚持改革创新

创新是引领发展的第一动力，安全生产工作要与时俱进，不断推进安全生产理论创新、制度创新、体制机制创新、科技创新和文化创新。增强企业内生动力，激发全社会创新活力，破解安全生产难题，推动安全生产与经济社会协调发展。

(3) 坚持依法监管

要大力弘扬社会主义法治精神，运用法治思维和法治方式，深化安全生产监管执法体制改革，完善安全生产法律法规和标准体系。严格规范公正文明执法，增强监管执法效能，提高安全生产法治化水平。

(4) 坚持源头防范

要牢固树立事故可防可控观念，坚持谋划在前、预防在先，严格安全生产市场准入，经济社会发展要以安全为前提，把安全生产贯穿城乡规划布局、设计、建设、管理和企业生产经营活动全过程。构建风险分级管控和隐患排查治理双重预防工作机制，严防风险演变、隐患升级导致生产安全事故发生。

(5) 坚持系统治理

必须坚持系统论的思想，标本兼治、综合施策、多方发力，严密层级治理和行业治理、政府治理、社会治理相结合的安全生产治理体系，组织动员各方面力量实施社会共治。在党委和政府领导下，实行全社会、全要素、全方位治理，织密齐抓共管、系统治理的安全生产保障网。科学运用法律、行政、经济、市场等手段，落实人防、技防、物防措施，提升全社会安全生产治理能力。

（二）安全生产领域改革发展的系列改革措施

1. 健全落实安全生产责任制

《意见》指出，要坚守“发展决不能以牺牲安全为代价”这条不可逾越的红线，构建“党政同责、一岗双责、齐抓共管、失职追责”的安全生产责任体系，党委、政府要发挥各自职能和作用，严格落实企业对本单位安全生产工作负的全面主体责任，堵塞监管漏洞，切实消除盲区。

（1）明确地方党委和政府领导责任

坚持党政同责、一岗双责、齐抓共管、失职追责，完善安全生产责任体系。地方各级党委和政府要始终把安全生产摆在重要位置，加强组织领导。党政主要负责人是本地区安全生产第一责任人，班子其他成员对分管范围内的安全生产工作负领导责任。地方各级安全生产委员会主任由政府主要负责人担任，成员由同级党委和政府及相关部门负责人组成。

地方各级党委要认真贯彻执行党的安全生产方针，在统揽本地区经济社会发展全局中同步推进安全生产工作，定期研究决定安全生产重大问题。加强安全生产监管机构领导班子、干部队伍建设。严格安全生产履职绩效考核和失职责任追究。强化安全生产宣传教育和舆论引导。发挥人大对安全生产工作的监督促进作用、政协对安全生产工作的民主监督作用。推动组织、宣传、政法、机构编制等单位支持保障安全生产工作。动员社会各界积极参与、支持、监督安全生产工作。

地方各级政府要把安全生产纳入经济社会发展总体规划，制定实施安全生产专项规划，健全安全投入保障制度。及时研究部署安全生产工作，严格落实属地监管责任。充分发挥安全生产委员会作用，实施安全生产责任目标管理。建立安全生产巡查制度，督促各部门和下级政府履职尽责。加强安全生产监管执法能力建设，推进安全科技创新，提升信息化管理水平。严格安全准入标准，指导管控安全风险，督促整治重大隐患，强化源头治理。加强应急管理，完善安全生产应急救援体系。依法依规开展事故调查处理，督促落实问题整改。

为了加强地方各级党委和政府对安全生产工作的领导，健全落实安全生产责任制，树立安全发展理念，2018 年 4 月 8 日，中共中央办公厅、国务院办公厅印发了《地方党政领导干部安全生产责任制规定》，对县级以上地方各级党委和政府领导班子成员的安全生产职责、考核考察、表彰奖励、责任追究进行明确具体规定。这是我国安全生产领域第一部党内法规，是习近平总书记关于安全生产重要思想的具体化、制度化。

（2）明确部门监管责任

按照管行业必须管安全、管业务必须管安全、管生产经营必须管安全和谁主管谁负责的原则，厘清安全生产综合监管与行业监管的关系，明确各有关部门安全生产工作职责，并落实到部门工作职责规定中。负有安全生产监督管理职责的有关部门依法依规履行相关行业领域安全生产监管职责，强化监管执法，严厉查处违法违规行为。其他行业领域主管部门负有安全生产管理责任，要将安全生产工作作为行业领域管理的重要内容，从行业规划、产业政策、法规标准、行政许可等方面加强行业安全生产工作，指导督促企事业单位加强安全管理。党委和政府其他有关部门要在职责范围内为安全生产工作提供支持保障，共同推进安全发展。

（3）严格落实企业主体责任

企业要严格履行安全生产法定责任，建立健全自我约束、持续改进的内生机制。企业实行全员安全生产责任制度，法定代表人和实际控制人同为安全生产第一责任人，主要技术负责人负有安全生产技术决策和指挥权，强化部门安全生产职责，落实一岗双责。完善落实混合所有制企业以及跨地区、多层级和境外中资企业投资主体的安全生产责任。建立企业全过程安全生产管理制度，做到安全责任、管理、投入、培训和应急救援“五到位”。

为深入贯彻《意见》关于企业实行全员安全生产责任制的要求，2017 年 10 月 10 日，国务院安委会办公室印发了《关于全面加强企业全员安全生产责任制工作的通知》（安委办〔2017〕29 号，以下简称《通知》），对企业如何建立健全全员安全生产责任制、负有安全生产监督管理职责的部门如何指导督促、整体推动企业全员安全生产责任制提出了明确要求，为企业实行全员安全生产责任制提供了重要指导。《通知》紧紧围绕全员安全生产责任制，明确了企业在建立健全企业全员安全生产责任制方面的主体责任和负有安全生产监督管理职责部门在监督检查方面的工作任务，并为增强企业全员安全生产责任制的实施效果，提出了要加强分类指导、注重典型引路、营造氛围三个方面的工作要求。

（4）健全责任考核机制

建立与全面建成小康社会相适应和体现安全发展水平的考核评价体系。完善考核制度，统筹整合、科学设定安全生产考核指标，加大安全生产在社会治安综合治理、精神文明建设等考核中的权重。各级政府要对同级安全生产委员会成员单位和下级政府实施严格的安全生产工作责任考核，实行过程考核与结果考核相结合。各地区各单位要建立安全生产绩效与履职评定、职务晋升、奖励惩处挂钩制度，严格落实安全生产“一票否决”制度。

（5）严格责任追究制度

实行党政领导干部任期安全生产责任制，日常工作依责尽职、发生事故依责追究。依法依规制定各有关部门安全生产权力和责任清单，尽职照单免责、失职照单问责。建立企业生产经营全过程安全责任追溯制度。严肃查处安全生产领域项目审批、行政许可、监管执法中的失职渎职和权钱交易等腐败行为。严格事故直报制度，对瞒报、谎报、漏报、迟报事故的单位和个人依法依规追责。对被追究刑事责任的生产经营者依法实施相应的职业禁入，对事故发生负有重大责任的社会服务机构和人员依法严肃追究法律责任，并依法实施相应的行业禁入。

2. 改革安全监管监察体制

《意见》明确了矿山、危险化学品监管体制改革方向，对安全监管部门行政执法机构的地位，充实市、县两级安全生产监管执法人员，强化乡镇（街道）安全监管力量，完善开发区、工业区等功能区的安全监管体制提出了具体要求。同时制定了监管执法装备、执法和应急用车标准，执法经费保障纳入同级财政全额保障范围等一系列措施。

（1）完善监督管理体制

加强各级安全生产委员会组织领导，充分发挥其统筹协调作用，切实解决突出矛盾和问题。各级安全生产监督管理部门承担本级安全生产委员会日常工作，负责指导协调、监督检查、巡查考核本级政府有关部门和下级政府安全生产工作，履行综合监管职责。负有安全生产监督管理职责的部门，依照有关法律法规和部门职责，健全安全生产监管体制，严格落实监管职责。相关部门按照各自职责建立完善安全生产工作机制，形成齐抓共管格局。

（2）改革重点行业领域安全监管监察体制

依托国家煤矿安全监察体制，加强非煤矿山安全生产监管监察，优化安全监察机构布局，将国家煤矿安全监察机构负责的安全生产行政许可事项移交给地方政府承担。着重加强危险化学品安全监管体制改革和力量建设，明确和落实危险化学品建设项目立项、规划、设计、施工及生产、储存、使用、销售、运输、废弃处置等环节的法定安全监管责任，建立有力的协调联动机制，消除监管空白。完善海洋石油安全生产监督管理体制机制，实行政企分开。理顺民航、铁路、电力等行业跨区域监管体制，明确行业监管、区域监管与地方监管职责。

（3）进一步完善地方监管执法体制

地方各级党委和政府要将安全生产监督管理部门作为政府工作部门和行政执法机构，加强安全生产执法队伍建设，强化行政执法职能。统筹加强安全监管力量，重点充实市、县两级安全生产监管执法人员，强化乡镇（街道）安全生产监管力量建设。完善各类开发区、工业园区、港区、风景区等功能区安全生产监管体制，明确负责安全生产监督管理的机构以及港区安全生产地方监管和部门监管责任。

（4）健全应急救援管理体制

按照政事分开原则，推进安全生产应急救援管理体制改革，强化行政管理职能，提高组织协调能力和现场救援时效。健全省、市、县三级安全生产应急救援管理工作机制，建设联动互通的应急救援指挥平台。依托消防、大型企业、工业园区等应急救援力量，加强矿山和危险化学品等应急救援基地和队伍建设，实行区域化应急救援资源共享。

3. 大力推进依法治理

《意见》将无证生产经营建设、拒不整改重大隐患、强令违章冒险作业、拒不执行安全监察执法指令等具有明显的主观故意、极易导致重大生产安全事故的违法行为纳入刑法调整范围，指出要“健全领导干部非法干预安全生产监管执法的记录、通报和责任追究制度”，极大地加强了对安全生产非法违法的惩戒力度，保障了基层执法的严肃性。

（1）健全法律法规体系

建立健全安全生产法律法规“立改废释”工作协调机制。加强涉及安全生产相关法规一致性审查，增强安全生产法制建设的系统性、可操作性。制定安全生产中长期立法规划，加快制定修订安全生产法配套法规。加强安全生产法律法规衔接融合。研究修改刑法有关条款，将生产经营过程中极易导致重大生产安全事故的违法行为列入刑法调整范围。制定完善高危行业领域安全规程。设区的市根据《中华人民共和国立法法》的立法精神，加强安全生产地方性法规建设，解决区域性安全生产突出问题。

（2）完善标准体系

加快安全生产标准制定修订和整合，建立以强制性国家标准为主体的安全生产标准体系。鼓励依法成立的社会团体和企业制定更加严格规范的安全生产标准，结合国情积极借鉴实施国际先进标准。统筹提出安全生产强制性国家标准立项计划，有关部门按照职责分工组织起草、审查、实施和监督执行，国务院标准化行政主管部门负责及时立项、编号、对外通报、批准并发布。

（3）严格安全准入制度

严格高危行业领域安全准入条件。按照强化监管与便民服务相结合原则，科学设置安全生产行政许可事项和办理程序，优化工作流程，简化办事环节，实施网上公开办理，接受社会监督。对与人民群众生命财产安全直接相关的行政许可事项，依法严格管理。对取消、下放、移交的行政许可事项，要加强事中事后安全监管。

（4）规范监管执法行为

完善安全生产监管执法制度，明确每个生产经营单位安全生产监督和管理主体，制定实施执法计划，完善执法程序规定，依法严格查处各类违法违规行为。建立行政执法和刑事司法衔接制度，负有安全生产监督管理职责的部门要加强与公安、检察院、法院等协调配合，完善安全生产违法线索通报、案件移送与协查机制。对违法行为当事人拒不执行安全生产行政执法决定的，负有安全生产监督管理职责的部门应依法申请司法机关强制执行。完善司法机关参与事故调查机制，严肃查处违法犯罪行为。研究建立安全生产民事和行政公益诉讼制度。

（5）完善执法监督机制

各级人大常委会要定期检查安全生产法律法规实施情况，开展专题询问。各级政协要围绕安全生产突出问题开展民主监督和协商调研。建立执法行为审议制度和重大行政执法决策机制，评估执法效果，防止滥用职权。健全领导干部非法干预安全生产监管执法的记录、通报和责任追究制度。完善安全生产执法纠错和执法信息公开制度，加强社会监督和舆论监督，保证执法严明、有错必纠。

（6）健全监管执法保障体系

制定安全生产监管监察能力建设规划，明确监管执法装备及现场执法和应急救援用车配备标准，加强监管执法技术支撑体系建设，保障监管执法需要。建立完善负有安全生产监督管理职责的部门监管执法经费保障机制，将监管执法经费纳入同级财政全额保障范围。加强监管执法制度化、标准化、信息化建设，确保规范高效监管执法。建立安全生产监管执法人员依法履行法定职责制度，激励保证监管执法人员忠于职守、履职尽责。严格监管执法人员资格管理，制定安全生产监管执法人员录用标准，提高专业监管执法人员比例。建立健全安全生产监管执法人员凡进必考、入职培训、持证上岗和定期轮训制度。统一安全生产执法标志标识和制式服装。

（7）完善事故调查处理机制

坚持问责与整改并重，充分发挥事故查处对加强和改进安全生产工作的促进作用。完善生产安全事故调查组组长负责制。健全典型事故提级调查、跨地区协同调查和工作督导机制。建立事故调查分析技术支撑体系，所有事故调查报告要设立技术和管理问题专篇，详细分析原因并全文发布，做好解读，回应公众关切。对事故调查发现有漏洞、缺陷的有关法律法规和标准制度，及时启动制定修订工作。建立事故暴露问题整改督办制度，事故结案后一年内，负责事故调查的地方政府和国务院有关部门要组织开展评估，及时向社会公开，对履职不力、整改措施不落实的，依法依规严肃追究有关单位和人员责任。

4. 建立安全预防控制体系

《意见》对安全风险评估论证、安全风险联防联控、重大危险源管理提出要求，提出安全预防工作重点在企业，要实行重大隐患治理情况向负有安全生产监管职责部门和企业职代会“双报告”制度。

（1）加强安全风险管控

地方各级政府要建立完善安全风险评估与论证机制，科学合理确定企业选址和基础设施建设、居民生活区空间布局。高危项目审批必须把安全生产作为前置条件，城乡规划布局、设计、建设、管理等各项工作必须以安全为前提，实行重大安全风险“一票否决”。加强新材料、新工艺、新业态安全风险评估和管控。紧密结合供给侧结构性改革，推动高危产业转型升级。位置相邻、行业相近、业态相似的地区和行业要建立完善重大安全风险联防联控机制。构建国家、省、市、县四级重大危险源信息管理体系，对重点行业、重点区域、重点企业实行风险预警控制，有效防范重特大生产安全事故。

（2）强化企业预防措施

企业要定期开展风险评估和危害辨识。针对高危工艺、设备、物品、场所和岗位，建立分级管控制度，制定落实安全操作规程。树立隐患就是事故的观念，建立健全隐患排查治理制度、重大隐患治理情况向负有安全生产监督管理职责的部门和企业职代会“双报告”制度，实行自查自改自报闭环管理。严格执行安全生产“三同时”制度。大力推进企业安全生产标准化建设，实现安全管理、操作行为、设备设施和作业环境的标准化。开展经常性的应急演练和人员避险自救培训，着力提升现场应急处置能力。

（3）建立隐患治理监督机制

制定生产安全事故隐患分级和排查治理标准。负有安全生产监督管理职责的部门要建立与企业隐患排查治理系统联网的信息平台，完善线上线下配套监管制度。强化隐患排查治理监督执法，对重大隐患整改不到位的企业依法采取停产停业、停止施工、停止供电和查封扣押等强制措施，按规定给予上限经济处罚，对构成犯罪的要移交司法机关依法追究刑事责任。严格重大隐患挂牌督办制度，对整改和督办不力的纳入政府核查问责范围，实行约谈告诫、公开曝光，情节严重的依法依规追究相关人员责任。

（4）强化城市运行安全保障

定期排查区域内安全风险点、危险源，落实管控措施，构建系统性、现代化的城市安全保障体系，推进安全发展示范城市建设。提高基础设施安全配置标准，重点加强对城市高层建筑、大型综合体、隧道桥梁、管线管廊、轨道交通、燃气、电力设施及电梯、游乐设施等的检测维护。完善大型群众性活动安全管理制度，加强人员密集场所安全监管。加强公安、民政、国土资源、住房城乡建设、交通运输、水利、农业、安全监管、气象、地震等相关部门的协调联动，严防自然灾害引发事故。

（5）加强重点领域工程治理

深入推进对煤矿瓦斯、水害等重大灾害以及矿山采空区、尾矿库的工程治理。加快实施人口密集区域的危险化学品和化工企业生产、仓储场所安全搬迁工程。深化油气开采、输送、炼化、码头接卸等领域安全整治。实施高速公路、乡村公路和急弯陡坡、临水临崖危险路段公路安全生命防护工程建设。加强高速铁路、跨海大桥、海底隧道、铁路浮桥、航运枢纽、港口等防灾监测、安全检测及防护系统建设。完善长途客运车辆、旅游客车、危险物品运输车辆和船舶生产制造标准，提高安全性能，强制安装智能视频监控报警、防碰撞和整车整船安全运行监管技术装备，对已运行的要加快安全技术装备改造升级。

5. 加强安全基础保障能力建设

《意见》就推进现代信息技术与安全生产融合的安全生产信息化建设、建立安全生产责任保险制度、将安全知识纳入国民教育和农民工技能培训提出了具体要求，为强化安全基础提供了牢靠保障。

(1) 完善安全投入长效机制

加强中央和地方财政安全生产预防及应急相关资金使用管理，加大安全生产投入，强化审计监督。加强安全生产经济政策研究，完善安全生产专用设备企业所得税优惠目录。落实企业安全生产费用提取管理使用制度，建立企业增加安全投入的激励约束机制。健全投融资服务体系，引导企业集聚发展灾害防治、预测预警、检测监控、个体防护、应急处置、安全文化等技术、装备和服务产业。

(2) 建立安全科技支撑体系

优化整合国家科技计划，统筹支持安全生产领域科研项目，加强研发基地和博士后科研工作站建设。开展事故预防理论研究和关键技术装备研发，加快成果转化和推广应用。推动工业机器人、智能装备在危险工序和环节广泛应用。提升现代信息技术与安全生产融合度，统一标准规范，加快安全生产信息化建设，构建安全生产信息化全国“一张网”。加强安全生产理论和政策研究，运用大数据技术开展安全生产规律性、关联性特征分析，提高安全生产决策科学化水平。

(3) 健全社会化服务体系

将安全生产专业技术服务纳入现代服务业发展规划，培育多元化服务主体。建立政府购买安全生产服务制度。支持发展安全生产专业化行业组织，强化自治自律，完善注册安全工程师制度，改革完善安全生产技术服务机构资质管理办法。

(4) 发挥市场机制推动作用

取消安全生产风险抵押金制度，建立健全安全生产责任保险制度，在矿山、危险化学品、烟花爆竹、金属冶炼等高危行业领域强制实施，切实发挥保险机构参与风险评估管控和事故预防功能。完善工伤保险制度，加快制定工伤预防费用的提取比例、使用和管理具体办法。积极推进安全生产诚信体系建设，完善企业安全生产不良记录“黑名单”制度，建立失信惩戒和守信激励机制。

(5) 健全安全宣传教育体系

将安全生产监督管理纳入各级党政领导干部培训内容。把安全知识普及纳入国民教育，建立完善中小学安全教育体系。把安全生产纳入农民工技能培训内容。严格落实企业安全教育培训制度，切实做到先培训、后上岗。推进安全文化建设，加强警示教育，强化全民安全意识和法治意识。发挥工会、共青团、妇联等群团组织作用，依法维护职工群众的知情权、参与权与监督权。加强安全生产公益宣传和舆论监督。建立安全生产“12350”专线与社会公共管理平台统一接报、分类处置的举报投诉机制。鼓励开展安全生产志愿服务和慈善事业。加强安全生产国际交流合作，学习借鉴国外安全生产先进经验。

二、中共中央办公厅 国务院办公厅《关于全面加强危险化学品安全生产工作的意见》

（一）总体要求

以习近平新时代中国特色社会主义思想为指导，全面贯彻党的十九大和十九届二中、三中、四中全会精神，紧紧围绕统筹推进“五位一体”总体布局和协调推进“四个全面”战略布局，坚持总体国家安全观，按照高质量发展要求，以防控系统性安全风险为重点，完善和落实安全生产责任和管理制度，建立安全隐患排查和安全预防控制体系，加强源头治理、综合治理、精准治理，着力解决基础性、源头性、瓶颈性问题，加快实现危险化学品安全生产治理体系和治理能力现代化，全面提升安全发展水平，推动安全生产形势持续稳定好转，为经济社会发展营造安全稳定环境。

（二）主要内容

强化安全风险管控要深入开展安全风险排查、推进产业结构调整、严格标准规范。强化全链条安全管理要严格安全准入、加强重点环节安全管控、强化废弃危险化学品等危险废物监管。强化企业主体责任落实要强化法治措施、加大失信约束力度、强化激励措施。强化基础支撑保障要提高科技与信息化水平、加强专业人才培养、规范技术服务协作机制、加强危险化学品救援队伍建设。强化安全监管能力要完善监管体制机制、健全执法体系、提升监管效能。

三、《国务院办公厅关于印发危险化学品安全生产综合整治方案的通知》

2016 年 11 月 29 日，国务院办公厅印发《危险化学品安全综合治理方案》，在全国范围内组织开展为期 3 年的危险化学品安全综合治理，提出了 40 条具体任务。

（一）指导思想

全面贯彻党的十八大和十八届三中、四中、五中、六中全会精神，认真落实习近平总书记、李克强总理等党中央、国务院领导同志关于安全生产工作的重要指示批示要求，严格执行安全生产有关法律法规，牢固树立安全发展理念，坚持人民利益至上，坚守安全红线，坚持标本兼治，注重远近结合，深化改革创新，健全体制机制，强化法治，明晰责任，严格监管，落实“党政同责、一岗双责、齐抓共管、失职追责”及“管行业必须管安全、管业务必须管安全、管生产经营必须管安全”的要求，全面加强危险化学品安全管理工作，促进危险化学品安全生产形势持续稳定好转。

（二）工作目标

企业安全生产主体责任得到有效落实。涉及危险化学品的各行业安全风险和重大危险源进一步摸清并得到重点管控，人口密集区危险化学品企业搬迁工程全面启动实施，危险化学品信息共享机制初步建立，油气输送管道安全隐患整治攻坚战成果得到巩固。危险化学品安全监管体制进一步理顺、机制进一步完善、法制进一步健全。危险化学品安全生产基础进一步夯实，应急救援能力得到大幅提高，安全保障水平进一步提升，危险化学品重特大事故得到有效遏制。

（三）主要内容

《危险化学品安全综合治理方案》中明确开展危险化学品安全综合治理的工作有以下

十个方面：一是全面摸排危险化学品安全风险，建立危险化学品安全风险分布档案。二是有效防范遏制危险化学品重特大事故，加强高危化学品、重大危险源、涉及危险化学品重大风险功能区、危险化学品运输安全等方面的管控，全面启动实施人口密集区危险化学品生产、储存企业搬迁。三是健全危险化学品安全监管体制机制，进一步健全和完善政府监管责任体系，建立更加有力的统筹协调机制，强化行业主管部门危险化学品安全管理责任。四是进一步完善危险化学品安全法律法规和有关标准，强化对危险化学品安全的依法治理。五是加强规划布局和准入条件等源头管控，统筹地方国民经济和社会发展规划、城市总体规划、土地利用总体规划编制，规范产业布局，严格安全准入，加强危险化学品建设工程设计、施工质量管理。六是依法推动企业落实主体责任，深入推进安全生产标准化建设，严格规范执法检查，加大对安全生产失信企业惩戒力度。七是大力提升危险化学品安全保障能力，强化危险化学品安全监管队伍建设，充分利用社会力量，提高监管效率。八是加强危险化学品安全监管信息化建设，建立全国危险化学品监管信息共享平台。九是加强危险化学品应急救援工作，强化危险化学品专业应急能力建设。十是加强危险化学品安全宣传教育和人才培养，大力推进危险化学品安全宣传普及，加强化工行业管理人才、产业工人培养。

四、《化工园区安全风险排查治理导则（试行）》

（一）化工园区的设立

化工园区整体规划、集中布置，符合国家、区域、省和设区的市产业布局、国土空间规划要求，在城乡总体规划确定的建设用地范围之内且化工园区内无居民居住。

（二）化工园区选址、规划安全要求

化工园区要编制《化工园区总体规划》和《化工园区产业规划》，化工园区的选址把安全放在首位，进行选址安全评估，化工园区与城市建成区、人口密集区、重要设施等防护目标之间保持足够的安全防护距离，留有适当的缓冲带，将化工园区安全与周边公共安全的相互影响降至风险可以接受。

（三）园区准入和退出规定

化工园区严格根据《化工园区总体规划》和《化工园区产业规划》，制定适应区域特点、地方实际的《化工园区产业发展指引》和“禁限控”目录。

对有利于形成相对完整的“上中下游”产业链和主导产业，优先准入化工园区。同时，建立健全企业、承包商准入和退出机制，建立黑名单制度。凡存在重大事故隐患、生产工艺技术落后、不具备安全生产条件的企业，责令停产整顿，整改无望的或整改后仍不能达到要求的企业，应依法予以关闭。

（四）园区配套的功能设施

配套的主要功能设施包括：充足、可靠，建设统一集中的供水设施和管网、双电源供电系统、满足《化工园区公共管廊管理规程》（GB/T 36762—2018）要求化工园区公用管廊、建设危险化学品车辆专用停车场（有危险化学品车辆聚集较大安全风险的化工园区）、安装物联网等先进技术对危险化学品运输车辆进出进行实时监控，实行专用道路、专用车道和限时限速行驶等措施，由化工园区实施统一管理、科学调度，防止安全风险积聚；按照“分类控制、分级管理、分步实施”要求，结合产业结构、产业链特点、安全风险类型等实际情况，分区实行封闭化管理，建立完善门禁系统和视频监控系统，对易燃易爆、有毒有害化学品和危险废物等物料、人员、车辆进出实施全过程监管；对产生的固体废物特别是危险废物全部进行安全处置，必要时建设配套的固体废物特别是危险废物集中处置设施，并实行专业化运营管理，充分利用信息化等手段对危险废物种类、产生量、流向、贮存、处置、转移等全链条的风险实施监督和管理等。

此外，《化工园区安全风险排查治理导则（试行）》还对园区一体化安全管理及应急救援要求、园区安全风险分类以及园区安全风险排查内容做了详细规定。

五、《危险化学品企业安全风险隐患排查治理导则》

（一）常用安全风险分析及风险评估方法

《危险化学品企业安全风险隐患排查治理导则》指出企业要充分利用安全检查表（SCL）、工作危害分析（JHA）、故障类型和影响分析（FMEA）、危险和可操作性分析（HAZOP）等安全风险分析方法，或多种方法的组合，分析生产过程中存在的安全风险；选用风险评估矩阵（RAM）、作业条件危险性分析（LEC）等方法进行风险评估，有效实施安全风险分级管控。对涉及“两重点一重大”的生产、储存装置定期开展 HAZOP 分析。

（二）安全风险隐患排查形式及其定义

安全风险隐患排查形式包括日常排查、综合性排查、专业性排查、季节性排查、重点时段及节假日前排查、事故类比排查、复产复工前排查和外聘专家诊断式排查等。其中，日常排查是指基层单位班组、岗位员工的交接班检查和班中巡回检查，以及基层单位（厂）管理人员和各专业技术人员的日常性检查；日常排查要加强对关键装置、重点部位、关键环节、重大危险源的检查和巡查。综合性排查是指以安全生产责任制、各项专业管理制度、安全生产管理制度和化工过程安全管理各要素落实情况为重点开展的全面检查。专业性排查是指工艺、设备、电气、仪表、储运、消防和公用工程等专业对生产各系统进行的检查。季节性排查是指根据各季节特点开展的专项检查，主要包括：春季以防雷、防静电、防解冻泄漏、防解冻坍塌为重点；夏季以防雷暴、防设备容器超温超压、防台风、防洪、防暑降温为重点；秋季以防雷暴、防火、防静电、防凝保温为重点；冬季以防火、防爆、防雪、防冻防凝、防滑、防静电为重点。重点时段及节假日前排查是指在重大活动、重点时段和节假日前，对装置生产是否存在异常状况和事故隐患、备用设备状态、备品备件、生产及应急物资储备、保运力量安排、安全保卫、应急、消防等方面进行的检查，特别是要对节假日期间领导干部带班值班、机电仪保运及紧急抢修力量安排、备件及各类物资储备和应急工作进行重点检查。事故类比排查是指对企业内或同类企业发生安全事故后举一反三的安全检查。复产复工前排查是指因节假日、设备大检修、生产原因等停产较长时间，在重新恢复生产前，需要进行人员培训，对生产工艺、设备设施等进行综合性隐患排查。外聘专家排查是指聘请外部专家对企业进行的安全检查。

（三）安全风险隐患排查的频次要求

装置操作人员现场巡检间隔不得大于 2 小时，涉及“两重点一重大”的生产、储存装置和部位的操作人员现场巡检间隔不得大于 1 小时；基层车间（装置）直接管理人员（工艺、设备技术人员）、电气、仪表人员每天至少两次对装置现场进行相关专业检查；基层车间应结合班组安全活动，至少每周组织一次安全风险隐患排查；基层单位（厂）应结合岗位责任制检查，至少每月组织一次安全风险隐患排查。

同时规定，企业根据季节性特征及本单位的生产实际，每季度开展一次有针对性的季节性安全风险隐患排查；重大活动、重点时段及节假日前必须进行安全风险隐患排查；企业至少每半年组织一次，基层单位至少每季度组织一次综合性排查和专业排查，两者可结合进行；当同类企业发生安全事故时，应举一反三，及时进行事故类比安全风险隐患专项排查。

（四）安全风险隐患排查的内容

排查内容包括但不限于以下方面：安全领导能力；安全生产责任制；岗位安全教育和操作技能培训；安全生产信息管理；安全风险管理；设计管理；试生产管理；装置运行安全管理；设备设施完好性；作业许可管理；承包商管理；变更管理；应急管理；安全事故事件管理。

（五）安全风险隐患闭环管理规定

1. 安全风险隐患管控与治理

对排查发现的安全风险隐患，应当立即组织整改，并如实记录安全风险隐患排查治理情况，建立安全风险隐患排查治理台账，及时向员工通报。对排查发现的重大事故隐患，应及时向本企业主要负责人报告；主要负责人不及时处理的，可以向主管的负有安全生产监督管理职责的部门报告。对于不能立即完成整改的隐患，应进行安全风险分析，并应从工程控制、安全管理、个体防护、应急处置及培训教育等方面采取有效的管控措施，防止安全事故的发生。

2. 安全风险隐患上报

企业向属地应急管理部门或相关部门上报安全风险隐患管控与整改情况、存在的重大事故隐患及事故隐患排查治理长效机制的建立情况。重大事故隐患的报告内容包括：现状及其产生原因、危害程度分析、治理方案及治理前保证安全的管控措施等。

3. 依法暂扣或吊销安全生产许可证的情形

依据《化工和危险化学品生产经营单位重大生产安全事故隐患判定标准（试行）》，企业存在重大隐患的，必须立即排除，排除前或排除过程中无法保证安全的，属地应急管理部门应依法责令暂时停产停业或者停止使用相关设施、设备。

《危险化学品企业安全风险隐患排查治理导则》规定了企业存在如下情形，暂扣或吊销安全生产许可证：① 主要负责人、分管安全负责人和安全生产管理人员未依法取得安全合格证书。② 涉及危险化工工艺的特种作业人员未取得特种作业操作证、未取得高中或者相当于高中及以上学历。③ 在役化工装置未经具有资质的单位设计且未通过安全设计诊断。④ 外部安全防护距离不符合国家标准要求、存在重大外溢风险。⑤ 涉及“两重点一重大”装置或储存设施的自动化控制设施不符合《危险化学品重大危险源监督管理暂行规定》（国家安全生产监督管理总局令第 40 号）等国家要求。⑥ 化工装置、危险化学品设施“带病”运行。

六、《化工和危险化学品生产经营单位重大生产安全事故隐患判定标准（试行）》

判定为重大生产安全事故隐患的情形有：

（1）危险化学品生产、经营单位主要负责人和安全生产管理人员未依法经考核合格。

（2）特种作业人员未持证上岗。

（3）涉及“两重点一重大”的生产装置、储存设施外部安全防护距离不符合国家标准要求。

（4）涉及重点监管危险化工工艺的装置未实现自动化控制，系统未实现紧急停车功能，装备的自动化控制系统、紧急停车系统未投入使用。

（5）构成一级、二级重大危险源的危险化学品罐区未实现紧急切断功能；涉及毒性气体、液化气体、剧毒液体的一级、二级重大危险源的危险化学品罐区未配备独立的安全仪表系统。

（6）全压力式液化烃储罐未按国家标准设置注水措施。

（7）液化烃、液氨、液氯等易燃易爆、有毒有害液化气体的充装未使用万向管道充装系统。

（8）光气、氯气等剧毒气体及硫化氢气体管道穿越除厂区（包括化工园区、工业园区）外的公共区域。

（9）地区架空电力线路穿越生产区且不符合国家标准要求。

（10）在役化工装置未经正规设计且未进行安全设计诊断。

（11）使用淘汰落后安全技术工艺、设备目录列出的工艺、设备。

（12）涉及可燃和有毒有害气体泄漏的场所未按国家标准设置检测报警装置，爆炸危险场所未按国家标准安装使用防爆电气设备。

（13）控制室或机柜间面向具有火灾、爆炸危险性装置一侧不满足国家标准关于防火防爆的要求。

（14）化工生产装置未按国家标准要求设置双重电源供电，自动化控制系统未设置不间断电源。

（15）安全阀、爆破片等安全附件未正常投用。

（16）未建立与岗位相匹配的全员安全生产责任制或者未制定实施生产安全事故隐患排查治理制度。

（17）未制定操作规程和工艺控制指标。

（18）未按照国家标准制定动火、进入受限空间等特殊作业管理制度，或者制度未有效执行。

（19）新开发的危险化学品生产工艺未经小试、中试、工业化试验直接进行工业化生产；国内首次使用的化工工艺未经过省级人民政府有关部门组织的安全可靠性论证；新建装置未制定试生产方案投料开车；精细化工企业未按规范性文件要求开展反应安全风险评估。

（20）未按国家标准分区分类储存危险化学品，超量、超品种储存危险化学品，相互禁配物质混放混存。

习题一

一、判断题

1. 生产经营场所和员工宿舍应当设有符合紧急疏散要求、标志明显、保持畅通的出口。禁止锁闭、封堵生产经营场所或者员工宿舍的出口。

2. 两个以上生产经营单位在同一作业区域内进行生产经营活动，可能危及对方生产安全的，应当签订安全生产管理协议，明确各自的安全生产管理职责和应当采取的安全措施，并指定专职安全生产管理人员进行安全检查与协调。

3. 生产经营单位可以将生产经营项目、场所、设备发包或者出租给不具备安全生产条件或者相应资质的单位或者个人，从事生产经营活动。

4. 生产经营单位对负有安全生产监督管理职责的部门的监督检查人员依法履行监督检查职责，应当予以配合，不得拒绝、阻挠。

5. 特种作业人员未按照规定经专门的安全作业培训，取得相应资格，可以先上岗作业再培训。

6. 矿山、金属冶炼建设项目和用于生产、储存、装卸危险物品的建设项目的安全设施设计未按照国家有关规定报经有关部门审查，可以先投入施工建设。

7. 特种设备以及危险物品的容器、运输工具，以及涉及人身安全、危险性较大的海洋石油开采特种设备和矿山井下特种设备，未经取得专业资质的机构检测、检验合格，取得安全使用证或者安全标志，可以采取措施先投入使用。

8. 生产经营单位使用应当淘汰的危及生产安全的工艺、设备的，经采取措施可以继续使用。

9. 生产经营单位未与承包单位、承租单位签订专门的安全生产管理协议或者未在承包合同、租赁合同中明确各自的安全生产管理职责，或者未对承包单位、承租单位的安全生产统一协调、管理的，责令限期改正，可以处五万元以下的罚款，对其直接负责的主管人员和其他直接责任人员可以处一万元以下的罚款；逾期末改正的，责令停产停业整顿。

10. 危险化学品零售业务的店面内显著位置应设有“禁止明火”等警示标志。

11. 大中型危险化学品仓库应选址在远离市区和居民区的当地主导风向的下风方向和河流下游的地域。

12. 互为禁忌物料的危险化学品可以装在同一车、船内运输。

13. 运输危险化学品的车、船和其他运输工具内允许搭乘无关人员。

14. 危险化学品仓库应设有避雷设施，并两年至少检测一次，使之安全有效。

15. 危险化学品仓库应设有消防、治安报警装置，有供对外报警、联络的通信设备。

16. 装卸毒害品人员应具有操作毒品的一般知识。操作时轻拿轻放，不得碰撞、倒置，防止包装破损商品外溢。作业人员应佩戴手套和相应的防毒口罩或面具，穿防护服。

17. 装卸毒害品人员作业中不得饮食，不得用手擦嘴、脸、眼睛。每次作业完毕，应及时用肥皂（或专用洗涤剂）洗净面部、手部，用清水漱口，防护用具应及时清洗，集中存放。

18. 装卸易燃易爆品人员，在各项操作中可以使用手持金属装卸工具，但作业现场应远离热源和火源。

19. 装卸易燃液体人员需穿防静电工作服。禁止穿带钉鞋。大桶不得在水泥地面滚动。桶装各种氧化剂不得在水泥地面滚动。

20. 装卸腐蚀品人员不能使用沾染异物和能产生火花的机具，作业现场须远离热源和火源。

21. 各类危险化学品分装、改装、开箱（桶）检查等应在库房内进行。

22. 泄漏或渗漏危险化学品的包装容器应迅速转移至安全区域。

23. 国家实行危险化学品登记制度。危险化学品登记实行企业申请、两级审核、统一发证、分级管理的原则。

24. 新建的生产企业应当在竣工验收后办理危险化学品登记。

25. 同一企业生产、进口同一品种危险化学品的，按照生产企业进行一次登记，但应当提交进口危险化学品的有关信息。

26. 危险化学品生产企业必须向用户提供化学事故应急咨询服务，为化学事故应急救援提供技术指导和必要的协助。

27. 登记企业不得转让、冒用或者使用伪造的危险化学品登记证。

28. 经营许可证有效期届满后需要继续从事危险化学品经营的，应当依照《危险化学品经营许可证管理办法》的规定重新申请经营许可证。

29. 取得第一类易制毒化学品经营许可的企业，应当凭经营许可证到工商行政管理部门办理经营范围变更登记。未经变更登记，不得进行第一类易制毒化学品的经营。

30. 第一类易制毒化学品的销售情况，应当自销售之日起 10 日内报当地公安机关备案；第一类易制毒化学品的使用单位，应当建立使用台账，并保存 2 年备查。

31. 第二类、第三类易制毒化学品的销售情况，应当自销售之日起 30 日内报当地公安机关备案。

32. 跨设区的市级行政区域（直辖市为跨市界）或者在国务院公安部门确定的禁毒形势严峻的重点地区跨县级行政区域运输第一类易制毒化学品的，由运出地的设区的市级人民政府公安机关审批；运输第二类易制毒化学品的，由运出地的县级人民政府公安机关审批。经审批取得易制毒化学品运输许可证后，方可运输。

33. 运输第三类易制毒化学品的，应当在运输前向运出地的县级人民政府公安机关备案。公安机关应当于收到备案材料的当日发给备案证明。

34. 申请易制毒化学品运输许可，应当提交易制毒化学品的购销合同，货主是企业的，应当提交营业执照；货主是其他组织的，应当提交登记证书（成立批准文件）；货主是个人的，应当提交其个人身份证明。经办人还应当提交本人的身份证明。

35.《易制毒化学品管理条例》规定，易制毒化学品运输许可证应当载明拟运输的易制毒化学品的品种、数量、运入地、货主及收货人、承运人情况以及运输许可证种类。

36. 接受货主委托运输的承运人应当查验货主提供的运输许可证或者备案证明，并查验所运货物与运输许可证或者备案证明载明的易制毒化学品品种等情况是否相符，不相符的，不得承运。

37.《易制毒化学品管理条例》规定，对向毒品制造、贩运情形严重的国家或者地区出口易制毒化学品以及本条例规定品种以外的化学品的，不可以在国际核查措施以外实施其他管制措施。

38.《易制毒化学品管理条例》规定，进口、出口或者过境、转运、通运易制毒化学品的，应当如实向海关申报，并提交进口或者出口许可证。海关凭许可证办理通关手续。

39. 将易制毒化学品许可证或者备案证明转借他人使用的，负有监督管理职责的行政主管部门吊销相应的许可证。

40. 超出许可的品种、数量生产、经营、购买易制毒化学品的，由负有监督管理职责的行政主管部门给予警告，责令限期改正，处1万元以上5万元以下的罚款。

41. 属于易制毒化学品中的危险化学品可以使用现金或者实物进行交易。

42. 生产、经营易制毒化学品的单位不如实或者不按时向有关行政主管部门和公安机关报告年度生产、经销和库存等情况的，由负有监督管理职责的行政主管部门给予警告，责令限期改正，处1万元以上5万元以下的罚款。

43. 在生产、作业中违反有关安全管理的规定，因而发生重大伤亡事故或者造成其他严重后果的，处3年以下有期徒刑或者拘役；情节特别恶劣的，处3年以上7年以下有期徒刑。

44. 强令他人违章冒险作业，因而发生重大伤亡事故或者造成其他严重后果的，处5年以下有期徒刑或者拘役；情节特别恶劣的，处5年以上有期徒刑。

45. 任何单位和成年人都有参加有组织的灭火工作的义务。

46.《中华人民共和国消防法》规定，单位的安全管理人员是本单位的消防安全责任人。

47.《中华人民共和国消防法》规定，企业对建筑消防设施三年至少进行一次全面检测，确保完好有效，检测记录应当完整准确，存档备查。

48.《中华人民共和国消防法》规定，企业对职工进行岗前消防安全培训，定期组织消防安全培训和消防演练。

49.《中华人民共和国消防法》规定，生产、储存、经营易燃易爆危险品的场所不得与居住场所设置在同一建筑物内，并应当与居住场所保持安全距离。

50.《中华人民共和国消防法》规定，生产、储存、装卸易燃易爆危险品的工厂、仓库和专用车站、码头的设置，应当符合消防技术标准。

51. 可以生产、销售或者使用不合格的消防产品以及国家明令淘汰的消防产品。

52. 专职消防队的队员不能享受社会保险和福利待遇。

53. 火灾扑灭后，发生火灾的单位和相关人员应当按照公安机关消防机构的要求保护现场，接受事故调查，如实提供与火灾有关的情况。

54. 消防设施、器材或者消防安全标志的配置、设置不符合国家标准、行业标准，或者未保持完好有效的，责令改正，处5 000元以上5万元以下罚款。

55. 根据《危险化学品安全管理条例》，危险化学品是指具有毒害、腐蚀、爆炸、燃烧、助燃等性质，对人体、设施、环境具有危害的剧毒化学品和其他化学品。

56. 根据《危险化学品安全管理条例》，有关单位和个人对依法进行的危险化学品安全监督检查应当予以配合，不得拒绝、阻碍。

57. 发生危险化学品事故，事故单位安全管理人员应当立即按照本单位危险化学品应急预案组织救援，并向当地安全生产监督管理部门和环境保护、公安、卫生主管部门报告。

58. 环境保护主管部门负责废弃危险化学品处置的监督管理，组织危险化学品的环境危害性鉴定和环境风险程度评估，确定实施重点环境管理的危险化学品，负责危险化学品环境管理登记和新化学物质环境管理登记。

59. 危险化学品的包装必须符合国家法律、法规、规章的规定和国家标准或企业标准的要求。

60. 依法设立的危险化学品生产企业在其厂区范围内销售本企业生产的危险化学品，不需要取得危险化学品经营许可。

61. 从事剧毒化学品、易制爆危险化学品经营的企业，应当向所在地县级人民政府安全生产监督管理部门提出申请。

62. 生产、储存危险化学品的单位，应当对其铺设的危险化学品管道设置明显标志，并对危险化学品管道不定期检查、检测。

63. 使用剧毒化学品、易制爆危险化学品的单位不得出借、转让其购买的剧毒化学品、易制爆危险化学品。

64. 用人单位的职业卫生管理人员对本单位的职业病防治工作全面负责。

65. 用人单位必须依法参加工伤保险。

66. 用人单位应当依照法律、法规要求，严格遵守国家职业卫生标准，落实职业病预防措施，从源头上控制和消除职业病危害。

67. 产生职业病危害的用人单位工作场所还应当有配套的更衣间、洗浴间、孕妇休息间等卫生设施。

68. 用人单位工作场所存在职业病目录所列职业病的危害因素的，应当及时、如实向所在地消防部门申报危害项目，接受监督。

69. 职业病危害严重的建设项目的防护设施设计，应当经安全生产监督管理部门审查，符合国家职业卫生标准和卫生要求的，方可施工。

70. 建设项目在竣工验收后，建设单位应当进行职业病危害控制效果评价。

71. 用人单位必须采用有效的职业病防护设施，并为劳动者提供个人使用的职业病防护用品。

72. 对产生严重职业病危害的作业岗位，应当在其醒目位置，设置警示标识和中文警示说明。

73. 用人单位与劳动者订立劳动合同时，可以不告知劳动者在工作过程中可能产生的职业病危害及其后果、职业病防护措施和待遇等。

74. 对遭受或者可能遭受急性职业病危害的劳动者，用人单位应当及时组织救治、进行健康检查和医学观察，所需费用由劳动者承担。

75. 用人单位应当保障职业病病人依法享受国家规定的职业病待遇。

76. 职业病病人除依法享有工伤保险外，依照有关民事法律，尚有获得赔偿的权利的，有权向用人单位提出赔偿要求。

77. 职业病病人变动工作单位，享有的待遇发生变化。

78. 生产经营单位发生生产安全事故后，事故现场有关人员应当立即报告本单位负责人。单位负责人接到事故报告后，应当于 2 小时内向事故发生地县级以上人民政府安全生产监督管理部门，和负有安全生产监督管理职责的有关部门报告。

79.《生产安全事故报告和调查处理条例》适用于生产经营活动中发生的造成人身伤亡或者直接经济损失的生产安全事故的报告和调查处理，以及环境污染事故、核设施事故的报告和调查处理。

80. 事故发生单位负责人接到事故报告后，应当迅速采取有效措施，组织抢救，防止事故扩大，减少人员伤亡和财产损失。

81. 事故发生单位主要负责人受到刑事处罚或者撤职处分的，自刑罚执行完毕或者受处分之日起，10年内不得担任任何生产经营单位的主要负责人。

82. 工作时间前后在工作场所内，从事与工作有关的预备性或者收尾性工作受到事故伤害的，不应当认定为工伤。

83. 职工因工作遭受事故伤害或者患职业病进行治疗，享受工伤医疗待遇。

84. 工会依法参加事故调查处理，但无权向有关部门提出处理意见。

85. 生产经营单位发生生产安全事故后，事故现场有关人员应当立即报告本单位负责人。单位负责人接到事故报告后，应当迅速采取有效措施，组织抢救，防止事故扩大，减少人员伤亡和财产损失，并按照国家有关规定立即如实报告当地负有安全生产监督管理职责的部门，不得隐瞒不报、谎报或者迟报，不得故意破坏事故现场、毁灭有关证据。

86. 因抢救人员、防止事故扩大以及疏通交通等原因，需要移动事故现场物件的，应当做出标志，但不需要绘制现场简图及做出书面记录。

87. 事故调查组有权向有关单位和个人了解与事故有关的情况。

88. 事故发生单位的负责人和有关人员在事故调查期间不得擅离职守，并应当随时接受事故调查组的询问，如实提供有关情况。

89.《中华人民共和国安全生产法》规定，两个以上生产经营单位在同一作业区域内进行可能危及对方安全生产的生产经营活动，未签订安全生产管理协议或者未指定专职安全生产管理人员进行安全检查与协调的，责令限期改正，可以处2万元以下的罚款。

90.《中华人民共和国安全生产法》规定，生产经营单位对负有安全生产监督管理职责的部门的监督检查人员依法履行监督检查职责，应当予以配合，不得拒绝、阻挠。

91.《中华人民共和国安全生产法》规定，任何单位或者个人对事故隐患或者安全生产违法行为，均有权向负有安全生产监督管理职责的部门报告或者举报。

92.《中华人民共和国安全生产法》规定，危险物品的生产、经营、储存单位以及矿山、建筑施工单位的主要负责人和安全生产管理人员，应当由有关主管部门对其安全生产知识和管理能力考核合格后方可任职。

93.《中华人民共和国安全生产法》规定，生产经营单位作出涉及安全生产的经营决策，应当听取安全生产管理机构以及安全生产管理人员的意见。

94.《中华人民共和国安全生产法》规定，生产经营单位应当建立健全生产安全事故隐患治理制度，采取技术、管理措施，及时发现并消除事故隐患。

95.《中华人民共和国安全生产法》规定，生产经营单位必须为从业人员提供符合国家标准或者行业标准的劳动防护用品，并监督、教育从业人员按照使用规则佩戴。

96.《中华人民共和国安全生产法》规定，生产经营单位不得将生产经营项目、场所、设备，发包或者出租给不具备安全生产条件或者相应资质的单位和个人。

97.《中华人民共和国安全生产法》规定，生产经营单位必须依法参加工伤保险，为从业人员缴纳保险费。

98.《中华人民共和国安全生产法》规定，生产经营单位必须投保安全生产责任保险。

99.《中华人民共和国安全生产法》规定，从业人员发现危及人身安全的紧急情况时，无权停止作业或者在采取可能的应急措施后撤离作业场所。

100.《中华人民共和国安全生产法》规定，国家实行生产安全事故责任追究制度，依照本法和有关法律、法规的规定，追究生产安全事故责任人员的法律责任。

二、填空题

101. 特别重大事故，是指造成__________人以上死亡，或者__________人以上重伤（包括急性工业中毒），或者__________亿元以上直接经济损失的事故。

102. “安全第一、预防为主、综合治理”是我国__________的方针。

103.《安全生产法》规定，矿山、金属冶炼、建筑施工、道路运输单位和危险物品的生产、经营、储存单位，应当设置__________或者配备专职安全生产管理人员。

104.《安全生产法》规定，生产经营单位的特种作业人员必须按照国家有关规定经专门的安全作业培训，取得__________相应资格，方可上岗作业。

105.《危险化学品登记管理办法》规定，危险化学品登记证书有效期为________年。

三、单选题

106.《安全生产法》规定，生产经营单位采用新工艺、新技术、新材料或者使用新设备，必须了解、掌握其（ ）特性，采取有效的安全防护措施，并对从业人员进行专门的安全生产教育和培训。

A. 商品　　B. 材料　　C. 安全技术

107.《安全生产法》规定，生产经营单位应当在有较大危险因素的生产经营场所和有关设施、设备上，设置明显的（ ）。

A. 安全警示标志　　B. 标志　　C. 警告

108.《安全生产法》规定，生产经营单位对（ ）应当登记建档，进行定期检测、评估、监控，并制定应急预案，告知从业人员和相关人员在紧急情况下应当采取的应急措施。

A. 设备　　B. 重大危险源　　C. 危险化学品

109.《安全生产法》规定，生产经营单位的安全生产管理人员应当根据本单位的生产经营特点，对安全生产状况进行经常性检查；对检查中发现的（ ），应当立即处理；不能处理的，应当及时报告本单位有关负责人，有关负责人应当及时处理。检查及处理情况应当如实记录在案。

A. 质量问题　　B. 安全问题　　C 工作问题

110. 危险物品的生产、经营、储存单位以及矿山、金属冶炼、城市轨道交通运营、建筑施工单位应当建立（ ）；生产经营规模较小的，可以不建立应急救援组织，但应当指定兼职的应急救援人员。

A. 应急救援组织　　B. 安全组织　　C. 工作组织

111.《安全生产法》规定，生产经营单位的主要负责人未履行本法规定的安全生产管理职责的，责令限期改正；逾期未改正的，责令生产经营单位（ ）。

A. 停产停业整顿　　B. 转产　　C. 限产

112.《安全生产法》规定，生产经营单位的主要负责人未履行《安全生产法》规定的安全生产管理职责，生产经营单位的主要负责人依照安全生产法规定受刑事处罚或者撤职处分的，自刑罚执行完毕或者受处分之日起，（　）年内不得担任任何生产经营单位的主要负责人。

A. 3　　B. 1　　C. 5

113.《安全生产法》规定，危险物品的生产、经营、储存单位以及矿山、金属冶炼、建筑施工、道路运输单位的主要负责人和安全生产管理人员未按照规定经（　）合格的；责令限期改正，可以处5万元以下的罚款；逾期未改正的，责令停产停业整顿，并处5万元以上10万元以下的罚款，对其直接负责的主管人员和其他直接责任人员处1万元以上2万元以下的罚款。

A. 培训　　B. 考核　　C. 审查

114.《安全生产法》规定，矿山、金属冶炼建设项目或者用于生产、储存、装卸危险物品的建设项目竣工投入生产或者使用前，（　）未经验收合格的；责令停止建设或者停产停业整顿，限期改正；逾期未改正的，处50万元以上100万元以下的罚款，对其直接负责人的主管人员和其他直接责任人员处2万元以上5万元以下的罚款；构成犯罪的，依照刑法有关规定追究刑事责任。

A. 生产设备　　B. 储存设施　　C. 安全设施

115.《安全生产法》规定，生产经营单位生产、经营、储存、使用危险物品，未建立专门安全管理制度、未采取可靠的（　）或者不接受有关主管部门依法实施的监督管理的，责令限期改正；逾期未改正的，责令停产停业整顿，可以并处2万元以上10万元以下的罚款；造成严重后果，构成犯罪的，依照刑法有关规定追究刑事责任。

A. 组织措施　　B. 安全措施　　C. 设备设施

116.《安全生产法》规定，生产经营单位对（　）未登记建档，或者未进行评估、监控，或者未制定应急预案的，责令限期改正，可以处10万元以下的罚款；逾期未改正的，责令停产停业整顿，并处10万元以上20万元以下的罚款，对其直接负责的主管人员和其他直接责任人员处2万元以上5万元以下的罚款；构成犯罪的，依照刑法有关规定追究刑事责任。

A. 危险化学品　　B. 储存设备　　C. 重大危险源

117.《危险化学品安全管理条例》规定，公安机关负责危险化学品的（　）管理。

A. 日常监督　　B. 综合监督　　C. 公共安全

118.《危险化学品安全管理条例》规定，危险化学品单位的（　）对本单位的危险化学品安全管理工作全面负责。

A. 主要负责人　　B. 法人　　C. 安全负责人

119.《危险化学品安全管理条例》所称重大危险源，是指生产、储存、使用或者搬运危险化学品，且危险化学品的数量等于或者超过（　）的单元（包括场所和设施）。

A. 标准　　B. 一定量　　C. 临界量

120.《危险化学品经营企业开业条件和技术要求》适用于中华人民共和国境内从事危险化学品交易配送的（　）企业。

A. 内贸　　B. 外贸　　C. 任何经营

121.《危险化学品经营企业开业条件和技术要求》规定，从事危险化学品批发业务的企业，应具备经（　）级以上公安、消防部门批准的专用危险品仓库。所经营的危险化学品不得存放在业务经营场所。

A. 省　　B. 县　　C. 地、市

122.《危险化学品经营企业开业条件和技术要求》规定，零售业务的店面内危险化学品的摆放应布局合理，（　）不能混放。综合性商场（含建材市场）所经营的危险化学品应有专柜存放。

A. 所有物料　　B. 不同商品　　C. 禁忌物料

123.《危险化学品经营企业开业条件和技术要求》规定，库存危险化学品应根据其化学性质分区、分类、分库储存，（　）不能混存。灭火方法不同的危险化学品不能同库储存。

A. 商品　　B. 禁忌物料　　C. 所有物料

124.《危险化学品经营许可证管理办法》规定，危险化学品经营许可证有效期为（　）年。

A. 2　　B. 3　　C. 4

125.《危险化学品经营许可证管理办法》规定，经营许可证有效期满后，经营单位继续从事危险化学品经营活动的，应当在经营许可证有效期满前（　）个月内向原发证机关提出换证申请，经审查合格后换领新证。

A. 2　　B. 3　　C. 1

126.《易制毒化学品管理条例》规定，（　）不得购买第一类、第二类易制毒化学品。

A. 单位　　B. 企业　　C. 个人

127.《易制毒化学品管理条例》规定，易制毒化学品第一类可以用于（　）。

A. 制毒的主要原料　　B. 制毒的辅助原料　　C. 制毒的化学配剂

128.《易制毒化学品管理条例》规定，易制毒化学品分为（　）类。

A. 二　　B. 三　　C. 四

129. 违反《易制毒化学品管理条例》规定，未经许可或者备案擅自生产、经营、购买、运输易制毒化学品，伪造申请材料骗取易制毒化学品生产、经营、购买或者运输许可证，使用他人的或者伪造、变造、失效的许可证生产、经营、购买、运输易制毒化学品的单位或者个人，有关行政主管部门可以自作出行政处罚决定之日起（　）年内，停止受理其易制毒化学品生产、经营、购买、运输或者进口、出口许可申请。

A. 2　　B. 3　　C. 5

130.《易制毒化学品购销和运输管理办法》规定，运输易制毒化学品，应当由（　）向公安机关申请运输许可证或者进行备案。

A. 购货方　　B. 货主　　C. 承运单位

131.《易制毒化学品购销和运输管理办法》规定，运输第三类易制毒化学品的，应当在运输前向（　）的县级人民政府公安机关备案。公安机关应当在收到备案材料的当日发给备案证明。

A. 目的地　　B. 运出地　　C. 产地

132.《易制毒化学品购销和运输管理办法》规定，违反规定购买易制毒化学品，未经许可或者备案擅自购买易制毒化学品的；公安机关应当没收非法购买的易制毒化学品，对（ ）处非法购买易制毒化学品货值10倍以上20倍以下的罚款，货值的20倍不足1万元的，按一万元罚款；构成犯罪的，依法追究刑事责任。

A. 供货方　　B. 承运方　　C. 购买方

133.《易制毒化学品购销和运输管理办法》规定，违反规定销售易制毒化学品，向无购买许可证或者备案证明的单位或者个人销售易制毒化学品的；，公安机关应当对（ ）处1万元以下罚款；有违法所得的，处3万以下罚款，并对违法所得依法予以追缴；构成犯罪的，依法追究刑事责任。

A. 购买单位　　B. 承运单位　　C. 销售单位

134.《易制毒化学品购销和运输管理办法》规定，（ ）人违反规定运输易制毒化学品，与易制毒化学品运输许可证或者备案证明载明的品种、数量、运入地、货主及收货人、承运人等情况不符的，公安机关应当责令停运整改，处5 000元以上5万元以下罚款。

A. 发货　　B. 承运　　C. 购货

135.《易制毒化学品购销和运输管理办法》规定，个人携带易制毒化学品不符合（ ）规定的，公安机关应当没收易制毒化学品，处1 000元以上5 000元以下罚款。

A. 品种、数量　　B. 规格、包装　　C. 质量、价格

136.《非药品类易制毒化学品生产、经营许可办法》规定，国家对非药品类易制毒化学品的生产、经营实行（ ）制度。

A. 申请　　B. 许可　　C. 备案

137. 非药品类易制毒化学品生产、经营许可证有效期为（ ）年。

A. 1　　B. 2　　C. 3

138. 第二类、第三类非药品类易制毒化学品生产单位进行备案时，应当提交的资料有（ ）。

A. 产品包装说明和使用说明

B. 安全生产管理制度

C. 易制毒化学品管理制度和环境突发事件应急预案

139.《非药品类易制毒化学品的分类和品种目录》中，非药品类易制毒化学品分为（ ）类。

A. 2　　B. 3　　C. 4

140.《非药品类易制毒化学品的分类和品种目录》中，属于危险化学品的品种数目有（ ）种。

A. 8　　B. 9　　C. 10

141.《刑法》规定，违反消防管理法规，经消防监督机构通知采取改正措施而拒绝执行，造成严重后果的，对直接责任人员，处（ ）有期徒刑或者拘役；后果特别严重的，处3年以上7年以下有期徒刑。

A. 1年以下　　B. 2年以下　　C. 3年以下

142.《生产安全事故报告和调查处理条例》规定，特别重大事故，是指造成30人以上死亡，或者100人以上重伤（包括急性工业中毒），或者（ ）直接经济损失的事故。

A. 1 亿元以下　　　　　B. 1 亿元以上　　　　　C. 2 亿元以上

143.《生产安全事故报告和调查处理条例》规定，事故发生后，事故现场有关人员应当立即向本单位负责人报告；单位负责人接到报告后，应于法律规定时间内向事故发生地（　）以上人民政府安全生产监督管理部门和负有安全生产监督管理职责的有关部门报告。

A. 省级　　　　　B. 市级　　　　　C. 县级

144.《生产安全事故报告和调查处理条例》规定，事故发生单位（　）有下列行为之一的，处上一年年收入 40%至 80%的罚款；属于国家工作人员的，并依法给予处分；构成犯罪的，依法追究刑事责任：（一）不立即组织事故抢救的；（二）迟报或者漏报事故的；（三）在事故调查处理期间擅离职守的。

A. 主要负责人　　　　　B. 负责人　　　　　C. 主要管理人员

145.《生产安全事故报告和调查处理条例》规定，事故发生单位及其有关人员有谎报或者瞒报事故的，对事故发生单位处（　）的罚款；对主要负责人、直接负责的主管人员和其他直接责任人员处上一年年收入 60%至 100%的罚款；属于国家工作人员的，并依法给予处分；构成违反治安管理行为的，由公安机关依法给予治安管理处罚；构成犯罪的，依法追究刑事责任。

A. 50 万元以上 100 万元以下　B. 100 万元以上 500 万元以下　C. 500 万元以上

146. 职业病防治工作坚持（　）方针。

A. 以人为本，标本兼治　B. 安全第一，预防为主　C. 预防为主，防治结合

147. 我国的职业病防治工作原则是："分类管理、（　）治理"。

A. 彻底　　　　　B. 综合　　　　　C. 分期

148. 我国法定职业病有（　）种。

A. 99　　　　　B. 105　　　　　C. 115

149.（　）应当为劳动者创造符合国家职业卫生标准和卫生要求的工作环境和条件，并采取措施保障劳动者获得职业卫生保护。

A. 各级工会组织　　　B. 用人单位　　　C. 企业、科研单位、政府机关

150. 产生职业病危害的用人单位的工作场所应当生产布局合理，符合有害与无害作业（　）的原则。

A. 不分开　　　　　B. 分开　　　　　C. 适当分开

151. 新建、扩建、改建建设项目和技术改造、技术引进项目可能产生职业病危害的，建设单位在可行性论证阶段应当向（　）提交职业病危害预评价报告。

A. 卫生行政部门　　　B. 建设行政部门　　　C. 安全生产监督管理部门

152. 用人单位应当设置或者指定职业卫生管理机构或者组织，配备专职或者兼职的（　），负责本单位的职业病防治工作。

A. 职业卫生专业人员　　B. 应急管理人员　　　C. 工会督察员

153. 产生职业病危害的用人单位应当在醒目位置设置公告栏，公布有关职业病防治的规章制度、操作规程、职业病危害事故应急救援措施和（　）结果。

A. 职工健康体检　　B. 工作场所职业病危害因素检测　　C. 职工职业病检查

154. 对可能发生急性职业损伤的有毒、有害工作场所，用人单位应当设置报警装置，配置现场急救用品、冲洗设备、应急撤离通道和必要的（　）。

A. 泄险区　　　　B. 救护车　　　　C. 医务室

155. 任何（　）和个人不得生产、经营、进口和使用国家明令禁止使用的可能产生职业病危害的设备或者材料。

A. 私营企业　　　　B. 单位　　　　C. 集体所有制企业

156. 用人单位对采用的技术、工艺、材料，应当知悉其产生的职业病危害，对有职业病危害的技术、工艺、材料隐瞒其危害而采用的，对所造成的（　）承担责任。

A. 经济损失　　　　B. 人身伤害　　　　C. 职业病危害后果

157. 对从事接触职业病危害作业的劳动者，用人单位应当按照国务院卫生行政部门的规定组织（　）的职业健康检查，并将检查结果如实告知劳动者。

A. 上岗前、在岗期间和离岗时　　B. 上岗前和在岗期间　　C. 在岗期间

158. 职业健康检查费用由（　）承担。

A. 劳动者　　　　B. 用人单位　　　　C. 人力资源和社会保障部门

159. 生产、储存、经营其他物品的场所与居住场所设置在同一建筑物内的，应当符合国家工程建设（　）技术标准。

A. 安全　　　　B. 环保　　　　C. 消防

160.《中华人民共和国消防法》规定，进行电焊、气焊等具有火灾危险的作业人员和自动消防系统的操作人员，必须（　），并严格遵守消防安全操作规程。

A. 经过培训　　　　B. 持证上岗　　　　C. 服从领导

161.《危险化学品安全管理条例》规定，危险化学品生产企业应当提供与其生产的危险化学品相符的化学品安全技术说明书，并在危险化学品包装（包括外包装件）上粘贴或者拴挂与包装内危险化学品相符的化学品（　）。

A. 安全标签　　　　B. 运输标签　　　　C. 安全标志

162.《危险化学品安全管理条例》规定，化学品安全技术说明书和化学品安全标签所载明的内容应当符合（　）的要求。

A. 国家标准　　　　B. 行业标准　　　　C. 企业标准

163.《危险化学品安全管理条例》规定，生产、储存危险化学品的单位，应当在其作业场所设置（　）装置，并保证处于适用状态。

A. 通风　防爆　　　　B. 通信　报警　　　　C. 通风　报警

164.《危险化学品安全管理条例》规定，国家对危险化学品的使用有（　）规定的，任何单位和个人不得违反该规定使用危险化学品。

A. 强制性　　　　B. 限制性　　　　C. 约束性

165.《危险化学品安全管理条例》规定，剧毒化学品以及储存数量构成重大危险源的其他危险化学品，应当在专用仓库内单独存放，并实行双人收发、（　）人保管制度。

A. 一　　　　B. 三人　　　　C. 双

166. 使用危险化学品从事生产并且使用量达到规定数量的化工企业，应当依照《危险化学品安全管理条例》的规定取得危险化学品安全（　）许可证。

A. 生产　　　　B. 使用　　　　C. 经营

167.《危险化学品安全管理条例》规定，通过道路运输剧毒化学品的，（　）应当向运输始发地或者目的地县级人民政府公安机关申请剧毒化学品道路运输通行证。

A. 承运人　　　　　　　B. 托运人　　　　　　　C. 运输单位

168.《危险化学品安全管理条例》规定，申请（　）道路运输通行证，托运人应当向县级人民政府公安机关提交拟运输的剧毒化学品品种、数量的说明、目的地、运输时间和运输路线的说明承运人取得危险货物道路运输许可等相关材料。

A. 化学品　　　　　　　B. 危险化学品　　　　　C. 剧毒化学品

169.《危险化学品安全管理条例》规定，运输危险化学品需要添加抑制剂或者稳定剂的，托运人应当添加，并将有关情况告知（　）。

A. 发货人　　　　　　　B. 收货人　　　　　　　C. 承运人

170.《危险化学品安全管理条例》规定，（　）不得在托运的普通货物中夹带危险化学品，不得将危险化学品匿报或者谎报为普通货物托运。

A. 托运人　　　　　　　B. 运输单位　　　　　　C. 承运人

171. 危险化学品单位应当将其危险化学品事故应急预案报所在地设区的（　）级人民政府安全生产监督管理部门备案。

A. 省　　　　　　　　　B. 市　　　　　　　　　C. 县

172. 发生危险化学品事故，事故单位（　）应当立即按照本单位危险化学品应急预案组织救援。

A. 主要负责人　　　　　B. 安全生产管理人员　C. 安全管理负责人

173.《危险化学品安全管理条例》规定，生产、储存危险化学品的单位未在作业场所和安全设施、设备上设置明显的安全警示标志，或者未在作业场所设置（　）装置的，由安全生产监督管理部门责令改正，可以处 5 万元以下的罚款。

A. 摄录　　　　　　　　B. 通信、报警　　　　　C. 电器控制

174. 根据《工伤保险条例》的规定，工伤保险费的缴纳，以下正确的是（　）。

A. 由用人单位缴纳，职工个人不缴纳

B. 按照国家、集体和个人三方负担的原则，由国家，用人单位和职工个人三方缴纳

C. 国家承担主要部分，用人单位次之，个人再次之

175. 职工认为是工伤，用人单位不认为是工伤的，正确处理的做法（　）。

A. 由用人单位承担举证责任

B. 按照“谁主张，谁举证”的原则，由职工承担举证责任

C. 如果由职工承担举证责任，对职工有利

176. 职工发生事故伤害，应当（　）工伤认定申请。

A. 只能由用人单位提出　　　B. 只能由职工本人提出

C. 先由用人单位提出，用人单位不提出工伤认定申请的，可由职工或者其直系亲属、工会组织提出

177. 中华人民共和国境内的各类企业的职工和个体工商户的雇工，均有依照工伤保险条例的规定享受（　）待遇的权利。

A. 人身保险　　　　　　B. 医疗保险　　　　　　C. 工伤保险

178. 职工因工作遭受事故伤害或者患职业病需要暂停工作接受工伤医疗的，在停工留薪期内原（　）待遇不变，由所在单位按月支付。

A. 工伤或职业病　　　　B. 工资和医疗　　　　　C. 工资福利

179. 工伤职工在停工留薪期满后仍需要治疗的，继续享受（　）待遇。

A. 医疗保险　　B. 工伤医疗　　C. 养老保险

180. 用人单位实行承包经营的，工伤保险（　）由职工劳动关系所在单位承担。

A. 费用　　B. 待遇　　C. 责任

181.《使用有毒物品作业场所劳动保护条例》规定，按照有毒物品产生的职业中毒危害程度，有毒品分为一般有毒品和（　）。

A. 剧毒化学品　　B. 高毒物品　　C. 普通化学品

182.《使用有毒物品作业场所劳动保护条例》规定，从事使用有毒物品作业的用人单位，应当使用符合（　）的有毒物品。

A. 省级标准　　B. 国家标准　　C. 企业标准

183.《使用有毒物品作业场所劳动保护条例》规定，劳动者职业健康检查和医学观察的费用，由（　）承担。

A. 用人单位　　B. 个人　　C. 中介机构

184.《中华人民共和国安全生产法》规定，生产经营单位发生生产安全事故时，单位的（　）应当立即组织抢救，并不得在事故调查处理期间擅离职守。

A. 现场负责人　　B. 主要负责人　　C. 安全管理人员

185.《中华人民共和国安全生产法》规定，因生产安全事故受到损害的从业人员，除依法享有工伤保险外，依照有关民事法律尚有获得赔偿的权利的，有权向（　）提出赔偿要求。

A. 保险公司　　B. 社会保障部门　　C. 本单位

186.《中华人民共和国安全生产法》规定，生产经营单位与从业人员订立的劳动合同，应当载明有关保障从业人员（　）、防止职业危害，以及为从业人员办理工伤保险事项。

A. 福利待遇　　B. 劳动安全　　C. 教育和培训

187.《中华人民共和国安全生产法》规定，从业人员有权拒绝（　）和强令冒险作业。

A. 错误指挥　　B. 违章指挥　　C. 应急指挥

188.《全国人民代表大会常务委员会关于修改〈中华人民共和国安全生产法〉的决定》已由中华人民共和国第十二届全国人民代表大会常务委员会第十次会议于 2014 年 8 月 31 日通过，自 2014 年（　）起施行。

A. 10 月 1 日　　B. 11 月 1 日　　C. 12 月 1 日

189.《中华人民共和国安全生产法》规定，生产经营单位必须建立、健全安全生产责任制度和安全生产规章制度，改善安全生产条件，推进（　），提高安全生产水平。

A. 安全生产标准化建设　　B. 企业安全文化建设　　C. 事故预防体系建设

190.《中华人民共和国安全生产法》规定，生产经营单位采用新工艺、新技术、新材料或者使用新设备，必须了解、掌握其安全技术特性，采取有效的（　），并对从业人员进行专门的安全生产教育和培训。

A. 安全技术措施　　B. 个体防护措施　　C. 安全防护措施

191.《中华人民共和国安全生产法》规定，生产经营单位的特种作业人员必须按照国家有关规定，经专门的安全作业培训，取得（　），方可上岗作业。

A. 特种作业操作资格证书　　B. 相应资格　　C. 职业技能等级证书

192.《中华人民共和国安全生产法》规定，矿山、金属冶炼建设项目和用于生产、储存、装卸危险物品的建设项目，应当按照国家有关规定进行（　）。

A. 安全评价　　B. 安全验收　　C. 安全条件论证

193.《中华人民共和国安全生产法》规定，危险物品的生产、储存单位以及矿山、金属冶炼单位应当有（　）从事安全生产管理工作。

A. 安全咨询师　　B. 注册安全工程师　　C. 安全工程师

194.《中华人民共和国安全生产法》规定，矿山、金属冶炼建设项目和用于生产、储存危险物品的建设项目竣工投入生产或者使用前，应当由（　）负责组织对安全设施进行验收。

A. 设计单位　　B. 建设单位　　C. 施工单位

四、多选题

195.《安全生产法》规定，生产经营单位应当具备的安全生产条件所必需的资金投入，由生产经营单位的（　）予以保证，并对由于安全生产所必需的资金投入不足导致的后果承担责任。

A. 员工　　B. 主要负责人　　C. 个人经营的投资人　　D. 决策机构

196.《安全生产法》规定，生产经营单位的主要负责人和安全生产管理人员必须具备与本单位所从事的生产经营活动相应的（　）。

A. 安全生产知识　　B. 管理能力

C. 操作技能　　D. 操作知识

197.《安全生产法》规定，危险物品的（　）单位以及矿山、金属冶炼、建筑施工、道路运输单位的主要负责人和安全生产管理人员，应当由主管的负有安全生产监督管理职责的部门对其安全生产知识和管理能力考核合格。

A. 生产　　B. 研发　　C. 储存　　D. 经营

198.《安全生产法》规定，生产经营单位应当对从业人员进行安全生产教育和培训，保证从业人员（　）。未经安全生产教育和培训合格的从业人员，不得上岗作业。

A. 具备必要的安全生产知识

B. 熟悉有关的安全生产规章制度和安全操作规程

C. 掌握本岗位的安全操作技能

D. 了解事故应急处理措施，知悉自身在安全生产方面的权利和义务

199.《安全生产法》规定，生产、经营、储存、使用危险物品的（　）不得与员工宿舍在同一座建筑物内，并应当与员工宿舍保持安全距离。

A. 车间　　B. 商店　　C. 仓库　　D. 办公室

200.《安全生产法》规定，生产经营单位应当教育和督促从业人员严格执行本单位的安全生产规章制度和安全操作规程；并向从业人员如实告知作业场所和工作岗位存在的（　）。

A. 危险因素　　B. 防范措施

C. 商品知识　　D. 事故应急措施

201.《安全生产法》规定，从业人员有权对本单位安全生产工作中存在的问题提出（　）；有权拒绝违章指挥和强令冒险作业。

A. 处罚　　B. 检举　　C. 控告　　D. 批评

202.《安全生产法》规定，危险物品的（　）、运输单位以及矿山、金属冶炼、城市轨道交通运营、建筑施工单位应当配备必要的应急救援器材、设备和物资，并进行经常性维护、保养，保证正常运转。

A. 生产　　B. 经营　　C. 储存　　D. 评价

203.《安全生产法》规定，生产经营单位将生产经营项目、场所、设备发包或者出租给不具备安全生产条件或者相应资质的单位或者个人的，导致发生生产安全事故给他人造成损害的，与（　）承担连带赔偿责任。

A. 出租方　　B. 承包方　　C. 承租方　　D. 发包方

204.《安全生产法》规定，生产经营单位主要负责人在本单位发生重大生产安全事故时，不立即组织抢救或者在事故调查处理期间擅离职守或者逃匿的，给予（　）的处分，对逃匿的处十五日以下拘留；构成犯罪的，依照刑法有关规定追究刑事责任。

A. 罚款　　B. 降级　　C. 撤职　　D. 警告

205.《危险化学品安全管理条例》规定，国家对危险化学品的（　）实行统筹规划、合理布局。

A. 生产　　B. 运输　　C. 经营　　D. 储存

206.《危险化学品安全管理条例》规定，发生危险化学品事故，事故单位主要负责人应当立即按照本单位危险化学品应急预案组织救援，并向当地（　）主管部门报告。

A. 安监　　B. 公安　　C. 环保　　D. 卫生

207.《危险化学品经营企业开业条件和技术要求》中明确：隔离储存是在（　）内，不同的物料之间分开一定的距离，非禁忌物料间用通道保持空间的储存方式。

A. 同一房间　　B. 同一区域　　C. 同一企业　　D. 同一单位

208.《危险化学品经营企业开业条件和技术要求》规定，零售业务只许经营除（　）以外的危险化学品。

A. 易燃液体　　B. 爆炸品　　C. 放射性物品　　D. 剧毒物品

209.《危险化学品经营企业开业条件和技术要求》规定，零售业务的店面内应放置有效的（　）安全设施。

A. 消防　　B. 急救　　C. 网络　　D. 通讯

210.《危险化学品经营企业开业条件和技术要求》规定，大中型危险化学品仓库内应设（　），两区之间应有高 2 m 以上的实体围墙，围墙与库区内建筑的建筑距离不宜小于 5 m，并应满足围墙两侧建筑物之间的防火距离要求。

A. 库区　　B. 生活区　　C. 分隔区　　D. 消防区

211.《危险化学品经营企业开业条件和技术要求》规定，危险化学品仓库应有（　）制度，对查出的安全隐患应及时整改。

A. 完善的安全管理　　B. 评价

C. 逐级安全检查　　D. 审查

212.《危险化学品经营企业开业条件和技术要求》规定，进入危险化学品库区的机动车辆应安装防火罩。机动车装卸货物后，不准在（　）内停放和修理。

A. 库区　　B. 库房　　C. 货场　　D. 生活区

213.《危险化学品经营企业开业条件和技术要求》规定，装卸腐蚀品人员应穿戴（　）等必需的防护用具。操作时，应轻搬轻放，严禁背负肩扛，防止摩擦震动和撞击。

A. 工作服　　B. 护目镜　　C. 胶皮手套　　D. 胶皮围裙

214.《危险化学品经营企业开业条件和技术要求》规定，按危险化学品特性，用（　）的方法处理废弃物品，不得任意抛弃，防止污染水源或环境。

A. 生物　　B. 降解　　C. 化学　　D. 物理

215.《危险化学品登记管理办法》规定，危险化学品登记应当包括下列内容有（　）。

A. 分类和标签信息　　B. 物理、化学性质

C. 危险特性　　D. 储存、使用、运输的安全要求

216.《危险化学品经营许可证管理办法》规定，在中华人民共和国境内从事危险化学品经营活动，适用本办法。（　）的经营，不适用本办法。

A. 民用爆炸品　　B. 放射性物品　　C. 核能物质　　D. 城镇燃气

217.《危险化学品经营许可证管理办法》规定，从事危险化学品经营的单位需要健全的安全生产规章制度有（　）等。

A. 安全生产责任制度　　B. 危险化学品安全管理制度

C. 危险化学品购销管理制度　　D. 应急管理制度

218.《危险化学品经营许可证管理办法》规定，已经取得经营许可证的企业有（　）危险化学品储存设施建设项目的，应当自建设项目安全设施竣工验收合格之日起 20 个工作日内，向本办法第五条规定的发证机关提出变更申请，并提交相关文件、资料。

A. 修建　　B. 改建　　C. 扩建　　D. 新建

219. 已经取得经营许可证的企业有（　）情形的，发证机关应当注销其经营许可证。

A. 经营许可证有效期届满未被批准延期的　　B. 终止危险化学品经营活动的

C. 经营许可证被依法撤销的　　D. 经营许可证被依法吊销的

220. 申请经营第一类中的非药品类易制毒化学品的，由（　）人民政府安全生产监督管理部门审批。

A. 国务院　　B. 省　　C. 自治区　　D. 直辖市

221.《易制毒化学品管理条例》规定，易制毒化学品的（　）和进口、出口，除应当遵守《易制毒化学品管理条例》的规定外，属于药品和危险化学品的，还应当遵守法律、其他行政法规对药品和危险化学品的有关规定。

A. 生产　　B. 经营　　C. 购买、运输　　D. 储存

222.《易制毒化学品管理条例》规定，禁止使用（　）进行易制毒化学品交易。但是，个人合法购买第一类中的药品类易制毒化学品药品制剂和第三类易制毒化学品的除外。

A. 现金　　B. 实物　　C. 银行转账　　D. 汇票

223.《易制毒化学品管理条例》规定，（　）类易制毒化学品的销售情况，应当自销售之日起规定时间内报当地公安机关报案。

A. 第一　　B. 第二　　C. 第三　　D. 第四

224.《易制毒化学品管理条例》规定，购买第二类、第三类易制毒化学品的，应当在购买前将所需购买的（ ），向所在地的县级人民政府公安机关备案。个人自用购买少量高锰酸钾的，无须备案。

A. 品种　　B. 包装　　C. 质量　　D. 数量

225.《易制毒化学品管理条例》规定，经营单位应当建立易制毒化学品销售台账，如实记录销售的（ ）等情况。销售台账和证明材料复印件应当保存 2 年备查。

A. 品种　　B. 数量　　C. 日期　　D. 购买方

226.《易制毒化学品管理条例》规定，易制毒化学品（ ）后未及时报告，造成严重后果的，由负有监督管理职责的行政主管部门给予警告，责令限期改正，处 1 万元以上 5 万元以下的罚款；对违反规定生产、经营、购买的易制毒化学品可以予以没收；逾期不改正的，责令限期停产停业整顿；逾期整顿不合格的，吊销相应的许可证。

A. 丢失　　B. 被盗　　C. 被抢　　D. 破漏

227. 在《易制毒化学品管理条例》明确的第三类易制毒化学品的部分品种中，下列（ ）是危险化学品。

A. 甲苯　　B. 丙酮　　C. 硫酸　　D. 盐酸

228.《易制毒化学品购销和运输管理办法》规定，公安部是全国易制毒化学品（ ）管理和监督检查的主管部门。

A. 经营　　B. 购销　　C. 运输　　D. 生产

229.《易制毒化学品购销和运输管理办法》规定，经营单位的第二类、第三类易制毒化学品销售情况的备案应当包括销售单位、地址，销售易制毒化学品的（ ）等，并同时提交留存的购买方的证明材料复印件。

A. 包装　　B. 质量　　C. 种类　　D. 数量

230.《易制毒化学品购销和运输管理办法》规定，（ ）易制毒化学品的单位或者个人拒不接受公安机关监督检查的，公安机关应当责令其改正，对直接负责的主管人员以及其他直接责任人员给予警告；情节严重的，对单位处一万元以上五万元以下罚款，对直接负责的主管人员以及其他直接责任人员处一千元以上五千元以下罚款；有违反治安管理行为的，依法给予治安管理处罚；构成犯罪的，依法追究刑事责任。

A. 经营　　B. 购买　　C. 运输　　D. 储存

231.《非药品类易制毒化学品生产、经营许可办法》规定，非药品类易制毒化学品生产、经营单位原有（ ）人员变动的，变动人员应当具有相应的安全生产和易制毒化学品知识。

A. 技术　　B. 运输　　C. 管理　　D. 销售

232.《危险化学品安全管理条例》规定，生产、储存、使用其他危险化学品的单位，应当对本单位的（ ）装置每两年进行一次安全评价。

A. 生产　　B. 储存　　C. 车间　　D. 检验

233.《生产安全事故报告和调查处理条例》规定，根据生产安全事故（以下简称事故）造成的人员伤亡或者直接经济损失，事故一般分为以下等级（ ）。

A. 特别重大事故　　B. 重大事故　　C. 较大事故　　D. 一般事故

234.《生产安全事故报告和调查处理条例》规定，事故发生单位主要负责人未依法履行安全生产管理职责，导致事故发生的，依照（　）的规定处以罚款；属于国家工作人员的，并依法给予处分；构成犯罪的，依法追究刑事责任。

A. 发生一般事故的，处上一年年收入30%的罚款

B. 发生较大事故的，处上一年年收入40%的罚款

C. 发生重大事故的，处上一年年收入60%的罚款

D. 发生特别重大事故的，处上一年年收入80%的罚款

235. 《中华人民共和国消防法》规定，应当建立专职消防队，承担本单位火灾扑救工作的单位是（　）。

A. 大型核设施单位　　B. 大型发电厂

C. 医院　　D. 生产、储存易燃易爆危险物品的大型企业

236. 《消防法》规定，任何单位、个人不得损坏、挪用或者擅自拆除、停用消防设施、器材，不得埋压、圈占、遮挡消火栓或占用防火间距，不得（　）疏散通道、安全出口、消防车通道。

A. 划定　　B. 占用　　C. 堵塞　　D. 封闭

237. 为了（　）职业病危害，防治职业病，保护劳动者健康及其相关权益，促进经济社会发展，根据宪法，制定《中华人民共和国职业病防治法》。

A. 预防　　B. 减少　　C. 控制　　D. 消除

238. 《中华人民共和国职业病防治法》规定，用人单位应当优先采用有利于防治职业病和保护劳动者健康的（　）。

A. 新技术　　B. 新工艺　　C. 新材料　　D. 新对策

239. 用人单位在发生（　）等情形时，应当对从事接触职业病危害的作业的劳动者进行健康检查，并按照国家有关规定妥善安置职业病病人。

A. 分立　　B. 合并　　C. 解散　　D. 破产

240. 《中华人民共和国职业病防治法》规定，发生或者可能发生急性职业病危害事故时，用人单位应当（　）。

A. 立即采取应急救援　　B. 立即采取控制措施

C. 继续生产作业　　D. 及时报告所在地安全生产监督管理部门和有关部门

241. 《中华人民共和国安全生产法》规定，下列（　）应当建立应急救援组织。

A. 危险物品的生产、经营、储存单位　　B. 矿山单位和金属冶炼单位

C. 城市轨道交通运营单位　　D. 建筑施工单位

242. 《中华人民共和国安全生产法》规定，负有安全生产监督管理职责的部门依法对存在重大事故隐患的生产经营单位作出（　）的决定，生产经营单位应当依法执行，及时消除事故隐患。

A. 停产停业　　B. 停止施工

C. 停止使用相关设施或者设备的决定　　D. 停止生产

243. 《中华人民共和国安全生产法》规定，生产经营单位的主要负责人在本单位发生生产安全事故时，不立即组织抢救或者在事故调查处理期间擅离职守或者逃匿的，可追究的责任有（　）。

A. 降级　　B. 记大过

C. 撤职　　　　　　　　　　　　　　D. 对逃匿的处15日以下拘留

244.《中华人民共和国安全生产法》规定，生产经营单位的主要负责人对本单位安全生产工作负有（　）职责。

A. 建立、健全本单位安全生产责任制

B. 组织制定本单位安全生产规章制度和操作规程

C. 保证本单位安全生产投入的有效实施

D. 组织制定并实施本单位的生产安全事故应急救援预案

245.《中华人民共和国安全生产法》规定，生产经营单位的安全生产责任制应当明确（　）。

A. 各岗位的责任人员　　　　　　　　B. 责任范围

C. 奖惩措施　　　　　　　　　　　　D. 考核标准

246.《中华人民共和国安全生产法》规定，生产经营单位的从业人员有权了解（　）。

A. 场所和工作岗位存在的危险因素　　B. 防范措施

C. 事故应急措施　　　　　　　　　　D. 安全生产投入预算

247.《中华人民共和国安全生产法》规定，从业人员应当履行（　）义务。

A. 遵守本单位安全生产规章制度和操作规程

B. 接受安全生产教育和培训，掌握本职工作所需的安全生产知识

C. 正确佩戴和使用劳动防护用品

D. 发现事故隐患或者其他不安全因素，立即向现场安全生产管理人员或者本单位负责人报告

248.《中华人民共和国安全生产法》规定，下列（　）的安全生产管理人员的任免，应当告知主管的负有安全生产监督管理职责的部门。

A. 危险物品的生产单位　　　　　　　B. 危险化学品的储存单位

C. 矿山单位　　　　　　　　　　　　D. 金属冶炼单位

249.《中华人民共和国安全生产法》规定，发生生产安全事故，对负有责任的生产经营单位除要求其依法承担相应的赔偿等责任外，由安全生产监督管理部门依照（　）规定处以罚款。

A. 发生一般事故的，处20万元以上50万元以下的罚款。

B. 发生较大事故的，处50万元以上100万元以下的罚款。

C. 发生重大事故的，处100万元以上500万元以下的罚款。

D. 发生特别重大事故的，处500万元以上1 000万元以下的罚款；情节特别严重的，处1 000万元以上2 000万元以下的罚款。

250.《中华人民共和国安全生产法》明确了（　）的安全生产工作机制。

A. 安全生产经营单位负责　　　　　　B. 职工参与

C. 政府监管　　　　　　　　　　　　D. 行业自律和社会监督

251.《中华人民共和国安全生产法》规定，生产经营单位的主要负责人未履行本法规定的安全生产管理职责，导致发生生产安全事故的，由安全生产监督管理部门处以罚款，具体规定为（　）。

A. 发生一般事故的，处上一年年收入百分之二十的罚款。

B. 发生较大事故的，处上一年年收入百分之四十的罚款。

C. 发生重大事故的，处上一年年收入百分之六十的罚款。

D. 发生特别重大事故的，处上一年年收入百分之八十的罚款。

五、简答题

252. 危险化学品经营单位主要负责人的职责主要包括哪几方面？

第二章　危险化学品基本知识

第一节　危险化学品的基本概念与分类

一、基本概念

为了方便对本节内容及相关化学品分类标准的理解，特在下面列出某些术语的定义，这些定义皆摘自相关化学品分类等方面的国家标准。

化学品：各种化学元素、由元素组成的化合物及其混合物。

危险化学品：是指具有毒害、腐蚀、爆炸、燃烧、助燃等性质，对人体、设施、环境具有危害的剧毒化学品和其他化学品。

危险类别：每个危险种类中的标准划分，如口服急性毒性包括 5 种危险类别，而易燃液体包括 4 种危险类别。这些危险类别在一个危险种类内比较危险的严重程度，不可将它们视为较为一般的危险类别比较。

危险种类：物理、健康或环境危险的性质，例如易燃固体、致癌性、口服急性毒性。

标签：关于一种危险产品的一组适当的书面、印刷或图形信息要素，因为与目标部门相关而被选定，它们附于或印刷在一种危险产品的直接容器或它的外部包装上。

标签要素：统一用于标签上的一类信息，例如象形图、信号词等。

标签上用来表明危险的相对严重程度和提醒读者注意潜在危险的单词。全球化学品统一分类和标签制度（GHS）使用“危险”和“警告”作为信号词。

旨在简明地传达信息的图形要素。

二、分类

根据《危险货物分类和品名编号》（GB 6944—2012）和《危险货物品名表》（GB 12268—2012），按危险货物具有的危险性或最主要的危险性分为 9 个类别，有些类别再分成项别，类别和项别的号码顺序并不是危险程度的顺序。

1. 爆炸品

本类包括爆炸性物质、爆炸性物品、为产生爆炸或烟火实际效果而制造的爆炸性物质及爆炸性物品中未提及的物质或物品，共划分为 6 项：

① 有整体爆炸危险的物质和物品。

② 有迸射危险，但无整体爆炸危险的物质和物品。

③ 有燃烧危险并有局部爆炸危险或局部迸射危险或这两种危险都有，但无整体爆炸危险的物质和物品。包括可产生大量辐射热的物质和物品，或相继燃烧产生局部爆炸或迸

射效应或两种效应兼而有之的物质和物品。

④ 不呈现重大危险的物质和物品。本项包括运输中万一点燃或引发时仅出现小危险的物质和物品，其影响主要限于包件本身，并预计抛射出的碎片不大、射程也不远，外部火烧不会引起包件内全部内装物的瞬间爆炸。

⑤ 有整体爆炸危险的但非常不敏感物质。包括有整体爆炸危险性，但非常不敏感以致在正常运输条件下引发或由燃烧转为爆炸的可能性很小的物质。

⑥ 无整体爆炸危险的极端不敏感物品。包括仅含有极端不敏感起爆物质，并且其意外引发爆炸或传播的概率可忽略不计的物品。该项物品的危险仅限于单个物品的爆炸。

2. 气体

本类气体指在 50 ℃时，蒸气压力大于 300 kPa 的物质，或 20 ℃时在 101. 3 kPa 标准压力下完全是气态的物质。包括压缩气体、液化气体、溶解气体和冷冻液化气体、一种或多种气体与一种或多种其他类别物质的蒸气的混合物、充有气体的物品和烟雾剂。

根据气体在运输中的主要危险性分为 3 项：

① 易燃气体。包括在 20 ℃和 101. 3 kPa 条件下，与空气的混合物按体积分数占 13%或更少时可点燃的气体，或不论易燃下限如何，与空气混合，燃烧范围的体积分数至少为 12%的气体。

② 非易燃无毒气体。包括在 20 ℃压力不低于 280 kPa 条件下运输或以冷冻液体状态运输的气体，并且是窒息性气体——会稀释或取代通常在空气中的氧气的气体；或氧化性气体——通过提供氧气比空气更能引起或促进其他材料燃烧的气体；或不属于其他项别的气体。

③ 毒性气体。包括已知对人类具有的毒性或腐蚀性强到对健康造成危害的气体，或半数致死浓度 LC_{50} 值不大于 5 000 mL/m^3，因而推定对人类具有毒性或腐蚀性的气体。

注：具有两个项别以上危险性的气体和气体混合物，其危险性先后顺序为③优先于其他项，①优先于②。

3. 易燃液体

本类包括易燃液体，在其闪点温度（其闭杯试验闪点不高于 60. 5 ℃，或其开杯试验闪点不高于 65. 6 ℃）时放出易燃蒸气的液体或液体混合物，或是在溶液或悬浮液中含有固体的液体；还包括在温度等于或高于其闪点的条件下提交运输的液体；或以液态在高温条件下运输或提交运输，并在温度等于或低于最高运输温度下放出易燃蒸气的物质。

本类还包括液态退敏爆炸品。

4. 易燃固体、易于自燃的物质、遇水放出易燃气体的物质

本类分为 3 项：

① 易燃固体。包括容易燃烧或摩擦可能引燃或助燃的固体；可能发生强烈放热反应的自反应物质；不充分稀释可能发生爆炸的固态退敏爆炸品。

② 易于自燃的物质。包括发火物质和自热物质。

③ 遇水放出易燃气体的物质。与水相互作用易变成自燃物质或能放出危险数量的易

燃气体的物质。

5. 氧化性物质和有机过氧化物

本类分为 2 项：

① 氧化性物质。本身不一定可燃，但通常因放出氧或起氧化反应可能引起或促使其他物质燃烧的物质。

② 有机过氧化物。分子组成中含有过氧基的有机物质，该物质为热不稳定物质，可能发生放热的自加速分解。该类物质还可能具有以下一种或数种性质：可能发生爆炸性分解；迅速燃烧；对碰撞或摩擦敏感；与其他物质起危险反应；损害眼睛。

6. 毒性物质和感染性物质

本类分为 2 项：

① 毒性物质。所谓毒性物质是指经吞食、吸入或皮肤接触后可能造成死亡或严重受伤或健康损害的物质。

毒性物质的毒性分为急性口服毒性、皮肤接触毒性和吸入毒性。分别用口服毒性半数致死量 LD_{50}，皮肤接触毒性半数致死量 LD_{50}，吸人毒性半数致死浓度 LC_{50} 衡量。

经口摄取半数致死量：固体 $LD_{50} \leqslant 200$ mg/kg，液体 $LD_{50} \leqslant 500$ mg/kg；经皮肤接触 24 h，半数致死量 $LD_{50} \leqslant 1\ 000$ mg/kg；粉尘、烟雾吸入半数致死浓度 $LC_{50} \leqslant 10$ mg/L 的固体或液体。

② 感染性物质。所谓感染性物质是含有病原体的物质，包括生物制品、诊断样品、基因突变的微生物、生物体和其他媒介，如病毒蛋白等。

7. 放射性物质

指含有放射性核素且其放射性活度浓度和总活度都分别超过《放射性物质安全运输规程》（GB 11806—2004）规定的限值的物质。

8. 腐蚀性物质

指通过化学作用使生物组织接触时会造成严重损伤，或在渗漏时会严重损害甚至毁坏其他货物或运载工具的物质。

腐蚀性物质包含与完好皮肤组织接触不超过 4 h，在 14 d 的观察期中发现引起皮肤全厚度损毁，或在温度 55 ℃时，对 S235JR+CR 型或类似型号钢或无覆盖层铝的表面均匀年腐蚀率超过 6. 25 mm/a 的物质。

9. 杂项危险物质和物品

具有其他类别未包括的危险的物质和物品，如危害环境物质；高温物质；经过基因修改的微生物或组织。

第二节　标签与标志

一、化学品警示标签

在每个危险性种类的各个标准（GB 20576—2006 ~ GB 20599—2006、GB 20601—2006、GB 20602—2006）中均用表格详细列述了已分配给 GHS 每个危险性类别的标签要素（图形符号、信号词、危险性说明），并有与之相对应的危险货物类别的标志符号及相关备注说明。危险类别反映统一分类的标准。下面的图表仅以各个危险性类别的标签要素分别进行了描述。具体的内容可参见表 2-1～表 2-26。

表 2-1　　爆　炸　物

不稳定的/1.1 项	1.2 项	1.3 项	1.4 项	1.5 项	1.6 项
			1.4（无象形图）	1.5（无象形图）	1.6（无象形图）
危　险	危　险	危　险	警　告	警　告	无信号词
爆炸物；整体爆炸危险	爆炸物；严重喷射危险	爆炸物；燃烧、爆轰或喷射危险	燃烧或喷射危险	燃烧中可爆炸	无危险性说明

表 2-2　　易燃气体

类别 1	类别 2
	无象形图
危　险	警　告
极易燃气体	易燃气体

表 2-3　　易燃气溶胶

类别 1	类别 2

危　险	警　告
极易燃气溶胶	易燃气溶胶

表 2-4 **氧化性气体**

类别 1

危　险
可引起或加剧燃烧；氧化剂

表 2-5 **压力下气体**

压缩气体	液化气体	溶解气体	冷冻液化气体

警　告	警　告	警　告	警　告
含压力下气体 如加热 可爆炸	含压力下气体 如加热 可爆炸	含压力下气体 如加热 可爆炸	含冷冻气体 如加热 可爆炸

表 2-6 **易 燃 液 体**

压缩气体	液化气体	溶解气体	冷冻液化气体
			无象形图
危　险	危　险	警　告	警　告
极易燃 液体和蒸气	高度易燃 液体和蒸气	易燃 液体和蒸气	可燃液体

表 2-7 **易 燃 固 体**

类别 1	类别 2

危　险	警　告
易燃固体	易燃固体

表 2-8　　自反应物质或混合物

A 型	B 型	C 型和 D 型	E 型和 F 型	G 型
	 			这一类别 无警示标签要素
危　险	危　险	危　险	警　告	
加热可引起 爆炸	加热可引起 燃烧和爆炸	加热可引起 燃烧	加热可引起 燃烧	

表 2-9　　自 燃 液 体

类别 1

危　险
如暴露于空气中会自燃

表 2-10　　自 燃 固 体

类别 1

危　险
如暴露于空气中会自燃

表 2-11　　自热物质和混合物

类别 1	类别 2

危　险	警　告
自热；可着火	大量时自热；可着火

表 2-12　　遇水放出易燃气体的物质或混合物

类别 1	类别 2	类别 3

危　险	危　险	警　告
接触水释放可自发燃着的易燃气体	接触水释放易燃气体	接触水释放易燃气体

表 2-13　　氧化性液体

类别 1	类别 2	类别 3

危　险	危　险	警　告
可引起燃烧或爆炸；强氧化剂	可加剧燃烧；氧化剂	可加剧燃烧；氧化剂

表 2-14　　氧化性固体

类别 1	类别 2	类别 3

危　险	危　险	警　告
可引起燃烧或爆炸；强氧化剂	可加剧燃烧；氧化剂	可加剧燃烧；氧化剂

表 2-15　　有机过氧化物

A 型	B 型	C 型和 D 型	E 型和 F 型	G 型
	 			在这一危险类型中无标签
危　险	危　险	危　险	警　告	
加热可引起爆炸	加热可引起燃烧或爆炸	加热可引起燃烧	加热可引起燃烧	

表 2-16 金属腐蚀剂

类别 1

警　告
可以腐蚀金属

表 2-17 急性毒性

经口急性毒性				
类别 1	类别 2	类别 3	类别 4	类别 5
				无象形图
危　险	危　险	危　险	警　告	警　告
吞咽致死	吞咽致死	吞咽会中毒	吞咽有害	吞咽可能有害
经皮肤急性毒性				
类别 1	类别 2	类别 3	类别 4	类别 5
				无象形图
危　险	危　险	危　险	警　告	警　告
皮肤接触致死	皮肤接触致死	皮肤接触会中毒	皮肤接触有害	皮肤接触可能有害
吸入急性毒性				
类别 1	类别 2	类别 3	类别 4	类别 5
				无象形图
危　险	危　险	危　险	警　告	警　告
吸入致死	吸入致死	吸入会中毒	吸入有害	吸入可能有害

表 2-18　　　　　　　　　　　　　　　皮肤腐蚀/刺激

类别 1A	类别 1B	类别 1C	类别 2	类别 3
				无象形图
危　险	危　险	危　险	警　告	警　告
引起严重的皮肤灼伤和眼睛损伤	引起严重的皮肤灼伤和眼睛损伤	引起严重的皮肤灼伤和眼睛损伤	引起皮肤刺激	引起轻微的皮肤刺激

表 2-19　　　　　　　　　　　　　严重眼损伤/眼刺激

类别 1	类别 2A	类别 2B
		无象形图
危　险	警　告	警　告
引起严重的眼睛损伤	引起严重眼睛刺激	引起眼睛刺激

表 2-20　　　　　　　　　　　　　　呼吸或皮肤过敏

呼吸过敏	皮肤过敏
类别 1	类别 1

危　险	警　告
吸入可能引起过敏或哮喘症状或呼吸困难	可能引起皮肤过敏性反应

表 2-21 **生殖细胞致突变性**

类别 1A	类别 1B	类别 2

危 险	危 险	警 告
可引起遗传性缺陷（如果结论认为无其他接触途径会产生这一危害，应说明其接触途径）	可引起遗传性缺陷（如果结论认为无其他接触途径会产生这一危害，应说明其接触途径）	怀疑可引起遗传性缺陷（如果结论认为无其他接触途径会产生这一危害，应说明其接触途径）

表 2-22 **致 癌 性**

类别 1A	类别 1B	类别 2

危 险	危 险	警 告
可致癌	可致癌	怀疑致癌
（如果结论认为无其他接触途径会产生这一危害，应说明其接触途径）	（如果结论认为无其他接触途径会产生这一危害，应说明其接触途径）	（如果结论认为无其他接触途径会产生这一危害，应说明其接触途径）

表 2-23 **生 殖 毒 性**

类别 1A	类别 1B	类别 2	附加类别
			无象形图
危 险	危 险	警 告	无信号词
可能损害生育力或胎儿（如果已知，说明特异性效应；如果确证无其他接触途径引起危害，说明接触途径）	可能损害生育力或胎儿（如果已知，说明特异性效应；如果确证无其他接触途径引起危害，说明接触途径）	怀疑损害生育力或胎儿（如果已知，说明特异性效应；如果确证无其他接触途径引起危害，说明接触途径）	可能对母乳喂养的儿童造成损害

表 2-24　　　　　　　　　　　　**特异性靶器官系统毒性一次接触**

类别 1	类别 2

危　险	警　告
致损害（如果没有确切证据指明受损器官，说明受损的全部器官或做一般性说明；如果确认无其他接触途径引起危害，说明引起危害的接触途径）	可能致损害（如果没有确切证据指明受损器官，说明受损的全部器官或做一般性说明；如果确认无其他接触途径引起危害，说明引起危害的接触途径）

表 2-25　　　　　　　　　　　　**特异性靶器官系统毒性反复接触**

类别 1	类别 2

危　险	警　告
长期或反复接触（如果可确证其他接触途径不引起损害，说明受损的接触途径）致使（影响的所有器官状况，或在其他器官不受影响无确定证据场合采用一般说明）损伤	经长期或反复接触可能引起损害（如果无肯定证据表明其他器官不受损，说明全部受损器官或作一般性说明；如果确证其他接触途径不引起损害时，说明受损的接触途径）

由于吸入危险性在我国还未转化成为国家标准，因此缺少此种类危险性的标签要素。

表 2-26　　　　　　　　　　　　**对水环境的危害**

水生环境危害（急性）		
类别 1	类别 2	类别 3
	无象形图	无象形图
警　告	无信号词	无信号词
对水生生物毒性非常大	对水生生物有毒	对水生生物有害

水生环境危险（慢性）			
类别 1	类别 2	类别 3	类别 4
		无象形图	无象形图
警　告	无信号词	无信号词	无信号词
对水生生物毒性非常大具有长期持续影响	对水生生物有毒并具有长期持续影响	对水生生物有害并具有长期持续影响	可能对水生生物造成长期持续的有害影响

二、危险货物标志

1. 标志的图形和名称

危险货物标志的图形共 21 种，19 个名称，其图形分别标示了 9 类危险货物的主要特性（见表 2-27）。标志图形须符合标志 1~21 的规定。

表 2-27　　　　　　　　　　　　标　志　图

标志号	标志名称	标志图形	对应的危险货物类项号
标志 1	爆炸品	 （符号：黑色，底色：橙红色）	1. 1 1. 2 1. 3
标志 2	爆炸品	 （符号：黑色，底色：橙红色）	1. 4
标志 3	爆炸品	 （符号：黑色，底色：橙红色）	1. 5
标志 4	易燃气体	 （符号：黑色或白色，底色：正红色）	2. 1
标志 5	不燃气体	 （符号：黑色或白色，底色：绿色）	2. 2
标志 6	有毒气体	 （符号：黑色，底色：白色）	2. 3

续表 2-27

标志号	标志名称	标志图形	对应的危险货物类项号
标志 7	易燃液体	 （符号：黑色或白色，底色：正红色）	3
标志 8	易燃固体	 （符号：黑色，底色：白色红条）	4. 1
标志 9	自燃物品	 （符号：黑色，底色：上白下红）	4. 2
标志 10	遇湿易燃物品	 （符号：黑色或白色，底色：蓝色）	4. 3
标志 11	氧化剂	 （符号：黑色，底色：柠檬黄色）	5. 1
标志 12	有机过氧化物	 （符号：黑色，底色：柠檬黄色）	5. 2
标志 13	剧毒品	 （符号：黑色，底色：白色）	6. 1

续表 2-27

标志号	标志名称	标志图形	对应的危险货物类项号
标志 14	有毒品	 （符号：黑色，底色：白色）	6.1
标志 15	有害品 （远离食品）	 （符号：黑色，底色：白色）	6.1
标志 16	感染性物品	 （符号：黑色，底色：白色）	6.2
标志 17	一级放射性物品	 （符号：黑色，底色：白色，附一条红竖条）	7
标志 18	二级放射性物品	 （符号：黑色，底色：上黄下白，附二条红竖条）	7
标志 19	三级放射性物品	 （符号：黑色，底色：上黄下白，附三条红竖条）	7
标志 20	腐蚀品	 （符号：上黑下白，底色：上白黑下）	8

续表 2-27

标志号	标志名称	标志图形	对应的危险货物类项号
标志 21	杂类	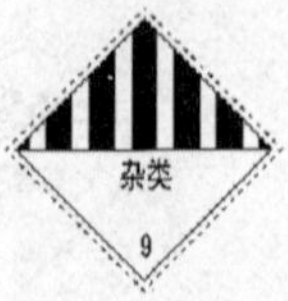（符号：黑色，底色：白色）	9

注：表中对应的危险货物类项号及各标志角号是按 GB 6944—2005 的规定编写的。

2. 标志的尺寸、颜色

（1）标志的尺寸

标志的尺寸一般分为 4 种，见表 2-28。

表 2-28　　标志尺寸

尺寸/mm 号别	长	宽
1	50	50
2	100	100
3	150	150
4	250	250

注：如遇特大或特小的运输包装件，标志的尺寸可按规定适当扩大或缩小。

（2）标志的颜色

标志的颜色按标志 1~21 规定。

3. 标志的使用方法

① 标志的标打，可采用粘贴、钉附及喷涂等方法。

② 标志的位置规定如下：箱状包装，位于包装端面或侧面的明显处；袋、捆包装，位于包装明显处；桶形包装，位于桶身或桶盖；集装箱、成组货物，粘贴在四个侧面上。

③ 每种危险品包装件应按其类别贴相应的标志。但如果某种物质或物品还有属于其他类别的危险性质，包装上除了粘贴该类标志作为主标志以外，还应粘贴表明其他危险性的标志作为副标志，副标志图形的下角不应标有危险货物的类项号。

④ 储运的各种危险货物性质的区分及其应标打的标志，应按 GB 6944—2005、GB 12268—2005 及有关国家运输主管部门规定的危险货物安全运输管理的具体办法执行，出口货物的标志应按我国执行的有关国际公约（规则）办理。

⑤ 标志应清晰，并保证在货物储运期内不脱落。

⑥ 标志应由生产单位在货物出厂前打标，出厂后如改换包装，其标志由改换包装单位打标。

第三节　化学品安全技术说明书、安全标签

一、编写化学品安全技术说明书、安全标签的目的意义

化学品安全技术说明书（Safety Data Sheet for Chemical Products，SDS），提供了化学品（物质或混合物）在安全、健康和环境保护等方面的信息，推荐了防护措施和紧急情况下的应对措施。在一些国家，化学品安全技术说明书又被称为物质安全技术说明书（Material Safety Data Sheet，MSDS）。SDS 是化学品的供应商向下游用户传递化学品基本危害信息（包括运输、操作处置、储存和应急行动信息）的一种载体。同时化学品安全技术说明书还可以向公共机构、服务机构和其他涉及该化学品的相关方传递以上信息。化学品安全标签是用于标示化学品所具有的危险性和安全注意事项的一组文字、图形符号和编码组合，可以粘贴、喷印或拴挂在化学品的外包装上或容器上。

通过安全技术说明书，用户对产品的组成成分、理化特性、废弃处置、操作处置与储存、急救措施、消防措施等 16 个方面的信息有了全面的了解，使人们在生产、经营、储存、使用等过程中对化学品的性质、状态、危害特性及应急措施等有清楚的认识，达到有效维护、安全使用和合理救援的目的，使用起化学品来更加放心。同时为危险化学品安全监督管理、事故预防和应急救援提供技术、信息支持。

二、化学品安全技术说明书、安全标签的内容和通用形式

1. 安全技术说明书的内容和通用形式

化学品安全技术说明书将按照下面 16 部分提供化学品的信息，每部分的标题、编号和前后顺序不应随意变更。

SDS 的 16 部分依据内容细分出小项，具体包括以下内容：

（1）第 1 部分　化学品及企业标识

主要标明化学品的名称，该名称应与安全标签上的名称一致，建议同时标注供应商的产品代码。

应标明供应商的名称、地址、电话号码、应急电话、传真和电子邮件地址。

该部分还应说明化学品的推荐用途和限制用途。

（2）第 2 部分　成分/组成信息

该部分应注明该化学品是物质还是混合物。

如果是物质，应提供化学名或通用名、美国化学文摘登记号（CAS 号）及其他标示符。

如果某种物质按 GHS 分类标准分类为危险化学品，则应列明包括对该物质的危险性分类产生影响的杂质和稳定剂在内的所有危险组分的化学名或通用名，以及浓度或浓度范围。

如果是混合物，不必列明所有组分。

如果按 GHS 标准被分类为危险的组分，并且其含量超过了浓度限值，应列明该组分的名称信息、浓度或浓度范围。对已经识别出的危险组分，也应该提供被识别为危险组分

的那些组分的化学品或通用名，浓度或浓度范围。

(3) 第 3 部分　危险性概述

该部分应标明化学品主要的物理和化学危险性信息，以及对人体健康和环境影响的信息，如果该化学品存在某些特殊的危险性质，也应在此处说明。

如果已经根据 GHS 对化学品进行了危险性分类，应标明 GHS 危险性类别，同时应注明 GHS 的标签要素，如象形图或符号、防范说明、危险信息和警示词等。象形图或符号如火焰、骷髅和交叉骨可以用黑白颜色表示。GHS 分类未包括的危险性（如粉尘爆炸危险）也应在此处注明。

应注明人员接触后的主要症状及应急综述。

(4) 第 4 部分　急救措施

该部分应说明必要时应采取的急救措施及应避免的行动，此处填写的文字应该易于被受害人和（或）施救者理解。

根据不同的接触方式将信息细分为：吸入、皮肤接触、眼睛接触和食入。

该部分应简要描述接触化学品后的急性和迟发效应、主要症状和对健康的主要影响，详细资料可在第 11 部分列明。

如果必要，本项应包括对保护施救者的忠告和对医生的特别提示。

如果必要，还要给出及时的医疗护理和特殊的治疗。

(5) 第 5 部分　消防措施

该部分应说明合适的灭火方法和灭火剂，如有不合适的灭火剂也应在此处标明。

应标明化学品的特别危险性（如产品是危险的易燃品）。

标明特殊灭火方法及保护消防人员特殊的防护装备。

(6) 第 6 部分　泄漏应急处理

该部分应包括以下信息：

① 作业人员防护措施、防护装备和应急处置程序。

② 环境保护措施。

③ 泄漏化学品的收容、清除方法及所使用的处置材料（如果和第 13 部分不同，列明恢复、中和和清除方法）。

提供防止发生次生危害的预防措施。

(7) 第 7 部分　操作处置与储存

① 操作处置：

应描述安全处置注意事项，包括防止化学品人员接触、防止发生火灾和爆炸的技术措施和提供局部或全面通风、防止形成气溶胶和粉尘的技术措施等。还应包括防止直接接触不相容物质或混合物的特殊处置注意事项。

② 储存：

应描述安全储存的条件（适合的储存条件和不适合的储存条件）、安全技术措施、同禁配物隔离储存的措施和包装材料信息（建议的包装材料和不建议的包装材料）。

(8) 第 8 部分　接触控制和个体防护

列明容许浓度，如职业接触限值或生物限值。

列明减少接触的工程控制方法，该信息是对第 7 部分内容的进一步补充。

如果可能，列明容许浓度的发布日期、数据出处、试验方法及方法来源。

列明推荐使用的个体防护设备。例如：

① 呼吸系统防护；

② 手防护；

③ 眼睛防护；

④ 皮肤和身体防护。

标明防护设备的类型和材质。

化学品若只在某些特殊条件下才具有危险性，如量大、高浓度、高温、高压等，应标明这些情况下的特殊防护措施。

(9) 第 9 部分　理化特性

该部分应提供以下信息：

① 化学品的外观与性状，例如：物态、形状和颜色；

② 气味；

③ pH 值，并指明浓度；

④ 熔点/凝固点（水=1）；

⑤ 沸点、初沸点和沸程；

⑥ 闪点；

⑦ 燃烧上下极限或爆炸极限；

⑧ 蒸气压；

⑨ 蒸气密度；

⑩ 密度/相对密度；

⑪ 溶解性；

⑫ n-辛醇、水分配系数；

⑬ 自燃温度；

⑭ 分解温度。

如果有必要，应提供下列信息：

① 气味阈值；

② 蒸发速率；

③ 易燃性（固体、气体）。

也应提供化学品安全使用的其他材料，例如放射性或体积密度等。

应使用 SI 国际单位制单位，见 ISO 1000 :1992 和 ISO 1000 :1992/AMD 1—1998。可以使用非 SI 单位，但只能作为 SI 单位的补充。

必要时，应提供数据的测定方法。

(10) 第 10 部分　稳定性和反应性

该部分应描述化学品的稳定性和在特定条件下可能发生的危险反应。应包括以下信息：

① 应避免的条件（例如静电、撞击或震动）；

② 不相容的物质；

③ 危险的分解产物，一氧化碳、二氧化碳和水除外。

填写该部分时应考虑提供化学品的预期用途和可预见的错误用途。

(11) 第11部分　毒理学信息

该部分应全面、简洁地描述使用接触化学品后产生的各种毒性作用(健康影响)。应包括以下信息:

① 急性毒性;

② 皮肤刺激性或腐蚀性;

③ 眼睛刺激性或腐蚀性;

④ 呼吸或皮肤过敏;

⑤ 生殖细胞突变性;

⑥ 致癌性;

⑦ 生殖毒性;

⑧ 特异性靶器官系统毒性(一次性接触);

⑨ 特异性靶器官系统毒性(反复接触);

⑩ 吸入危害。

还可以提供毒代动力学、代谢和分布信息。

注:体外致突变试验数据如 Ames 试验数据,在生殖细胞致突变条目中描述。

如果可能,分别描述一次性接触、反复接触与连续接触所产生的毒作用;迟发效应和即时效应应分别说明。

潜在的有害效应,应包括与毒性值(例如急性毒性估计值)测试观察到的有关症状、理化和毒理学特性。

应按照不同的接触途径(如吸入、皮肤接触、眼睛接触、食入等)提供信息。

如果可能,提供更多的科学实验产生的数据或结果,并标明引用文献资料来源。

如果混合物没有作为整体进行毒性试验,应提供每个组分的相关信息。

(12) 第12部分　生态学信息

该部分提供化学品的环境影响、环境行为和归宿方面的信息,如:

① 化学品在环境中的预期行为,可能对环境造成的影响/生态毒性;

② 持久性和降解性;

③ 潜在的生物累积性;

④ 土壤中的迁移性。

如果可能,提供更多的科学实验产生的数据或结果,并标明引用文献资料来源;提供任何生态学限值。

(13) 第13部分　废弃处置

该部分包括为安全和有利于环境保护而推荐的废弃处置方法信息。这些处置方法适用于化学品(残余废弃物),也适用于任何受污染的容器和包装。

(14) 第14部分　运输信息

该部分包括国际运输法规规定的编号与分类信息,这些信息应根据不同的运输方式,如陆运、海运和空运进行区分。应包含以下信息:

① 联合国危险货物编号(UN 号);

② 联合国运输名称;

③ 联合国危险性分类；

④ 包装组（如果可能）；

⑤ 海洋污染物（是/否）；

⑥ 提供使用者需要了解或遵守的其他与运输或运输工具有关的特殊防范措施。

可增加其他相关法规的规定。

（15）第 15 部分　法规信息

该部分应标明使用本 SDS 的国家或地区中，管理该化学品的法规名称。提供与法律相关的法规信息和化学品标签信息。提供下游用户注意当地废弃处置法规。

（16）第 16 部分　其他信息

该部分应进一步提供上述各项未包括的其他重要信息。例如，可以提供需要进行的专业培训、建议的用途和限制的用途等。参考文献可在本部分列出。

2. 安全标签的内容和通用形式

基于 GHS 的化学品安全标签的国家标准尚在制订中，在此不作介绍。

三、经营中对安全技术说明书和安全标签的使用与管理

危险化学品经营单位在经营中对安全技术说明书和安全标签的使用与管理应做到：

① 向供应商索取并向用户提供安全技术说明书，保证经营的危险化学品必须有化学品安全技术说明书和化学品安全标签。

② 建立经营危险化学品的化学品安全技术说明书档案。在危险化学品生产企业有新的危害特性公告以及修订安全技术说明书等资料时，及时予以调整和传递给用户。

③ 按照安全技术说明书的规定，掌握商品的危险性，制定购销管理规定及安全操作规程，培训作业人员。

④ 按照安全技术说明书提供的商品的危险性安排适合的储存仓库和储存方式。

⑤ 按照安全技术说明书研究确定商品养护措施。

⑥ 按照安全技术说明书安排适合的运输。

⑦ 按照安全技术说明书制定消防措施。

⑧ 按照安全技术说明书制定安全防护措施。

⑨ 按照安全技术说明书制定急救措施。

习题二

一、判断题

1. 电石（碳化钙）可以露天存放。

2. 有机过氧化物比无机氧化剂有更大的火灾爆炸危险。

3. 同是氧化剂，特性基本相同，可以任意混储混运。

4. 氢氟酸可用玻璃及陶瓷容器储存。

5. 浓硫酸、烧碱、液碱可用铁制品做容器储存，因此也可用镀锌铁桶储存。

6. 剧毒物品的仓库应使用密闭措施。

7. 乙类危险化学品分装、改装、开箱检查应在库房内进行。

8. 液氯钢瓶与液氨钢瓶可以在同库存放。

9. 有毒品在水中的溶解度越大，其危险性也越大。

10. 闪点是表示易燃易爆液体燃爆危险性的一个重要指标，闪点越高，爆炸危险性越大。

11. 人可以长期吸入氧气，而且氧气越纯越好。

12. 压缩气体如正丁烷、乙炔等发生着火时，应迅速灭火，然后切断气源。

13. 根据《危险化学品重大危险源辨识》，乙烯临界量为 30 t。

14. 危险化学品露天储存时单一储存区最大储量 2 000~2 400 t。

15. 放射性物品在储运中必须有完整妥善的包装，包装问题十分重要，一般应采用四层包装。分别为内容器、内层辅助包装、外容器、外层辅助包装。

16. 危险化学品运输企业必须具备的条件由国务院交通部门规定。

17. 安全标准化是指为安全生产活动获得最佳秩序，保证安全管理及生产条件达到法律、行政法规、部门规章和标准等要求制定的规则。

18. 危险化学品库房门应为木质门，采用外开式，设置高侧窗。（剧毒物品仓库的窗户应加设铁护栏）。

19. 在危险化学品储存中露天储存禁忌品间的距离 10 m 及以上。

20. 危险、有害因素指可能导致伤害、疾病、财产损失、环境破坏的根源或状态。

21. 遇湿易燃物品、氧化剂和有机过氧化物可储藏于三级耐火建筑的库房内。

22. 遇湿易燃物品储存库房相对湿度需控制在大于 75%。

23. 易燃固体储存库房温度需控制在 35 ℃及以下。

24. 受日光照射能发生化学反应引起燃烧、爆炸、分解、化合或能产生有毒气体的危险化学品应储存在一级建筑物中，其包装应采取避光措施。

25. 储存危险化学品建筑采暖的热媒温度不应过高，热水采暖不应超过 60 ℃。

26. 装卸易燃液体需穿防静电工作服。禁止穿带铁钉鞋。

27. 根据国家标准《危险货物运输包装类别划分方法》规定，除了爆炸品、气体、感染性物品和放射性物质等外，其他危险物按其呈现的危险程度，将危险品包装共分成三类包装。

28. 爆炸品主要具有反应速度极快，放出大量的热，产生大量的气体等特性。

29. 决定爆炸品敏感度的内在因素是它的化学组成和结构，影响敏感度的外来因素还有温度、杂质、结晶、密度等。

30. 杂质对于爆炸品的敏感度也有很大影响，在一般情况下，固体杂质，特别是硬度高、有尖棱的杂质能够降低爆炸品的敏感度。

31. 爆炸品仓库必须选择在人烟稀少的空旷地带，与周围的居民住宅及工厂企业等建筑物必须有一定的安全距离。

32. 爆炸品仓库应为单层建筑，周围不宜装设避雷针。

33. 爆炸品仓库要阴凉通风，远离火种、热源，防止阳光直射，一般库温度控制在15 ℃以下。

34. 爆炸品仓库要阴凉通风，远离火种、热源，防止阳光直射，一般库温度控制在15~30 ℃为宜，相对湿度一般控制在80%~85%。

35. 堆放各种爆炸品时，要求做到牢固、稳妥、整齐，防止倒垛，便于运输。

36. 爆炸品的包装箱不宜直接在地面上放置，最好铺垫20 cm左右的水泥块或钢材铺垫。

37. 爆炸品与其他非爆炸品严禁混储混运，点火器材、起爆器材与炸药、爆炸性药品以及发射药、烟火等其他爆炸品可以共同储存和运输。

38. 为保证爆炸品储存和运输的安全，必须根据各种爆炸品的性能或敏感程度严格分类，专库储存、专人保管、专车运输。

39. 一切爆炸品严禁与氧化剂、自燃物品、酸、碱、盐类、易燃可燃物、金属粉末和钢铁材料器具等混储混运。

40. 装卸和搬运爆炸品时，必须轻装轻卸，严禁摔、滚、翻以及拖、拉、摩擦、撞击，以防引起爆炸。

41. 在装卸和搬运爆炸品时，对于散落的粉末或粒状爆炸品，应立即用簸箕收集起来。

42. 运输爆炸品时必须经交通管理部门批准，按规定的行车时间和路线凭准运证方可起运。

43. 压缩气体和液化气体仓库应阴凉通风，远离热源、火种，防止日光暴晒，严禁受热，库内照明应采用防爆照明灯，库房周围不得堆放任何可燃材料。

44. 运输压缩气体和液化气体钢瓶时，必须戴好钢瓶上的安全帽。钢瓶一般应平放，瓶口朝向没有严格要求，可以交叉放置。

45. 碳化钙的储存库房，应当处于阴暗潮湿，并经常通风的库房内。

46. 遇湿易燃物品库房必须干燥，严防漏水或雨雪浸入，但可以在防水较好的露天存放。

47. 遇湿易燃物品灭火时可使用的灭火剂包括干粉、干黄土、干石粉和泡沫灭火。

48. 遇湿易燃物品灭火时严禁使用酸碱、泡沫灭火剂。

49. 氧化剂应储存于清洁、阴凉、通风、干燥的厂房内。远离火种、热源，照明设备可以用非防爆的。

50. 不同品种的氧化剂，应根据其性质及消防方法的不同，选择适当的库房分类存放及分类运输。有机过氧化物不得与无机氧化剂共储混运；亚硝酸盐类、亚氯酸盐类、次亚氯酸盐类均不得与其他氧化剂混储混运。

51. 有毒品在水中的溶解度越大，其危险性也越大。因为人体内含有大量水分，所以越易溶解于水的有毒品越易被人体吸收。

52. 有毒品不溶于水时，人体的中毒可能性就很小。

53. 有毒品经过皮肤破裂的地方侵入人体，会随血液蔓延全身，加快中毒速度。因此，在皮肤破裂时，应停止或避免对有毒品的作业。

54. 剧毒品和爆炸品管理一样也应严格按照“五双管理制度”执行。

55. 有毒品必须储存在仓库，不得露天存放。应远离明火、热源，库房通风应良好。

56. 严禁将有毒品与食品或食品添加剂混储混运。

57. 放射性物质放出的射线可分为四种：α 射线、β 射线、γ 射线和中子流。

58. 存放过放射性物品的地方，单位如果存放其他物品，单位应当指派专人负责进行彻底清洗。

59. 腐蚀品类化学品其主要品类是酸类和碱类。

60. 如果储存容器合适的情况下，硫酸、硝酸、盐酸及烧碱都可储存于一般货棚内。

61. 盐酸可用耐酸陶坛；硝酸应该用铝制容器；磷酸、冰醋酸、氢氟酸用塑料容器；浓硫酸、烧碱、液碱可用铁制容器，或镀锌铁桶储存。

62. 危险化学品的标志设主标志由表示危险化学品危险特性的图案、文字说明、底色和危险类别号四个部分组成的菱形标志。

63. 危险化学品的标志设主标志由表示危险化学品危险特性的图案、文字说明、底色和危险类别号四个部分组成的菱形标志。副标志图形与主标志相同。

64. 危险化学品的标志使用原则：当一种危险化学品具有一种以上的危险性时，应该用主标表示主要危险性类别，并用副标表示重要的其他的危险类别。

65. 危险化学品生产企业发现其生产的危险化学品有新的危害特性时，应当立即公告，安全技术说明书和安全标签可暂缓修订。

66. 化学品安全技术说明书（SDS）是化学品经营单位向用户提供基本危害信息的工具。

67. 事故指造成死亡、职业病、伤害、财产损失或其他损失的意外事件。

68. 安全技术说明书由化学品的生产供应企业编印，在交付商品时提供给用户，作为为用户的一种服务，随商品在市场上流通。

69. 安全标签由生产企业在货物出厂前粘贴、挂栓、喷印在包装或容器的明显位置；若改换包装，可由改换单位重新粘贴、挂栓、喷印。

70. 危险化学品可以露天堆放，但应符合防火、防爆的安全要求。爆炸物品、一级易燃物品、遇湿燃烧物品、剧毒物品不得露天堆放。

71. 散装储存是将物品装于小型容器或包件中储存；整装储存是物品不带外包装的净货储存。

72. 危险化学品的生产、储存实行审批制度；未经审批，任何单位和个人都不得生产、储存危险化学品。

73. 《常用化学危险品储存通则》中对储存场所要求是：储存危险化学品建筑物不得有地下室或者其他地下建筑物，其耐火等级、层数、占地面积安全疏散和防火间距，应符合国家有关规定。

74. 危险化学品仓库的建筑屋架可以根据所存危险化学品的类别和危险等级采用木结构、钢结构或装配式钢筋混凝土结构。

75. 危险化学品库房门应为铁门或木质外包铁皮，采用内开式。设置高侧窗（剧毒物品仓库的窗户应加设铁护栏）。

76. 危险化学品库房贴近地面应增设强制通风设施，定期置换仓库内的有毒气体。

77. 按易燃液体闪点的高低分为低闪点液体、中闪点液体、高闪点液体。

78. 储存危险化学品的建筑必须安装通风设备，并注意设备的防护措施。

79. 储存危险化学品建筑的通排风系统可不考虑导除静电的接地装置。

80. 储存危险化学品建筑物内不宜增设采暖设施。

81. 储存危险化学品建筑采暖的热媒温度不应过高，可采用蒸汽采暖。

82. 储存危险化学品建筑采暖的热媒温度不应过高，可采用机械采暖。

83. 储存危险化学品建筑采暖的热媒温度不应过高，可采用热水采暖不应超过80℃。

84. 危险化学品的生产、储存、使用单位，应当在生产、储存和使用场所设置通讯、报警装置，并保证在任何情况下处于正常适用状态。

85. 危险化学品仓库按其使用性质和经营规模分为大型仓库、中型仓库和小型仓库。

86. 大中型危险化学品仓库应选址在远离市区和居民区的当地主导风向的上风方向和河流下游的区域。

87. 储存剧毒化学品以及重大危险源的其他危险化学品的单位，应当将储存剧毒化学品以及重大危险源的其他危险化学品的数量、地点以及管理人员的情况，报公安部门和负责危险化学品安全监督管理综合工作的部门备案。

88. 储存危险化学品的仓库必须配备有专业知识的技术人员，其仓库及场所应设专人管理，管理人员必须配备可靠的个人安全防护用品。

89. 危险化学品不得露天堆放。

90. 危险品不得与禁忌物料混合储存，灭火方法不同的危险化学品可以同库储存。

91. 储存危险化学品的建筑物、区域内严禁吸烟和使用明火。

92. 受日光照射能发生化学反应引起燃烧、爆炸、分解、化合或能产生有毒气体的危险化学品应储存在二级建筑物中，其包装应采取避光措施。

93. 爆炸物品不准和其他物品同储，必须单独隔离限量储存。

94. 易燃液体、遇湿易燃物品、易燃固体不得与氧化剂混合储存，具有还原性的氧化剂应单独存放。

95. 进入危险化学品库区的机动车辆应安装防火罩。机动车装卸货物后，不得在库内、库房、货场停放和修理。

96. 汽车、拖拉机不准进入易燃易爆类物品库房。进入易燃易爆类物品库房的电瓶车、铲车应是防爆型的；进入可燃固体物品库房的电瓶车、铲车，应装有防止火花溅出的安全装置。

97. 装卸、搬运危险化学品时应做到轻装、轻卸。严禁摔、碰、撞击、拖拉、倾倒和滚动。

98. 装卸对人体有害及腐蚀性物品时，操作人员应佩带相应的防护用品。

99. 可以在危险化学品储存区域内短期间堆积可燃废弃物品。

100. 泄漏或渗漏危险化学品的包装容器应迅速移至安全区域。

101. 在采取措施的情况下，可以利用内河以及其他封闭水域等航运渠道运输剧毒化学品。

102. 用于化学品运输工具的槽罐以及其他容器，应由专业生产企业定点生产，并经检测、检验合格，方可使用。

103. 运输危险化学品的槽罐以及其他容器必须封口严密，能够承受正常运输条件下下产生的内部压力和外部压力。

104. 装运危险货物的罐（槽）应配备泄压阀、防波板、遮阳物、压力表、液位计、导除静电等安全装置。

105. 危险化学品性质或消防方法相互抵触，以及配装号或类项不同的危险化学品不能装在同一车、船内运输。

106. 易燃、易爆品必须装在铁帮、铁底车、船内运输。

107. 盛装化学品的包装，不必到指定部门检验，但包装要满足有关试验要求。

108. 运输散装固体危险物品，应根据性质，采取防火、防爆、防水、防粉尘飞扬和遮阳措施。

109. 风险是发生特定危险事件的可能性与后果的结合。

110. 危险化学品包装修理过后如果符合危险货物运输包装性能试验的要求，可以重复使用。

111. 一般来讲，物质越易燃，其火灾危险性就越小。

112. 易燃液体的蒸汽很容易被引燃。

113. 易燃蒸气与空气的混合浓度不在爆炸极限之内，遇火源就不会发生燃烧和爆炸。114. 为了防止蒸发，汽油等挥发性强的液体应在口小、深度大的容器中盛装。

115. 为了防止膨胀导致容器破裂，对盛装易燃液体的容器，夏天要储存于阴凉处或用喷淋冷水降温的方法加以防护。

116. 液体着火时，应设法堵截流散的液体，防止火势扩大蔓延。

117. 液体黏度的大小主要与液体的种类和温度有关。

118. 易燃液体一般电导率很小，所以不易在流动中产生和积累静电。

119. 液体流速越快，产生的静电荷越少。

120. 易燃固体在储存、运输、装卸过程中，应当注意轻拿轻放，避免摩擦撞击等外力作用。

121. 易燃固体绝对不许和氧化剂、酸类混储混运。

122. 硫的磷化物，不仅具有遇火受热的易燃性，而且还具有遇湿易燃性。

123. 在危险品的管理中，干的或未浸湿的二硝基苯酚被列为易燃固体管理。

124. 三乙基铝在空气中能氧化而自燃。

125. 铝铁熔剂着火不可用水施救。

126. 金属钠遇水反应剧烈并放出氢气。

127. 铝镁粉与水反应比镁粉或铝粉单独与水反应要强烈得多。

128. 爆炸品不包括以爆炸物质为原料制成的成品。

129. 炸药的热感度是指炸药在热作用下发生燃烧的难易程度。

130. 许多炸药本身就是含氧的化合物或者是可燃物与氧化剂的混合，故不需外界供给氧气也能发生燃烧和爆炸。

131. 在炸药爆炸场所进行施救工作时，除了防止爆炸伤害外，还应注意防毒，以免造成中毒事故。

132. 具有抛射危险而无整体爆炸危险的物质和物品不属于爆炸品。

133. 根据我国《常用危险化学品分类及标志》，压缩气体和液化气体中，不包括氧气

134. 根据闭杯试验闪点，我国标准《常用危险化学品分类及标志》将易燃液体分为 4 项。

135. 遇湿易燃物品不会发生爆炸。

136. 自燃物品着火不需氧气。

137. 硫黄不属于易燃固体。

138. 与氧化剂相比，有机过氧化物更危险。

139. 苯易燃、易爆、有毒而且致癌。

140. 硫酸、硝酸和氯化铜都具有腐蚀性。

141. 金属铀属于放射性物品。

142. 只要发生燃烧就会产生火焰。

143. 可燃固体的粉尘能与空气形成爆炸性混合物。

144. 在空气充足的条件下，可燃物与火源接触即可着火。

145. 自燃点与闪点一样都是可燃物质的固有性质。

146. 高压可燃气体容易发生爆炸事故。

147. 乙烷的自燃点>乙烯的自燃点>乙炔的自燃点。

148. 一般说来，液体密度越大，闪点越高，自燃点也越高，故发生火灾的危险性越小。

149. 爆炸品是指在外界作用下能发生剧烈的化学反应，瞬间产生大量的气体和热量，使周围压力急骤上升，发生爆炸，对周围环境造成破坏的物品。

150. 没有整体爆炸危险的极不敏感物品不属于爆炸品。

151. 压缩空气是危险化学品。

152. 临界压力就是在临界温度时使气体液化所需要的最小压力。

153. 易燃固体系指燃点低、对热、撞击、摩擦敏感，易被外部火源点燃，燃烧迅速，并可能散发出有毒烟雾或有毒气体的固体，但不包括已列入爆炸品的物品。

154. 遇湿易燃物品遇酸或碱也能燃烧或爆炸。

155. 易燃气体是指在 20 ℃和标准大气压 101. 3 kPa 时与空气混合有一定易燃范围的气体。

156. 氧化性物质的危险性是通过与其他物质作用或自身发生化学变化的结果表现出来的。

157. 有机过氧化物不是危险化学品。

158. LD_{50} 是指毒物经口、经皮导致半数实验动物死亡的剂量，即半数致死剂量。

159. LC_{50} 是指毒物经呼吸道吸入导致半数实验动物死亡的浓度，即半数致死浓度。

160. MLD 叫最小致死剂量，是指毒物毒性导致个别实验动物死亡的最低剂量。

161. 毒物毒性能导致全部实验动物死亡的剂量，称为绝对致死剂量，用 LD_{100} 表示。

162. 在工业生产中，有毒品侵入人体的主要途径是呼吸道、消化道和皮肤。

163. 放射性物品属于剧毒化学品。

164. 硫酸铵是一种碱性腐蚀品。

165. 压缩气体和液化气体的特点是压力大、温度高。

166.《常用危险化学品的分类及标志》（GB 13690—1992）规定了常用危险化学品的标志，共设主标志 11 种和副标志 16 种。

167.《常用危险化学品的分类及标志》（GB 13690—1992）规定了当一种危险化学品具有一种以上危险特性时用主标志表示其主要危险性类别，副标志表示重要的其他危险性类别。

168.《常用危险化学品的分类及标志》（GB 13690—1992）常用危险化学品安全标志中的图形分别标示了 8 类危险化学品的主要危险特性。

169. 用于引爆炸药的导火索不属于爆炸品。

170. 自燃物品是指常温下与空气接触能缓慢氧化，积热不散而引起自燃的物品。

171. 氧化剂的特点是其本身不一定可燃，但能导致可燃物的燃烧。

172. 对盛装易燃液体的容器，应留有不少于 5%~10%的空隙。

173.《常用危险化学品的分类及标志》中此图形为腐蚀品的安全标志。

174.《常用危险化学品的分类及标志》中此图形为易燃液体的安全标志。

175.《常用危险化学品的分类及标志》中此图形为不燃气体的安全标志。

176.《常用危险化学品的分类及标志》中此图形为爆炸品的安全标志。

177.《工作场所安全使用化学品规定》不仅要求用人单位对化学品危险性进行鉴

别和分类，建立化学品安全标签和安全技术说明书制度，而且明确提出了职工的义务和权力。

178. 最小点火能是指能引起爆炸性混合物燃烧爆炸时所需的最小能量。最小点火能数值愈大，说明该物质愈易被引燃。

179. 有毒物品应贮存在阴凉、通风、干燥的场所，不得露天存放和接近酸类物质；腐蚀性物品不允许泄漏，严禁与液化气体和其他物品共存。

180. 仓库工作人员应进行培训，经考核合格后上岗；装卸人员也必须进行必要的教育；消防人员除了应具有一般消防知识外，还应进行专门的专业知识培训。

181. 按《危险化学品安全技术说明书编写规定》（GB 16483—1996）要求危险化学品安全技术说明书，内容包括：标识、成分及理化特性、燃烧爆炸危险特性、毒性及健康危害性、急救、防护措施、包装与储运、泄漏处理与废弃等八大部分。

182. 为防止易燃气体积聚而发生爆炸和火灾，贮存和使用易燃液体的区域要有良好的空气流通。

183. 有些自燃物品遇火或受潮后能分解引起自燃或爆炸。

184. 爆炸下限越低，爆炸极限范围越宽，危险性越小。

185. 个人可以通过邮寄向危险化学品经营单位购买危险化学品。

186. 高锰酸钾可以用纸袋包装。

187. 氧化剂遇高温易分解放出氧和热量，所以这类物品遇到易燃物品、可燃物品、还原剂，或自己受热分解都容易引起火灾爆炸危险。

188. 为了防止危险化学品的误用，危险化学品安全标签的粘贴、挂拴、喷印应牢固，保证在运输及储存期间不脱落、不损坏。

189. 按照《安全生产法》的规定，生产、经营、储存、使用危险物品的车间、商店、仓库可以与员工宿舍在同一座建筑物内，但不得与员工放在同一楼层。

190. 按照《安全生产法》的规定，生产、经营、储存、使用危险物品的车间、商店、仓库必须与员工宿舍保持足够的安全距离。

191. 危险化学品生产经营场所和员工宿舍应当设有符合紧急疏散要求、标志明显、保持畅通的出口。禁止锁闭、封堵生产经营场所或者员工宿舍的出口。

192. 有毒物品应储存在阴凉、通风、干燥的场所，不要露天存放，不要接近酸性物质。

193. 活泼金属着火可以用二氧化碳灭火。

194. 非常不敏感的爆炸物质，比较稳定，在着火试验中不会爆炸。

195. 易燃气体在常温常压下遇明火、高温即会发生着火或爆炸，燃烧时其蒸气对人畜有一定的刺激毒害作用。

196. 按照《常用化学危险品贮存通则》（GB 15603）的规定，同一区域贮存两种或两种以上不同级别的危险品时，应按最高等级危险物品的性能标志。

197. 硫化氢侵入人体的主要途径是皮肤。

198. 在无法将作业场所中有害化学品的浓度降低到最高容许浓度以下时，工人必须使用个体防护用品。

199. 选择呼吸防护用品时应考虑有害化学品的性质、作业场所污染物可能达到的最高浓度、作业场所的空气含量、使用者的面型和环境条件等因素。

二、填空题

200. 通常情况下，液体的燃烧难易程度主要用____________的高低来衡量。

201. 多数易燃液体被引燃只需____________ mJ 左右的能量。

202. 可燃液体的饱和蒸气压越大，其火灾危险性____________。

203. 液体的流动性随温度升高而____________。

204. 管道内表面越光滑，液体产生的静电荷____________。

205. 根据国家标准《常用危险化学品分类及标志》，腐蚀品可分为酸性腐蚀品、碱性腐蚀品和____________腐蚀品三项。

三、单选题

206. 把易燃液体装入容器时应据（　）确定合适的装填系数。

A. 时间长短　　B. 容积大小　　C. 温度变化范围

207. 当灌装至容器高度的 1/2~3/4 时，油品产生的静电电压（　）。

A. 最低　　B. 居中　　C. 最高

208. 多数油品温度越低，产生静电越少，但（　）例外。

A. 汽油　　B. 煤油　　C. 柴油

209. 易蒸发的石油产品与不易蒸发的石油产品相比，其毒性（　）。

A. 较小　　B. 较大　　C. 差不多

210. 易燃固体的着火点一般都在（　）℃以下。

A. 100　　B. 200　　C. 300

211. 很多易燃固体本身就具有毒害性或燃烧后能产生有毒（　）。

A. 固体　　B. 液体　　C. 气体

212. 企业应制定重大危险源应急救援预案，配备必要的救援器材、装备，每年至少进行（　）次重大危险源应急救援预案演练。

A. 1　　B. 2　　C. 3

213. 三乙基铝着火时不可用（　）扑救。

A. 二氧化碳　　B. 氮气　　C. 水或泡沫

214. 电石遇水会生成（　）并放出热量。

A. 氢气　　B. 甲烷　　C. 乙炔

215. 炸药引爆所需的初始冲能愈小，说明该炸药（　）。

A. 愈不敏感　　B. 愈敏感　　C. 敏感性一般

216. 在炸药中掺入少量炭黑、石墨、硼粉等导电物质，以降低炸药的（　），减少静电的积聚。

A. 熔点　　B. 密度　　C. 电阻率

217. 凡是炸药，百分之百都是（　）燃物质。

A. 易　　B. 可　　C. 不

218. 氢气泄漏时，易在屋（　）聚集。

A. 顶　　B. 中　　C. 底

219. 根据闪点，无水乙醇属于（　）闪点液体。

A. 低　　B. 中　　C. 高

220. 下列选项（　）属于自燃物品。

A. 白磷　　B. 红磷　　C. 黑磷

221. 氧气不属于（　）。

A. 氧化剂　　B. 助燃物　　C. 可燃物

222. 关于有机过氧化物的陈述，错误的是（　）。

A. 本身易燃易爆　　B. 本身极易分解　　C. 本身化学性质稳定

223. 根据国家《职业性接触毒物危害程度分级》，职业性接触毒物可分为（　）个级别。

A. 3　　B. 4　　C. 5

224. 根据国家《职业性接触毒物危害程度分级》，一氧化碳属于（　）危害毒物。

A. 极度　　B. 高度　　C. 中度

225. 甲烷与（　）能形成爆炸性混合物。

A. 水蒸气　　B. 二氧化碳　　C. 空气

226. 一般来说，可燃物中（　）的火灾危险性较小。

A. 气体　　B. 液体　　C. 固体

227. 关于炸药，下例陈述错误的是（　）。

A. 本身含有可燃物　　B. 本身含有助燃物　　C. 本身不含有氧化剂

228. 如果可燃气体在泄漏的同时被点燃，将会在泄漏处发生（　）。

A. 燃烧　　B. 爆炸　　C. 中毒

229. 闪点愈低的可燃液体，其发生火灾的危险性（　）。

A. 愈小　　B. 愈大　　C. 不受影响

230. 在一定条件下，压力越高，可燃物的自燃点（　）。

A. 愈低　　B. 愈高　　C. 不受影响

231. 下例物质中自燃点较低的是（　）。

A. 煤　　B. 木材　　C. 硫

232. 无约束蒸气云爆炸的破坏范围要比一般的燃烧和爆炸（　）。

A. 小得多　　B. 大得多　　C. 差不多

233.《危险货物品名表》按运输危险性把爆炸品分为（　）项。

A. 4　　B. 5　　C. 6

234. 在危险化学品的分类中，将易燃液体按闪点的高低分为（　）项。

A. 3　　B. 4　　C. 5

235. 液体发生闪燃的最低温度叫（　）。

A. 闪点　　B. 燃点　　C. 自燃点

236. 在常用危险化学品的分类中，中闪点易燃液体的判断依据是（　）。

A. 闪点<-18 ℃　　B. 闪点>-18 ℃　　C. -18 ℃≤闪点<23 ℃

237. 自燃物品是指在空气中易于发生（　）反应，放出热量而自行燃烧的物品。

A. 还原　　B. 氧化　　C. 聚合

238. 粉尘的爆炸下限大体为（　），爆炸上限约为 80 mg/L 称为易燃固体。

A. 5~15 mg/L　　B. 15~25 mg/L　　C. 25~45 mg/L

239. 下列固体中，属于遇湿易燃物品的是（　）。

A. 红磷　　B. 硫黄　　C. 电石

240. 在爆炸品的分类中，按爆炸品的用途，爆炸品可分为（　）种。

A. 2　　B. 3　　C. 4

241. 下列化合物中，属于氧化剂是（　）。

A. 过氧化氢　　B. 氢氧化钠　　C. 氰化氢

242. 有机过氧化物按其危险性的大小划分为（　）种类型。

A. 6　　B. 7　　C. 8

243. 若经口食入的固体 LD_{50}≤（　）mg/kg 即为有毒品。

A. 300　　B. 400　　C. 500

244. 若经口食入的液体 LD_{50}≤（　）mg/kg 即为有毒品。

A. 1 000　　B. 2 000　　C. 1 500

245. 若经皮肤接触 24 小时的化学品，LD_{50}≤（　）mg/kg 为有毒品。

A. 500　　B. 1 000　　C. 1 500

246. 若经呼吸道吸入的粉尘、烟雾或蒸气的 LC_{50}≤（　）mg/L，就为有毒品。

A. 10　　B. 15　　C. 20

247. 毒物被吸收速度较快的途径是（　）。

A. 呼吸道　　B. 消化道　　C. 皮肤

248. 腐蚀品按其腐蚀性的强弱可细分为（　）级。

A. 2　　B. 3　　C. 4

249. 在外界作用下，能发生剧烈化学反应，瞬时产生大量气体和热量，使周围压力急剧上升而发生爆炸的危险化学品是（　）。

A. 遇湿易燃物　　B. 有机过氧化物　　C. 爆炸品

250. 在《常用危险化学品的分类及标志》中规定，每种常用危险化学品最多可选用（　）个安全标志。

A. 2　　B. 3　　C. 4

251.《常用危险化学品的分类及标志》中，共设副标志（　）种。

A. 10　　B. 11　　C. 12

252. 常用危险化学品的主标志和副标志的区别是：副标志中没有（　）。

A. 图形　　B. 文字说明　　C. 危险性类别号

253. 常用危险化学品标志中的图形为“骷髅头和交叉骨形”，标示危险化学品为（　）。

A. 有毒品　　B. 腐蚀品　　C. 爆炸品

254. 雷管属于（　）类的爆炸品。

A. 点火器材　　B. 火药　　C. 起爆器材

255. 加压后使气体液化时所允许的最高温度，称为（　）。

A. 露点　　B. 沸点　　C. 临界温度

256. 压缩气体和液化气体按理化性质可分为（　）种。

A. 2　　B. 3　　C. 4

257. 当冲击感度超过（　）%的物质称为爆炸物质。

A. 1　　B. 2　　C. 0.1

258. 爆速大于（　）m/s 的物质称为爆炸物质。

A. 1 500　　B. 2 000　　C. 3 000

259. 在《常用危险化学品的分类及标志》中，易燃固体的安全标志是（　）。

A. 　　B. 　　C. 

260. 在《常用危险化学品的分类及标志》中，氧化剂的安全标志是（　）。

A. 　　B. 　　C. 

261. 在《常用危险化学品的分类及标志》中，有毒品的安全标志是（　）。

A. 　　B. 　　C. 

262. 在《常用危险化学品的分类及标志》中，自燃物品的安全标志是（　）。

A. 　　B. 　　C. 

263. 国家标准《危险货物分类和品名编号》及《危险货物品名表》，按危险货物具有的危险性将危险货物分为（　）类。

A. 7　　B. 8　　C. 9

264. 在《常用危险化学品的分类及标志》中规定了常用危险化学品的包装标志（　）种。

A. 27　　B. 29　　C. 30

265. 决定爆炸品具有爆炸性质的主要因素（　）。

A. 爆炸品的化学组成和化学结构

B. 爆炸品密度

C. 爆炸品结晶

266. 爆炸品禁止使用的灭火剂（　）。

A. 水　　B. 泡沫　　C. 沙土盖压

267.《危险货物品名表》（GB 12268—2005）按危险货物具有的危险性把爆炸品分为（　）项。

A. 5　　B. 6　　C. 7

268. 爆炸品仓库要阴凉通风，远离火种、热源，防止阳光直射，一般库温度控制在（　）。

A. 10 ℃以下　　B. 15~30 ℃　　C. 35 ℃以下

269. 爆炸品仓库要阴凉通风，远离火种、热源，防止阳光直射，一般库房内相对湿度一般控制在（　）。

A. 45%~55%　　B. 55%~65%　　C. 65%~75%

270. 易吸湿的黑火药、硝铵炸药、导火索等爆炸品库房，相对湿度不得超过（　）%。

A. 65　　B. 55　　C. 45

271. 爆炸品库房内部照明应采用防爆型灯具，开关应设在库房（　）。

A. 外面　　B. 里面　　C. 里、外都行

272. 爆炸品的包装箱不宜直接在地面上放置，最好铺垫（　）cm 左右的方木或垫板。

A. 20　　B. 40　　C. 50

273. 运输爆炸品时必须经（　）管理部门批准，按规定的行车时间和路线凭准运证方可起运。

A. 交通　　B. 公安　　C. 地方行政

274.《常用危险化学品分类及标志》中根据压缩气体和液化气体的理化性质，将压缩气体和液化气体分为三项即易燃气体、不燃气体、（　）气体。

A. 有毒　　B. 助燃　　C. 窒息

275. 常压下，吸入（　）%以上氧气时，可能发生氧中毒，长期吸入可发生眼损害甚至失明。

A. 30　　B. 40　　C. 50

276. 压缩气体和液化气体仓库应阴凉通风，库温不宜超过（　）℃。

A. 20　　B. 30　　C. 40

277.《常用危险化学品分类及标志》规定：易燃液体的闭杯试验闪点应等于或低于（　）℃。

A. 25　　B. 40　　C. 61

278. 下列（　）是表示易燃液体燃爆危险性的一个重要指标。

A. 闪点　　B. 凝固点　　C. 自燃点

279. 易燃液体的膨胀系数比较大，灌装时容器内应留有（　）%以上空间，不可灌满。

A. 3　　B. 5　　C. 10

280. 闪点低于 23 ℃的易燃液体，其仓库温度一般不得超过（　）℃。

A. 20　　B. 30　　C. 40

281. 易燃液体在运输、泵送、灌装时要有良好的（　）装置，防止静电积聚。

A. 接地　　B. 防火　　C. 监测

282. 钾、钠等活泼金属绝对不允许露置空气中，必须浸没在（　）中保存，容器不

得渗漏。

A. 煤油　　　　　　　　B. 溶液　　　　　　　　C. 水

283. 企业应每年至少（　）次对适用的安全生产法律、法规、标准及其他要求进行符合性评价，消除违规现象和行为。

A. 1　　　　　　　　B. 2　　　　　　　　C. 3

284. 急性毒性是指一定量的毒物一次对动物所产生的毒害作用。急性毒性的大小，常用（　）来表示。

A. 最高允许浓度　　　　B. 半数致死量（LD_{50}）　　C. 毒物的性质

285. 《危险货物分类和品名编号》标准将第 6 类危险货物分为毒性物质和（　）二项。

A. 高毒品　　　　　　　B. 低毒品　　　　　　　C. 感染性物质

286. 黄磷在储存时应始终浸没在（　）中。

A. 水　　　　　　　　B. 二硫化碳　　　　　　C. 煤油

287. 《常用危险化学品分类及标志》定义腐蚀品系指能灼伤人体组织并对金属等物品造成损坏的固体或液体的化学品，腐蚀品与皮肤接触在（　）h 内出现可见坏死现象。

A. 4　　　　　　　　B. 8　　　　　　　　C. 24

288. 常用危险化学品的标志设主标志和副标志，主标志（　）种。

A. 15　　　　　　　　B. 16　　　　　　　　C. 18

289. 常用危险化学品的标志设主标志和副标志，副标志（　）种。

A. 13　　　　　　　　B. 12　　　　　　　　C. 11

290. 国家标准《化学品安全技术说明书编写规定》中，SDS 表示的意思是（　）。

A. 化学品安全技术说明书B. 化学品安全标签　　　C. 化学品质量证书

291. 化学品安全技术说明书的内容包括（　）部分。

A. 18　　　　　　　　B. 17　　　　　　　　C. 16

292. 化学品安全标签内容由（　）部分组成。

A. 8　　　　　　　　B. 9　　　　　　　　C. 11

293. 化学品安全标签内容中警示词有（　）种分别进行危害程度的警示。

A. 3　　　　　　　　B. 4　　　　　　　　C. 5

294. 危险化学品的储存根据物质的理化性状和储存量的大小分为整装储存和（　）储存两类。

A. 散装　　　　　　　B. 分开　　　　　　　C. 分离

295. 危险化学品库房门应为铁门或木质外包铁皮，采用（　）。设置高侧窗（剧毒物品仓库的窗户应加设铁护栏）。

A. 外开式　　　　　　B. 内开式　　　　　　C. 内、外开式都可以

296. 毒害性危险化学品库房的耐火等级不得低于（　）级标准。

A. 一　　　　　　　　B. 二　　　　　　　　C. 三

297. 易燃易爆性危险化学品库房的耐火等级不得低于（　）级标准。

A. 一　　　　　　　　B. 二　　　　　　　　C. 三

298. 腐蚀性危险化学品库房的耐火等级不得低于（　）级标准。

A. 一　　B. 二　　C. 三

299. 爆炸品应储存在（　）级轻顶耐火建筑内。

A. 一　　B. 二　　C. 三

300. 低、中闪点液体、一级易燃固体、自燃物品、压缩气体和液化气体类应储存于（　）级耐火建筑的库房内。

A. 一　　B. 二　　C. 三

301.《常用危险化学品分类及标志》按易燃液体闪点的高低分为（　）项易燃液体。

A. 二　　B. 三　　C. 四

302. 危险化学品的储存必须具备适合储存方式的设施：在同一房间或同一区域内，不同的物料之间分开一定的距离，非禁忌物料间用通道保持空间的储存方式。这种储存方式属于（　）储存方式。

A. 隔离　　B. 隔开　　C. 分开

303. 危险化学品的储存必须具备适合储存方式的设施：在同一房间或同一区域内，用隔板或墙，将禁忌物料分开的储存方式。这种储存方式属于（　）储存方式。

A. 隔离　　B. 隔开　　C. 分开

304. 危险化学品的储存必须具备适合储存方式的设施：在不同的建筑物或远离所有的外部区域内的储存方式。这种储存方式属于（　）储存方式。

A. 隔离　　B. 隔开　　C. 分离

305. 受日光照射能发生化学反应引起燃烧、爆炸、分解、化合或能产生有毒气体的危险化学品应储存在（　）级建筑物中，其包装应采取避光措施。

A. 一　　B. 二　　C. 三

306. 压缩气体和液化气体必须与爆炸物品、氧化剂、易燃物品、自燃物品、腐蚀性物品（　）储存。

A. 隔离　　B. 隔开　　C. 分开

307. 二级易燃固体、高闪点液体可储藏于耐火等级不低于（　）级的库房内。

A. 一　　B. 二　　C. 三

308. 在危险化学品储存中分离储存禁忌品间的距离（　）m。

A. 7~10　　B. 10~15　　C. 15~20

309. 危险化学品露天储存时通道宽度（　）m。

A. 3.5~4　　B. 4~6　　C. 6~10

310. 三氧化二砷属于（　）。

A. 无机剧毒品　　B. 有毒剧毒品　　C. 有机毒害品

311. 氢气瓶的规定涂色为（　）。

A. 淡绿　　B. 淡黄　　C. 紫色

312. 易燃品闪点在 28 ℃以下，气温高于 28 ℃时应当在（　）运输。

A. 夜间　　B. 白天　　C. 都可

313. 除了爆炸品、气体、感染性物品和放射性物品外，其他危险物按其呈现的危险程度，按包装结构强度和防护性质，将危险品包装分成（　）类。

A. 3　　B. 4　　C. 5

314. 根据国家标准《危险货物运输包装通用技术条件》规定，物质的包装类别决定了包装物或接受容器的质量要求。(　)类包装表示包装物的最高标准。

A. Ⅰ　　B. Ⅱ　　C. Ⅲ

315. 根据国家标准《危险货物运输包装通用技术条件》规定了危险品包装的跌落、液压试验等（　）种试验方法。

A. 3　　B. 4　　C. 5

316. 苯急性中毒主要表现为对中枢神经系统的麻醉作用，而慢性中毒主要为（　）系统的损害。

A. 呼吸　　B. 消化　　C. 造血

317.《常用危险化学品的分类及标志》国家标准按其主要危险特性将危险化学品分为（　）类。

A. 八　　B. 九　　C. 十

318.《危险货物运输包装通用技术条件》国家标准根据危险品的特性和包装强度，把危险品包装分成（　）类。

A. 三　　B. 四　　C. 五

319.《危险货物包装标志》国家标准规定了危险货物图示标志的类别、名称、尺寸和颜色，共有危险品标志图形（　）种、19个名称。

A. 17　　B. 19　　C. 21

320. 贮存危险化学品的仓库必须配备有专业知识的技术人员，其仓库及场所应设专人管理，管理人员必须配备可靠的（　）。

A. 劳动防护用品　　B. 安全检测仪表　　C. 手提消防器材

321. 化学品的危险程度应用（　）进行提示。当某种化学品具有一种以上的危险性时，用危险性最大的提示词。

A. 危险　　B. 警告　　C. 注意

322. 易燃液体应避热存放，灌装时应留有（　）的气空间。

A. 5%以下　　B. 5%以上　　C. 3%以下

323. 易燃液体灌装时应控制流速，其流速不得超过 3 m/s，其原因是（　）。

A. 防溢出　　B. 防温度升高　　C. 防静电

324. 三氧化二砷俗称砒霜，化学品编号是61007，它属于（　）。

A. 一级无机毒害品　　B. 一级有机毒害品　　C. 氧化剂

325. 煤油的编号是33501，它是属于（　）易燃液体。

A. 低闪点　　B. 中闪点　　C. 高闪点

326. 黄磷又称白磷，编号为42001，它应属于（　）。

A. 易燃固体　　B. 遇湿易燃物品　　C. 自燃物品

327. 乙炔气瓶与氧气瓶存放时不得少于（　）m，使用时两者的距离不得少于（　）m。

A. 1、2　　B. 1.5、3　　C. 2、5

328. 经营化学品零售业务的店面经营面积（不含库房）应不少于（　）m^2。

A. 50　　B. 60　　C. 100

329. 危险化学品零售业务的店面应与繁华商业区或居民人口稠密区保持（　）m 以上距离。

A. 200　　B. 300　　C. 500

330. 零售业务的店面内只允许存放民用小包装的危险化学品，其存放总质量不得超过（　）t。

A. 0.5　　B. 1　　C. 2

331. 零售业务的店面与存放危险化学品的库房（或罩棚）应有实墙相隔。单一品种存放量不能超过（　）kg，总质量不能超过（　）t。

A. 300、1　　B. 500、2　　C. 500、3

332. 危险化学品仓库按其使用性质和经营规模分为三种类型：大型仓库、中型仓库、小型仓库。中型仓库或货场是指总面积（　）m^2。

A. 550~9 000　　B. 500~10 000　　C. 900~9 000

333. 大中型危险化学品仓库与周围公共建筑物、交通干线、工矿企业等距离至少保持（　）m。

A. 500　　B. 1 000　　C. 1 500

334. 大中型危险化学品仓库内应设库区和生活区，两区之间应有 2 m 以上的实体围墙，围墙与库区内建筑的建筑距离不应小于（　）m，并应满足围墙两侧建筑物之间的防火距离要求。

A. 2　　B. 5　　C. 8

335. 库存危险化学品主要通道的宽度应不小于（　）m。

A. 1　　B. 1.8　　C. 2

336. 根据《常用化学危险品贮存通则》规定，下列贮存方式不属于危险化学品贮存方式的是（　）贮存。

A. 隔离　　B. 隔开　　C. 混合

337. 根据《建筑设计防火规范》的要求，爆炸品应储于（　）级耐火建筑内。

A. 一　　B. 二　　C. 三

338. 根据《建筑设计防火规范》的要求，低、中闪点液体、一级易燃固体、自燃物品、压缩气体和液化气体类危险化学品应储存于（　）级耐火建筑的库房内。

A. 一　　B. 二　　C. 三

339. 根据《建筑设计防火规范》的要求，易燃易爆性商品应储存于（　）耐火建筑的库房内。

A. 二级　　B. 不得低于二级　　C. 不得低于三级

340. 根据《建筑设计防火规范》的要求，毒害品、腐蚀性危险化学品应储存于（　）耐火建筑的库房。

A. 二级　　B. 不得低于二级　　C. 不得低于三级

341. 下列包装材料错误的是（　）。

A. 浓硝酸用铝罐盛装

B. 氢氧化钠（固体）用铁桶装

C. 氢氟酸用玻璃瓶盛装

342. 对于现场液体泄漏应及时进行（　）、稀释、收容、处理。

A. 覆盖　　B. 填埋　　C. 烧毁

343. 爆炸性物品的销毁方法有：爆炸法、烧毁法、（　）、化学分解法。

A. 石灰固化法　　B. 填埋法　　C. 溶解法

344. 下列关于特殊化学品火灾扑救说法不正确的是（　）。

A. 扑救爆炸物品火灾时，水流应采用吊射

B. 扑救爆炸物品堆垛火灾时，切忌用沙土盖压

C. 扑救压缩气体或液化气体类火灾时，应立即扑灭火焰

345. 危险化学品存在的主要危险是（　）。

A. 火灾、爆炸、中毒、灼伤及污染环境

B. 火灾、爆炸、中毒、腐蚀及污染环境

C. 火灾、爆炸、感染、腐蚀及污染环境

346. 危险化学品的（　）的单位，应当在危险化学品的包装内附有与危险化学品完全一致的化学品安全技术说明书，并在包装（包括外包装件）上加贴或者拴挂与包装内危险化学品完全一致的化学品安全标签。

A. 生产　　B. 经营　　C. 储存

347. 每种化学品最多可以选用（　）个标志。

A. 一　　B. 二　　C. 三

348. 日常安全教育班组安全活动每月不少于（　）次。

A. 1　　B. 2　　C. 3

349.《安全生产法》规定，生产经营单位应当在较大危险因素的生产经营场所和有关设施、设备上，设置明显的（　）。

A. 安全宣传标语　　B. 安全宣教挂图　　C. 安全警示标志

350. 国家对严重危及生产安全的工艺、设备实（　）制度。

A. 淘汰　　B. 改造　　C. 维修

351.《安全生产法》规定，生产、经营、储存、使用危险物品的车间、商店、仓库不得与（　）在同一座建筑物内，并应当与其保持安全距离。

A. 员工宿舍　　B. 调度室　　C. 办公室

352. 固体有机物质燃烧的火灾为（　）类火灾。

A. A.　　B. B.　　C. C

353. 易燃可燃液体燃烧的火灾为（　）类火灾。

A. A.　　B. B.　　C. C

354. 气体燃烧的火灾为（　）类火灾。

A. A.　　B. B.　　C. C

355. 轻金属燃烧的火灾为（　）类火灾。

A. D.　　B. E　　C. F

356. 电器火灾为（　）类火灾。

A. D.　　B. E　　C. F

357. 油脂接触纯氧发生燃烧属于（　）。

A. 闪燃　　　　　　　　B. 自热自燃　　　　　　　　C. 受热自燃

358. 油脂接触高温暖气片发生燃烧属于（　）。

A. 闪燃　　　　　　　　B. 自热自燃　　　　　　　　C. 受热自燃

359. 在外界作用下（如受热、受压、撞击等），能发生剧烈的化学反应，瞬时产生大量的气体和热量，使周围压力急剧上升，发生爆炸，对周围环境造成破坏的物品。也包括无整体爆炸危险，但具有燃烧、抛射及较小爆炸危险的物品为（　）。

A. 易燃品　　　　　　　B. 爆炸品　　　　　　　　C. 有毒品

360. 当炸药爆炸时，能引起位于一定距离之外的炸药也发生爆炸，这种现象称为（　）。

A. 爆炸　　　　　　　　B. 殉爆　　　　　　　　C. 化学反应

361. 当受热、撞击或强烈震动时，容器内压力急剧增大，致使容器破裂爆炸，或导致气瓶阀门松动漏气，酿成火灾或中毒事故的危险化学品为（　）。

A. 爆炸品　　　　　　　B. 易燃液体　　　　　　　C. 压缩气体和液化气体

362. 压缩气体和液化气体从管口破损处高速喷出时，由于强烈的摩擦作用，会产生（　）。

A. 化学反应　　　　　　B. 静电　　　　　　　　　C. 爆炸

363. 氢、氨、硫化氢除去能腐蚀设备，严重时可导致设备裂缝、漏气外，它们大都还具有一定的（　）。

A. 氧化性　　　　　　　B. 助燃性　　　　　　　　C. 毒害性

364. 汽油、苯、乙醇属于（　）。

A. 压缩气体　　　　　　B. 氧化剂　　　　　　　　C. 易燃液体

365. 按照《安全生产法》规定，危险化学品生产经营单位的从业人员不服从管理，违反安全生产规章制度或者操作规程的，由（　）给予批评教育，依照有关规章制度给予处分；造成重大事故，构成犯罪的，依照刑法有关规定追究刑事责任。

A. 生产经营单位　　　　B. 上级领导　　　　　　　C. 车间主任

366. 危险化学品露天堆放，应符合（　）的安全要求。

A. 防火、防爆　　　　　B. 防辐射　　　　　　　　C. 防中毒

367. 爆炸物品、一级易燃物品、遇湿燃烧物品、剧毒物品（　）露天堆放。

A. 可以　　　　　　　　B. 允许　　　　　　　　　C. 不得

368. 贮存的危险化学品应有（　），并应符合 GB 13690—1992 的规定。同一区域贮存两种或两种以上不同级别的危险品时，应悬挂最高等级危险品的性能标志。

A. 明显的标志　　　　　B. 专业人员　　　　　　　C. 说明

369. 根据危险化学品性能分（　）、分类、分库贮存。

A. 区　　　　　　　　　B. 房　　　　　　　　　　C. 片

370. 在同一房间或同一区域内，不同物品之间分开一定的距离，非禁忌物料之间用通道保持空间的储存方式，属于（　）储存。

A. 隔开　　　　　　　　B. 隔离　　　　　　　　　C. 分离

371. 隔开储存需要在同一建筑或同一区域内，用（　），将其与禁忌物料（即化学性质相抵触或灭火方法不同的化学物料）分离开的储存方式。

A. 道路　　B. 隔板或墙　　C. 厂区

372. 各类危险品（　）与禁忌物料混合贮存。

A. 允许　　B. 可以　　C. 不得

373. 遇火、遇湿、遇潮能引起爆炸或发生化学反应，产生有毒气体的危险品（　）在露天或在潮湿积水的建筑物中储存。

A. 允许　　B. 可以　　C. 不得

374. 受日光照射能发生化学反应引起燃烧、爆炸、分解、化合或能产生有毒气体的危险品包装应采取（　）措施。

A. 避光　　B. 防潮湿　　C. 防火

375. 压缩气体和液化气体必须与爆炸物品、氧化剂、易燃物品、自燃物品、腐蚀性物品（　）储存。

A. 隔离　　B. 分离　　C. 单独

376. 易燃气体（　）与助燃气体、剧毒气体同储。

A. 允许　　B. 可以　　C. 不得

377. 氧气（　）与油脂混合储存。

A. 允许　　B. 可以　　C. 不得

378. 盛装液化气体的容器属压力容器的，（　）超装。

A. 允许　　B. 可以　　C. 不得

379.《危险化学品经营企业开业条件和技术要求》（GB 18265—2000）规定了零售业务的范围，零售业务可以经营的危险化学品是（　）。

A. 强腐蚀品　　B. 放射性物品　　C. 剧毒物品

380. 下列可以露天堆放的物品是（　）。

A. 遇湿燃烧物品　　B. 剧毒物品　　C. 腐蚀物品

381.（　）不得存放在地下室或半地下室内。

A. 电动工具　　B. 气瓶　　C. 灭火器

382. 在使用放射性物品的工作场所，不应（　）。

A. 铺设耐酸防滑地面，排废水设施

B. 饮食和吸烟

C. 在溢出有毒烟气区配置抽风装

383. 有毒物品应贮存在阴凉、通风、干燥的场所，严禁与液化气体和其他物品共存，不应露天存放和接近（　）。

A. 有机物　　B. 碱类　　C. 酸类

384. 装卸危险化学品使用的工具应能防止（　）。

A. 锈蚀　　B. 产生火花　　C. 折断

385. 贮存化学品的仓库有（　）要求。

A. 不得同时存放酸与碱　B. 同时存放酸与碱　　C. 任意存放各类化学品

386.（　）不可存放于码头普通仓库内。

A. 爆炸品　　B. 棉料　　C. 煤粉

387. 下列（　）气体属于易燃气体。

A. 二氧化碳　　　　　B. 乙炔　　　　　C. 氧气

388. 在危险化学品生产或储存区域，如见到以下的标记，表示（　）。

A. 易破碎物品　　　　B. 怕晒物品　　　　C. 怕雨

389. 在危险化学品生产或储存区域，如见到以下的标记，表示（　）。

A. 易破碎物品　　　　B. 怕晒物品　　　　C. 怕雨

390. 在危险化学品生产或储存区域，如见到以下的标记，表示（　）。

A. 怕辐射　　　　　B. 怕晒物品　　　　C. 怕雨

391. 在危险化学品生产或储存区域，如见到以下的标记，表示（　）。

A. 小心着火　　　　B. 紧急出口　　　　C. 禁止入内

392. 在危险化学品生产或储存区域，如见到以下的标记，表示（　）。

A. 小心着火　　　　B. 禁止穿钉子鞋　　C. 禁止入内

393. 在危险化学品生产或储存区域，如见到以下的标记，表示（　）。

A. 必须戴防护眼镜　　B. 必须佩戴防尘口罩　　C. 必须戴防毒面具

394. 在危险化学品生产或储存区域，如见到以下的标记，表示（　）。

A. 必须戴防护眼镜　　B. 必须佩戴防尘口罩　　C. 必须戴防毒面具

395. 在危险化学品生产或储存区域，如见到以下的标记，表示（　）。

A. 必须戴防护眼镜　　B. 必须佩戴防尘口罩　　C. 必须戴防毒面具

四、多选题

396. 根据“爆炸三角形”之说，可燃体混合物发生爆炸必须同时具备（　）。

A. 可燃物　　B. 助燃物　　C. 激发能量　　D. 处于密闭容器内

397. 为了防止液体泄漏、流散，在储存工作中应（　）等。

A. 备置事故槽　　B. 构筑安全堤　　C. 设置水封井　　D. 安装报警器

398. 由于易燃液体的（　），就决定了它比一般的可燃物更危险。

A. 高挥发性　　B. 蒸汽的扩散性　　C. 液体的易流动性　　D. 闪点低

399. 一般易燃液体的蒸汽（　）。

A. 比空气重　　　　　　B. 不冷凝

C. 易滞留于低洼处　　　D. 能贴地顺风流向远方

400. 一般易燃液体（　）。

A. 比水轻　　B. 多不溶于水

C. 能随水流动而扩大危险性　　D. 难以用水灭火

401. 液体产生静电荷的多少，与（　）有关。

A. 液体的介电常数　　B. 液体的电阻率

C. 输送管道的材料　　D. 液体在管内的流速

402. 油品（　）都会产生静电。

A. 静止不动　　B. 在容器内漩涡状运动

C. 飞溅　　D. 与空气摩擦

403. 油品装入车船，在运输过程中因震荡、冲击所产生的静电，大都积聚在（　）。

A. 油品下部中　　B. 油品中部中　　C. 油面漂浮物上　　D. 金属构件上

404. 在生产场所，毒性易燃液体的蒸气能通过人体的（　）进入体内，使人中毒。

A. 呼吸道　　B. 消化道　　C. 皮肤　　D. 穴位

405. 绝大多数易燃固体遇（　）等能够立即引起着火或爆炸。

A. 无机酸性腐蚀品　　B. 氧化剂

C. 水　　D. 二氧化碳

406. 对硫的磷化物类，应注意（　）。

A. 防水　　B. 防潮

C. 防火　　D. 着火时不可用水扑救

407. 自燃物品的包装必须保证（　）。

A. 密闭　　B. 充氮气保护或据其特性用液封密闭

C. 透气　　D. 散热

408. 有的遇湿易燃物品遇水后会（　）。

A. 发生剧烈的化学反应　　B. 夺取水中的氧与之化合

C. 放出可燃气体和热量　　D. 体积膨胀而燃烧

409. 遇湿易燃物品除遇水能反应外，遇到（　）也能发生反应，而且比遇到水反应更加剧烈，危险性更大。

A. 油　　B. 盐　　C. 氧化剂　　D. 酸

410. 炸药的敏感性，是指炸药在受到环境的（　）等外能作用时发生着火或爆炸的难易程度。

A. 加热　　B. 撞击　　C. 摩擦　　D. 电火花

411. 在炸药的生产、储存和运输中，影响炸药敏感性的外在因素包括（　）。

A. 结晶　　B. 炸药承装密度　　C. 温度　　D. 杂质

412. 爆炸品是指在外界作用下，能（　），对周围环境造成破坏的物品。

A. 发生剧烈的化学反应　　B. 瞬时产生大量的气体和热量

C. 使周围压力急骤上升　　D. 发生爆炸

413. 根据我国《常用危险化学品分类及标志》，压缩气体和液化气体可分为（　）。

A. 易燃气体　　B. 不燃气体　　C. 有毒气体　　D. 无毒气体

414. 根据我国《常用危险化学品分类及标志》，易燃液体的闭杯试验闪点（　）℃。

A. <61　　　　B. =61　　　　C. >61　　　　D. ≠61

415. 根据《常用危险化学品的分类及标志》，苦味酸属于（　）。

A. 爆炸品　　　B. 易燃液体　　　C. 易燃固体　　　D. 有毒品

416. 由于一氧化碳具有（　），所以很危险。

A. 易燃性　　　B. 易爆性　　　C. 有毒性　　　D. 压缩性

417. 危险化学品是指具有（　）特性，会对人员、设施、环境造成伤害或损害的物品。

A. 易燃易爆　　　B. 有毒有害　　　C. 腐蚀性　　　D. 强氧化性

418. 我国涉及危险化学品分类的标准主要有（　）。

A.《危险货物分类和品名编号》　　B.《危险货物品名表》

C.《常用危险化学品的分类及标志》　　D.《常用化学危险品储存通则》

419. 爆炸品中除了整体爆炸物品外，还包括（　）。

A. 抛射爆炸物品　B. 燃烧爆炸物品　C. 一般爆炸物品　　D. 不敏感爆炸物品

420. 下列可燃液体中，属于易燃液体的是（　）。

A. 苯（闪点-11 ℃）　　B. 苯酚（闪点 79.4 ℃）

C. 焦油（闪点 96~105 ℃）　　D. 乙醇（闪点 12 ℃）

421. 遇湿易燃物品能发生燃烧的条件是（　）。

A. 遇水　　B. 受潮

C. 摩擦撞击　　D. 被外部火源点燃

422. 易燃固体的特点是（　）。

A. 易分解并放出氧和热量　　B. 燃点低，对热、撞击、摩擦敏感

C. 易被外部火源点燃　　D. 散发有毒烟雾或有毒气体

423. 氧化剂的特点是（　）。

A. 本身不一定可燃　　B. 对金属等物品能造成损坏

C. 能导致可燃物的燃烧　　D. 与粉末状可燃物能形成爆炸性混合物

424. 有机过氧化物具有（　）性质。

A. 易燃易爆

B. 极易分解

C. 对热、震动和摩擦极为敏感

D. 与某些危险化学品混合或相互接触易产生高热、着火、爆炸

425. 氧化剂的性质包括（　）。

A. 具有还原性　　B. 具有强氧化性

C. 具有腐蚀性　　D. 易分解并放出氧和热量

426. 具有（　）性质的有毒品称为剧毒品。

A. 非常剧烈毒性危害　　B. 易分解放出氧和热量

C. 强氧化性　　D. 食入致死

427. 毒物毒性常以引起实验动物死亡数所需剂量表示，常选择（　）最低值作为急性毒性指标。

A. 半数致死剂量（LD_{50}）　　B. 半数致死浓度（LC_{50}）

C. 绝对致死剂量（LD_{100}）　　D. 最小致死剂量（MLD）

428. 腐蚀品的定义是指（　）的固体或液体。

A. 食入致死　　B. 具有强氧化性

C. 能灼伤人体组织　　D. 对金属等物品能造成损坏

429. 下列化学品中，属于腐蚀品的是（　）。

A. 盐酸　　B. 氢氧化钠　　C. 氯化钠　　D. 碳酸钠

430. 危险化学品的主标志，由（　）部分组成。

A. 危险特性图形　　B. 文字说明　　C. 危险类别号　　D. 底色

431. 常用危险化学品标志中的图形为“火焰”，标示危险化学品为（　）。

A. 易燃固体　　B. 不燃气体　　C. 易燃液体　　D. 自燃物品

432. 压缩气体和液化气体是指经（　）气体。

A. 压缩　　B. 饱和　　C. 液化　　D. 加压溶解

433. 常用危险化学品标志中的图形为“从圆圈中冒出的火焰”，标示危险化学品为（　）。

A. 易燃气体　　B. 氧化剂　　C. 有机过氧化物　　D. 爆炸品

434. 根据爆炸品的性质和用途可分为（　）。

A. 点火器材　　B. 起爆器材

C. 烟火剂　　D. 炸药和爆炸性药品

435. 易燃液体的主要性质包括（　）。

A. 极易分解　　B. 常温下易挥发

C. 其蒸气与空气能形成爆炸性混合物　　D. 闪点≤61 ℃

436. 爆炸品管理的“五双管理制度”应做到双人验收、双人保管、（　）。

A. 双把锁　　B. 双本账　　C. 双层管理　　D. 双人发货

437. 化学品具有的危险特性包括（　）。

A. 易燃　　B. 腐蚀　　C. 放射性　　D. 反应速度极快

438. 化学爆炸的主要特点是（　）。

A. 反应速度极快　　B. 放出大量的热　　C. 产生大量的气体　　D. 敏感度高

439. 压缩气体和液化气体除具有爆炸性外，有的还具有易燃性（　）。

A. 助燃性　　B. 毒害性　　C. 窒息性　　D. 耐腐蚀性

440. 易燃液体的特性具有：高度易燃性、易爆性、高度流动扩散性、（　）。

A. 受热膨胀性　　B. 忌氧化剂和酸　　C. 毒性　　D. 耐腐蚀性

441. 可燃液体发生火灾时，使用的灭火剂（　）。

A. 干粉　　B. 二氧化碳　　C. 沙土　　D. 泡沫

442. 镁、铝等金属粉末燃烧时不能使用（　）灭火剂进行灭火。

A. 二氧化碳　　B. 水　　C. 酸、碱　　D. 干粉

443. 遇湿易燃物品灭火时可使用的灭火剂（　）。

A. 干粉　　B. 干黄沙　　C. 干石粉　　D. 泡沫

444. 有毒品引起人体的中毒途径（　）。

A. 口服　　B. 吸入其蒸气　　C. 通过皮肤吸收　　D. 近距离接近

445. 有毒品通过消化道侵入人体的危险性比通过皮肤更大，因此进行有毒品作业时应当严禁（ ）。

A. 吃零食　B. 吸烟　C. 饮水　D. 打闹

446. 氰化钠、氰化钾等氰化物失火时，绝对不能使用（ ）等灭火剂。

A. 酸碱　B. 泡沫　C. 二氧化碳　D. 干粉

447. 搬运有毒品应轻装轻卸，严禁摔碰、（ ），作业后应洗澡、更衣。

A. 翻滚　B. 背负　C. 吸烟　D. 进食

448. 腐蚀品的特征包括（ ）。

A. 腐蚀性　B. 毒性　C. 易燃性　D. 氧化性

449. 国家标准《化学品安全标签编写规定》明确指出：安全标签用（ ）的组合形式表示化学品所具有的危险性和安全注意事项。

A. 文字　B. 图形符号　C. 编码　D. 危险标志

450. 化学品安全标签内容中警示词有（ ）。

A. 危险　B. 警告　C. 注意　D. 中毒

451.《危险化学品安全管理条例》规定国家对危险化学品的生产、储存实行（ ）。

A. 统筹规划　B. 合理布局　C. 严格控制　D. 资质管理

452. 储存危险化学品建筑物不得有（ ），其耐火等级、占地面积安全疏散和防火间距，应符合国家有关规定。

A. 地下室　B. 地下其他建筑物　C. 宿舍和住宅　D. 多层

453. 剧毒化学品以及储存数量构成重大危险源的其他危险化学品的单位，应当将其危险化学品的（ ）情况，报所在地县级人民政府安全生产监督管理部门和公安机关备案。

A. 数量　B. 地点　C. 管理人员　D. 质量标准

454. 盛装液化气体的容器，属于压力容器的，必须有（ ），并定期检查，不得超装。

A. 压力表　B. 安全阀　C. 紧急切断装置　D. 呼吸阀

455. 装卸毒害品人员，在作业中不得饮食，不得用手（ ）。每次作业完毕，应及时用肥皂洗净面部、手部，用清水漱口，防护用具应及时清洗，集中存放。

A. 擦嘴　B. 擦脸　C. 擦眼睛　D. 接触其他物品

456.《危险化学品安全管理条例》所称危险化学品，包括爆炸品、压缩气体和液化气体、（ ）、有毒品、放射性物品和腐蚀品。

A. 易燃液体　B. 易燃固体

C. 自燃物品和遇湿易燃物品　D. 氧化剂和有机过氧化物

457. 剧毒化学品生产经营企业销售剧毒化学品，应当记录购买单位的名称、地址和经办人的姓名、身份证号码及所购化学品的（ ）。

A. 品名　B. 数量　C. 用途　D. 技术标准

458. 根据国家标准《危险货物运输包装通用技术条件》规定了危险品包装的试验方法，即堆码试验、（ ）试验。

A. 跌落　B. 气密　C. 液压　D. 强度

459. 危险化学品事故的类型主要是泄漏、火灾、爆炸、(　) 等。

A. 中毒　　B. 窒息　　C. 灼伤　　D. 容器爆炸

460. 根据危险化学品的易燃、易爆、有毒、腐蚀等危险特性，确定危险化学品事故的类型有危险化学品火灾事故、危险化学品爆炸事故、危险化学品中毒和窒息事故、(　)。

A. 危险化学品灼伤事故　　B. 危险化学品泄漏事故

C. 其他危险化学品事故　　D. 矿山爆破事故

461. 属于危险化学品火灾事故 (　)。

A. 易燃液体火灾　B. 自燃物品火灾　C. 遇湿易燃物品火灾　D. 核爆炸

462. 危险化学品的生产、经营、储存单位的主要负责人和安全生产管理人员，应当由主管部门对其 (　) 考核合格后方可任职。

A. 管理水平　B. 安全生产知识　C. 经营能力　D. 管理能力

463. (　) 是决定爆炸品敏感度的外来因素。

A. 化学组成　B. 杂质　C. 结晶晶型　D. 温度

464. 以下钢瓶中的气体属于有毒气体的是 (　)。

A. 二氧化碳　B. 二氧化硫　C. 氨气　D. 氯气

465. 下列物质中，不允许与乙炔接触的物质是 (　)。

A. 氯气　B. 氩气　C. 银　D. 铜 (75%以上)

466. 禁忌物料不能同库储存、同车运输，所谓禁忌物料是指 (　)。

A. 化学性质相近　B. 化学性质相抵触　C. 灭火方法不同　D. 物理状态不同

467. 夏季下列物品中，(　) 须在早上或晚上运输。

A. 低闪点易燃液体　B. 过乙酸　C. 过氧化氢 (双氧水)　D. 氢氧化钠

468. 遇湿易燃物品库房失火时，可用的灭火剂是 (　)。

A. 水　B. 干黄沙　C. 泡沫灭火剂　D. 干粉灭火剂

469. 危险化学品中毒、污染事故预防控制措施主要是 (　)。

A. 替代　B. 个人防护和卫生　C. 隔离　D. 通风

470. 属于危险化学品的有 (　)。

A. 爆炸物品　B. 自燃物品　C. 毒害物品　D. 易燃液体

471. 爆炸性爆炸品都具有 (　) 等条件下能以极快的速度发生猛烈的化学反应，产生的大量气体和热量在短时间内无法散逸开去，致使周围的温度迅速升高并产生巨大的压力而引起爆炸。

A. 化学不稳定性　B. 受热　C. 撞击　D. 摩擦或遇明火

472. 属于生产过程中所用压缩气体和液化气体危险特性的包括 (　)。

A. 易燃易爆性　B. 扩散性　C. 可缩与膨胀性　D. 静电性

473. 属于易燃液体特性的是 (　)。

A. 易挥发性　B. 受热膨胀性　C. 流动扩散性　D. 静电性和毒害性

474. 常用易燃固体的危险特性包括 (　)。

A. 易燃性　B. 分解性　C. 毒性　D. 自燃性

475. 常见的自燃物品的危险特性包括 (　)。

A. 易燃性 B. 还原性 C. 毒性 D. 自燃性

476. 对易燃易爆物质进行安全处理方法包括（ ）。

A. 控制可燃物，防止可燃气体、蒸汽和可燃粉尘与空气构成爆炸混合物

B. 消除着火源；低温下保存各种易燃、易爆物质

C. 隔绝空气贮存、密闭封存

D. 按各种物质的性质不同分类贮存

477. 特殊化学品火灾扑救方法正确的是（ ）。

A. 扑救液化气体类火灾，应尽快扑灭火焰

B. 扑救爆炸物品火灾，切忌用沙土盖压

C. 易燃固体、自燃物品一般都可用水和泡沫扑救，只要控制住燃烧范围，逐步扑灭即可

D. 扑救毒害品，腐蚀品的火灾时，应尽量使用低压水流或雾状水，避免腐蚀品、毒害品溅出

478. 危险化学品毒物种类繁多，作用不一，对人体的主要作用有（ ）。

A. 刺激腐蚀 B. 缺氧 C. 麻醉 D. 抑制酶的活力

479. 爆炸物质破坏力的大小和（ ）有关。

A. 爆炸物质的性质和数量 B. 爆炸物质的温度、初期压力、混合均匀程度

C. 点火源 D. 爆炸的位置

480. 爆炸破坏的主要形式是（ ）。

A. 直接的爆破作用 B. 间接的爆破作用

C. 冲击波的破坏作用 D. 火灾

481. （ ）危险化学品在储运过程中，由于受潮、雨水浸入、接触灭火用水等原因，能与水发生反应，反应过程中释放出大量的反应物。

A. 碱金属 B. 硝基化合物 C. 硝酸盐 D. 氢化物

482. 压缩气体和液化气体按照危险特征分为（ ）。

A. 易燃气体 B. 不燃气体 C. 可燃气体 D. 有毒气体

483. 毒害品毒性的大小，主要决定于（ ）。

A. 氧化性 B. 化学组成 C. 化学结构 D. 易燃性

484. 放射性物质所放出的射线可分为（ ）。

A. α 射线 B. β 射线 C. γ 射线 D. 中子流

485. 腐蚀品着火，一般可用（ ）来灭火。

A. 雾状水 B. 高压水 C. 泡沫灭火剂 D. 干粉灭火剂

486. 扑救化学品火灾时，应注意（ ）事项。

A. 灭火人员不应单独灭火 B. 出口应始终保持清洁和畅通

C. 选择正确的灭火剂 D. 参与灭火人员做好个人防护

487. 尘毒物质对人体的危害与工作环境的（ ）等条件有关。

A. 温度 B. 湿度 C. 气压 D. 高度

488. 可燃气体、液体和固体在空气中燃烧时，其燃烧形式一般有（ ）

A. 扩散燃烧 B. 蒸发燃烧 C. 分解燃烧 D. 表面燃烧

489. 危险化学品的危险特征有（　）。

A. 活性与危险性　B. 燃烧性　C. 爆炸危险　D. 毒性

490. 危险化学品标志是通过（　　）等信息，鲜明与简洁地表征危险化学品特性和类别，向作业人员传递安全信息的警示性资料。

A. 图案　B. 文字说明

C. 颜色　D. 外包装的结构形式

491. 危险化学品露天堆放，应符合防火、防爆的安全要求，（　）不得露天堆放。

A. 遇湿燃烧物品　B. 放射性物品　C. 爆炸物品　D. 一级易燃物品

492. 危险化学品受到（　）作用会导致燃烧、爆炸、中毒、灼伤及环境污染事故的发生。

A. 摩擦、撞击和震动　B. 接触热源或火源、日光曝晒

C. 遇水受潮　D. 遇性能相抵触物品

493. 危险化学品的管理要求主要包括（　）。

A. 建立制度　B. 重大危险源控制

C. 场所安排防护用品　D. 监督检查

五、简答题

494. 警戒线是界定和分隔危险区域的标识线，分为哪几种颜色？

第三章　危险化学品经营单位的安全管理

第一节　危险化学品经营安全管理基础

一、加强危险化学品经营管理的重要意义

化学品已成为人类生产和生活不可缺少的一部分。随着人类生产和生活的不断发展和提高，所使用化学品的品种、数量在迅速地增加。随着科学技术的进步，每年还有千余种化学品问世。

危险化学品的特殊性质决定其在生产、经营、储存、运输和使用等诸环节都存在着不安全因素。在经营过程中，存在危险化学品的购进与销售以及围绕营销的储存、运输、废弃物的处置等环节，如果对危险化学品的特性不清楚，发生误购、误售，在储存、运输、废弃物处置安排不当等情况，均会造成人员伤害、财产损失、环境污染，甚至造成群死群伤事故，在全社会或局部地区产生强烈影响。

二、现代安全管理基本理论

安全管理就是生产经营单位的生产管理者、经营者，为实现安全生产目标，按照一定的安全管理原则，科学地组织、指挥和协调全体员工进行安全生产的活动。

现代安全管理的理论有：安全管理哲学、安全系统论、事故致因理论、事故预防理论、安全法学理论、安全文化建设理论、安全行为科学理论等。有了丰富而充实的安全管理理论，安全科学技术的发展才有坚实的基础，人类才能实现对真正安全管理的掌握，才能改变自身对事故的认识和态度。任何科学的东西必须不断地发展和更新，才会有生命力。因此，现代是相对的，科学是永恒的。安全管理原理是现代企业安全科学管理的基础、战略和纲领。只有不断创新和进步，现代安全管理才能满足现代企业不断发展的需要。

（一）安全生产管理原理与原则

安全生产管理作为管理的重要组成部分，遵循管理的普遍规律，既服从管理的基本原理与原则，又有其特殊性。安全生产管理是从生产管理的共性出发，对生产管理中安全工作的实质内容进行科学分析、综合、抽象与概括得出的安全生产管理规律。安全生产管理原则是指在生产管理的基础上指导安全生产活动的通用规则。

1. 系统原理

（1）系统原理的含义

系统原理是现代管理学的一个基本原理。它是指人们在从事管理工作时，运用系统理论、观点和方法，对管理活动进行充分的系统分析，以达到管理的优化目标，即用系统论

的观点、理论和方法来认识和处理管理中出现的问题。

系统是指相互作用和相互依赖的若干部分组成的有机整体。系统可以分成若干个子系统，子系统又可以分成若干个要素，即系统是由要素组成的。按照系统的观点，管理系统具有 6 个特征，即集合性、相关性、目的性、整体性、层次性和适应性。

安全生产管理系统是生产管理的一个子系统，包括各级安全管理人员、安全防护设备与设施、安全管理规章制度、安全生产操作规范和规程以及安全生产管理信息等。安全贯穿于生产活动的方方面面，安全生产管理是全方位、全天候且涉及全体人员的管理。

（2）运用系统原理的原则

① 动态相关性原则。动态相关性原则告诉我们，构成管理系统的各要素是运动和发展的，它们相互联系又相互制约。

② 整分合原则。高效的现代安全生产管理必须在整体规划下明确分工，在分工基础上有效综合，这就是整分合原则。该原则要求企业管理者在制定整体目标和进行宏观决策时，必须将安全生产纳入其中，在考虑资金、人员和体系时，都必须将安全生产作为一项重要内容考虑。

③ 反馈原则。反馈是控制过程中对控制机构的反应。成功、高效的管理，离不开灵活、准确、快速的反馈。企业生产的内部条件和外部环境在不断变化，所以及时捕获、反馈各种安全生产信息，以便及时采取行动。

④ 封闭原则。在任何一个管理系统内部，管理手段、管理过程等必须构成一个连续封闭的回路，才能形成有效的管理活动，这就是封闭原则。封闭原则告诉我们，在企业安全生产中，各管理机构之间，各种管理制度和方法之间，必须具有紧密的联系，形成相互制约的回路，才能有效。

2. 人本原理

（1）人本原理的含义

在管理中必须把人的因素放在首位，体现以人为本的指导思想，这就是人本原理。以人为本有两层含义：一是一切管理活动都是以人为本展开的，人既是管理的主体，又是管理的客体，每个人都处于一定的管理层面上，离开人就无所谓管理；二是管理活动中，作为管理对象的要素和管理系统各环节，都需要有人掌管、运作、推动和实施。

（2）运用人本原理的原则

① 动力原则。推动管理活动的基本力量就是人，管理必须有能够激发人的工作能力的动力，这就是动力原则。动力包括物质动力、精神动力和信息动力。

② 能级原则。现代管理认为，单位和个人都具有一定的能量，并且可以按照能量的大小顺序排列，形成管理的能级。在管理系统中，建立一套合理能级，根据单位和个人能量的大小安排其工作，发挥不同能级的能量，保证结构的稳定性和管理的有效性，这就是能级原则。

③ 激励原则。管理中的激励就是利用某种外部诱因的刺激，调动人的积极性和创造性，以科学的手段，激发人的内在潜力，使其充分发挥积极性、主动性和创造性，这就是激励原则。人的工作动力来源于内在动力、外部压力和工作吸引力。

3. 预防原理

（1）预防原理的含义

安全生产管理工作应该做到预防为主，通过有效的管理和技术手段，减少和防止人的不安全行为和物的不安全状态，这就是预防原理。在可能发生人身伤害、设备或设施损坏和环境破坏的场合，事先采取措施，防止事故发生。或在发生事故时，将事故的影响及破坏控制在一定的范围内。

（2）运用预防原理的原则

① 偶然损失原则。事故后果以及后果严重程度，都是随机的、难以预测的。反复发生的同类事故，并不一定产生完全相同的后果，这就是事故损失的偶然性。偶然损失原则告诉我们，无论事故损失的大小，都必须做好预防工作。

② 因果关系原则。事故的发生是许多因素互为因果的现象连续发生的最终结果，只要诱发事故的因素存在，发生事故是必然的，只是时间或迟或早而已，这就是因果关系原则。

③ 3E 原则。造成人的不安全行为和物的不安全状态的原因可归纳为 4 个方面：技术原因、教育原因、身体和态度原因以及管理原因。针对这 4 方面的原因，可以采取 3 种防止对策，即工程技术（Engineering）对策、教育（Education）对策和法制（Enforcement）对策，也就是所谓的 3E 原则。

④ 本质安全化原则。本质安全化原则是指从一开始和从本质上实现安全，从根本上消除事故发生的可能性，从而达到预防事故发生的目的。本质安全化原则不仅可以应用于设备、设施，还可以应用于建设项目。

4. 强制原理

（1）强制原理的含义

采取强制原理的手段控制人的意愿和行为，使个人的活动、行为等受到安全生产管理要求的约束从而实现有效的安全生产管理，这就是强制原理。所谓强制就是绝对服从，不必经被管理者同意便可采取控制行动。

（2）运用强制原理的原则

① 安全第一原则。安全第一就是要求在进行生产和其他工作时把安全工作放在一切工作的首要位置。当生产或其他工作与安全发生矛盾时，要以安全为主，生产和其他工作要服从于安全，这就是安全第一原则。

② 监督原则。监督原则是指在安全工作中，为了使安全生产法律法规得到落实，必须明确安全生产监督职责，对企业生产中的守法和执法情况进行监督。监督职责主要由政府部门执行。

（二）事故致因理论

随着社会的发展、科学技术的进步，特别是工业革命以后工业事故频繁发生，人们在与各种工业事故斗争的实践中不断总结经验，探索事故发生的规律，相继提出了阐明事故为什么会发生、事故是怎样发生的以及如何防止事故发生的理论。由于这些理论着重解释事故发生的原因，以及针对事故致因因素如何采取措施防止事故，所以被称作事故致因理论。事故致因理论是生产力发展到一定水平的产物。在生产力发展的不同阶段，生产过程中出现的安全问题有所不同，特别是随着生产方式的变化，人在生产过程中所处的地位的变化，引起人们安全观念的变化，产生了反映安全观念变化的不同的事故致因理论。下面就简要介绍几种事故致因理论。

1. 事故频发倾向理论

1939 年，法默和扎姆勃等人在前人的研究基础上提出了事故频发倾向理论。事故频发倾向是指个别容易发生事故的稳定的个人内在倾向。事故频发倾向者的存在是工业事故发生的主要原因，即少数具有事故频发倾向的工人是事故频发倾向者，他们的存在是工业事故发生的原因。如果企业中减少了事故频发倾向者，就可以减少工业事故。

按事故频发倾向理论，事故频发倾向者的存在是工业事故发生的主要原因，如果企业中减少了事故频发倾向者，就可以减少工业事故。但许多研究结果表明，事故频发倾向者并不存在。正因如此，除了个别对人员有特殊要求的某些特定工种的考选外，事故频发倾向理论已经被排除在事故致因理论之外。

2. 因果连锁理论

海因里希把工业伤害事故的发生发展过程描述为具有一定因果关系的事件的连锁，即人员伤亡的发生是事故的结果。事故的发生是由于人的不安全行为或物的不安全状态导致的，而人的不安全行为或物的不安全状态是由于人的缺点造成的，人的缺点是由于不良环境诱发的或者是由先天的遗传因素造成的。

海因里希将事故因果连锁过程概括为以下 5 个因素：遗传及社会环境，人的缺点，人的不安全行为或物的不安全状态，事故，伤害。海因里希用多米诺骨牌形象地描述这种事故的因果连锁关系。在多米诺骨牌系列中，一枚骨牌被碰到了，则将发生连锁反应，其余几枚骨牌相继被碰倒。如果移去中间的一枚骨牌，则锁连被中断，事故过程被中止。他认为，企业安全工作的中心就是防止人的不安全行为、消除机械或物质的不安全状态、中断连锁的进程，从而避免事故的发生。

3. 能量意外释放理论

1961 年吉布森、1966 年哈登等人提出了解释事故发生物理本质的能量意外释放论。他们认为，事故是一种不正常的或不希望的能量释放。从能量意外释放论出发，预防伤害事故就是防止能量或危险物质的意外释放，防止人体与过量的能量或危险物质接触。我们把约束、限制能量，防止人体与能量接触的措施叫作屏蔽。

根据能量意外释放理论，可以利用各种屏蔽或防护设施来防止意外的能量转移，从而防止事故的发生。

4. 系统安全理论

在 20 世纪 50 年代至 60 年代美国研制洲际导弹的过程中，系统安全理论应运而生。系统安全理论包括很多区别于传统安全理论的创新概念，例如在事故致因理论方面，开始考虑如何通过改善物的系统可靠性来提高复杂系统的安全性，从而避免事故。该理论认为：没有任何一种事物是绝对安全的，任何事物中都潜伏着各种危险因素；不可能根除一切危险源，但可以减少现有危险源的危险性；由于人的认识能力有限，不可能完全认识危险源及其风险。安全工作目标就是控制危险源，努力把事故概率降到最低，即使万一发生事故，也可以把伤害和损失控制在较轻的程度上。

（三）安全文化建设理论

安全文化是安全生产在意识形态领域和人们思想观念上的综合反映，是安全价值观和安全行为准则的总和。安全文化建设是以提高全民安全素质为目标，通过组织开展一系列宣传教育活动，牢固树立安全第一的安全理念、遵章守法的管理理念、安全操作的工作理念，提高各类企业及全社会的安全意识，提高群众自我安全保护的技能，最终达到安全生产的目的。

由于多种因素的制约，目前全国安全生产形势依然严峻，其中重要原因之一是安全文化建设水平较低，全民的安全意识较为淡薄，一些企业的安全文化行为不够规范，社会的安全舆论氛围不够浓厚。总体看，安全文化建设与形势发展的要求不相适应。

为此，安全文化建设日益受到党和政府、社会和企业的高度重视。2006 年 5 月 11 日国家安全生产监督管理总局下发了《关于印发“十一五”安全文化建设纲要的通知》（安监总政发〔2006〕88 号），其目的是通过开展形式多样的群众性的安全文化活动，强化全民的安全意识，普及安全知识，提高从业人员的安全素质。国家安全生产监督管理总局 2008 年 11 月 29 号发布了《企业安全文化建设导则》（AQ/T 9004—2008）和《企业安全文化建设评价准则》（AQ/T 9005—2008）。这两个标准是我国首次出台与企业安全文化建设相关的标准，标志着我国企业安全文化建设从此有章可循。它们的实施必将对我国安全文化的建设起到了指导和推动作用。

1. 安全文化的定义

安全文化是安全价值观和安全行为准则的总和，是人类安全活动所创造的安全生产、安全生活的精神、观念、行为与物态的总和。

2. 安全文化的功能与作用

企业文化是一种新的现代企业管理理论，管理一个小企业靠权威，管理一个中型企业靠制度，而管理一个大型企业必须靠文化。一个企业无论规模大小，只要有了自己的价值观、信仰和企业精神，就会形成一个有凝聚力的团结的队伍。通过制度文化，企业制定一系列的规章制度，约束着员工的种种行为；通过行为文化，企业培养着员工的一言一行，对照着工作标准，提升员工的安全意识。在经过制度的约束和行为规范之后，就形成了员工状态表现出来的企业文化。可以说文化是管理的灵魂，文化是支撑企业发展的源泉。

企业在生产经营过程中，有很多种保障安全的因素，如环境的安全条件，设备和机械等工具的安全可靠性，安全管理制度的可行性等。在诸多因素中，人的安全素质是起决定作用的因素，包括人的安全意识、态度、知识、技能（应急处理技能、逃生的技能等）等。安全文化建设对提高人的安全素质发挥着重要的作用。

3. 安全文化的建设

安全生产是一个企业素质的综合体现。安全文化的建设能使企业领导和员工都纳入集体安全情绪的环境氛围中，产生有约束力的安全控制机制，使企业成为有共同价值观的、有共同追求的、有凝聚力的集体。如果把安全比作企业发展的生命线，那么安全文化就是生命线中给养的血液，是实现安全的灵魂。

4. 安全文化的载体

安全文化必须通过一定的物质实体和手段，在生活和生产活动实践中表现出来。这种物质实体和手段可称为安全文化的载体。安全文化的载体是安全文化的表层现象，它不等于安全文化。安全文化载体的种类和形式很丰富，像安全文化活动室、宣传橱窗、阅览室、各种协会、研究会、安全刊物、安全标志等等，都是安全文化的载体。还有另一种安全文化的载体，例如，安全文艺活动、文艺晚会（歌舞、相声、曲艺等）、安全漫画、应急训练、“安全在我心中”演讲比赛、安全表彰会等。安全文化的载体是安全文化的重要支柱。安全文化的建设需要通过安全文化载体来体现和推进。优秀的安全文化必有很好的安全文化载体支持，它们会给企业的安全生产工作和事故防范带来很好的效果。因此，重视和利用好安全文化载体是建设安全文化的重要手段。安全文化建设可以利用不同的载体来实现。

三、危险化学品安全管理基础

（一）安全管理组织

企业的安全管理业务涉及企业的全体部门。为了取得最佳安全管理成效，相互之间要保持密切的联系和协作，要掌握全面的安全管理状况，发现问题及时调整改进。具有一定规模以上的企业，应设立安全管理专职部门或配备专职的安全生产管理人员。

《安全生产法》第十九条明确规定：“矿山、建筑施工单位和危险物品的生产、经营、储存单位，应当设置安全生产管理机构或者配备专职安全生产管理人员。”

危险化学品生产经营单位必须依据《安全生产法》的规定设置安全生产管理机构和配备专职安全生产管理人员，并且安全生产专职管理人员必须具备与本单位从事的生产经营活动相应的安全生产知识和管理能力，从而确保危险化学品生产经营单位安全生产的组织机构保障能力。

安全生产管理机构作为企业的职能机构，对本单位的安全生产实施综合管理，应当履行下列职责：协助决策机构和主要负责人组织制订本单位的安全管理的综合计划，督促各部门安全计划的实施，为最高领导者当好参谋；负责宣传和贯彻执行国家有关的安全生产法律法规，组织制定和修订安全生产制度、安全操作规程，并对执行情况进行监督检查；组织参加现场安全检查，对检查出的问题督促整改；参与审查建设部门和施工现场的安全预算和安全措施；参与制订安全生产资金投入计划和安全技术措施计划，并组织实施；配合安全生产事故的调查处理，进行事故的统计、分析和报告；对安全教育的执行情况进行督促等。

根据规模、风险大小，企业应设置安全生产委员会或安全领导小组作为本单位的安全生产综合管理组织，综合领导和协调本单位的安全生产工作，应建立、健全从安全生产委员会到班组的安全管理网络。

（二）安全管理制度

安全管理制度是企业为了实现安全生产，根据安全生产的客观规律和实践经验总结，依据国家有关法律法规、国家和行业标准，结合生产、经营的安全生产实际，对企业各项安全管理工作以及劳动操作的安全要求所做的规定，是企业全体员工安全方面的行动规范和准则。它是企业安全管理体系的重要内容，与企业安全机构相辅相成，也是企业管理制度的重要组成部分。

建立、健全安全管理制度是生产经营单位安全生产的重要保障，是生产经营单位的法定责任。生产经营单位是安全生产的责任主体，国家有关法律法规对生产经营单位加强安全生产管理规章制度的建设有明确的要求。《安全生产法》第四条规定：“生产经营单位必须遵守本法和其他有关安全生产的法律、法规，加强安全生产管理，建立、健全安全生产责任制度，完善安全生产条件，确保安全生产。”《劳动法》第五十二条规定：“用人单位必须建立、健全劳动安全卫生制度，严格执行劳动安全规程和标准，对劳动者进行劳动卫生教育，防止劳动过程中的事故，减少职业危害。”

1. 安全生产责任制度

安全生产责任制度是按照安全生产方针和“管生产的同时必须管安全”的原则，将各级负责人员、各职能部门及其工作人员和各岗位生产人员在安全生产方面应做的事情和应负的责任加以明确规定的一种制度。

建立一个完善的安全生产责任制的总要求是：横向到边、纵向到底，并由生产经营单位的主要负责人组织建立。

安全生产责任制的内容主要包括下列两个方面：

① 纵向方面，即从上到下所有类型人员的安全生产职责。在建立责任制时，可首先将本单位从主要负责人一直到岗位工人分成相应的层级，然后结合本单位的实际工作，对不同层级的人员在安全生产中应承担的职责做出规定。纵向方面至少应该包括生产经营单位主要负责人、其他负责人、各职能部门负责人及其工作人员、班组长和岗位工人等。

② 横向方面，即各职能部门（包括党、政、工、团）的安全生产职责。在建立责任制时，可按照本单位职能部门的设置（如安全、设备、计划、技术、生产、基建、人事、财务、设计、档案、培训、党办、宣传、工会等部门），分别对其在安全生产中应承担的职责做出规定。

2. 安全技术措施计划管理制度

安全技术措施计划是生产经营单位生产财务计划的一个组成部分，是改善生产经营单位生产条件，有效防止事故和职业病的重要保证制度。生产经营单位为了保证安全资金的有效投入，应编制安全技术措施计划。通过编制和实施安全技术措施计划，可以把改善劳动条件的工作纳入生产经营单位的生产建设计划之中，有计划、有步骤地解决安全技术中的重大技术问题；可以合理使用资金，保证安全技术措施落实，发挥“安措费”的更大作用；可以调动群众的积极性，增强各级领导对安全工作的责任心，从根本上改善企业劳动条件。

安全技术措施计划的核心是安全技术措施。按照导致事故发生的原因，安全技术措施可分为防止事故发生的安全技术措施、减少事故损失的安全技术措施等。常用的防止事故发生的安全技术措施有消除危险源、限制能量或危险物质、隔离等。常用的减少事故损失的安全技术措施有隔离、设置薄弱环节、个体防护、避难与救援等。此外，安全监控作为防止事故发生和减少事故损失的安全技术措施，是发现系统故障和异常的重要手段。

安全技术措施计划的项目范围包括改善劳动条件、防止事故、预防职业病、提高职工安全素质等技术措施。大体可以分为4类：

① 安全技术措施，如安全防护装置、保险装置、信号装置、监控装置、防火防爆装置等。

② 卫生技术措施，如防尘、防毒、防噪声与振动、通风、降温、防寒、防辐射等装置或设施。

③ 辅助措施，如尘毒作业人员的淋浴室、更衣室或存衣箱、消毒室、急救室等。

④ 安全宣传教育措施，如劳动保护教育室、安全卫生教材、挂图、宣传画、培训室等。

每一项安全技术措施计划至少应包括的内容有：措施应用的单位或工作场所，措施名称，措施目的和内容，经费预算及来源，负责施工的单位或负责人，开工日期和竣工日期，措施预期效果及检查验收等。

3. 安全教育制度

安全教育培训工作是贯彻“安全第一、预防为主、综合治理”的安全生产方针，实现安全生产和文明生产，提高员工安全意识和安全素质，防止产生不安全行为，减少人为失误的重要途径。进行安全生产教育，首先要提高生产经营单位管理者及员工的安全生产责任感和自觉性，认真学习有关安全生产的法律、法规和安全生产基础知识；其次是普及和提高员工的安全技术知识，增强安全操作技能，强化安全意识，从而保护自己和他人的安全与健康。

抓好安全教育培训工作是每一个企业的法定责任。《安全生产法》对生产经营单位的主要负责人、安全管理人员、从业人员、特种作业人员的安全生产教育培训都做出了明确规定。为贯彻落实《安全生产法》，国家安全生产监督管理总局下发了《生产经营单位安全培训规定》等一系列的有关安全生产教育培训的文件，对安全教育培训的对象、培训内容、培训时间、培训考核、培训管理等都做出具体规定。

4. 安全检查与隐患排查

安全检查是安全管理工作的重要内容，是指对生产过程及安全管理中可能存在的隐患、有害与危险因素、缺陷等进行查证，以确定隐患或有害与危险因素、缺陷的存在状态，以及它们转化为事故的条件，以便制定整改措施，消除隐患和危险有害因素。

（1）安全检查计划

企业应制订安全检查计划，定期或不定期开展综合检查、专业检查、季节性检查和日常检查。

① 综合检查。应由相关级别的负责人负责，有关人员参加，既要检查管理制度，又要检查现场。

② 专业检查。应分别由各专业部门的负责人组织相关人员进行，主要是对锅炉及压力容器、危险物品、电气装置、机械设备、厂房建筑、运输车辆、安全装置以及防火防爆、防尘防毒等进行专业检查。

③ 季节性检查。分别由各业务部门的负责人，根据当地的地理和气候特点，组织本系统人员对防火防爆、防雨防洪、防雷电、防暑降温、防风及防冻保暖工作等，进行预防性季节检查。

④ 日常检查。各级管理人员应在各自的业务范围内，深入现场进行岗位工人履行岗位安全责任制、交接班制度和巡回检查制度的执行情况及设备运行状况的检查。

在各种安全检查前，应事先制定《安全检查表》，安全检查均应按相应的《安全检查表》逐项检查，并与责任制挂钩。

（2）安全检查的工作程序

① 安全检查准备。确定检查的对象、目的、任务，查阅、掌握有关法律、标准、规程的要求，了解检查对象的工艺流程、生产情况、可能出现的危险、危害情况，制订检查计划，安排检查内容、方法、步骤，编写安全检查表或检查提纲，挑选和训练检查人员并进行必要的分工等。

② 实施安全检查。通过访谈、查阅文件和记录、现场观察、仪器测量的方式获取有

关安全信息情况。

③ 通过分析做出判断。掌握情况（获得信息）之后，要进行分析，并在此基础上做出判断，必要时需对所做判断进行验证，以保证得出正确结论。

④ 及时做出决定进行处理。做出判断后，应针对存在的问题，即提出隐患整改意见和要求，包括要求进行信息的反馈。

⑤ 整改落实。存在隐患的单位必须按照检查组（人员）提出的隐患情况进行原因分析，制定整改措施，及时整改，并对隐患整改情况进行检查。对事故隐患，应下达《隐患整改通知书》，做到“四定”(即定措施、定负责人、定资金来源、定完成期限)。检查组（人员）对整改落实情况进行复查，获得整改效果的信息，以实现安全检查工作的闭环。

5. 安全设施的“三同时”

为贯彻执行《安全生产法》、《危险化学品安全管理条例》、《安全生产许可证条例》以及《危险化学品建设项目安全许可实施办法》等法律、行政法规和部门规章，建设项目安全设施必须满足“三同时”的要求，即建设项目中的安全设施必须符合国家规定的标准，必须与主体工程同时设计、同时施工、同时投入生产和使用，以确保建设项目竣工投产后，符合国家规定的相关标准，保障劳动者在生产过程中的安全与健康。

安全设施的含义是指企业（单位）在生产经营活动中将危险因素、有害因素控制在安全范围内以及预防、减少、消除危害所配备的装置（设备）和采取的措施。

安全设施“三同时”是危险化学品生产经营单位安全生产的重要保障措施，是一种事前保障措施，是有效消除和控制建设项目中危险、有害因素的根本措施。随着经济建设的迅速发展，“三同时”作为事前预防的途径，将不断被深化并提出更高的要求。

按照《危险化学品建设项目安全许可实施办法》的要求，危险化学品建设项目及与其配套的安全设施，从项目的可行性研究、安全预评价、安全设施设计、施工、试生产和安全设施竣工验收评价到投产使用等环节均应同步进行，其中建设项目的设立、安全设施设计、安全设施竣工验收需经主管部门审查通过得到许可后，方可正式投入生产。具体包括以下内容：

（1）可行性研究

建设单位或可行性研究承担单位在进行建设项目可行性研究时，应同时进行安全条件论证，并将安全、消防等内容作为专门章节编入建设项目可行性研究报告中。同时，将安全设施所需投资纳入投资计划。

（2）安全预评价

在建设项目可行性研究阶段，应按有关要求选择具有相应资质的评价机构对建设项目进行安全预评价。安全预评价机构应采用先进、合理的，定性、定量的评价方法，分析和预测建设项目中潜在的危险、危害因素及其可能造成的后果，提出明确的预防措施，并形成预评价报告。

评价机构在完成预评价报告后，由建设单位将预评价报告交安全生产监督管理部门进行专家评审，安全生产监督管理部门根据评审结果确定是否出具同意建设项目设立许可意见。

（3）安全设施设计

安全设施设计是说明建设项目的技术经济指标、总图运输、工艺、建筑、采暖通风、给排水、供电、仪表、设备、环境保护、劳动安全卫生、投资概算等设计意图的技术文件

（含图样），主要内容以安全设施设计为主。国家安全生产监督管理总局于2007年11月10日发布了《危险化学品建设项目安全设施设计专篇编制导则（试行）》。通常情况下，该专篇的设计深度至少应等同于原来初步设计的详细规定。

设计单位要具有相应资质，在编制设计专篇时，应严格遵守我国相关的法律、法规和标准、规范，并应依据安全生产监督管理机构批复的安全预评价报告中提出的措施建议，完善设计内容。

安全设施设计专篇应交安全生产监督管理部门组织审查；经安全生产监督管理部门审查批复同意后，建设单位方可组织项目安全设施实施建设。

（4）施工

施工单位在进行主体工程施工时，应同时严格按照设计的施工图样和要求，对安全设施进行施工，并对安全设施的工程质量负责。

建设单位应对承担施工任务的单位提出落实“三同时”规定的具体要求，并负责提供相关的资料和条件。

（5）试生产

建设项目施工完毕，应按照规定编制建设项目试生产（使用）方案，并将方案报安全生产监督管理部门备案，备案后即可组织试生产和设备调试，该阶段应同时对安全设施进行试生产和设备调试，并对其效果做出评价。

（6）竣工验收

建设单位在建设项目试生产运行正常后、竣工验收之前，应自主选择，委托相应的评价机构进行安全设施检测、检验，危害程度分级，并将试运行中安全设施的运行情况、安全措施的效果、各种检测检验数据、存在的问题以及采取的措施写入安全验收评价报告。安全验收评价报告形成后，由建设单位将评价报告交由安全生产监督管理部门组织评审并出具评审意见。

（7）投产使用

建设项目安全设施经过竣工验收后，需及时向安全生产监督管理部门提出办理或变更安全生产许可证的申请，得到批准后，方可正式投产使用。建设单位不得擅自将劳动安全卫生设施闲置不用或者拆除，并需进行日常维护和保养，确保其效果。

第二节　事故管理与工伤保险

在生产经营活动中，一旦发生安全生产事故，则生产安全事故的报告和调查处理以及工伤人员的保障工作，是生产经营单位安全生产工作的重要环节。本节主要根据《生产安全事故报告和调查处理条例》等法律、法规简要介绍化工生产中事故管理的基本知识，根据《工伤保险条例》等法律、法规简要介绍工伤保险的基本知识。

一、事故管理

事故管理是企业安全管理的一个方面。加强事故管理，寻找事故的原因，摸索事故发生的规律，抓住重点，有的放矢采取防范措施，从事故中吸取教训，举一反三，教育职工，消除人、物、环境和管理上存在的隐患，从而防止事故的发生，无疑是企业实现安全生产的一个重要环节。因此，加强事故管理也是降低和消除各类事故发生的一个有力措施。加强事故管理的最终目的是变事故的事后处理为事前预防，杜绝事故的发生。

事故管理包括事故的分类、事故报告、事故调查处理程序和方法、事故等级划分、损失计算和伤亡事故工伤认定等几个环节。

（一）事故分类

有关事故的分类问题，由于研究的目的不同，角度不同，分类的方法也就有所不同。目前主要有以下几种分类方法：

① 依照造成事故的责任不同，分为责任事故和非责任事故两大类。责任事故是指由于人们违背自然或客观规律，违反法律、法规、规章和标准等的各种行为所造成的事故。非责任事故是指遭遇不可抗拒的自然因素或目前科学无法预测的客观原因所造成的事故。

② 依据事故造成的后果不同，分为伤亡事故和非伤亡事故。造成人身伤害的事故称为伤亡事故。只造成生产中断、设备损坏或财产损失的事故称为非伤亡事故。

③ 依事故监督管理的行业不同，分为企业职工伤亡事故（工矿商贸企业伤亡事故）、火灾事故、道路交通事故、水上交通事故、铁路交通事故、民航飞行事故、农业机械事故、渔业船舶事故等。

④ 企业事故分类，根据其发生的原因和造成的结果，一般可以分为工伤事故、交通事故、火灾事故、爆炸事故、质量事故、生产事故、设备事故、自然事故和破坏事故等9类。

（二）事故等级

生产安全事故等级是指根据生产安全事故造成的人员伤亡或者直接经济损失严重程度划分的事故等级。这种事故等级的划分，主要是为了便于生产安全事故报告和调查处理工作的分级管理。长期以来，不同时期和不同行业对事故等级的划分有着不同的分级办法，为统一生产安全事故分级标准，《生产安全事故报告和调查处理条例》根据生产安全事故造成的人员伤亡或者直接经济损失严重程度，明确规定了生产安全事故分级标准，这是在国家行政法规中第一次明确规定生产安全事故分级标准，是目前我国最权威的事故分级标准。

《生产安全事故报告和调查处理条例》第三条的规定，根据生产安全事故（以下简称事故）造成的人员伤亡或者直接经济损失，事故一般分为以下等级（以下分级中的“以上”包括本数，“以下”不包括本数）：

① 特别重大事故，是指造成30人以上死亡，或者100人以上重伤（包括急性工业中毒，下同），或者1亿元以上直接经济损失的事故；

② 重大事故，是指造成10人以上30人以下死亡，或者50人以上100人以下重伤，或者5 000万元以上1亿元以下直接经济损失的事故；

③ 较大事故，是指造成3人以上10人以下死亡，或者10人以上50人以下重伤，或者1 000万元以上5 000万元以下直接经济损失的事故；

④ 一般事故，是指造成3人以下死亡，或者10人以下重伤，或者1 000万元以下直接经济损失的事故。

（三）事故报告

生产安全事故报告是安全生产工作中的一项十分重要的内容，事故发生后，及时、准确、完整地报告事故，对于及时、有效地组织事故救援，减少事故损失，顺利开展事故调查具有十分重要的意义。因此，《安全生产法》和《生产安全事故报告和调查处理条例》都对生产安全事故报告工作做出了严格要求。

《生产安全事故报告和调查处理条例》第四条规定："事故报告应及时、准确、完整，任何单位和个人对事故不得迟报、漏报、谎报或者瞒报。"

《安全生产法》第七十条、第七十一条对事故的报告也有规定："生产经营单位发生生产安全事故后，事故现场有关人员应当立即报告本单位负责人"。"负有安全生产监督管理职责的部门接到事故报告后，应当立即按照国家有关规定上报事故情况。负有安全生产监督管理职责的部门和有关地方人民政府对事故情况不得隐瞒不报、谎报或者拖延不报。"

1. 生产安全事故报告责任

《安全生产法》和《生产安全事故报告和调查处理条例》都明确规定了事故报告责任，下列人员和单位负有报告的责任：

① 事故现场有关人员；

② 事故发生单位的主要负责人；

③ 安全生产监督管理部门；

④ 负有安全生产监督管理职责的相关部门；

⑤ 有关地方人民政府。

事故单位负责人既有向县级以上人民政府安全生产监督管理部门报告的责任，又有向负有安全生产监督管理职责的有关部门报告的责任，即事故报告是两条线，实行双报告制。

2. 生产安全事故报告程序及时限

根据《生产安全事故报告和调查处理条例》的有关规定，事故现场有关人员、事故单位负责人和有关部门应当按照下列程序和时间要求报告事故：

① 事故发生后，事故现场有关人员应当立即向本单位负责人报告；单位负责人接到报告后，应当于 1 小时内向事故发生地县级以上人民政府安全生产监督管理部门和负有安全生产监督管理职责的有关部门报告。情况紧急时，事故现场有关人员可以直接向事故发生地县级以上人民政府安全生产监督管理部门和负有安全生产监督管理职责的有关部门报告。

② 安全生产监督管理部门和负有安全生产监督管理职责的有关部门接到事故报告后，应当依照下列规定上报事故情况并通知公安机关、劳动保障行政部门、工会和人民检察院：特别重大事故、重大事故逐级上报至国务院安全生产监督管理部门和负有安全生产监督管理职责的有关部门；较大事故逐级上报至省、自治区、直辖市人民政府安全生产监督管理部门和负有安全生产监督管理职责的有关部门；一般事故上报至设区的市级人民政府安全生产监督管理部门和负有安全生产监督管理职责的有关部门。

安全生产监督管理部门和负有安全生产监督管理职责的有关部门依照前款规定上报事故情况，应当同时报告本级人民政府。国务院安全生产监督管理部门和负有安全生产监督管理职责的有关部门以及省级人民政府接到发生特别重大事故、重大事故的报告后，应当立即报告国务院。

必要时，安全生产监督管理部门和负有安全生产监督管理职责的有关部门可以越级上报事故情况。

③ 安全生产监督管理部门和负有安全生产监督管理职责的有关部门逐级上报事故情况，每级上报的时间不得超过 2 小时。

3. 生产安全事故报告的内容

根据《生产安全事故报告和调查处理条例》的有关规定，事故报告的内容应当包括以下内容：

① 事故发生单位概况；

② 事故发生的时间、地点以及事故现场情况；

③ 事故的简要经过；

④ 事故已经造成或者可能造成的伤亡人数（包括下落不明的人数）和初步估计的直接经济损失；

⑤ 已经采取的措施；

⑥ 其他应当报告的情况。

（四）事故调查处理程序和方法

事故调查处理应当坚持实事求是、尊重科学的原则，及时、准确地查清事故经过、事故原因和事故损失，查明事故性质，认定事故责任，总结事故教训，提出整改措施，对事故责任者提出处理意见，并对触犯法律的事故责任者依法追究责任。

1. 事故的组织调查

我国生产安全事故调查工作实行“政府统一领导、分级负责”的原则，根据《生产安全事故报告和调查处理条例》和有关法律、行政法规或者国务院的有关规定，生产安全事故调查工作的职责分工大致如下：

（1）特别重大事故的调查

特别重大事故由国务院或者国务院授权的部门组织事故调查组进行调查。由国务院直接组织事故调查组进行调查的特别重大事故，事故调查组组长既可以由国务院有关领导同志担任，也可以由国务院指定有关部门负责同志担任。

（2）重大事故以下等级事故的调查

根据《生产安全事故报告和调查处理条例》第十九条的有关规定，重大事故、较大事故、一般事故分别由事故发生地省级人民政府、设区的市级人民政府、县级人民政府负责调查。省级人民政府、设区的市级人民政府、县级人民政府可以直接组成事故调查组进行调查，也可以授权或者委托有关部门组织事故调查组进行调查。未造成人员伤亡的事故，县级人民政府也可以委托事故发生单位组织事故调查组进行调查。

对于特别重大事故以下等级事故，事故发生地与事故发生单位不在同一个县级以上行政区域的，由事故发生地人民政府负责调查，事故发生单位所在地人民政府应当派人参加。

（3）上级政府可以调查下级政府负责调查的事故

上级人民政府认为必要时，可以调查由下级人民政府负责调查的事故。

（4）因事故伤亡人数导致事故等级发生变化的事故的调查

自事故发生之日起 30 日内，因事故伤亡人数变化导致事故等级发生变化，依照《生产安全事故报告和调查处理条例》的规定应当由上级人民政府负责调查的，上级人民政府可以另行组织事故调查组调查。

2. 事故调查组的组成、职责及权利

事故调查组的组成应当遵循精简、效能的原则。根据事故的具体情况，事故调查组由有关人民政府、安全生产监督管理部门、负有安全生产监督管理职责的有关部门、监察机关、公安机关以及工会派人组成，并应当邀请人民政府检察院派人参加。事故调查组可以聘请有关专家参与调查。

事故调查组成员应当具有事故调查所需要的知识和专长，并与所调查的事故没有直接利害关系。事故调查组组长由负责事故调查的人民政府指定。事故调查组组长主持事故调查组的工作。

根据《安全生产事故报告和调查处理条例》第二十五条规定，事故调查组应履行下列职责：

① 查明事故发生的经过、原因、人员伤亡情况及直接经济损失；

② 认定事故的性质和事故责任；

③ 提出对事故责任者的处理建议；

④ 总结事故教训，提出防范和整改措施；

⑤ 提交事故调查报告。

3. 事故调查的调查方法

对重大事故、特别重大事故的调查，一般在调查组中设置若干个工作小组，每一工作小组负责某一方面的具体调查工作，通常分设综合组、技术组、管理组等。具体分工如下：

① 综合组主要负责资料搜集和保管、信息报送、协调内务、对外联络、宣传报道、汇总材料、协助善后工作、撰写事故调查报告。

② 技术分析组主要负责现场勘探、收集现场资料和物证，对事故现场技术状况进行分析，为事故抢救工作提供决策支持，并对事故的技术原因进行分析，认定事故性质，撰写技术调查报告。

③ 管理调查组主要负责生产经营单位和相关部门在安全生产管理、安全培训和政府监管监察等方面存在的问题，并负责提出对责任人的处理建议，撰写管理组调查报告。

事故调查常用的技术方法有故障树分析方法、故障类型和影响分析方法以及变更分析方法等。

4. 事故处理程序和方法

事故处理对于事故责任追究以及防范和整改措施的落实等非常重要，也是落实“四不放过”要求的核心环节。《生产安全事故报告和调查处理条例》对事故处理做出明确规定。

（1）事故调查报告的批复及期限

事故调查报告的批复主体是负责组织检查的人民政府。重大事故、较大事故、一般事故，负责事故调查的人民政府应当自收到事故调查报告之日起 15 日内做出批复；特别重大事故，30 日内做出批复，特殊情况下，批复时间可以适当延长，但延长的时间最长不超过 30 日。

（2）事故责任追究的落实

有关机关应当按照人民政府的批复，依照法律、行政法规规定的权限和程序，对事故发生单位和有关人员进行行政处罚。事故发生单位应当按照负责事故调查的人民政府的批复，对本单位负有事故责任的人员进行处理。负有事故责任的人员涉嫌犯罪的，依法追究刑事责任。

（3）防范和整改措施的落实及其监督检查

事故发生单位应当认真吸取事故教训，落实防范和整改措施，防止事故再次发生。防范和整改措施的落实情况应当接受工会和职工的监督。安全生产监督管理部门和负有安全生产监督管理职责的有关部门对事故发生单位负责落实防范和整改措施的情况进行监督检查。

（4）事故处理情况的公布

事故处理情况（依法需要保密的除外）由负责事故调查的人民政府或者其授权的有关部门、机构向社会公布。

（五）伤亡事故经济损失计算方法

国家标准《企业职工伤亡事故经济损失统计标准》（GB 6721—1986），规定了企业职工伤亡事故经济损失的统计范围、计算方法和评价指标。

1. 经济损失的定义

伤亡事故经济损失指企业职工在劳动生产过程中发生伤亡事故所引起的一切经济损失，包括直接经济损失和间接经济损失。直接经济损失指因事故造成人身伤亡及善后处理支出的费用和毁坏财产的价值。间接经济损失指因事故导致产值减少、资源破坏和受事故影响而造成其他损失的价值。

2. 直接经济损失的统计范围

（1）人身伤亡后所支出的费用

① 医疗费用（含护理费用）；② 丧葬及抚恤费用；③ 补助及救济费用；④ 误工工资。

（2）善后处理费用

① 处理事故的事务性费用；② 现场抢救费用；③ 清理现场费用；④ 事故罚款和赔偿费用。

（3）财产损失价值

① 固定资产损失价值；② 流动资产损失价值。

3. 间接经济损失的统计范围

（1）停产、减产损失价值

（2）工作损失价值

（3）资源损失价值

（4）处理环境污染的费用

（5）补充新职工的培训费用

（6）其他损失费用

4. 经济损失计算方法

（1）经济损失计算

按下式计算：

$$E=E_d+E_i$$

式中　E——经济损失，万元；

E_d——直接经济损失，万元；

E_i——间接经济损失，万元。

（2）工作损失价值计算

工作损失价值是指受伤害职工因劳动能力的部分或全部丧失（表现为劳动时间的损失），而少为国家和社会创造的价值。按下式计算：

$$V_W = D_L M/（SD）$$

式中　V_W——工作损失价值，万元；

D_L——一起事故的总损失工作日数，日；

M——企业上年税金加利润，万元；

S——企业上年平均职工人数；

D——企业上年法定工作日数，日。

（3）固定资产损失价值

① 报废的固定资产，以固定资产净值减去残值计算；

② 损坏的固定资产，以修复费用计算。

（4）流动资产损失价值

① 原材料、燃料、辅助材料等均按账面值减去残值计算；

② 成品、半成品、在制品等均以企业实际成本减去残值计算。

（5）事故已处理结案而未能结算的医疗费、误工工资等

采用测算方法计算参照《企业职工伤亡事故经济损失统计标准》附录 A。

（6）分期支付的抚恤、补助等费用

按审定支出的费用，从开始支付日期累计到停发日期（参照《企业职工伤亡事故经济损失统计标准》附录 A）。

（7）停产、减产损失

按事故发生之日起到恢复正常生产水平时止，计算损失的价值。

5. 经济损失评价指标

经济损失评价指标用于比较不同事故或不同企业伤亡事故导致经济损失的严重程度。评价指标分为总量指标和相对指标（千人经济损失率和百万元产值经济损失率）两类。

（1）千人经济损失率

按下式计算：

$$R_S = \frac{E}{S} \times 1000$$

式中　R_S——千人经济损失率；

E——全年内经济损失，万元；

S——企业平均职工人数，人。

（2）百万元产值经济损失率

按下式计算：

$$R_V = \frac{E}{V} \times 100$$

式中　R_V——百万元产值经济损失率；

E——全年内经济损失，万元；

V——企业总产值，万元。

二、工伤保险

所谓工伤保险，是指劳动者因工作原因受伤、患职业病、致残乃至死亡，暂时或永远丧失劳动能力时，从国家和社会获得医疗、生活保险及必要的经济补偿的制度。工伤保险具有两个明显的特点：一是具有显著的赔偿性质，因此，工伤保险金一般由企业、单位或雇主负担，劳动者个人不交费；二是待遇比较优厚，服务项目较多，除补偿工资损失外，还对伤残情况给予补偿。

工伤保险是世界上普遍实施的一项社会保险制度，目前，全世界66%的国家和地区实行了工伤保险。我国党和政府历来十分重视因工伤残职工的生活保障。2012 年 12 月国务院颁布了第 586 号令《工伤保险条例》，该条例规定，中华人民共和国境内的企业、事业单位、社会团体、民办非企业单位、基金会、律师事务所、会计师事务所等组织和有雇工的个体工商户（以下称用人单位）应当依照本条例规定参加工伤保险，为本单位全部职工或者雇工（以下称职工）缴纳工伤保险费。

中华人民共和国境内的企业、事业单位、社会团体、民办非企业单位、基金会、律师事务所、会计师事务所等组织的职工和个体工商户的雇工，均有依照本条例的规定享受工伤保险待遇的权利。该条例从 2011 年 1 月 1 日起施行。

（一）工伤保险的基本原则

工伤保险是世界上产生最早的一项社会保险，也是世界各国立法较为普遍，发展最为完善的一项制度。归纳起来，施行工伤保险制度遵循的主要原则有以下几点。

1. 无责任补偿原则

又称无过失补偿原则，它包含两层意义：一是，无论职业伤害责任属于雇主或者其他人或自己，受害者应得到必要的补偿；二是，这种补偿责任不完全是由雇主承担，而是应当由国家的社会保险相应机构来承担。

2. 风险分担、互助互济原则

这是社会保险制度中的基本原则。首先是要通过法律，强制征收保险费，建立工伤保险基金，采取互助互济的办法，分担风险；其次是在待遇分配上，国家责成社会保险机构对费用进行再分配，这种基金的分配使用，包括人员之间、地区之间、行业之间的调剂。它缓解了部分生产经营单位、行业伤亡事故、职业病的负担，从而减少了社会矛盾。

3. 个人不缴费原则

工伤保险由生产经营单位或雇主缴纳，职工个人不缴纳任何费用，这是工伤保险与养老、医疗等其他社会保险项目的区别之处。

4. 区别因工和非因工原则

在制定工伤保险制度、发放待遇时，应确定因工和非因工负伤的界限。职业伤害与工作或职业病有直接关系，医疗康复、伤残补偿、死亡抚恤待遇均比其他保险水平高，只要是工伤，待遇上不受年龄、性别、缴费期限的限制。非因工受伤不享受工伤保险待遇。

5. 补偿与预防、康复相结合原则

工伤事故一旦发生，补偿是理所当然的，但工伤保险最重要的工作还包括预防和康复工作。《工伤保险条例》规定，用人单位和职工应当遵守有关安全生产和职业病防治的法律法规，执行安全卫生规程和标准，预防工伤事故发生，避免和减少职业病危害。职工发生工伤时，用人单位应当采取措施使工伤职工得到及时救治。

6. 集中管理原则

工伤保险是社会保险的一部分，无论从基金的管理，事故的调查，还是医疗鉴定，均由专门、统一的非营利的机构管理是应遵循的原则。

7. 一次性补偿与长期补偿相结合原则

对因工部分或完全丧失劳动能力，或是因工死亡的职工，职工和遗属在得到补偿时，工伤保险机构应支付一次性补偿金，作为对伤害者精神上的安慰。此外，对供养的遗属根据人数还要支付长期抚恤金，直到他们失去供养条件为止。

8. 确定伤残和职业病等级原则

为了区别不同伤残和职业病状况，发放不同标准的待遇，应通过专门的鉴定机构和人员对受职业伤害的职工受害程度予以确定。

9. 工伤争议举证倒置原则

《工伤保险条例》规定，职工或者其直系亲属认为是工伤，用人单位不认为是工伤的，由用人单位承担举证责任。

（二）工伤认定

工伤保险认定的实质是要确定三个问题，即要明确实施保险的员工范围，要明确保险的伤害范围，要明确生产经营单位对职工伤亡事故应承担的责任。随着社会的发展，工伤保险也在不断地加入新的内容。

1. 工伤认定的前提条件

工伤认定的前提条件是职工与用人单位建立了劳动关系。劳动关系的建立应当以订立合同为确立标准。但考虑到目前仍存在因用工不规范行为而导致的事实上的劳动关系，因此可根据以下特征来判定：

① 合同式劳动关系的特征。依照法律规定，以书面形式签订劳动合同。

② 事实上劳动关系的特征。劳动关系的主体是双方当事人，即必须要有用人单位和职工双方，对于合伙人、个体户个人、家庭成员的共同劳动、承揽人与定做人不能算是建立劳动关系；职工被用人单位支配，成为用人单位的一员，从事有偿的劳动；用人单位约定给职工支付劳动报酬。

2. 工伤认定的条件及范围

我国目前工伤认定的条件主要采取列举的方法，而没有对工伤条件的规定。但享受工伤待遇的范围大致可归结为两个方面：一是职工因工作或从事与劳动生产密切相关的活动而导致的人身伤害或急性中毒，这可理解为在工作场所、工作时间内履行工作职责或接受单位委派过程中发生的职业伤害；二是可以比照工伤享受待遇的情况，采取列举法，操作比较方便。

（1）认定为工伤的情形

① 在工作时间和工作场所内，因工作原因受到事故伤害的。

② 工作时间前后在工作场所内，从事与工作有关的预备性或者收尾性工作时受到事故伤害的。

③ 在工作时间和工作场所内，因履行工作职责受到暴力等意外伤害的。

④ 患职业病的。

⑤ 因工外出期间，由于工作原因受到伤害或者发生事故下落不明的。

⑥ 在上下班途中，受到机动车事故伤害的。

⑦ 有下列情形之一的，视同工伤：

a. 在工作时间和工作岗位，突发疾病死亡或者在 48 小时之内经抢救无效死亡的；

b. 在抢险救灾等维护国家利益、公共利益活动中受到伤害的；

c. 职工原在军队服役，因战、因公负伤致残，已取得革命伤残军人证，到用人单位后旧伤复发的。

(2) 不得认定为工伤或者视同工伤的情形

① 因犯罪或者违反治安管理伤亡的；

② 醉酒导致伤亡的；

③ 自残或者自杀的。

(三) 工伤保险的申报

根据《工伤保险条例》的规定，工伤认定是享受工伤保险待遇的第一步，也是工伤保险索赔必须经过的程序。所以，在通常情况下，用人单位在发生事故后要向当地劳动行政部门提出工伤认定申请，这是用人单位的一项法定义务。同时《工伤保险条例》也规定了申请工伤认定的时间限制。职工发生事故伤害或按照《职业病防治法》规定被诊断、鉴定为职业病，所在单位应当自事故伤害发生之日或者被诊断、鉴定为职业病之日起 30 日内，向统筹地区劳动保障行政部门提出工伤认定申请。遇有特殊情况，经报劳动保障行政部门同意，申请时限可以适当延长。用人单位没有在规定时间内提出工伤认定申请的，工伤职工或者其直系亲属、工会组织在事故伤害发生之日或者被诊断、鉴定为职业病之日起 1 年内，可以直接向用人单位所在地统筹地区劳动保障行政部门提出工伤认定申请。

用人单位没有在规定时限内提交工伤认定申请，在此期间发生符合《工伤保险条例》规定的工伤待遇等有关费用由该用人单位负担。

(四) 工伤保险待遇

我国有关职工工伤保险待遇方面的规定中，职工工伤保险待遇可分为工伤医疗待遇、伤残待遇、特殊情况下的待遇、职业康复待遇和因工死亡待遇。

1. 工伤医疗待遇

① 职工因工作遭受事故伤害或者患职业病进行治疗，享受工伤医疗待遇。

② 职工住院治疗工伤的，由所在单位按照本单位因公出差伙食补助标准的 70% 发给住院伙食补助费；经医疗机构出具证明，报经办机构同意，工伤职工到统筹地区以外就医的，所需交通、食宿费用由所在单位按照本单位职工因公出差标准报销。

③ 职工因工作遭受事故伤害或者患职业病需要暂停工作接受工伤医疗的，在停工留薪期内，原工资福利待遇不变，由所在单位按月支付。停工留薪期一般不超过 12 个月。伤情严重或者情况特殊，经设区的市级劳动能力鉴定委员会确认，可以适当延长，但延长

不得超过12个月。工伤职工评定伤残等级后，停发原待遇，按照有关规定享受伤残待遇。工伤职工在停工留薪期满后仍需治疗的，继续享受工伤医疗待遇。生活不能自理的工伤职工在停工留薪期需要护理的，由所在单位负责。

2. 伤残待遇

生产经营单位职工因工负伤医疗终结后经劳动能力鉴定委员会评残，然后按照丧失劳动能力程度享受不同的伤残待遇。费用包括补偿金、残废补助金、护理补助金。

3. 特殊情况下的待遇

职工因工外出期间发生事故或者在抢险救灾中下落不明的，从事故发生当月起3个月内照发工资，从第4个月起停发工资，由工伤保险基金向其供养亲属按月支付供养亲属抚恤金。生活有困难的，可以预支一次性因工死亡补助金的50%。职工被人民法院宣告死亡的，按照职工因工死亡的规定处理。

4. 职业康复待遇

① 工伤职工因日常生活或者就业需要，经劳动能力鉴定委员会确认，可以安装假肢、矫形器、假眼、假牙和配置轮椅等辅助器具，所需费用按照国家规定的标准从工伤保险基金支付。

② 因工伤残部分丧失劳动能力的职工，原单位有责任安排其从事力所能及的工作。因工负伤或经鉴定确认为职业病患者的劳动合同制职工和私营企业雇员，企业不得解除其劳动合同。

5. 因工死亡待遇

因工死亡待遇包括丧葬费、供养直系亲属抚恤费，根据供养人口按月发给；如没有被供养的直系亲属的，可发给直系亲属一次性抚恤费。

在确定工伤保险待遇时，凡工伤职工有下列情形之一的，应停止享受工伤保险待遇：

① 丧失享受待遇条件的；

② 拒不接受劳动能力鉴定的；

③ 拒绝治疗的；

④ 被判刑正在收监执行的。

（五）劳动能力鉴定与评残标准

职工发生工伤，经治疗伤情相对稳定后如存在残疾、影响劳动能力的，应当进行劳动能力鉴定。劳动能力鉴定，是指职工在生产工作中因种种原因造成了劳动能力不同程度的损害，致使职工部分、大部分或完全丧失了劳动的能力，而由法定鉴定机构为此做出的鉴定和评定。劳动能力鉴定是落实工伤待遇的基础和前提条件，也是工伤保险管理工作的一个重要环节。

劳动能力鉴定包括劳动功能障碍程度和生活自理障碍程度的等级鉴定。劳动功能障碍分为十个伤残等级，最重的为一级，最轻的为十级。生活自理障碍分为3个等级：生活完全不能自理、生活大部分不能自理和生活部分不能自理。

1. 劳动能力鉴定的程序

① 职工发生事故，丧失劳动能力需要评级时，由用人单位、工伤职工或者其直系亲属向社区的市级劳动能力鉴定委员会提出申请，并向劳动能力鉴定委员会提供工伤认定决定和职工工伤医疗的有关资料。

② 地方劳动能力鉴定委员会由地方劳动保障行政部门、人事行政部门、卫生行政部门、经办机构代表以及用人单位代表组成。劳动能力鉴定委员会建立有医疗卫生专家库。

③ 劳动能力鉴定委员会收到劳动能力鉴定申请后，对申请书及附件材料认真审定，对资料不全或情况不明的应及时通知申请人补全资料；对符合条件的，应受理鉴定。劳动能力鉴定委员会将从其建立的医疗卫生专家库中随机抽取 3 名或者 5 名相关专家组成鉴定专家组，由专家组提出鉴定意见。专家组具体评定伤残、病残职工的状况，写出定性、定量的诊断结果和伤病等级意见。最后由劳动能力鉴定委员会根据专家组的鉴定意见做出工伤职工劳动能力鉴定结论，并及时送达申请鉴定的单位和个人。

2. 评残鉴定的标准

伤残鉴定标准对残情的分级，是以器官缺损、功能障碍、对医疗依赖和护理依赖的程度，并适当考虑一些特殊残情造成的心理障碍或生活质量的损失进行确定的。

① 器官缺损。器官缺损是工伤的直接后果，是评残标准分级的重要依据，诸如肢体的缺失，器官的切除等，即使无功能障碍，亦属残疾。

② 功能障碍。工伤后功能障碍的程度与器官缺损的部位和严重程度有关，职业病所致的器官功能障碍与疾病的严重程度有关，是评残标准分级不可缺少的依据。对功能障碍的判定应以医疗终结时的医疗检查为依据。至于每种残情怎样才算医疗终结，则应根据评残对象确定。

③ 医疗依赖。指伤残致残者医疗终结时仍然不能脱离药物或其他医疗手段治疗。这是评残标准分级不能忽视的问题。

④ 护理依赖。指伤病致残者因生活不能自理需依赖他人护理，这是评残标准分级必须有的内容。

⑤ 心理障碍。一些特殊残情，在器官缺损、功能障碍的基础上虽不造成医疗依赖，但却导致心理障碍或减损伤残者的生活质量。这是评残标准分级不能遗漏的问题。

上述 5 个方面问题是我国伤残鉴定标准确定致残等级的主要依据，并按此确定职工工伤与职业病致残程度的分级框架，见表 3-1。

表 3-1　　伤残鉴定分级标准

级别	评定标准
1 级	器官缺失或功能完全丧失，其他器官不能代偿，需要特殊医疗依赖及完全护理依赖方可维持生命及基本生活者
2 级	器官严重缺损或畸形，有严重功能障碍或并发症，需要特殊医疗依赖和大部分护理依赖者
3 级	器官严重缺损或畸形，严重功能障碍或并发症，需要特殊医疗依赖和部分护理依赖者
4 级	器官严重缺损或畸形，严重功能障碍或并发症，需要特殊医疗依赖，生活可以自理者
5 级	器官大部分缺损或明显畸形，有较严重功能障碍或并发症，需一般医疗依赖，生活能自理者
6 级	器官大部分缺损或明显畸形，有中等度功能障碍或并发症，需一般医疗依赖，生活能自理者
7 级	器官大部分缺损或畸形，有轻度功能障碍或并发症，需一般医疗依赖，生活能自理者
8 级	器官部分缺损，形态异常，轻度功能障碍，有医疗依赖，生活能自理者
9 级	器官部分缺损，形态异常，轻度功能障碍，无医疗依赖，生活能自理者
10 级	器官部分缺损，形态异常，无功能障碍，无医疗依赖，生活能自理者

残情的鉴定是在工伤认定的基础上，在医疗终结或医疗期满之后进行。残情定级不实行“终身制”，残情若有变化，等级应作相应变更。《工伤保险条例》第二十八条规定，自劳动能力鉴定结论作出之日起1年后，工伤职工或者其直系亲属、所在单位或者经办机构认为伤残情况发生变化的，可以申请劳动能力复查鉴定。

第四章　危险化学品经营、储存、运输和包装的安全管理

危险化学品由于本身具有易燃、易爆、有毒、腐蚀等危险特性，在储存、运输、包装过程中，若处理不当，极易造成事故，轻则影响生产，造成经济损失，重则造成人员伤亡，严重污染环境。随着危险化学品产量的增加，使用范围的扩大，危险化学品由于储存、运输、包装不当而发生的事故越来越多，危害越来越大，因此要求在上述活动中加强安全管理，严格按规章制度的要求进行生产经营活动。

第一节　危险化学品经营的安全管理

一、经营单位的条件和要求

危险化学品经营单位在组织危险物品的流通过程中，要始终把危险化学品的安全管理工作认真抓好，按照国家颁布的有关法律、法规要求认真执行。

1. 危险化学品经营许可制度

《危险化学品安全管理条例》第三十三条规定："国家对危险化学品经营实行许可制度。未经许可，任何单位和个人不得经营销售危险化学品。"

危险化学品的经营是指从事危险化学品的采购、调拨、销售等活动。危险化学品经营许可证是从事危险化学品的采购、调拨、销售等活动的合法凭证。

经营销售危险化学品的单位，应当依照《危险化学品经营许可证管理办法》（以下简称《经营许可证管理办法》）取得危险化学品经营许可证，并凭经营许可证依法向工商行政管理部门申请办理登记注册手续，未取得经营许可证和未经工商登记注册，任何单位和个人都不得经营销售危险化学品。违者由工商行政管理部门会同公安机关依法查处。

危险化学品生产企业在本厂区范围内销售本企业生产的危险化学品，不再办理经营许可证，但销售非本单位生产的危险化学品或在厂外设立销售网点，仍需办理经营许可证。

2. 经营条件

《危险化学品安全管理条例》等法规、规章规定了危险化学品经营企业必须具备的条件：

（1）有符合国家标准、行业标准的经营和储存场所。储存危险化学品的，还应当有符合国家标准、行业标准的储存设施、装置。

经营和储存场所、设施、建筑物符合《建筑设计防火规范》（GB 50016）、《石油化工企业设计防火规范》（GB 50160）、《汽车加油加气站设计与施工规范》（GB 50156）、《石油库设计规范》（GB 50074）等相关国家标准、行业标准的规定；建筑物应当经公安消防

机构验收合格。

① 危险化学品经营企业的经营场所应坐落在交通便利、便于疏散处；

② 危险化学品经营企业的经营场所的建筑物应符合《建筑设计防火规范》的要求；

③ 从事危险化学品批发业务的企业，应具备经县级以上（含县级）公安、消防部门批准的专用危险化学品仓库（自有或租用），所经营的危险化学品不得存放在业务经营场所内；

④ 零售业务的店面应与繁华商业或居住人口稠密区保持500 m以上距离；

⑤ 零售业务的店面经营面积（不含库房）应不小于60 m^2，其店面内不得有生活设施；

⑥ 零售业务的店面内只许存放民用小包装的危险化学品，其存放总量不得超过1 t；

⑦ 零售业务的店面内危险化学品的摆设应布局合理，禁忌物料不能混放，综合性商场（含建材市场）所经营的危险化学品应有专柜存放；

⑧ 零售业务的店面与存放危险化学品的库房（或罩棚）应有实墙相隔，单一品种存放量不能超过500 kg，总质量不能超过2 t；

⑨ 零售店面备货库房应根据危险化学品的性质与禁忌分别采用隔离储存或隔开储存或分离储存等不同方式进行储存。

（2）有经过专业技术培训并取得设区的市级人民政府安全生产监督管理部门颁发的上岗资格的管理人员和业务人员。

《安全生产法》第二十条规定，生产经营单位的主要负责人和安全生产管理人员必须具备与本单位所从事的生产经营活动相应的安全生产知识和管理能力。危险物品的生产、经营、储存单位以及矿山、建筑施工单位的主要负责人和安全生产管理人员，应当由有关主管部门对其安全生产知识和管理能力考核合格后方可任职。

《危险化学品安全管理条例》第四条规定，危险化学品安全管理，应当坚持安全第一、预防为主、综合治理的方针，强化和落实企业的主体责任。

生产、储存、使用、经营、运输危险化学品的单位（以下统称危险化学品单位）的主要负责人对本单位的危险化学品安全管理工作全面负责。

危险化学品单位应当具备法律、行政法规规定和国家标准、行业标准要求的安全条件，建立、健全安全管理规章制度和岗位安全责任制度，对从业人员进行安全教育、法制教育和岗位技术培训。从业人员应当接受教育和培训，考核合格后上岗作业；对有资格要求的岗位，应当配备依法取得相应资格的人员。

《经营许可证管理办法》第六条第二款规定，单位主要负责人和主管人员、安全生产管理人员和业务人员经过专业培训，并经考核，取得上岗资格。

《危险化学品经营企业开业条件和技术要求》对危险化学品经营企业各类人员做出了明确规定，危险化学品经营企业的法人代表或经理应经过国家授权部门的专业培训，取得合格证书方能从事经营活动。企业业务经营人员应经国家授权部门的专业培训，取得合格证书后方能上岗。经营剧毒物品企业的人员，还应经过县级以上（含县级）公安部门的专门培训，取得合格证书后方可上岗。

《生产经营单位安全培训规定》第六条规定，生产经营单位主要负责人和安全生产管理人员应当接受安全培训，具备与所从事的生产经营活动相适应的安全生产知识和管理能力。煤矿、非煤矿山、危险化学品、烟花爆竹等生产经营单位主要负责人和安全生产管理人员，必须接受专门的安全培训，经安全生产监管监察部门对其安全生产知识和管理能力考核合格，取得安全资格证书后，方可任职。

（3）有健全的安全管理制度和岗位安全操作规程。

① 有各级各类人员的安全管理责任制；

② 有健全的安全管理，包括教育培训、防火、动火、用火、检修、废弃物处理等制度；经营剧毒化学品的需有剧毒化学品的管理内容，包括剧毒化学品的“五双”制等；

③ 有完善的经营、销售管理制度，包括采购、出入库登记、验收、发放、出售等制度；

④ 建立安全检查制度，包括巡回检查、夜间和节假日值班制度；

⑤ 有符合国家标准《易燃易爆性商品储藏养护技术条件》（GB 17914—1999）、《腐蚀性商品储藏养护技术条件》（GB 17915—1999）、《毒害性商品储藏养护技术条件》（GB 17916—1999）的仓储物品储藏养护制度；

⑥ 有各岗位安全操作规程，包括装卸、搬运、劳动保护用品的佩戴和防火花工具使用等操作规程。

（4）有本单位事故应急救援预案。

危险化学品经营企业应有事故应急救援措施。构成重大危险源的，应建立事故应急救援预案，内容一般包括：应急处理组织与职责、事故类型和原因、事故防范措施、事故应急处理原则和程序、事故报警和报告、工程抢险和医疗救护、演练等。

（5）法律、法规和国家标准要求的其他条件。

《安全生产法》第三十四条规定，生产、经营、储存、使用危险物品的车间、商店、仓库不得与员工宿舍在同一座建筑物内，并应当与员工宿舍保持一定的安全距离。

生产经营场所和员工宿舍应当设有符合紧急疏散要求、标志明显、保持畅通的出口。

《危险化学品经营企业开业条件和技术要求》明确规定了零售业务范围：“零售业务只许经营除爆炸品、放射性物品、剧毒物品以外的危险化学品。”这要求：

① 零售业务的店面内显著位置应设有“禁止明火”等警示标志；

② 零售业务的店面内应放置有效、急救安全设施；

③ 零售业务的店面备货库房应报公安、消防部门批准；

④ 运输危险化学品的车辆应专车专用，并有明显标志。

3. 经营危险化学品的规定

《危险化学品安全管理条例》对危险化学品经营作了规定：

（1）危险化学品经营企业不得向未经许可从事危险化学品生产、经营活动的企业采购危险化学品，不得经营没有化学品安全技术说明书或者化学品安全标签的危险化学品。

（2）危险化学品生产企业、经营企业销售剧毒化学品、易制爆危险化学品，应当查验本条例第三十八条第一款、第二款规定的相关许可证件或者证明文件，不得向不具有相关许可证件或者证明文件的单位销售剧毒化学品、易制爆危险化学品。对持剧毒化学品购买许可证购买剧毒化学品的，应当按照许可证载明的品种、数量销售。

禁止向个人销售剧毒化学品（属于剧毒化学品的农药除外）和易制爆危险化学品。

（3）危险化学品经营企业储存危险化学品的，应当遵守本条例第二章关于储存危险化学品的规定。危险化学品商店内只能存放民用小包装的危险化学品。

二、剧毒化学品的经营

1. 购买剧毒化学品应遵守的规定

《危险化学品安全管理条例》第三十八、三十九条规定，购买剧毒化学品，应当遵守下列规定：

依法取得危险化学品安全生产许可证、危险化学品安全使用许可证、危险化学品经营许可证的企业，凭相应的许可证件购买剧毒化学品、易制爆危险化学品。民用爆炸物品生产企业凭民用爆炸物品生产许可证购买易制爆危险化学品。

前款规定以外的单位购买剧毒化学品的，应当向所在地县级人民政府公安机关申请取得剧毒化学品购买许可证；购买易制爆危险化学品的，应当持本单位出具的合法用途说明。

个人不得购买剧毒化学品（属于剧毒化学品的农药除外）和易制爆危险化学品。

2. 销售剧毒化学品应遵守的规定

《危险化学品安全管理条例》规定，危险化学品生产企业、经营企业销售剧毒化学品、易制爆危险化学品，应当如实记录购买单位的名称、地址、经办人的姓名、身份证号码以及所购买的剧毒化学品、易制爆危险化学品的品种、数量、用途。销售记录以及经办人的身份证明复印件、相关许可证件复印件或者证明文件的保存期限不得少于 1 年。

剧毒化学品、易制爆危险化学品的销售企业、购买单位应当在销售、购买后 5 日内，将所销售、购买的剧毒化学品、易制爆危险化学品的品种、数量以及流向信息报所在地县级人民政府公安机关备案，并输入计算机系统。

通过道路运输剧毒化学品的，托运人应当向运输始发地或者目的地县级人民政府公安机关申请剧毒化学品道路运输通行证。

申请剧毒化学品道路运输通行证，托运人应当向县级人民政府公安机关提交下列材料：

（1）拟运输的剧毒化学品品种、数量的说明；

（2）运输始发地、目的地、运输时间和运输路线的说明；

（3）承运人取得危险货物道路运输许可、运输车辆取得营运证以及驾驶人员、押运人员取得上岗资格的证明文件；

（4）本条例第三十八条第一款、第二款规定的购买剧毒化学品的相关许可证件，或者海关出具的进出口证明文件。

县级人民政府公安机关应当自收到前款规定的材料之日起 7 日内，作出批准或者不予批准的决定。予以批准的，颁发剧毒化学品道路运输通行证；不予批准的，书面通知申请人并说明理由。

剧毒化学品道路运输通行证管理办法由国务院公安部门制定。

禁止通过内河封闭水域运输剧毒化学品以及国家规定禁止通过内河运输的其他危险化学品。

三、经营许可证的管理办法

1. 经营许可证的分类

经营许可证分为甲、乙两种。取得甲种经营许可证的单位可经营销售剧毒化学品和其他危险化学品；取得乙种经营许可证的单位只能经营销售除剧毒化学品以外的危险化学品。

成品油的经营许可纳入甲种经营许可证管理。

经营许可证的颁发管理工作实行企业申请、两级发证、属地监管的原则。国家安全生产监督管理总局指导、监督全国经营许可证的颁发和管理工作。省、自治区、直辖市人民政府安全生产监督管理部门指导、监督本行政区域内经营许可证的颁发和管理工作。设区的市级人民政府安全生产监督管理部门（以下简称市级发证机关）负责下列企业的经营许可证审批、颁发：

（1）经营剧毒化学品的企业；

（2）经营易制爆危险化学品的企业；

（3）经营汽油加油站的企业；

（4）专门从事危险化学品仓储经营的企业；

（5）从事危险化学品经营活动的中央企业所属省级、设区的市级公司（分公司）。

（6）带有储存设施经营除剧毒化学品、易制爆危险化学品以外的其他危险化学品的企业；

县级人民政府安全生产监督管理部门（以下简称县级发证机关）负责本行政区域内以上所列以外企业的经营许可证审批、颁发；没有设立县级发证机关的，其经营许可证由市级发证机关审批、颁发。

2. 经营许可证的办理程序

（1）申请

办理甲种危险化学品经营许可证的单位，应向由省、自治区、直辖市人民政府经济贸易主管部门或其委托的安全生产监督管理部门提出申请。办理乙种危险化学品经营许可证的单位，应向设区的市级人民政府负责危险化学品安全监督管理综合工作的部门提出申请。

经营单位改建、扩建或者迁移经营、储存场所，扩大许可经营范围，应当事前重新申请办理经营许可证。经营单位变更单位名称、经济类型或者注册的法定代表人或负责人，应当于变更之日起 20 个工作日内，向原发证机关申办变更手续，换发新的经营许可证。

经营许可证有效期为 3 年。有效期满后，经营单位继续从事危险化学品经营活动的，应当在经营许可证有效期满前 3 个月内向原发证机关提出换证申请，经审查合格后换领新证。

（2）受理

发证机关应当在接到申请之日起 30 个工作日内，对申请人提交的材料进行审查和现场核查，对符合条件的，颁发经营许可证；对不符合条件的，应当书面通知申请人并说明理由。

第二节　危险化学品储存的安全管理

储存是化学品流通过程中非常重要的一个环节，同时也是在商品流通过程中事故多发环节，在这一环节发生的事故所造成的损失是惊人的。为了加强对危险化学品储存的管理，国家不断加强对储存的监管力度，并制定了一系列有关危险化学品法规和标准，如《危险化学品安全管理条例》、《常用危险化学品贮存通则》（GB 15603）等，对危险化学品储存技术条件、许可制度、安全储存都提出了具体要求，对规范化学品的储存起到了重要的作用。

一、危险化学品储存的许可制度

《危险化学品安全管理条例》在第二章中对危险化学品生产、储存和使用的各个环节的安全管理作了具体规定，并明确规定对危险化学品储存实行许可制度。

（一）危险化学品储存的规划原则与要求

《危险化学品安全管理条例》第十一条和第十九条对危险化学品规划、储存地点的选择提出了具体要求。

《危险化学品安全管理条例》第十一条规定：国家对危险化学品的生产、储存实行统筹规划、合理布局。

地方人民政府组织编制城乡规划，应当根据本地区的实际情况，按照确保安全的原则，规划适当区域专门用于危险化学品的生产、储存。

《危险化学品安全管理条例》第十九条规定：危险化学品生产装置或者储存数量构成重大危险源的危险化学品储存设施（运输工具加油站、加气站除外），与下列场所、设施、区域的距离应当符合国家有关规定：

① 居住区以及商业中心、公园等人员密集场所；

② 学校、医院、影剧院、体育场（馆）等公共设施；

③ 饮用水源、水厂以及水源保护区；

④ 车站、码头（依法经许可从事危险化学品装卸作业的除外）、机场以及通信干线、通信枢纽、铁路线路、道路交通干线、水路交通干线、地铁风亭以及地铁站出入口；

⑤ 基本农田保护区、基本草原、畜禽遗传资源保护区、畜禽规模化养殖场（养殖小区）、渔业水域以及种子、种畜禽、水产苗种生产基地；

⑥ 河流、湖泊、风景名胜区、自然保护区；

⑦ 军事禁区、军事管理区；

⑧ 法律、行政法规规定的其他场所、设施、区域。

已建的危险化学品生产装置或者储存数量构成重大危险源的危险化学品储存设施不符合前款规定的，由所在地设区的市级人民政府安全生产监督管理部门会同有关部门监督其所属单位在规定期限内进行整改；需要转产、停产、搬迁、关闭的，由本级人民政府决定并组织实施。

储存数量构成重大危险源的危险化学品储存设施的选址，应当避开地震活动断层和容易发生洪灾、地质灾害的区域。

本条例所称重大危险源，是指生产、储存、使用或者搬运危险化学品，且危险化学品的数量等于或者超过临界量的单元（包括场所和设施）。

（二）储存危险化学品的审批条件

《危险化学品经营许可证管理办法》第八条规定，申请人带有储存设施经营危险化学品的，除符合本办法第六条规定的条件外，还应当具备下列条件：

① 新设立的专门从事危险化学品仓储经营的，其储存设施建立在地方人民政府规划的用于危险化学品储存的专门区域内；

② 储存设施与相关场所、设施、区域的距离符合有关法律、法规、规章和标准的规定；

③ 依照有关规定进行安全评价，安全评价报告符合《危险化学品经营企业安全评价细则》的要求；

④ 专职安全生产管理人员具备国民教育化工化学类或者安全工程类中等职业教育以上学历，或者化工化学类中级以上专业技术职称，或者危险物品安全类注册安全工程师资格；

⑤ 符合《危险化学品安全管理条例》、《危险化学品重大危险源监督管理暂行规定》、《常用危险化学品贮存通则》（GB 15603）的相关规定。

申请人储存易燃、易爆、有毒、易扩散危险化学品的，除符合本条第一款规定的条件外，还应当符合《石油化工可燃气体和有毒气体检测报警设计规范》（GB 50493）的规定。

（三）危险化学品储存的申请和办理程序

《危险化学品安全管理条例》第十二条规定，新建、改建、扩建生产、储存危险化学品的建设项目（以下简称建设项目），应当由安全生产监督管理部门进行安全条件审查。

建设单位应当对建设项目进行安全条件论证，委托具备国家规定的资质条件的机构对建设项目进行安全评价，并将安全条件论证和安全评价的情况报告报建设项目所在地设区的市级以上人民政府安全生产监督管理部门；安全生产监督管理部门应当自收到报告之日起45日内作出审查决定，并书面通知建设单位。具体办法由国务院安全生产监督管理部门制定。新建、改建、扩建储存、装卸危险化学品的港口建设项目，由港口行政管理部门按照国务院交通运输主管部门的规定进行安全条件审查。

二、储存的安全要求

危险化学品的储存根据物质的理化性质和储存量的大小分为整装储存和散装储存两类。

整装储存是将物品装于小型容器或包件中储存。如各种袋装、桶装、箱装或钢瓶装的物品。这种储存往往存放的品种多，物品的性质复杂，比较难管理。散装储存是物品不带外包装的净货储存，一般采用储罐储存。量比较大，设备、技术条件比较复杂，一旦发生事故难以施救。无论是整装储存还是散装储存都潜在有很大的危险。对两类储存方式的安全要求如下：

（一）基本要求

①《危险化学品安全管理条例》要求，危险化学品的储存方式、方法与储存数量应当

符合国家标准和国家有关规定，并必须储存在专用仓库、专用场地或者专用储存室（以下统称专用仓库）内，由专人管理。

剧毒化学品以及储存数量构成重大危险源的其他危险化学品应当在专用仓库内单独存放，并实行双人收发、双人保管制度。储存单位应当将储存剧毒化学品以及构成重大危险源的其他危险化学品的数量、地点以及管理人员的情况，报所在地公安部门和安全生产监督管理部门备案。

② 储存场所的消防设施、电气设施应符合《建筑设计防火规范》（GB 50016—2008）的要求；

③ 贮存易燃、易爆危险化学品的建筑，必须安装避雷设施（避雷设施要有效覆盖）；

④ 储存区应按 GB 16179—1996、GB 15063—1995 的规定设置安全标志，消防通道应设置明显标志；

⑤ 根据危险化学品性能分区、分类、分库储存，各类危险化学品不得与化学性质相抵触或灭火方法不同的禁忌物料混合储存；

⑥ 应当按照国家标准和国家有关规定，根据危险化学品的种类、特征，在储存区设置相应的检测、通风、防晒、调温、防火、灭火、防爆、泄压、防毒、消毒、中和、防潮、防雷、防静电、防腐、防渗漏、防护围堤或者隔离操作等安全设施，保证符合安全运行要求；

⑦ 应在储存场所设置通讯、报警装置，并保证在任何情况下处于正常使用状态；

⑧ 健全的安全管理制度和操作规程；

⑨ 有符合国家规定的事故应急救援预案，并配备必要的应急救援器材、设备；

⑩ 有经培训且考核合格的人员对储存场所进行养护与管理。

（二）储罐储存的安全要求

① 根据储存物料的性质，储罐应配备通气管、呼吸阀、泡沫灭火装置、喷水装置等安全附件。

② 应按储罐的设计规定及储罐的储存系数储存化学品，确保储量在安全储量范围内，不得混装。

③ 储罐区与周边的安全距离、储罐区的布置、防火堤的设置应符合《建筑设计防火规范》（GB 50016—2008）、《石油化工企业设计防火规范》（GB 50160—2008）的要求。

④ 在操作室内，应有储罐区的事故应急预案、工艺图等，工艺图应注明各储罐内危险化学品的品种、最高液位、加热温度、泵的速度等，以便一旦发生事故和重大火灾时，能够迅速正确处理。

⑤ 危险化学品储罐区应定期开展重大危险源安全评估，建立重大危险源数据库并定期报告。对属于重大危险源的储罐应设置实时监测装置。

（三）仓库储存安全要求

根据危险化学品的特性，储存的危险化学品可归为 3 类：易燃易爆性商品（储存火灾危险性物品）、毒害性商品和腐蚀性商品。

1. 储存安排及储存限量

① 危险化学品储存安排取决于危险化学品分类、分项、容器类型、储存方式和消防的要求。

② 储存量及储存安排见表 4-1。

表 4-1　　　　储存量及要求

序号	储存要求	露天储存	隔离储存	隔开储存	分离储存
1	平均单位面积储存量/t·m^2	1.0~1.5	0.5	0.7	0.7
2	单一储存区最大量/t	2000~2400	200~300	200~300	400~600
3	垛距限制/m	2	0.3~0.5	0.3~0.5	0.3~0.5
4	通道宽度/m	4~6	1~2	1~2	5
5	墙距宽度/m	2	0.3~0.5	0.3~0.5	0.3~0.5
6	与禁忌品距离/m	10	不得同库储存	不得同库储存	7~10

③ 遇火、遇热、遇潮能引起燃烧、爆炸或发生化学反应，产生有毒气体的危险化学品不得在露天或潮湿、积水的建筑物中储存。

④ 受日光照射能发生化学反应引起燃烧、爆炸、分解、化合或能产生有毒气体的危险化学品应储存在一级建筑物中，其包装应采取避光措施。

⑤ 爆炸性物品不准和其他类物品同储，必须单独隔离限量储存，仓库不准建在城镇，应与周围建筑、交通干道、输电线路保持一定安全距离。

⑥ 压缩气体和液化气体必须与爆炸性物品、氧化剂、易燃物品、自燃物品、腐蚀性物品隔离储存。易燃气体不得与助燃气体、剧毒气体同储；氧气不得和油脂混合储存，盛装液化气体的容器属压力容器的，必须有压力表、安全阀、紧急切断装置，并定期检查，不得超装。

⑦ 易燃液体、遇湿易燃物品、易燃固体不得与氧化剂混合储存，具有还原性的氧化剂应单独存放。

⑧ 有毒物品应储存在阴凉、通风、干燥的场所，不要露天存放，不要接近酸类物质。

⑨ 腐蚀性物品，包装必须严密，不允许泄漏，严禁与液化气体和其他物品共存。

2. 储存易燃易爆品的要求

《易燃易爆性商品储藏养护技术条件》（GB 17914—1999）对易燃易爆品的储存提出了详细要求。

3. 储存毒害品的要求

《毒害商品储藏养护技术条件》（GB 17916—1999）对毒害商品的储存提出了详细要求。

4. 储存腐蚀性物品的要求

《腐蚀性商品储藏养护技术条件》（GB 17915—1999）对腐蚀品的储存提出了详细要求。

（四）危险化学品储存发生火灾的主要原因

分析研究危险化学品储存发生火灾的原因，对加强危险化学品的安全储存管理是十分有益的。

物质燃烧必须具备三个条件：可燃物、助燃物、着火源。不论固体、液体或气体物质，凡是与空气中的氧气或其他氧化剂起剧烈化学反应的都是可燃物。帮助和支持燃烧的物质叫助燃物，主要是空气中的氧气。凡是能引起可燃物质燃烧的热能都叫着火源。

总结多年的经验和案例，危险化学品储存发生火灾的原因主要有以下 9 种情况。

① 着火源控制不严。着火源是指能引起可燃物燃烧的一切热能源，包括明火焰、赤热体、火星和火花、化学能等。在危险化学品的储存过程中的着火源主要有两个方面：一是外来火种。如烟囱飞火、汽车排气管的火星、库房周围的明火作业、吸烟的烟头等。二是内部设备不良，操作不当引起的电火花、撞击火花和太阳能、化学能等。如电器设备、装卸机具不防爆或防爆等级不够，装卸作业使用铁质工具碰击打火，露天存放时太阳的曝晒，易燃液体操作不当产生静电放电等。

② 性质相互抵触的物品混存。出现危险化学品的禁忌物料混存，往往是由于经办人员缺乏知识或者是有些危险化学品出厂时缺少鉴定；也有的企业因储存场地缺少而任意临时混存，造成性质抵触的危险化学品因包装容器渗漏等原因发生化学反应而起火。

③ 产品变质。有些危险化学品已经长期不用，仍废置在仓库中，又不及时处理，往往因变质而引起事故。

④ 养护管理不善。仓库建筑条件差，不适应所存物品的要求，如不采取隔热措施，使物品受热；因保管不善，仓库漏雨进水使物品受潮；盛装的容器破漏，使物品接触空气或易燃物品蒸气扩散和积聚等均会引起着火或爆炸。

⑤ 包装损坏或不符合要求。危险化学品容器包装损坏，或者出厂的包装不符合安全要求，都会引起事故。

⑥ 违反操作规程。搬运危险化学品没有轻装轻卸；或者堆垛过高不稳，发生倒塌；或在库内改装打包，封焊修理等违反安全操作规程造成事故。

⑦ 建筑物不符合存放要求。危险品库房的建筑设施不符合要求，造成库内温度过高，通风不良，湿度过大，漏雨进水，阳光直射，有的缺少保温设施，使物品达不到安全储存的要求而发生火灾。

⑧ 雷击。危险品仓库一般都设在城镇郊外空旷地带，独立的建筑物或是露天的储罐或是堆垛区十分容易遭受雷击。

⑨ 着火扑救不当。因不熟悉危险化学品的性能和灭火方法，着火时使用不当的灭火器材使火灾扩大，造成更大的危险。

三、储存装置的安全评价

《危险化学品安全管理条例》对储存危险化学品的安全设施、设备、防护、通讯、报警装置提出要求，明确了实行储存危险化学品装置的安全评价的规定。

新建、改建、扩建用于生产、储存危险化学品的建设项目，应当进行安全条件论证，并由具备国家规定的资质条件的机构进行安全评价。

安全条件论证报告和安全评价报告应当经设区的市级以上人民政府安全生产监督管理部门审查同意；未经审查或者经审查不同意的，不得开工建设。设区的市级以上人民政府安全生产监督管理部门应当自收到安全条件论证报告和安全评价报告之日起 45 日内完成审查。审查的具体办法由国务院安全生产监督管理部门制定。

建设项目安全设施的设计，应当报安全生产监督管理部门审查。建设项目竣工投入生产或者使用前，应当由安全生产监督管理部门对其安全设施验收合格。

生产、储存危险化学品以及使用特定危险化学品从事生产并且使用量达到规定标准的企业，应当选择具备国家规定的相应资质条件的机构，对本企业的生产、储存装置每两年进行一次安全评价，并提出安全评价报告。承担安全评价的机构应当对其做出的安全评价结果负责。

安全生产监督管理部门在监督检查中发现生产储存装置可能存在重大安全隐患，可以要求被检查企业对其生产、储存装置进行安全评价。

安全评价报告应当对生产、储存装置存在的安全问题提出整改方案。安全评价中发现生产、储存装置存在现实危险的，应当立即停止使用，予以更换或者修复，并采取相应的安全措施。

有关企业应当将安全评价报告以及整改情况报所在地设区的市级人民政府安全监督管理部门备案。

第三节　废弃物处置

一、废弃物处置的有关规定

（一）部分法律的有关规定

1.《中华人民共和国安全生产法》的有关规定

第三十二条　生产、经营、运输、储存、使用危险物品或者处置废弃危险物品的，由有关主管部门依照有关法律、法规的规定和国家标准或者行业标准审批并实施监督管理。

生产经营单位生产、经营、运输、储存、使用危险物品或者处置废弃危险物品，必须执行有关法律、法规和国家标准或者行业标准，建立专门的安全管理制度，采取可靠的安全措施，接受有关主管部门依法实施的监督管理。

2.《中华人民共和国刑法》的有关规定

第三百三十八条　违反国家规定，向土地、水体、大气排放、倾倒或者处置有放射性的废物、含传染病病原体的废物、有毒物质或者其他危险废物，造成重大环境污染事故，致使公私财产遭受重大损失或者人身伤亡的严重后果的，处三年以下有期徒刑或者拘役，并处或者单处罚金；后果特别严重的，处三年以上七年以下有期徒刑，并处罚金。

（二）部分法规的有关规定

《危险化学品安全管理条例》的有关规定如下所列：

第二条　在中华人民共和国境内生产、经营、储存、运输、使用危险化学品，必须遵守本条例和有关安全生产的法律、其他行政法规的规定。

第六条　环境保护主管部门负责废弃危险化学品处置的监督管理，组织危险化学品的环境危害性鉴定和环境风险程度评估，确定实施重点环境管理的危险化学品，负责危险化学品环境管理登记和新化学物质环境管理登记；依照职责分工调查相关危险化学品环境污染事故和生态破坏事件，负责危险化学品事故现场的应急环境监测。

第二条规定废弃危险化学品的处置，依照有关环境保护的法律、行政法规和国家有关规定执行。

（三）部分规章的有关规定

《废弃危险化学品污染环境防治办法》对废弃危险化学品的废弃处置做了具体细致的

规定。

二、废弃物处置的基本方法

废弃危险化学品处理所采用的方法包括物理技术、化学技术、生物技术及其混合技术。部分废弃化学品虽然所含的有毒有害化学品浓度高，常会杀死微生物，但有时仍适宜用生物法处理，由于部分废弃危险化学品的有毒有害性质，生物处理技术应用范围受到了一定的限制。固化/稳定化技术是最常用的物理化学技术之一，将危险废物变成高度不溶性的稳定物质，这就是固化/稳定化。

1. 物理处理技术

废弃危险化学品在最终处置之前可以用多种不同的处理技术进行处理，其目的都是改变其物理化学性质，如减容、固定有毒成分和解毒等。处理某种废物应选用何种最佳的实用方法取决于许多因素，这些因素包括处理或处置装置的有效性及适用性、安全标准和成本等因素。例如，可燃性有机溶剂通常是有毒的，其蒸气与空气混合时会发生爆炸，这种废液大多可以回收，实际上经常是在其产生源就应进行回收。如果遇到不能回收的场合，燃烧常常是最合适的处置方法。不可燃的有机溶剂包括由有毒的氯代烃类脱脂剂及油化剥离剂组成的油脂状废弃物，它们虽然是不可燃的，但实际上最佳处置方法是在特殊的高温焚烧炉中添加柴油或其他合适的辅助燃料进行焚烧，焚烧炉配备有洗涤设备，以去除焚烧所产生的氯化氢等有毒有害气体。物理处理技术是通过浓缩或相变化改变危险废物的形态，使之成为便于运输、贮存、利用或处置的形态。

物理处理技术涉及的方法包括固化、沉降、分选、吸附、萃取等，主要作为对废物进行资源回收或最终处置前的预处理。

2. 化学处理技术

化学处理技术是将危险废弃物通过化学反应，转化成无毒无害的化学成分，或者将其中的有毒有害成分从废弃物中转化分离出来，或者降低其毒害危险性。化学处理技术应用最为广泛、最为有效，如氰化物是一种常见的有毒物质，可以是液态或者固态的，可以用比较简单的方法将氰化物转化成无毒无害的其他物质，这样需要处置的废弃物就大大减少。含氰化物的液体废弃物可用化学氧化法处理，在存在铬酸盐废弃物的场合，这种废物可用作还原剂，可用于将六价铬还原成毒性低得多的三价铬。常用的化学处理技术包括化学沉淀法、氧化法、还原法、中和法、焚烧法，等等。

（5）焚烧法

焚烧指燃烧危险废弃物使之分解并无害化的过程，焚烧是一种高温热处理技术，即以一定的过剩空气与被处理的有机废弃物在焚烧炉内进行氧化燃烧反应，废弃物中的有毒有害物质在高温下因氧化、热解而破坏，是一种可同时实现废弃物的减量化、无害化、资源化的处置技术。焚烧的主要目的是尽可能破坏废弃物的化学组成结构，使被焚烧的物质变为无害和最大限度地减容，并尽量减少新的污染物质产生，避免造成二次污染。

废弃物的焚烧和其他处理方式相比，具有下列四个优点：① 减量，可以减少废弃物的体积和质量；② 消毒，可以去除有毒有机物、可燃性致癌物质或感染性病理废物；③ 二次污染程度低，而且由于质量大幅减少，残渣经最终处置后所产生的长期性后遗危害及污染低；④ 能量回收，可以利用产生蒸汽，供制造过程供热或发电所用。

焚烧法不但可以处置固体废弃物，还可以处置液体危险废弃物和气体危险废弃物。焚烧适宜处置有机成分多、热值高的废弃物，当处理可燃有机物组分很少的废弃物时，需要补加大量的燃料，这会使运行费用增高。不适合焚烧的废弃物包括易爆炸的废弃物和放射性废弃物。对于低放射性废弃物，只要严格控制放射性同位素的排放量，也可能安全地焚烧，但焚烧过程不能降低放射量。

3. 固化/稳定化技术

早在20世纪50年代初期，欧美等工业发达国家就开始研究用水泥固化和沥青固化的方法处理放射性废物，后来又研究出针对高放射性废物的玻璃固化与塑料固化技术。目前，这些方法已被许多国家采用，并积累了大量的经验。危险废物固化/稳定化处理的目的是使危险废物中的所有污染组分呈现化学惰性或被包容起来，以便运输、利用和处置。固化/稳定化既可以是危险废物的一个单独的处理过程，也可以是最终处置前的一个预处理过程。

第四节 危险化学品运输、包装的安全管理

一、运输安全管理概述

我国的危险化学品国内立法直接受到国际立法的影响。有关危险货物的国家标准，如《危险货物分类与品名编号》（GB 6944—2012）和《危险货物品名表》（GB 12268—2012）等主要参考和吸收了《联合国关于危险货物运输的建议书·规章范本》（橘皮书）的内容；而有关化学品的标准则是主要参考了全球化学品统一分类和标签制度（GHS）的内容，如《化学品分类、警示标签和警示性说明安全规范》的系列国家标准、《化学品危险性评价通则》（GB/T 22225—2008）等。

《安全生产法》第三十条规定：生产经营单位使用的涉及生命安全、危险性较大的特种设备，以及危险物品的容器、运输工具，必须按照国家有关规定，由专业生产单位生产，并经取得专业资质的检测、检验机构检测、检验合格，取得安全使用证或者安全标志，方可投入使用。检测、检验机构对检测、检验结果负责。

1. 铁路运输的规定

《铁路危险货物运输管理规则》（以下简称《铁路危规》）自1995年8月14日起施行；《铁路危规》共分十一章，包括总则、包装和标志、托运和承运、按普通货物运输的条件、装卸和运输、放射性物品运输、危险货物罐车运输、爆炸品保险单、洗刷除污、保管和交付、附则等规定。同时还编定了《铁路危险货物运输管理细则》，便于加强危险化学品铁路运输的管理。

2. 道路运输的规定

现有道路危险货物运输规则包含交通部颁发的《道路危险货物运输管理规定》（交通部令2013年第2号）、国家标准《道路运输危险货物车辆标志》（GB 13392—2005）和交通行业标准《汽车运输危险货物规则》（JT 617—2004）等。

《道路危险货物运输管理规定》共分总则，道路危险货物运输许可，专用车辆、设备管理，道路危险货物运输，监督检查，法律责任，附则7章71条。

公路运输主要工具是汽车，交通部制定了《汽车危险货物运输规则》行业标准。本标准主要内容为范围，规范性引用标准，术语和定义，分类和分项，包装、标志和标签，托运，承运，车辆和设备，运输，从业人员，劳动防护，事故应急处理共12部分的内容。

3. 水路运输的规定

1996年交通部颁布《水路危险货物运输规则》（以下简称《水路危规》）。《水路危规》是在总结我国现有危险货物运输实践经验，参照国际规则制定的，它不仅依据我国相关的法律、法规，还参照国际海事组织的《国际海运危险货物规则》和联合国《危险货物运输建议书》以及相关的国际公约、规则而制订的，内容包括船舶运输的积载、隔离，危险货物的品名、分类、标记、标识、包装检测标准等。《水路危规》从中国实际出发，特别是在危险货物品名编号、货物分类、适用范围、危险货物明细表、总体格式和运输协调等几方面，具有自己鲜明的特点。《水路危规》适用于国内水路危险化学品运输。该规则共八章七十三条。水路运输危险货物有关托运人、承运人、作业委托人、港口经营人以及其他有关单位和人员，应严格执行本规则的各项规定。

二、运输安全要求

（一）运输许可制度

《危险化学品安全管理条例》规定：国家对危险化学品道路运输经营、水路运输经营实行许可制度。未经许可，任何单位和个人不得从事危险化学品道路运输经营、水路运输经营活动。

危险化学品道路运输、水路运输经营者凭交通运输部门的许可文件，向工商行政管理部门办理登记手续后，方可从事危险化学品道路运输经营、水路运输经营活动。危险化学品道路运输企业、水路运输企业应当配备专职安全管理人员。

从事非经营性危险化学品道路运输、水路运输的单位和个人，应当具备国务院交通运输部门规定的条件，并接受交通运输部门依法实施的监督管理。

1. 道路运输企业的许可制度

主要是依据交通部关于发布《道路危险货物运输管理规定》的规定，具体规定如下：

第八条　申请从事道路危险货物运输经营的，应当具备下列条件：

(1) 有符合下列要求的专用车辆及设备：

① 自有专用车辆5辆以上；

② 专用车辆技术性能符合国家标准《营运车辆综合性能要求和检验方法》（GB 18565）的要求，车辆外廓尺寸、轴荷和质量符合国家标准《道路车辆外廓尺寸、轴荷和质量限值》（GB 1589）的要求，车辆技术等级达到行业标准《营运车辆技术等级划分和评定要求》（JT/T 198）规定的一级技术等级；

③ 配备有效的通信工具；

④ 有符合安全规定并与经营范围、规模相适应的停车场地。具有运输剧毒、爆炸和I类包装危险货物专用车辆的，还应当配备与其他设备、车辆、人员隔离的专用停车区域，并设立明显的警示标志；

⑤ 配备有与运输的危险货物性质相适应的安全防护、环境保护和消防设施设备；

⑥ 运输剧毒、爆炸、易燃、放射性危险货物的，应当具备罐式车辆或厢式车辆、专

用容器，车辆应当安装行驶记录仪或定位系统；

⑦ 罐式专用车辆的罐体应当经质量检验部门检验合格。运输爆炸、强腐蚀性危险货物的罐式专用车辆的罐体容积不得超过 20 立方米，运输剧毒危险货物的罐式专用车辆的罐体容积不得超过 10 立方米，但罐式集装箱除外；

⑧ 运输剧毒、爆炸、强腐蚀性危险货物的非罐式专用车辆，核定载荷不得超过 10 吨。

（2）有符合下列要求的从业人员：

① 专用车辆的驾驶人员取得相应机动车驾驶证，年龄不超过 60 周岁；

② 从事道路危险货物运输的驾驶人员、装卸管理人员、押运人员经所在地设区的市级人民政府交通主管部门考试合格，取得相应从业资格证。

（3）有健全的安全生产管理制度，包括安全生产操作规程、安全生产责任制、安全生产监督检查制度以及从业人员、车辆、设备安全管理制度。

第十五条　道路运输管理机构不得许可一次性、临时性的道路危险货物运输。

第十六条　被许可人应当持《道路运输经营许可证》或者《道路危险货物运输许可证》依法向工商行政管理机关办理登记手续。

2. 水路运输企业的许可制度

水上运输危险化学品（剧毒化学品除外）单位运营许可，由国务院交通部门按其规定办理。

（二）托运人的规定

《危险化学品安全管理条例》对危险化学品的托运人和邮寄人做出了明确的规定：

第五条　对危险化学品的生产、经营、储存、运输、使用和对废弃危险化学品处置实施监督管理的有关部门，依照下列规定履行职责：铁路、民航部门负责危险化学品铁路、航空运输和危险化学品铁路、民航运输单位及其运输工具的安全管理及监督检查。交通部门负责危险化学品公路、水路运输单位及其运输工具的安全管理，对危险化学品水路运输安全实施监督，负责危险化学品公路、水路运输单位、驾驶人员、船员、装卸人员和押运人员的资质认定，并负责前述事项的监督检查。

第四十六条　通过道路运输危险化学品的，托运人应当委托依法取得危险货物道路运输许可的企业承运。

第六十三条　托运危险化学品的，托运人应当向承运人说明所托运的危险化学品的种类、数量、危险特性以及发生危险情况的应急处置措施，并按照国家有关规定对所托运的危险化学品妥善包装，在外包装上设置相应的标志。

运输危险化学品需要添加抑制剂或者稳定剂的，托运人应当添加，并将有关情况告知承运人。

第六十四条　托运人不得在托运的普通货物中夹带危险化学品，不得将危险化学品匿报或者谎报为普通货物托运。

任何单位和个人不得交寄危险化学品或者在邮件、快件内夹带危险化学品，不得将危险化学品匿报或者谎报为普通物品交寄。邮政企业、快递企业不得收寄危险化学品。

对涉嫌违反本条第一款、第二款规定的，交通运输主管部门、邮政管理部门可以依法开拆查验。

为规范铁路危险货物托运人资质管理，保障铁路运输安全，2005 年 3 月 29 日铁道部通过了《铁路危险货物托运人资质许可办法》，自 2005 年 4 月 1 日起施行。相关内容如下：

本办法所称铁路危险货物托运人，是指经国家有关部门认定，取得危险货物生产、储存、使用、经营资格，从事铁路危险货物运输托运业务的单位。

第三条　凡在中华人民共和国境内从事铁路危险货物托运业务的托运人，应向有管辖权的铁路管理机构申请取得资质许可。

第四条 申请铁路危险货物托运人资质的，应当具备下列条件：

① 具有国家规定的危险物品生产、储存、使用、经营的资格；

② 危险货物自备货（罐）车、集装箱（罐）等运输工具的设计、制造、使用、充装、检修等符合铁道部的安全管理规定；

③ 危险货物容器及包装物的生产符合国家规定的定点生产条件并取得产品合格证书；

④ 需加固运输的危险货物，应按铁道部《铁路货物装载加固规则》制定加固技术方案；

⑤ 装运压缩气体和液化气体的，应按国家规定安装轨道衡等安全计量设备；

⑥ 办理危险货物作业场所的消防、防雷、防静电、安全检测、防护、装卸、充装等安全设施、设备应符合国家有关规定，储存仓库的耐火等级、防火间距应符合《建筑设计防火规范》等有关国家标准；

⑦ 相关专业技术人员、运输经办人员和押运人员应经过铁路危险货物运输业务知识培训，熟悉本岗位的相关危险货物知识，掌握铁路危险货物运输规定；

⑧ 有铁路危险货物运输事故处理应急预案，配备应急救援人员和必要的救援器材及设备。

（三）剧毒品的运输

1.《危险化学品安全管理条例》的相关规定

《危险化学品安全管理条例》对剧毒品的运输进行了专项的规定：

通过道路运输剧毒化学品的，托运人应当向运输始发地或者目的地县级人民政府公安机关申请剧毒化学品道路运输通行证。

申请剧毒化学品道路运输通行证，托运人应当向县级人民政府公安机关提交下列材料：

（1）拟运输的剧毒化学品品种、数量的说明；

（2）运输始发地、目的地、运输时间和运输路线的说明；

（3）承运人取得危险货物道路运输许可、运输车辆取得营运证以及驾驶人员、押运人员取得上岗资格的证明文件；

（4）本条例第三十八条第一款、第二款规定的购买剧毒化学品的相关许可证件，或者海关出具的进出口证明文件。

县级人民政府公安机关应当自收到前款规定的材料之日起 7 日内，作出批准或者不予批准的决定。予以批准的，颁发剧毒化学品道路运输通行证；不予批准的，书面通知申请人并说明理由。

剧毒化学品道路运输通行证管理办法由国务院公安部门制定。

剧毒化学品、易制爆危险化学品在道路运输途中丢失、被盗、被抢或者出现流散、泄漏等情况的，驾驶人员、押运人员应当立即采取相应的警示措施和安全措施，并向当地公安机关报告。公安机关接到报告后，应当根据实际情况立即向安全生产监督管理部门、环境保护主管部门、卫生主管部门通报。有关部门应当采取必要的应急处置措施。禁止通过内河封闭水域运输剧毒化学品以及国家规定禁止通过内河运输的其他危险化学品。

前款规定以外的内河水域，禁止运输国家规定禁止通过内河运输的剧毒化学品以及其他危险化学品。

禁止通过内河运输的剧毒化学品以及其他危险化学品的范围，由国务院交通运输主管部门会同国务院环境保护主管部门、工业和信息化主管部门、安全生产监督管理部门，根据危险化学品的危险特性、危险化学品对人体和水环境的危害程度以及消除危害后果的难易程度等因素规定并公布。

2.《剧毒化学品购买和公路运输许可证件管理办法》的相关规定

道路运输剧毒化学品时除应遵守法律、法规的规定外，还应符合《剧毒化学品购买和公路运输许可证件管理办法》的要求。

3.《铁路剧毒品运输跟踪管理暂行规定》的相关规定

铁路发送剧毒化学品时必须按照《铁路剧毒品运输跟踪管理暂行规定》执行：

① 必须在铁道部批准的剧毒品办理站或专用线，专用铁路办理。

② 剧毒品仅限采用毒品专用车、企业自备车和企业自备集装箱运输。

③ 必须配备2名以上押运人员。

④ 填写运单一律使用黄色纸张印刷，并在纸张上印有骷髅图案。

⑤ 铁道部运输局负责全路剧毒品运输跟踪管理工作。

⑥ 铁路不办理剧毒品的零担发送业务。

（四）危险化学品的运输

危险化学品运输车辆应当符合国家标准要求的安全技术条件，并按照国家有关规定定期进行安全技术检验。

运输、装卸危险化学品，应当依照有关法律、法规、规章的规定和国家标准、行业标准的要求，根据危险化学品的危险特性，采取必要的安全防护措施。危险化学品的装卸作业，应当在装卸管理人员的现场指挥或者监控下进行。水路运输危险化学品的集装箱装箱作业应当在集装箱装箱现场检查员的指挥或者监控下进行，并符合积载、隔离的规范和要求；装箱作业完毕后，集装箱装箱现场检查员应当签署装箱证明书。

运输危险化学品，应当配备必要的防护用品和应急救援器材。

用于运输危险化学品的槽罐以及其他容器应当封口严密，能够防止危险化学品在运输过程中因温度、湿度或者压力的变化发生渗漏、撒漏；槽罐以及其他容器的溢流和泄压装置应当设置准确、起闭灵活。

运输危险化学品的驾驶人员、船员、装卸管理人员、押运人员、申报人员、集装箱装箱现场检查员，应当了解所运输的危险化学品的危险特性及其包装物、容器的使用要求和出现危险情况时的应急处置方法。

通过道路运输危险化学品，托运人应当委托依法取得相应危险化学品道路运输经营许可证的运输经营者承运。

托运人（发货人）应当在每次运输危险化学品前，查验危险化学品运输经营者的道路运输经营许可证、车辆的道路运输证以及驾驶员和押运人员的从业资格证。

通过道路运输危险化学品的，应当按照运输车辆的核定载质量装载危险化学品，不得超载。

危险化学品运输车辆应当悬挂或者喷涂符合国家标准要求的警示标志。通过道路运输危险化学品的，应当配备押运人员，并保证所运输的危险化学品处于押运人员的监控之下。

运输危险化学品途中因住宿或者发生影响正常运输的情况，需要较长时间停车的，驾驶人员、押运人员应当采取相应的安全防范措施；运输剧毒化学品或者易制爆危险化学品的，还应当向当地公安机关报告。

未经公安机关批准，运输危险化学品的车辆不得进入危险化学品运输车辆限制通行的区域。危险化学品运输车辆限制通行的区域由县级人民政府公安机关划定，并设置明显的标志。

通过道路运输剧毒化学品的，托运人应当向运输始发地或者目的地县级人民政府公安机关申请剧毒化学品道路运输通行证。

申请剧毒化学品道路运输通行证，托运人应当按照要求向县级人民政府公安机关提交相关材料。

县级人民政府公安机关应当自收到材料之日起 7 日内，作出批准或者不予批准的决定。予以批准的，颁发剧毒化学品道路运输通行证；不予批准的，书面通知申请人并说明理由。

剧毒化学品道路运输通行证管理办法由国务院公安部门制定。

剧毒化学品、易制爆危险化学品在道路运输途中丢失、被盗、被抢或者出现流散、泄漏等情况的，驾驶人员、押运人员应当立即采取相应的警示措施和安全措施，并向当地公安机关报告。公安机关接到报告后，应当根据实际情况立即向安全生产监督管理部门、环境保护主管部门、卫生主管部门通报。有关部门应当采取必要的应急处置措施。

通过水路运输危险化学品的，应当遵守法律、行政法规以及国务院交通运输主管部门关于危险货物水路运输安全的规定。

禁止通过内河封闭水域运输剧毒化学品以及国家规定禁止通过内河运输的其他危险化学品。

通过内河运输剧毒化学品以及国务院交通运输部门规定的其他危险化学品的，除应当遵守上述规定外，还应当遵守国务院交通运输部门制定的专门的安全管理办法。

运输危险化学品的船舶及其配载的容器应当按照国家有关船舶检验规范进行生产，并经海事管理机构认可的船舶检验机构检验合格，方可投入使用。

托运人托运危险化学品，应当向承运人说明托运的危险化学品的品名、数量、危险特性、应急措施等情况，提供包装检验证明书以及符合要求的化学品安全技术说明书和化学品安全标签，并按照国家有关规定妥善包装，在外包装上设置相应的标志、标记。

运输危险化学品需要添加抑制剂或者稳定剂的，托运人交付托运时应当添加抑制剂或者稳定剂，并告知承运人。

托运人不得在托运的普通货物中夹带危险化学品，不得将危险化学品匿报或者谎报为普通货物托运。

运输危险化学品的车辆应专车专用，并有明显标志，要符合交通管理部门对车辆和设备的规定要求：

① 车厢、底板必须平坦完好，周围栏板必须牢固。

② 机动车辆排气管必须装有有效的隔热和熄灭火星的装置，电路系统应有切断总电源和隔离火花的装置。

③ 车辆左前方必须悬挂黄底黑字“危险品”字样的信号旗。

应定期对装运放射性同位素的专用运输车辆、设备、搬运工具、防护用品进行放射性污染程度的检查，当污染量超过规定的允许水平时，不得继续使用。

装运集装箱、大型气瓶、可移动罐（槽）等的车辆，必须设置有效的紧固装置。

各种装卸机械、工属具要有足够的安全系数，装卸易燃、易爆危险货物的机械和工属具，必须有消除火花的措施。

三轮机动车、全挂汽车列车、人力三轮车、自行车和摩托车不得装运爆炸品、一级氧化剂、有机过氧化物；拖拉机不得装运爆炸品、一级氧化剂、有机过氧化物、一级易燃品；自卸汽车除二级固体危险货物外，不得装运其他危险货物。

危险化学品在运输中包装应牢固，各类危险化学品包装应符合 GB 12463—2009 的规定。

性质或消防方法相互抵触，以及配装号或类项不同的危险化学品不能装在同一车、船内运输。

易燃、易爆品不能装在铁帮、铁底车、船内运输。

易燃品闪点在 28 ℃以下，白天气温高于 28 ℃时，应在夜间运输。

运输危险化学品的车辆、船只应有防火安全措施。

禁止无关人员搭乘运输危险化学品的车、船和其他运输工具。

运输爆炸品和需凭证运输的危险化学品，应有运往地的县、市公安部门的《爆炸品准运证》或《危险化学物品准运证》。

任何单位和个人不得邮寄危险化学品或者在邮件内夹带危险化学品，不得将危险化学品匿报或者谎报为普通物品邮寄。

邮政企业发现邮件中夹带危险化学品或者将危险化学品匿报、谎报为普通物品的，应当按照国家有关规定及时、妥善处理。

通过铁路、航空运输危险化学品的，其安全管理依照有关铁路、航空运输的法律、行政法规和国务院铁路、民航部门的有关规定执行。

三、包装的安全要求

1. 包装的基本要求

《危险货物运输包装通用技术条件》（GB 12463—2009）中规定了对危险货物运输包装的一般要求：

危险货物运输包装应结构合理，具有一定强度，防护性能好。包装的材质、型式、规格、方法和内装质量（重量），应与所装危险货物的性质和用途相适应，并便于装卸、运输和储存。

包装应质量良好，其结构和封闭形式应能承受正常运输条件下的各种作业风险，不应因温度、湿度或压力的变化而发生任何渗（撒）漏，包装表面应清洁，不允许黏附有害的危险物质。

包装与内装物直接接触部分，必要时应有内涂层或进行防护处理，包装材质不得与内装物发生化学反应而形成危险产物或导致削弱包装强度。

内容器应予固定。如内容器易碎且盛装易撒漏货物应使用与内装物性质相适应的衬垫材料或吸附材料衬垫妥实。

盛装液体的容器，应能经受在正常运输条件下产生的内部压力。灌装时必须留有足够的膨胀余量（预留容积），除另有规定外，并应保证在温度55 ℃时，内装液体不致完全充满容器。

包装封口应根据内装物性质采用严密封口、液密封口或气密封口。

盛装需浸湿或加有稳定剂的物质时，其容器密封形式应能有效地保证内装液体（水、溶剂和稳定剂）的百分比，在储运期间保持在规定的范围以内。

有降压装置的包装，其排气孔设计和安装应能防止内装物泄漏和外界杂质进入，排出的气体量不得造成危险和污染环境。

复合包装的内容器和外包装应紧密贴合，外包装不得有擦伤内容器的凸出物。

无论是新型包装、重复使用的包装、还是修理过的包装均应符合危险货物运输包装性能试验的要求。

盛装爆炸品包装的附加要求：

① 盛装液体爆炸品容器的封闭形式，应具有防止渗漏的双重保护；

② 除内包装能充分防止爆炸品与金属物接触外，铁钉和其他没有防护涂料的金属部件不得穿透外包装；

③ 双重卷边接合的铁桶、金属桶或以金属做衬里的包装箱，应能防止爆炸物进入缝隙。钢桶或铝桶的封闭装置必须有合适的垫圈；

④ 包装内的爆炸物质和物品，包括内容器，必须衬垫妥实，在运输中不得发生危险性移动；

⑤ 装有对外部电磁辐射敏感的电引发装置的爆炸物品，包装应具备防止所装物品受外界电磁辐射影响的功能。

2. 包装分类与包装性能试验

根据国家标准《危险货物运输包装类别划分方法》（GB/T 15098—2008）规定，除了爆炸品、气体、有机过氧化物和自反应物质、感染性物质、放射性物质、杂项危险物质和物品及净质量大于400 kg和容积大于450 L的包装外，其他危险货物按其内装物的危险程度将危险货物包装划分为三种包装类别：

Ⅰ类包装——盛装具有较大危险性的货物；

Ⅱ类包装——盛装具有中等危险性的货物；

Ⅲ类包装——盛装具有较小危险性的货物。

按GB 6944—2012中危险货物的不同类项及有关的定量值，确定其包装类别。货物具有两种以上危险性时，其包装类别须按级别高的确定。

（1）易燃液体

按易燃性划分包装类别，见表4-2。

表 4-2　　　　易燃液体包装类别划分表

包装类别	闪点（闭杯）	初沸点
Ⅰ类包装	—	≤35 ℃
Ⅱ类包装	<23 ℃	>35 ℃
Ⅲ类包装	≥23 ℃，≤60 ℃	>35 ℃

（2）易燃固体、易于自燃的物质、遇水放出易燃气体的物质

① 易燃固体。

GB 12268 中备注栏 CN 号为 41001~41500：Ⅱ类包装；

GB 12268 中备注栏 CN 号为 41501~41999：Ⅲ类包装；

退敏爆炸品：根据危险性采用Ⅰ类或Ⅱ类包装。

② 易于自燃的物质。

GB 12268 中备注栏 CN 号为 42001~42500：Ⅰ类包装；

GB 12268 中备注栏 CN 号为 42501~42999：Ⅱ类包装；

GB 12268 中备注栏 CN 号为 42501~42999 中的含油、含水纤维或碎屑类物质：Ⅲ类包装；

自热物质危险性大的须采用Ⅱ类包装。

③ 遇水放出易燃气体的物质。

GB 12268 中备注栏 CN 号为 43001~43500：Ⅰ类包装；

GB 12268 中备注栏 CN 号为 43001~43500 中危险性小的以及 CN 号为 43501~43999：Ⅱ类包装；

GB 12268 中备注栏 CN 号为 43501~43999 中危险性小的：Ⅲ类包装。

（3）氧化性物质

GB 12268 中备注栏 CN 号为 51001~51500：Ⅰ类包装；

GB 12268 中备注栏 CN 号为 51501~51999：Ⅱ类包装；

GB 12268 中备注栏 CN 号为 51501~51999 中危险性小的：Ⅲ类包装。

（4）毒性物质

根据联合国《关于危险货物运输的建议书·规章范本》（第 15 版），口服、皮肤接触以及吸入粉尘和烟雾的方式确定包装类，见表 4-3 所例。

表 4-3　　口服、皮肤接触以及吸入粉尘和烟雾毒性物质包装类别划分表

包装类别	口服毒性 LD_{50}/（$mg \cdot kg^{-1}$）	皮肤接触毒性 LD_{50}/（$mg \cdot kg^{-1}$）	吸入粉尘和烟雾毒性 LC_{50}/（$mg \cdot L^{-1}$）
Ⅰ类包装	≤5.0	≤50	≤0.2
Ⅱ类包装	$5.0<LC_{50}\leq 50$	$50<LC_{50}\leq 200$	$0.2<LC_{50}\leq 2.0$
Ⅲ类包装	$50<LC_{50}\leq 300$	$200<LC_{50}\leq 1000$	$2.0<LC_{50}\leq 4.0$

注：GB 12268 中备注栏 CN 号为 61001~61500 中闪点<23 ℃的液态毒性物质：Ⅰ类包装；
GB 12268 中备注栏 CN 号为 61501~61999 中闪点<23 ℃的液态毒性物质：Ⅱ类包装。

（5）腐蚀性物质

GB 12268 中备注栏 CN 号为 81001~81500：Ⅰ类包装；

GB 12268 中备注栏 CN 号为 81501~81999，82001~82500：Ⅱ类包装；

GB 12268 中备注栏 CN 号为 82501~82999，83001~83999：Ⅲ类包装。

物质的包装类别决定了包装物或容器的质量要求。Ⅰ类包装表示包装物的最高标准，Ⅱ类包装可以在材料坚固性稍差的装载系统中安全运输，而使用最为广泛的Ⅲ类包装可以在包装标准进一步降低的情况下安全运输。由于《危险货物品名表》对所列各种危险品都具体指明了应采用的包装等级，实质上即表明了该危险品的危险等级。

危险货物包装产品出厂前必须通过性能试验，各项指标符合相应标准后，才能打上包装标记投入使用。如果包装设计、规格、材料、结构、工艺和盛装方式等有变化，都应分别重复做试验。试验方法主要有跌落试验、密封试验、堆码试验、液压试验和渗透试验等。试验合格标准由包装产品标准规定，具体的包装试验方法可参见标准：《危险品　大包装堆码试验方法》（GB/T 21583—2008）、《危险品　大包装跌落试验方法》（GB/T 21584—2008）、《危险品　中型散装容器防渗漏试验方法》（GB/T 21585—2008）、《危险品　中型散装容器液压试验方法》（GB/T 21586—2008）、《危险品　中型散装容器跌落试验方法》（GB/T 21587—2008）、《危险品　中型散装容器堆码试验方法》（GB/T 21590—2008）、《危险品　中型散装容器扯裂试验方法》（GB/T 21591—2008）、《危险品　包装堆码试验方法》（GB/T 21593—2008）、《危险品　中型散装容器复原试验方法》（GB/T 21594—2008）、《危险品　便携式罐体撞击试验方法》（GB/T 21595—2008）、《危险品　便携式罐体压力试验方法》（GB/T 21596—2008）、《危险品　便携式罐体防漏试验方法》（GB/T 21597—2008）、《危险品　便携式罐体液压试验方法》（GB/T 21598—2008）、《危险品　包装跌落试验方法》（GB/T 21599—2008）、《危险品　包装气密试验方法》（GB/T 21600—2008）、《危险品　包装提梁提环强度试验方法》（GB/T 21601—2008）、《危险品　大包装底部提升试验方法》（GB/T 21602—2008）等。

习题四

一、判断题

1. 在管理中必须把人的因素放在首位，体现以人为本的指导思想，这就是安全第一原则。

2. 在可能发生人身伤害、设备或设施损坏和环境破坏的场合，事先采取措施，防止事故发生。

3. 本质安全化原则是指从一开始和从本质上实现安全，从根本上消除事故发生的可能性，从而达到预防事故发生的目的。

4. 强制原理中，所谓强制就是绝对服从，不必经被管理者同意便可采取控制行动。

5. 按事故频发倾向理论，事故频发倾向者的存在是工业事故发生的次要原因。

6. 按照因果连锁理论，企业安全工作的中心就是防止人的不安全行为、消除机械或物质的不安全状态、中断连锁的进程，从而避免事故的发生。

7. 根据能量意外释放理论，可以利用各种屏蔽或防护设施来防止意外的能量转移，从而防止事故的发生。

8. 根据系统安全理论，安全工作目标就是控制危险源，努力把事故概率降到最低，即使万一发生事故，也可以把伤害和损失控制在较轻的程度上。

9. 危险物品的生产、经营、储存单位，应当设置安全生产管理机构或者配备兼职安全生产管理人员。

10. 企业应严格执行安全设施管理制度，建立安全设施台账。

11. 限制能量或危险物质是减少事故损失的安全技术措施。

12. 安全监控作为防止事故发生和减少事故损失的安全技术措施，是发现系统故障和异常的重要手段。

13. 生产经营单位为了保证安全资金的有效投入，应编制安全技术措施计划。

14. 抓好安全教育培训工作是每一个企业的法定责任。

15. 安全设施是指企业在生产经营活动中将危险因素、有害因素控制在安全范围内以及预防、减少、消除危害所配备的装置和采取的措施。

16. 企业应制订安全检查计划，定期或不定期开展各种检查。

17. 防冻保暖工作检查属于安全综合检查。

18. 经营、销售化学品的企业，所经销的化学品必须附带《化学品安全技术说明书》。

19.《化学品安全技术说明书》的内容，从该化学品制作之日算起，每三年更新一次。

20. 生产企业若发现化学品有新的危害性，在有关信息发布后的一个月内，必须对《安全技术说明书》的内容进行修订。

21.《化学品安全技术说明书》采用“两个品种一卡”的方式编写。

22. 化学品安全标签指的是用文字、图形符号和编码的组合形式表示化学品所具有的危险性和安全注意事项。

23. 化学品安全标签应由生产企业在货物出厂前粘贴、挂拴、喷印。若要改换包装，则由原生产企业重新粘贴、挂拴、喷印标签。

24. 盛装危险化学品的容器或包装，在经过处理并确认其危险性完全消除之后，方可撕下安全标签，否则不能撕下相应的安全标签。

25. 盛装危险化学品的容器或包装，确认危险品用完后即可撕下相应的安全标签。

26. 化学品安全标签里用 UNNo. 表示中国危险货物编号。

27. 化学品安全标签里用 CNNo. 代表联合国危险货物编号。

28. 化学品安全标签上的警示词位于化学品名称的上方，必须醒目、清晰。

29. 当某种化学品具有两种及两种以上的危险性时，用危险性最小的警示词。

30. 当某种化学品有新的信息发现时，安全标签应及时修订、更改。

31.《化学品安全标签编写规定》要求，桶、瓶形包装的安全标签应位于桶、瓶侧身。

32.《化学品安全标签编写规定》要求，箱状包装的安全标签应位于包装端面或侧面明显处。

33.《化学品安全标签编写规定》要求，集装箱、成组货物的安全标签应位于四个侧面。

34. 危险化学品经营单位必须保证所经营的危险化学品有化学品安全技术说明书和安全标签。

35. 危险化学品经营销售实行许可制度只适用于中华人民共和国境内国有企业，不适用于个人或私有企业。

36. 危险化学品经营许可证是从事危险化学品的采购、调拨、销售活动的合法凭证。

37. 经营销售危险化学品的单位，应当取得危险化学品经营许可证并经工商管理部门登记注册。

38. 未取得危险化学品生产许可证或者危险化学品经营许可证的企业采购危险化学品的行为属违法行为。

39. 未取得危险化学品经营许可证，任何单位和个人不得经营危险化学品。

40. 危险化学品经营企业的经营场所应坐落在交通便利、便于疏散处。

41. 从事危险化学品批发业务的企业，所经营的危险化学品可以存放在业务经营场所。

42. 从事危险化学品零售业务的店面内只许存放民用小包装的危险化学品，其存放总量不得超过 2 吨。

43. 从事危险化学品零售业务的店面内危险化学品的摆设应布局合理，禁忌物料可混合存放。

44. 危险化学品综合性商场（含建材市场）所经营的危险化学品应有专柜存放。

45. 危险化学品零售业务的店面与存放危险化学品的库房（或罩棚）应有实墙相隔。

46. 危险化学品零售业务的存放危险化学品的库房单一品种存放量不能超过 500 kg，总质量不能超过 2 t。

47. 未取得危险化学品经营许可证的企业可少量采购危险化学品。

48. 危险化学品经营企业未取得危险化学品经营许可证的可以一边经营一边申请许可证。

49. 使用剧毒化学品的单位可以出借剧毒化学品。

50. 通过道路运输危险化学品的，托运人应当委托依法取得危险货物道路运输许可的企业承运。

51. 个人不得购买农药、灭鼠药、灭虫药以外的剧毒化学品。

52. 剧毒化学品销售企业应当在销售后5日内，将所销售的剧毒化学品的品种、数量以及流向信息报所在地县级人民政府公安机关备案，并输入计算机系统。

53. 剧毒化学品经营企业销售剧毒化学品，应当记录购买单位的名称、地址和购买人员的姓名、身份证号码及所购剧毒化学品的品名、数量、用途。记录应当至少保存半年。

54. 通过道路运输剧毒化学品的，托运人应当向运输始发地或者目的地县级人民政府公安机关申请剧毒化学品道路运输通行证。

55.《危险化学品经营许可证管理办法》适用民用爆炸品、放射性物品、核能物质和城镇燃气等危险化学品经营销售活动。

56. 危险化学品生产单位在厂外设立销售网点销售本单位生产的危险化学品，不需办理经营许可证。

57. 危险化学品生产单位在厂内销售本单位生产的危险化学品，不再办理经营许可证。

58. 企业提出危险化学品经营许可证延期申请时，可以同时提出变更申请，并向发证机关提交相关文件、资料。

59. 危险化学品经营单位经营方式发生变化的，应当相关规定重新申请办理危险化学品经营许可证。

60. 危险化学品经营单位仓储经营的企业异地重建的，不需要重新申请办理危险化学品经营许可证。

61. 危险化学品经营单位带有储存设施的经营企业变更其储存场所的，不需要重新申请办理危险化学品经营许可证。

62. 危险化学品经营单位扩大许可经营范围的，应按相关规定重新申请办理危险化学品经营许可证。

63. 危险化学品经营单位不得转让、买卖、出租、出借、伪造或者变造经营许可证。

64. 危险化学品经营单位应当接受发证机关依法实施的监督检查，无正当理由不得拒绝、阻挠。

65. 按照《建筑设计防火规范》，闪点<28 ℃的液体，其火灾危险性为甲类。

66. 按照《建筑设计防火规范》，闪点为28~60 ℃的液体，其火灾危险性为丁类。

67. 按照《建筑设计防火规范》可燃固体，其火灾危险性为丁类。

68. 按照《建筑设计防火规范》难燃烧的物品，其火灾危险性为甲类。

69. 按照《建筑设计防火规范》不燃烧物品，其火灾危险性为戊类。

70. 国家对危险化学品生产、储存实行审批制度；未经审批，任何单位和个人都不得生产、储存危险化学品。

71. 储存危险化学品的建筑物可以有地下室或其他地下建筑。

72. 危险化学品仓库的墙体应为砌砖墙、石墙、混凝土墙及钢筋混凝土墙。

73. 危险化学品仓库的库房门应为铁门或木质外包铁皮并采用内开式。

74. 爆炸品应储存于二级轻顶耐火建筑内。

75. 储存易燃、易爆危险化学品的建筑，必须安装避雷设备。

76. 储存危险化学品的建筑是否安装通风设备，根据具体情况而定。

77. 储存危险化学品的建筑通排风系统应设有导除静电的接地装置。

78. 储存危险化学品的建筑通排风系统的通风管应采用易燃材料制作。

79. 储存危险化学品的建筑通排风系统的通风管道不宜穿过防火墙等防火分隔物，如必须穿过时应用非燃烧材料分隔。

80. 储存危险化学品建筑采暖的热媒温度不应过高，热水采暖不应超过 80 ℃，也可采用蒸汽采暖和机械采暖。

81. 储存危险化学品的采暖管道和设备的保温材料，必须采用非燃烧材料。

82. 危险化学品的储存应根据危险品性能分区、分类、分库储存。

83. 装卸、搬运化学危险品时应按有关规定进行，做到轻装、轻卸。严禁摔、碰、撞击、拖拉、倾动和滚动。

84. 灭火方法不同的危险化学品不能同库储存。

85. 库存危险化学品应保持相应的垛距、墙距、柱距。

86. 各类危险化学品均应按其性质储存在适宜的温湿度内。

87. 在同一房间或同一区域内，不同的物料之间分开一定的距离，非禁忌物料间用通道保持空间的储存方式是隔开储存。

88. 在同一建筑物或同一区域内，用隔板或墙，将禁忌物料分开的储存方式叫隔离储存。

89. 在不同的建筑物或远离所有的外部区域内的储存方式叫分离储存。

90. 危险化学品的储存单位在储存场所可酌情确定是否设置通信、报警装置，并保证处于正常状态。

91. 危险化学品仓库按其使用性质和经营规模分为三种类型。其中中型仓库指库房或货场总面积大于 9 000 m^2 的仓库。

92. 危险化学品仓库按其使用性质和经营规模分为特大型仓库、大型仓库、中型仓库、小型仓库四种类型。

93.《危险化学品安全管理条例》所称重大危险源，是指生产、运输、使用、储存危险化学品或者处置废弃危险化学品，且危险化学品的数量等于或者超过临界量的单元（包括场所和设施）。

94. 大中型危险化学品仓库应选址在远离市区和居民区的当地主导风向的上风向和河流上游的地域。

95. 经营危险化学品的单位的主要负责人对本单位的危险化学品的安全管理工作全面负责。

96. 生产经营单位的从业人员未经安全生产教育和培训合格的从业人员，不得上岗作业。

97. 危险化学品仓库应设专职或兼职危险化学品养护员，负责危险化学品技术养护、管理和监测工作。

98. 危险化学品应当储存在专用仓库、专用场地或者专用储存室内，并由专人负责。

99. 剧毒化学品以及储存数量构成重大危险源的其他危险化学品，应当在专用仓库内单独存放，实行双人收发、单人保管制度。

100. 危险化学品专用仓库，应当符合国家标准对安全、消防的要求，设置明显标志。

101. 储存的危险化学品应有符合国家标准要求的明显标志，同一区域储存两种或两种以上不同级别的危险品时，应按最低等级危险物品的性能标志。

102. 储存危险化学品的仓库必须配备有专业知识的技术人员，其库房及场所应设专人管理，管理人员必须配备可靠的个人安全防护用品。

103. 储存危险化学品的建筑物、区域内严禁吸烟和使用明火。

104. 危险化学品储存安排取决于危险化学品分类、分项、容器类型、储存方式和消防的要求。

105. 遇火、遇热、遇潮能引起燃烧、爆炸或发生化学反应，产生有毒气体的危险化学品可以露天存放，但不得在潮湿、积水的建筑物中储存。

106. 爆炸物品可与其他类物品同储，但必须采取隔离措施且限量储存。

107. 易燃气体不得与助燃气体、剧毒气体同储。氧气不得与油脂混合储存。

108. 盛装液化气体的容器属压力容器的，必须有压力表、安全阀、紧急切断装置，并定期检查，不得超装。

109. 易燃液体、遇湿易燃物品、易燃固体与氧化剂可混合储存，但具有还原性的氧化剂应单独存放。

110. 有毒物品应储存在阴凉、通风、干燥的场所，不要露天存放，不要接近酸类物质。

111. 腐蚀性物品，包装必须严密，不允许泄漏，严禁与液化气体和其他物品共存。

112. 危险化学品入库时，应严格检验商品质量、数量、包装情况、有无泄漏。

113. 危险化学品库房温度、湿度应严格控制、经常检查，发现变化及时调整。

114. 进入危险化学品库区的机动车辆应安装防火罩。机动车装卸货物后，可在库区、库房、货场内停放和进行修理作业。

115. 汽车、拖拉机不准进入易燃易爆类物品库房。进入易燃易爆类物品库房的电瓶车、铲车应是防爆型的；进入可燃固体物品库房的电瓶车、铲车，应装有防止火花溅出的安全装置。

116. 危险化学品仓库应有专职或义务消防、警卫队伍。如果是义务消防、警卫队伍，不必制定灭火预案和进行消防演练。但专职消防队伍必须制定灭火预案并经常进行消防演练。

117. 危险化学品仓库根据危险品特性和仓库条件，必须配置相应的消防设备、设施和灭火药剂。

118. 危险化学品仓库工作人员应进行培训，经考核合格后持证上岗。

119. 储存二级易燃固体、高闪点液体的库房耐火等级不低于三级。

120. 储藏易燃易爆品的库房，应冬暖夏凉、干燥、易于通风、密封和避光。

121. 遇湿易燃物品、氧化剂和有机过氧化物应储藏于三级耐火建筑的库房内。

122. 黑火药类、爆炸性化合物可同库储藏。

123. 易燃气体、不燃气体和有毒气体要分别专库储藏。

124. 易燃固体可同库储藏；但发乳剂 H 与酸或酸性物品应分别储藏。

125. 遇湿易燃物品专库储藏。

126. 储存毒害品仓库应远离居民区和水源。

127. 毒害品应避免阳光直射、曝晒，要远离热源、电源、火源，库内在固定方便的地方配备与毒害品性质适应的消防器材、报警装置和急救药箱。

128. 不同种类毒品、危险程度和灭火方法不同的毒害品可同库混存，性质相抵的禁止同库混存。

129. 剧毒品应专库储存或存放在彼此间隔的单间内，还需安装防盗报警器，库门装双锁。

130. 危险、有害因素是可能导致伤害、疾病、财产损失、环境破坏的根源或状态。

131. 储存毒害品仓库库区温度不得超过 35 ℃，易挥发的毒品应控制在 32 ℃以下。

132. 储存腐蚀性物品的库房应是阴凉、干燥、通风、避光的防火建筑。建筑材料最好经过防腐蚀处理。

133. 腐蚀性物品要按不同类别、性质、危险程度、灭火方法等分区分类储藏，性质相抵的禁止同库储藏。

134. 危险化学品道路运输托运人必须检查托运的产品外包装上是否加贴或拴挂危险化学品安全标签，对未加贴或拴挂标签的，不得予以托运。

135. 质量监督检验检疫部门负责核发危险化学品及其包装物、容器的生产企业的工业产品生产许可证，负责对进出口危险化学品及其包装实施检验。

136. 危险化学品包装的型式、规格、方法和单件质量（重量），应当与所包装的危险化学品的性质和用途相适应。

137. 危险货物运输包装内容器应予固定。如属易碎性的应使用与内装物性质相适应的衬垫材料或吸附材料衬垫妥实。

138. 无论是新型包装、重复使用的包装、还是修理过的包装均应符合危险货物运输包装性能试验的要求。

139. 储存物品的火灾危险性应根据储存物品的性质和储存物品中的可燃物数量等因素，分为甲、乙、丙、丁、戊类。

140. 甲、乙类仓库内可设置办公室、休息室等。

141. 建筑之间的防火间距应按相邻建筑外墙的最近距离计算，如外墙有凸出的燃烧构件，应从其凸出部分外缘算起。

142. 甲、乙类仓库内严禁采用明火和电热散热器采暖。

143. 生产经营单位必须依法参加工伤社会保险，保险费由从业人员和单位各缴纳一半。

144. 督促、检查本单位的安全生产工作，及时消除生产安全事故隐患是生产经营单位安全管理人员的职责，而非主要负责人的职责。

145. 生产经营单位的主要负责人、安全生产管理人员及从业人员的安全培训，由生产经营单位负责。

146. 危险物品的生产、经营、储存单位以及矿山、金属冶炼、建筑施工、道路运输单位的主要负责人和安全生产管理人员未按照规定经考核合格的，责令限期改正，可以处五万元以下的罚款。

147. 为了防止职工在生产过程中受到职业伤害和职业危害，按工作特点配套的劳动防护用品、用具可适当地向职工收取一定的费用。

148. 如果用人单位没有统一购买劳动防护用品，应该按照法律、法规或标准的规定，发给从业人员资金由其自行购买。

149. 现代安全生产管理“五同时”原则是指企业领导在计划、布置、检查、总结、评比生产的同时，要计划、布置、检查、总结、评比安全生产工作。

150.《安全生产法》对事故的报告作出了具体的规定，生产经营单位发生生产安全事故后，事故现场有关人员应当立即报告本单位安全管理部门。

151. 生产经营单位发生生产安全事故后，事故现场有关人员应当立即报告本单位负责人。

152. 职业安全健康管理体系是企业为了实施职业安全健康管理所需的企业机构、程序、过程和资源。

153. 职业安全健康管理体系是指为建立职业安全健康方针和目标以及实现这些目标所制定的一系列相互联系或补充作用的要素。企业为了实施职业安全管理所需的企业机构、程序、过程和资源。

154. 职业安全健康管理体系中管理方案目的是制定和实施职业安全健康计划，确保职业安全健康目标的实现。

155. 生产经营单位对职业安全健康管理方案应每年进行一次评审，以确保管理方案的实施，能够实现职业安全健康目标。

156. 职业安全健康管理体系应急预案与响应要求是确保生产经营单位主动评价其潜在事故与紧急情况发生的可能性及其应急响应的需要。

157. 职业安全健康管理体系中检查与纠正措施是要求生产经营单位定期或及时地发现体系运行过程或体系自身所存在的问题，并确定问题产生的根源或存在持续改进的地方。

158. 在职业安全健康管理体系中绩效测量和监测中被动测量是一种预防机制。

159. 职业安全健康管理体系中绩效测量和监测中被动测量是对与工作有关的事故、事件、其他损失、不良的职业安全健康绩效、职业安全健康管理体系的失效情况的确认、报告和调查。

160. 事故、事件、不符合及其对职业安全健康绩效影响的调查，目的是建立有效的程序，对生产经营单位的事故、事件、不符合进行调查、分析和报告，识别和消除此类情况发生的根本原因，防止其再次发生，并通过程序的实施，发现、分析和消除不符合的潜在原因。

161. 职业安全健康管理体系审核目的是建立并保持定期开展职业安全健康管理体系审核的方案和程序，评价生产经营单位职业安全健康管理体系及其要素的实施是否恰当、充分、有效地保护员工的安全与健康，预防各类事故的发生。

162. 职业安全健康管理体系管理评审是要求生产经营单位的最高管理者依据自己预定的时间间隔对职业安全健康管理体系进行评审，以确保体系的持续适宜性、充分性和有效性。

163. 持续改进是指生产经营单位应不断寻求方法持续改进自身职业安全健康管理体系及其职业安全健康绩效，从而不断消除、降低或控制各类职业安全健康危害和风险。

164. 建立一个完整的安全生产责任制的总体要求是：横向到边、纵向到底，并由生产经营单位的主要负责人组织建立。

165. 安全技术措施计划制度是生产经营单位生产财务计划的一个组成部分，是提高经济效益的重要保证制度。

166. 安全技术措施是为了防止事故发生，采取约束、限制能量或危险物质，防止其意外释放的技术措施。

167. 安全生产检查是安全管理工作的重要内容，是消除隐患、防止事故发生、改善劳动条件的重要手段。

168. 职业安全健康管理体系运行模式，其核心都是为生产经营单位建立一个全员参与的管理过程。

169. 职业安全健康管理体系中初始评审过程不包括法律、法规及其他要求内容。

170. 职业安全健康管理体系的建立与保持，可以全面提高企业的安全管理水平，表现为全员参与，领导重视与不重视并不重要。

171. 职业安全健康管理体系运行模式，其核心都是为生产经营单位建立一个动态循环的管理过程，以持续改进的思想指导生产经营单位系统地实现其既定目标。

172. 安全生产责任制的内容包括纵向从上到下所有类型人员的安全生产职责和横向方向各职能部门的安全生产职责。

173.《中华人民共和国安全生产法》规定，生产经营单位必须遵守本法和其他有关安全生产的法律、法规，加强安全生产管理，建立、健全安全生产责任制和安全生产规章制度，改善安全生产条件，推进安全生产标准化建设，提高安全生产水平，确保安全生产。

174. 班组是生产经营单位搞好安全生产工作的关键。

175. 班组长全面负责本班组的安全生产工作，是安全生产法律、法规和规章制度的直接执行者。

176. 按照导致事故的原因把安全技术措施分为，预防事故发生的安全技术措施，控制事故发生的措施和消除减少事故损失的安全技术措施。

177. 个人防护是把人体与意外释放能量或危险物质隔开，是一种不得已的隔离措施，但却是保护人身安全的最后一道防线。

178. 开展安全标准化是企业的自主行为，不需要政府或其他有关部门的监督与考核。

179. 风险是事故发生的可能性与严重性的结合。

180. 安全文化的建设对安全生产的保障作用不明显。

181.《生产安全事故报告和调查处理条例》适用于生产经营活动中发生的造成人身伤亡或者直接经济损失的生产安全事故的报告和调查处理。

182.《生产安全事故报告和调查处理条例》不适用于环境污染事故。

183. 事故发生后，不管情况如何，事故现场有关人员不得直接向事故发生地县级以上人民政府安全生产监督管理部门和负有安全生产监督管理职责的有关部门报告。

184. 事故发生单位负责人接到事故报告后，应当立即启动事故相应应急预案，或者采取有效措施，组织抢救，防止事故扩大，减少人员伤亡和财产损失。

185. 在任何情况下，安全生产监督管理部门和负有安全生产监督管理职责的有关部门不可以越级上报事故情况。

186. 事故发生后，有关单位和人员应当妥善保护事故现场以及相关证据，任何单位和个人不得破坏事故现场、毁灭相关证据。

187. 自事故发生之日起 30 日内（道路交通事故、火灾事故自发生之日起 7 日内），因事故伤亡人数变化导致事故等级发生变化，事故调查权限不变。

188. 事故调查组的组成应当具有事故调查所需要的知识和专长，并与所调查的事故没有直接利害关系。

189. 事故调查组有权向有关单位和个人了解与事故有关的情况，并要求其提供相关文件、资料，有关单位和个人可酌情提供。

190. 事故单位的负责人和有关人员在事故调查期间不得擅离职守，并应当随时接受事故调查组的询问，如实提供有关情况。

191. 事故单位应当按照负责事故调查的人民政府的批复，对本单位负有事故责任的人员进行处理。

192. 道路交通事故、火灾事故自发生之日起 7 日内，事故造成的伤亡人数发生变化的，应当及时补报。

193. 特别重大事故以下等级事故，事故发生地与事故发生单位不在同一个县级以上行政区域，由事故发生地人民政府负责调查。

194. 单位负责人接到有关人员事故报告后，应当于 6 小时向事故发生地县级以上人民政府安全生产监督管理部门和负有安全生产监督管理职责的有关部门报告。

195. 重大事故隐患是指可能导致重大人身伤亡或者重大经济损失的事故隐患。

196. 事故发生单位应当认真吸取事故教训，落实防范和整改措施，防止事故再次发生。防范和整改措施的落实情况应当接受工会和职工的监督。

197.《工作场所安全使用化学品规定》不仅要求用人单位对化学品危险性进行鉴别和分类，建立化学品安全标签和安全技术说明书制度，而且明确提出了职工的义务和权力。

198.《工伤保险条例》规定了工伤保险基金组成和征收办法。工伤保险费由个人缴纳。

199. 生产经营单位与从业人员订立的劳动合同，应当载明有关保障从业人员劳动安全，防止职业危害的事项，以及依法为从业人员办理工伤保险的事项。

200. 为了防止职工在生产过程中受到职业伤害和职业危害，按工作特点配备的劳动防护用品、用具可适当地向职工收取一定的费用。

201. 按照《安全生产法》的规定，从业人员可以享受的权利包括：知情权、建议权、批检控权、拒绝权、避险权、求偿权、保护权、受教育权。

202. 按照《安全生产法》的规定，负有安全生产监督管理职责的部门应当建立举报制度，公开举报电话、信箱或者电子邮件地址，受理有关安全生产的举报；受理的举报事项经调查核实后，应当形成书面材料；需要落实整改措施的，报经有关负责人签字并督促落实。

203. 按照《安全生产法》的规定，任何单位或者个人对事故隐患或者安全生产违法行为，均有权向负有安全生产监督管理职责的部门报告或者举报。

204. 按照《安全生产法》的规定，任何单位和个人在生产安全事故应急救援和调查处理中都应当支持、配合事故抢救，并提供一切便利条件。

205. 危险化学品必须储存在专用仓库、专用场地或者专用储存室内，储存方式、方法、数量必须符合国家标准。危险化学品专用仓库，应当符合国家标准对安全、消防的要求，设置明显标志。

206. 构成一般危险源的危险化学品必须在专用仓库内单独存放。

207. 危险化学品专用仓库，应当符合国家标准对安全、消防的要求，设置明显标志。

208. 个体运输业户的车辆可以从事道路危险化学品运输经营活动。

209. 运输危险化学品的驾驶员、押运员、船员不需要了解所运输的危险化学品的性质、危害特性、包装容器的使用特性和发生意外时的应急措施。

210. 应按《常用化学危险品贮存通则》对危险化学品进行妥善贮存，加强管理。

211. 按《危险化学品安全技术说明书编写规定》要求危险化学品安全技术说明书，内容包括：标识、成分及理化特性、燃烧爆炸危险特性、毒性及健康危害性、急救、防护措施、包装与储运、泄漏处理与废弃等八大部分。

212. 化学品安全技术说明书，又被称为物质安全技术说明书，简称 SDS。

213. 危险化学品安全技术说明书是一份关于危险化学品燃爆、毒性和环境危害以及安全使用、泄漏应急处理、主要理化参数、法律法规等方面信息的综合性文件。

214. 危险化学品的用户在接收和使用化学品时，必须认真阅读安全技术说书，了解和掌握其危险性。

215. 应按《化学危险品标签编写导则》编写危险化学品标签。

216. 安全标签上的应急咨询电话可以是企业本身的应急咨询电话. 也可以委托其他专业机构代理，但对外资企业，其标签上必须提供中国境内的应急电话。

217. 我国危险化学品的安全标志根据常用危险化学品的危险特性和类别，它们的标志设主标志 18 种和副标志 12 种。

218. 危险化学品标志的副标志由表示危险特性的图案、文字说明、底色和危险品类别号四个部分组成的。

219. 危险化学品安全标签是用文字、图形符号和编码的组合形式表示危险化学品所具有的危险性和安全注意事项。

220. 危险化学品安全标签中要用中文和英文分别标明化学品的通用名称。名称要求醒目清晰，位于标签的正上方。

221. 危险化学品安全标签中要标出化学品的主要成分和含有的有害组分含量或浓度。

222. 危险化学品安全标签中安全措施应表述化学品在处置、搬运、存储和使用作业中所必须注意的事项和发生意外时简单有效的救护措施。

223. 危险化学品安全标签中还应标注出化学品是否为易（可）燃或助燃物质，有效的灭火剂和禁用的灭火剂以及灭火注意事项。

224. 当危险化学品发生紧急事故后，可以按照危险化学品安全标签中提供的应急咨询电话和国家化学事故应急咨询电话对遇到的技术问题进行咨询。

225. 为了防止危险化学品的误用，危险化学品安全标签的粘贴、挂拴、喷印应牢固，保证在运输及储存期间不脱落、不损坏。

226. 如果工伤事故责任在伤者，那么他将不享受工伤保险补偿。

227. 享受因工伤残保险的职工就算违法犯罪也不能被企业开除。

228. 职工因工负伤痊愈后。经医院检查证明确实旧伤复发，可按因工负伤处理。

229. 爆炸品一旦发生爆炸，往往危害大、损失大、扑救困难，因此从事爆炸品工作的人员必须熟悉爆炸品的性能、危险特性和不同爆炸品的特殊要求。

230. 压缩气体和液化气体由于充装容器为压力容器。容器受热或在火场上受热辐射时易发生物理性爆炸。

231. 闪点小于或等于 28 ℃的可燃液体为甲类危险物品。

232. 戴防毒面具进入容器作业时，当感到身体不适或呼吸困难时，应及时取下面罩休息。

233. 为防止易燃气体积聚而发生爆炸和火灾，贮存和使用易燃液体的区域要有良好的空气流通。

二、填空题

234. 甲、乙、丙类液体卧式储罐之间的防火间距不应小于__________m。

235. 特种设备在投入使用前或者投入使用后__________日内，特种设备使用单位应当向直辖市或者设区的市的特种设备安全监督管理部门登记。

236. 特种设备使用单位对在用特种设备应当至少每__________进行一次自行检查，并作出记录。

237. 安全生产的“五要素”是指安全文化、安全法制、安全__________、安全科技和安全投入。

238. 根据《危险化学品重大危险源辨识》（GB 18218—2009）标准，单元是指一个（套）生产装置、设施或场所，或同属一个生产经营单位的且边缘距离小于__________m 的几个（套）生产装置、设施或场所。

三、单选题

239. 安全生产管理的目标是减少、控制危害和事故，尽量避免生产过程中由于（　）所造成的人身伤害、财产损失及其他损失。

A. 管理不善　　B. 危险　　C. 事故

240. 人们在从事管理工作时，运用系统观点、理论和方法，对管理活动进行充分的系统分析，以达到管理的优化目标，这是（　）原理。

A. 系统　　B. 人本　　C. 预防

241. 认为新的技术发展会带来新的危险源，安全工作的目标就是控制危险源，努力把事故发生概率减到最低。这一观点是包括在（　）理论中的。

A. 海因里希因果连锁　　B. 事故频发倾向　　C. 系统安全

242. 安全管理必须要有强大的动力，并且正确地应用动力，从而激发人们保障自身和集体安全的意识，自觉地、积极地搞好安全工作。这种管理原则就是人本原理中的（　）原则。

A. 封闭　　B. 反馈　　C. 激励

243.（　）告诉我们，构成管理系统的各要素是运动和发展的，它们相互联系又相互制约。在生产经营单位建立、健全安全生产责任制是对这一原则的应用。

A. 动力相关性原则　　B. 动力原则　　C. 人本原理

244. 高效的现代安全生产管理必须在整体规划下明确分工，在分工基础上有效综合，这就是（　）原则。运用此原则，要求企业管理者在制定整体目标和宏观决策时，必须将安全生产纳入其中。

A. 反馈　　B. 封闭　　C. 整分合

245. 按安全生产绩效颁发奖金是对人本原理的（　）的应用。

A. 动力原则和能级原则　　B. 动力原则和激励原则　　C. 激励原则和能级原则

246. 在企业安全生产中，各管理机构之间、各种管理制度和方法之间，必须具有紧密的联系，形成相互制约的回路，才能有效。这体现了对（　）原则的运用。

A. 反馈　　B. 封闭　　C. 整分合

247. 安全管理的动态相关性原则说明如果系统要素处于（　）状态，则事故就不会发生。

A. 发展的、变化的　　B. 动态的、相关的　　C. 静止的、无关的

248. 在安全管理中必须把人的因素放在首位，体现以人为本的指导思想，这就是人本原理，包括三个原则。下列不包括在人本原理中的原则是（　）。

A. 安全第一原则　　B. 动力原则　　C. 能级原则

249.（　）原则认为，推动安全管理活动的基本力量是人，必须有能够激发人的工作能力的动力。

A. 激励　　B. 动力　　C. 能级

250. 安全生产管理工作应该做到预防为主，通过有效的管理和技术手段，减少和防止人的不安全行为和物的不安全状态，这就是（　）原理。

A. 强制　　B. 预防　　C. 人本

251. 反复发生的同类事故，并不一定产生完全相同的后果，这就是事故损失的偶然性。（　）原则告诉我们，无论事故损失大小，都必须做好预防工作。

A. 预防　　B. 强制　　C. 偶然损失

252. 只要事故的因素存在，发生事故是必然的，只是时间或早或迟而已，这就是（　）原则。

A. 偶然损失　　B. 必然损失　　C. 因果关系

253. 预防原理要求安全生产管理工作应该做到（　），通过有效的管理和技术手段，减少和防止人的不安全行为和物的不安全状态，从而防止事故的发生。

A. 安全第一　　B. 预防为主　　C. 以人为本

254. 把人体与意外释放能量或危险物质隔离开，是一种不得已的隔离措施，是保护人身安全的最后一道防线，这是（　）。

A. 避难　　B. 个体防护　　C. 救援

255. 当生产和其他工作与安全发生矛盾时，要以安全为主，生产和其他工作要服从安全，这就是（　）原则。

A. 预防　　B. 因果关系　　C. 安全第一

256. 下列对“本质安全”理解不正确的是（　）。

A. 设备或设施含有内在的防止发生事故的功能

B. 是安全生产管理预防为主的根本体现

C. 可以是事后采取完善措施而补偿的

257. 安全管理制度是企业为了实现安全生产，依据国家有关法律法规和行业标准，

结合（　），对企业各项安全管理工作所做的规定。

A. 目标、措施

B. 生产、经营的安全生产实际

C. 政策、方针

258. 安全生产责任制是按照安全生产方针和“（　）”的原则，将各级负责人员、各职能部门及其工作人员和各岗位生产人员在安全生产方面应做的事情和应负的责任加以明确规定的一种制度。

A. 安全生产、人人有责　　B. 三同时　　C. 管生产的同时必须管安全

259. 生产经营单位安全生产责任制的范围，（　）到各级人员的安全生产责任制，（　）到各职能部门的安全生产责任制。

A. 横向，纵向　　B. 纵向，横向　　C. 生产，管理

260. 生产经营单位的主要负责人是本单位安全生产的第一负责人，对安全生产工作（　）负责。

A. 主要　　B. 直接　　C. 全面

261. 没有直接出现在生产经营单位主要负责人 7 项安全生产职责中的是（　）。

A. 组织开展本单位安全生产宣传教育工作

B. 保证本单位安全生产投入的有效实施

C. 组织制定并实施本单位安全生产事故应急预案

262. 生产经营单位应按照（　）的规定要求设置安全生产管理机构和配备安全生产管理人员。

A. 《安全生产法》　　B. 《劳动法》　　C. 安全生产方针

263. 生产经营单位的安全生产管理机构是专门负责（　）的内设机构，其工作人员是（　）安全生产管理人员。

A. 安全生产教育培训，专职

B. 安全生产，专业

C. 安全生产监督管理，专职

264. 从业人员在（　）人以上的非高危行业的生产经营单位，应当设置安全生产管理机构或者配备专职安全生产管理人员。

A. 1 000　　B. 500　　C. 300

265. 下列不属于安全生产投入形式的有（　）。

A. 火灾报警器更新　　B. 加工机床的维修　　C. 防尘口罩的配备

266. 生产经营单位为了保证安全资金的有效投入，应编制安全技术措施计划，其核心是（　）。

A. 安全技术手册　　B. 安全技术预案　　C. 安全技术措施

267. 安全技术主要是运用工程技术手段消除（　）不安全因素，来实现生产工艺和机械设备等生产条件的本质安全。

A. 人的　　B. 物的　　C. 环境的

268. （　）安全技术措施有消除危险源、限制能量或危险物质、隔离等。

A. 减少事故损失的　　B. 电气　　C. 防止事故发生的

269. 锅炉上的易熔塞、电路中的熔断器都是减少事故损失的措施，其具体作用可概括为（ ）。

A. 隔离　　　　B. 救援　　　　C. 设置薄弱环节

270. （ ）作为防止事故发生和减少事故损失的安全技术，是发现系统故障和异常的重要手段。

A. 安全监控系统　　　　B. 安全管理系统　　　　C. 安全技术措施

271. 以下不属于安全教育培训方法的是（ ）。

A. 讨论法　　　　B. 讲授法　　　　C. 读书指导法

272. 安全设施"三同时"是危险化学品生产经营单位安全生产的重要保障措施，是一种（ ）保障措施。

A. 事前　　　　B. 事中　　　　C. 事后

273.《安全生产法》中三同时的规定是：生产经营单位新建、改建、扩建工程项目的（ ），必须与（ ）同时设计、同时施工、同时投入生产和使用。

A. 安全设施、主体工程

B. 安全卫生设施、基础工程

C. 劳动安全卫生设施、基础设施

274. 安全检查是指对生产过程及安全管理中可能存在的事故隐患、危险与有害因素、安全缺陷等进行（ ）。

A. 识别　　　　B. 检验　　　　C. 查证

275. 安全检查的类型包括（ ）检查、专业检查、季节性检查和日常检查。

A. 指令性　　　　B. 综合　　　　C. 防火防爆安全

276. （ ）安全检查是对某个专项问题或在施工（生产）中存在的普遍性安全问题进行的单项定性检查。安全检查对象的确定应本着突出重点的原则。

A. 定期　　　　B. 综合性　　　　C. 专项

277.《危险货物运输包装通用技术条件》适用于（ ）。

A. 盛装各种物质的运输包装

B. 净重超过 400 kg 的包装

C. 盛装危险货物的运输包装

278. 化学品安全技术说明书主要用途是（ ）。

A. 指示产品用途　　　　B. 传递安全信息　　　　C. 商品品名标注

279. 化学品安全技术说明书中所写化学品名称（ ）。

A. 只写中文名称，不用写英文名称 B 必须用中、英文两种形式填写 C 只写英文名称，不写中文名称

280. 生产危险化学品的企业，应附有与危险化学品完全一致的化学品安全技术说明书，并在包装上加贴或者拴挂与包装内危险化学品（ ）的化学品安全标签。

A. 完全一致　　　　B. 主要内容相同　　　　C. 相符

281. 化学品（ ）为化学物质及其制品提供了有关安全、健康和环境保护方面的各种信息，并能提供有关化学品的基本知识、防护措施和应急行动等方面的资料。

A. 安全标签　　　　B. 安全技术说明书　　　　C. 技术使用说明书

282.《化学品安全技术说明书编写规定》适用于（ ）。

A. 民用受控消费品　　B. 工业化学品　　C. 以科学研究为目的的少量样品

283. 化学品使用单位，应向（ ）索取全套的最新的化学品安全技术说明书。

A. 安全生产许可证发证机关　B. 生产商　　C. 供应商

284. 经营进口化学品的企业，应负责向供应商索取最新的（ ）安全技术说明书。

A. 英文　　B. 中文　　C. 日文

285. 按照《化学品安全技术说明书编写规定》的要求，化学品主要成分为（ ），要填写有害组分的品名和浓度范围。

A. 混合物　　B. 纯品　　C. 有机物

286. 化学品安全技术说明书规定有 16 大项内容，每大项中又有若干小项，每个小项后面分别标明［A］或［B］或［C］，其中标明［A］的含义是（ ）。

A. 必填项

B. 若无数据，应写明无数据原因

C. 若无数据，此项可略

287. 化学品安全技术说明书的内容，从该化学品制作之日算起，每（ ）年更新一次.

A. 一　　B. 三　　C. 五

288. 若发现化学品有新的危害性，在有关信息发布后的（ ）内，生产企业必须对安全技术说明书的内容进行修订。

A. 一年　　B. 半年　　C. 三个月

289. 化学品多层包装运输，原则上要求（ ）

A. 内外包装都应加贴（挂）安全标签

B. 外包装要加贴（挂）安全标签，内包装不用加贴（挂）安全标签

C. 内包装要加贴（挂）安全标签，外包装不用加贴（挂）安全标签

290. 按照《化学品安全标签编写规定》的要求，化学品的名称应用（ ）标明。

A. 中文　　B. 英文　　C. 中文和英文分别

291. 化学品安全标签里用 CNNo. 代表（ ）。

A. 联合国危险货物编号　　B. 中国危险货物编号　　C. 物质的分子式

292. 危险化学品经营单位在经营中应保证经营的危险化学品必须有（ ）。

A. 化学品安全技术说明书

B. 化学品安全标签

C. 化学品安全技术说明书和化学品安全标签

293. 按照《化学品安全标签编写规定》的要求，每种化学品最多可选用（ ）个标志。

A. 2　　B. 3　　C. 1

294. 爆炸品、易燃气体、剧毒品用警示词为（ ）。

A. 警告　　B. 危险　　C. 注意

295. 班组安全活动每次活动时间不少于（ ）学时。

A. 1　　B. 2　　C. 3

296. 从事危险化学品零售业务的店面内只许存放（　）的危险化学品，其存放总量不得超过1吨。

A.. 民用小包装　　B. 工业用小包装　　C. 民用大包装

297. 依法设立的危险化学品生产企业在其厂区范围内销售本企业生产的危险化学品，不需要取得危险化学品（　）许可。

A. 生产　　B. 经营　　C. 运输

298. 危险化学品商店内只能存放民用（　）包装的危险化学品。

A. 大　　B. 中　　C. 小

299. 按照《危险化学品安全管理条例》的规定，（　）不得购买剧毒化学品（属于剧毒化学品的农药除外）和易制爆危险化学品。

A. 医疗单位　　B. 个人　　C. 科研单位

300.《危险化学品经营许可证管理办法》适用范围是（　）。

A. 在中华人民共和国境内从事列入《危险化学品目录》的危险化学品的经营（包括仓储经营）活动

B. 民用爆炸品、放射性物品

C. 核能物质和城镇燃气的经营

301. 申请剧毒化学品和其他危险化学品经营许可证的企业和单位，（　）具有资质的安全评价机构对本单位的经营条件进行安全评价。

A. 由安全监督部门指定的　　B. 自主选择　　C. 由公安部门定点的

302. 危险化学品生产单位在厂内销售本单位生产的危险化学品，（　）办理经营许可证。

A. 不需要　　B. 必须重新办理　　C. 办不办都可以

303. 危险化学品生产单位销售本单位生产的危险化学品，在厂外设立销售网点，（　）办理经营许可证。

A. 不再　　B. 需要　　C. 根据产品性质确定是否

304. 已经取得经营许可证的企业变更企业名称、主要负责人、注册地址或者危险化学品储存设施及其监控措施的，应当自变更之日起（　）个工作日内，向发证机关提出书面变更申请，并提交相关文件、资料。

A. 20　　B. 30　　C. 60

305. 危险化学品经经营许可证有效期为（　）年。

A. 一　　B. 两　　C. 三

306. 危险化学品经营单位经营方式发生变化的，应当（　）办理经营许可证。

A. 不需　　B. 重新申请　　C. 事后重新申请

307. 企业负责人应每月至少参加（　）次班组安全活动

A. 1　　B. 2　　C. 3

308. 危险化学品经营单位带有储存设施的经营企业变更其储存场所的，应当（　）办理经营许可证。

A. 不需　　B. 重新申请　　C. 事后重新申请

309. 危险化学品经营单位仓储经营的企业异地重建的，应当（　）办理经营许可证。

A. 不需　　B. 重新申请　　C. 事后重新申请

310. 危险化学品经营单位许可范围发生变化的，应当（　）办理经营许可证。

A. 不需　　B. 重新申请　　C. 事后重新申请

311. 已经取得经营许可证的企业不再具备法律、法规和本办法规定的安全生产条件的，责令改正；逾期不改正的，责令停产停业整顿；经停产停业整顿仍不具备法律、法规、规章、国家标准和行业标准规定的安全生产条件的，（　）其经营许可证。

A. 暂扣　　B. 吊销　　C. 没收

312. 危险化学品专用仓库不符合国家标准、行业标准的要求的，经停产停业整顿仍不具备法律、法规、规章、国家标准和行业标准规定的安全生产条件的，（　）其经营许可证。

A. 暂扣　　B. 吊销　　C. 没收

313. 厂级综合性安全检查每季度不少于（　）次。

A. 1　　B. 2　　C. 3

314. 通过公路运输剧毒化学品的运输车辆，行驶速度在不超过限速标志的前提下，在高速公路上时速应为（　）。

A. 70~90 km　　B. 90~100 km　　C. 100~120 km

315. 未申领《剧毒化学品购买凭证》、《剧毒化学品准购证》、《剧毒化学品公路运输通行证》，擅自购买、通过公路运输剧毒化学品的，公安机关可对其处以（　）罚款。

A. 1 万元以上 3 万元以下

B. 3 万元以上 5 万元以下

C. 5 万元

316. 通过公路运输剧毒化学品未随车携带《剧毒化学品公路运输通行证》的，由公安机关责令提供已依法领取《剧毒化学品公路运输通行证》的证明，处以（　）罚款。

A. 500 元以上 1 000 元以下　　B. 2 000 元以下　　C. 2 000 元以上 5 000 元以下

317. 危险化学品经营单位在经营许可证有效期满前（　）个月向原发证机关提出经营许可证的延期申请，并提交延期申请书和相关文件、资料。

A. 2　　B. 3　　C. 6

318. 国家对危险化学品经营实行（　）制度。

A. 许可　　B. 资质认定　　C. 审批

319. 甲类仓库与厂内主要道路路边的防火间距不应小于（　）m。

A. 5　　B. 8　　C. 10

320. 储量都在 20 t 以上的甲类仓库之间防火间距不应小于（　）m。

A. 10　　B. 15　　C. 20

321. 按照《建筑设计防火规范》对储存物品的火灾危险性分类标准，闪点<28 ℃的液体，爆炸下限<10%的气体属（　）类危险物。

A. 甲　　B. 乙　　C. 丙

322. 按照《建筑设计防火规范》对储存物品（易燃易爆性商品）的火灾危险性分类标准，闪点≥60 ℃的液体属（　）类危险物。

A. 甲　　B. 乙　　C. 丙

323. 按照《建筑设计防火规范》对储存物品（易燃易爆性商品）的火灾危险性分类标准，难燃烧的物品属（　）类危险物。

A. 甲　　B. 乙　　C. 丙

324. 危险化学品仓库的墙体不能使用（　）墙。

A. 砖　　B. 混凝土　　C. 木质

325. 毒害性、腐蚀性危险化学品库房的耐火等级不得低于（　）级。

A. 一　　B. 二　　C. 三

326. 易燃易爆性危险化学品库房的耐火等级不得低于（　）级。

A. 一　　B. 二　　C. 三

327. 低、中闪点液体、一级易燃固体、自燃物品、压缩气体和液化气体类应储存于（　）级耐火建筑的库房内。

A. 一　　B. 二　　C. 三

328. 储存危险化学品建筑采暖的热媒温度不应过高，热水采暖不应超过（　）℃。

A. 60　　B. 80　　C. 100

329. 储存危险化学品的建筑通排风系统的通风管应采用（　）材料制作。

A. 易燃　　B. 非燃烧　　C. 木质

330. 储存危险化学品的建筑通排风系统的通风管道不宜穿过防火墙等防火分隔物，如必须穿过时应用（　）材料分隔。

A. 非燃烧　　B. 燃烧　　C. 木质

331. 储存危险化学品的采暖管道和设备的保温材料，应采用（　）材料。

A. 非燃烧　　B. 燃烧　　C. 石棉

332. 危险化学品仓库应设有（　）的危险化学品养护员，负责危险化学品的技术养护、管理和监测工作。

A. 专职　　B. 兼职　　C. 专职或兼职

333. 在同一建筑物或同一区域内，用隔板或墙，将禁忌物料分开的储存方式叫（　）储存。

A. 隔离　　B. 隔开　　C. 分离

334. 在同一房间或同一区域内，不同的物料之间分开一定的距离，非禁忌物料间用通道保持空间的储存方式叫（　）储存。

A. 隔离　　B. 隔开　　C. 分离

335. 压缩气体和液化气体必须与爆炸物品、氧化剂、易燃物品、自燃物品、腐蚀性物品（　）储存。

A. 隔开　　B. 隔离　　C. 分离

336. 爆炸品仓库库房内部照明应采用（　）灯具，开关应设在库房外面。

A. 防爆型　　B. 普通型　　C. 白炽型

337. 剧毒化学品以及储存构成重大危险源的其他危险化学品，应当在专用的仓库内单独存放，实行（　）制度。

A. 双人收发　一人保管　　B. 一人收发　双人保管　　C. 双人收发　双人保管

338. 大中型危险化学品仓库应选址在远离市区和居民区的（　）。

A. 当地主导风向的上风向和河流上游的地域

B. 当地主导风向的上风向和河流下游的地域

C. 当地主导风向的下风向和河流下游的地域

339. 危险化学品建设单位应当在建设项目的可行性研究阶段，委托（ ）对建设项目进行安全评价。

A. 本地区安全监督部门

B. 具备相应资质的安全评价机构

C. 省级安全监督部门

340. 大中型危险化学品仓库内应设库区和生活区，两区之间应有（ ）m 以上的实体围墙。

A. 1　　B. 1.5　　C. 2

341. 大中型危险化学品仓库内应设库区和生活区，两区之间应有实体围墙，围墙与库区内建筑的距离不宜小于（ ）m，并应满足围墙建筑物之间的防火距离要求。

A. 2　　B. 5　　C. 7

342. 剧毒化学品以及储存数量构成重大危险源的其他危险化学品，储存单位应当将其储存数量、地点以及管理人员的情况，报所在地县级人民政府安全生产监督管理部门和（ ）备案。

A. 公安机关　　B. 质检部门　　C. 环保部门

343. 储存的危险化学品应有符合国家标准要求的明显标志，同一区域储存两种或两种以上不同级别的危险品时，应按（ ）等级危险物品的性能标志。

A. 最高　　B. 最低　　C. 中等

344. 受日光照射能发生化学反应引起燃烧、爆炸、分解、化合或能产生有毒气体的危险化学品应储存在（ ）级建筑物中。其包装应采取避光措施。

A. 一　　B. 二　　C. 三

345. 爆炸物品（ ）单独隔离限量储存。

A. 不准　　B. 必须　　C. 根据具体情况而定

346. 易燃气体不得与助燃气体、剧毒气体（ ）。

A. 隔离储存　　B. 同储　　C. 分库储存

347. 危险化学品仓库的保管员应经过岗前和定期培训持证上岗，做到（ ），并做好检查记录。

A. 一日两检　　B. 一周两检　　C. 一日一检

348. 对重复使用的危险化学品包装物、容器在使用前，应当进行检查，并作出记录；检查记录应当至少保存（ ）年。

A. 一　　B. 二　　C. 半

349. 进入危险化学品储存区域的机动车辆应安装（ ）。

A. 防雷装置　　B. 防静电装置　　C. 防火罩

350. 汽车、拖拉机不准进入（ ）库房。

A. 甲、乙、丙类物品　　B. 商品　　C. 化工品

351. 爆炸品宜储藏于（ ）级轻顶耐火建筑的库房内。

A. 一　　　　　　　　　　B. 二　　　　　　　　　　C. 三

352. 二级易燃固体、高闪点液体可储藏于耐火等级不低于（　）级的库房内。

A. 一　　　　　　　　　　B. 二　　　　　　　　　　C. 三

353. 毒害品性质相抵的禁止（　）。

A. 分离储存　　　　　　　B. 同库存放　　　　　　　C. 分库存放

354. 储存危险化学品的库房内（　）。

A. 不得住人　　　　　　　B. 允许住人　　　　　　　C. 只允许值班员居住

355. 生产、储存危险化学品的企业，应当委托具备国家规定的资质条件的机构，对本企业的安全生产条件每（　）进行一次安全评价。

A. 年　　　　　　　　　　B. 两年　　　　　　　　　C. 三年

356. 危险化学品道路运输企业、水路运输企业应当配备（　）安全管理人员。

A. 专职　　　　　　　　　B. 兼职　　　　　　　　　C. 专职兼职都可以

357. 托运人（　）在托运的普通货物中夹带危险化学品。

A. 可以　　　　　　　　　B. 适量　　　　　　　　　C. 不得

358. 通过道路运输剧毒化学品的，托运人应当向运输始发地或者目的地县级人民政府公安机关申请剧毒化学品（　）。

A. 道路运输许可证　　　　B. 公路运输通行证　　　　C. 安全运输通行证

359. 铁路发送剧毒品禁止（　）。

A. 在铁道部批准的剧毒品办理站或专用线，专用铁路办理剧毒品发送

B. 办理剧毒品的零担发送业务

C. 采用毒品专用车、企业自备车和企业自备集装箱运输

360. 铁路发送剧毒化学品时必须配备（　）名以上押运人员。

A. 1　　　　　　　　　　B. 2　　　　　　　　　　C. 5

361. 危险化学品的托运人不得（　）。

A. 在普通货物中夹带危险化学品

B. 向承运人说明运输的危险化学品的危害

C. 向承运人说明运输的危险化学品的应急措施

362. 危险货物包装物的最高标准是（　）类包装。

A. Ⅰ　　　　　　　　　　B. Ⅱ　　　　　　　　　　C. Ⅲ

363.《危险货物运输包装通用技术条件》规定，（　）类包装适用于具有的危险小、包装强度要求一般的货物。

A. Ⅰ　　　　　　　　　　B. Ⅱ　　　　　　　　　　C. Ⅲ

364.（　）负责核发危险化学品及其包装物、容器生产企业的工业产品生产许可证，并依法对其产品质量实施监督，负责对进出口危险化学品及其包装实施检验。

A. 质量监督检验检疫部门　B. 安全生产监督局　　　　C. 公安部门

365. 包装按包装容器的耐变形能力分为（　）。

A. 运输包装和销售包装　　B. 内包装和外包装　　　　C. 软包装和硬包装

366. 根据《铁路剧毒品运输跟踪管理暂行规定》，铁路（　）剧毒品的零担发送业务.

A. 不办理　　B. 可以　　C. 办理少量

367. 以下有关危险品运输的说法错误的是（　）。

A. 禁止用叉车、翻斗车、铲车搬运输易燃、易爆液化气体等危险物品

B. 运输爆炸、剧毒和放射性物品，应指派专人押运，押运人员不得少于 2 人

C. 遇水燃烧物品及有毒物品，可用小型机帆船、小木船和水泥船承运

368. 易燃品闪点在 28 ℃以下，气温高于 28 ℃时应在（　）运输。

A. 夜间　　B. 黄昏　　C. 白天

369. 性质或消防方法相互抵触，以及配装号或类别不同的危险化学品（　）在同一车船内运输。

A. 允许但要分开一定距离　　B. 不能　　C. 允许混放

370. 运输危险化学品的车船及其他运输工具（　）搭乘无关人员。

A. 可搭乘 1 人　　B. 禁止　　C. 允许搭乘多名

371. 通过公路运输危险化学品，运输车辆必须遵守公安部门规定的（　）。

A. 装卸要求　　B. 品种规定　　C. 行车时间和路线

372. 我国包装代码标准与联合国标准基本相同，用（　）表示容器的种类。

A. 数字　　B. 大写英文字母　　C. 汉字

373. 危险化学品品名编号是 43025，可以看出它是属于（　）。

A. 第 3 类，第 4 项，一级遇湿易燃固体

B. 第 4 类，第 3 项，一级遇湿易燃固体

C. 第 4 类，第 3 项，一级毒害品

374. 生产经营单位的安全生产责任制的实质是（　）。

A. 安全生产，人人有责　　B. 安全第一，预防为主　　C. 管生产必须同时管安全

375. 甲、乙、丙类液体仓库应设置防止（　）的设施。

A. 隔油　　B. 水浸渍　　C. 液体流散

376. 遇湿会发生燃烧爆炸的物品仓库应设置防止（　）的措施。

A. 隔油　　B. 水浸渍　　C. 液体流散

377. 占地面积大于 300 m^2 的仓库安全出口不应少于（　）个。

A. 4　　B. 2　　C. 3

378. 危险化学品的（　）单位，应当在危险化学品的包装内附有与危险化学品完全一致的化学品安全技术说明书，并在包装（包括外包装件）上加贴或者拴挂与包装内危险化学品完全一致的化学品安全标签。

A. 生产　　B. 经营　　C. 储存

379. 生产经营单位使用的危险物品的容器、运输工具，以及涉及人身安全、危险性较大的海洋石油开采特种设备和矿山井下特种设备，必须按照国家有关规定，由专业生产单位生产，并经具有专业资质的检测、检验机构检测、检验合格，取得（　），方可投入使用。

A. 安全使用证或者安全标志

B. 安全标志或安全生产合格证

C. 质量合格标志

380. 生产经营单位新建、改建、扩建工程项目安全设施“三同时”评价工作，属于安全评价类型的（ ）。

A. 专项安全评价

B. 安全现状综合评价

C. 安全预评价和安全验收评价

381. 在生产经营单位的安全生产工作中，最基本的安全管理制度是安全生产（ ）。

A. 目标管理制　　B. 奖励制度　　C. 责任制

382. 生产经营单位建立安全生产责任制的总体要求是：横向到边、纵向到底。横向到边是指（ ）。

A. 所有职能部门都有相应的安全生产责任

B. 从主要负责人到岗位工人都有相应的安全生产责任

C. 从主要负责人到各级安全管理人员都有相应的安全生产责任

383. 风险管理的主要内容包括危险源辨识、风险评价、危险预警与监测、事故预防、风险控制及（ ）。

A. 环境改善　　B. 事故调查　　C. 应急管理

384. 安全生产责任追究是国家法律规定的一项法定制度，根据责任人员在事故中承担责任的不同，分为直接责任者、主要责任者和（ ）责任者。

A. 间接　　B. 领导　　C. 次要

385. 企业安全目标管理体系的建立是一个（ ）过程，是全体职工努力的结果，是集中管理与民主相结合的结果。

A. 自下而上

B. 自上而下、自下而上反复进行

C. 各部门间横向反复

386. 根据《危险化学品重大危险源辨识》（GB 18218—2009）标准不适用于危险化学品（ ）。

A. 生产　　B. 经营　　C. 运输

387. 根据《危险化学品重大危险源辨识》（GB 18218—2009）标准，当单元中有多种物质时，如果各类物质的量满足式（ ），则定为重大危险源。

A. >1　　B. <1　　C. ≥1

388. 企业必须为劳动者提供符合国家标准的劳动防护用品，并（ ）他们正确使用。

A. 监督教育　　B. 号召　　C. 强制

389. 生产经营项目、场所发包或者出租给其他单位的，生产经营单位应当与承包单位、承租单位签订专门的（ ），或者在承包合同、租赁合同中约定各自的安全生产管理职责。

A. 管理标准　　B. 生产合同　　C. 安全生产管理协议

390 安全标志分为四类，它们分别是（ ）。

A. 通行标志、禁止通行标志、提示标志和警告标志

B. 禁止标志、警告标志、指令标志、提示标志

C. 禁止标志、警告标志、通行标志和提示标志

391. 禁止标志的含义是不准或制止人们的某种行为，它的基本几何图形是（ ）。

A. 带斜杠的圆环　　B. 三角形　　C. 圆形

392. 国家标准《安全色》中规定，安全色为（ ）四种颜色。

A. 红、青、黄、绿　　B. 红、蓝、黑、绿　　C. 红、蓝、黄、绿

393. 国家标准《安全色》中规定，对比色使安全色更加醒目的反衬色，包括（ ）两种颜色。

A. 黑、白　　B. 红、绿　　C. 红、蓝

394. 安全色红色的含义为（ ）。

A. 禁止、停止、危险的信息　　B. 必须遵守规定的指令性信息

C. 注意、警告的信息

395. 安全色蓝色的含义为（ ）。

A. 禁止、停止、危险的信息　　B. 必须遵守规定的指令性信息

C. 注意、警告的信息

396. 安全色黄色的含义为（ ）。

A. 必须遵守规定的指令性信息　　B. 注意、警告的信息

C. 安全的指示性信息

397. 安全色绿色的含义为（ ）。

A. 必须遵守规定的指令性信息　　B. 注意、警告的信息

C. 安全的指示性信息

398. 从事危险化学品批发业务的企业，应具备经（ ）级以上公安、消防部门批准的专用危险品仓库。(自有或租赁)

A. 县　　B. 省　　C. 国家

399.《生产安全事故报告和调查处理条例》中，根据生产安全事故造成的人员伤亡或者直接经济损失，事故一般分为（ ）等级。

A. 三　　B. 四　　C. 五

400. 《生产安全事故报告和调查处理条例》中要求，事故报告应当及时、准确、（ ）。

A. 完整　　B. 详细　　C. 全面

401. 根据生产安全事故造成的人员伤亡或者直接经济损失，特别重大事故是指造成（ ）人以上死亡。

A. 10　　B. 30　　C. 50

402. 根据生产安全事故造成的人员伤亡或者直接经济损失，特别重大事故是指造成（ ）人以上重伤（包括急性工业中毒）。

A. 50　　B. 100　　C. 200

403. 根据生产安全事故造成的人员伤亡或者直接经济损失，特别重大事故是指造成（ ）亿元以上直接经济损失的事故。

A. 0.5　　B. 1　　C. 1.5

404. 根据生产安全事故造成的人员伤亡或者直接经济损失，重大事故是指造成（ ）死亡。

A. 3 人以上 10 人以下　　B. 10 人以上 30 人以下　C. 10 人以上 60 人以下

405. 根据生产安全事故造成的人员伤亡或者直接经济损失，重大事故是指造成（　）重伤（包括急性工业中毒）。

A. 10 人以上 30 人以下　　B. 30 人以上 100 人以下　C. 50 人以上 100 人以下

406. 根据生产安全事故造成的人员伤亡或者直接经济损失，重大事故是指造成（　）直接经济损失的事故。

A. 500 万元以上 1 000 万元以下

B. 1 000 万元以上 5 000 万元以下

C. 5 000 万元以上 1 亿以下

407. 事故报告后出现新情况的，应当及时补报。自事故发生之日起（　）内，事故造成的伤亡人数发生变化的，应当及时补报。

A. 3 日　　B. 7 天日　　C. 30 日

408. 安全生产监督管理部门和负有安全生产监督管理职责的有关部门接到特别重大事故和重大事故报告后，应当逐级上报（　）安全生产监督管理部门和负有安全生产监督管理职责的有关部门。

A. 地市级人民政府

B. 省、自治区、直辖市人民政府

C. 国务院

409. 安全生产监督管理部门和负有安全生产监督管理职责的有关部门接到较大事故报告后，应当逐级上报（　）安全生产监督管理部门和负有安全生产监督管理职责的有关部门。

A. 地市级人民政府

B. 省、自治区、直辖市人民政府

C. 国务院

410. 安全生产监督管理部门和负有安全生产监督管理职责的有关部门接到一般事故报告后，应当逐级上报至（　）安全生产监督管理部门和负有安全生产监督管理职责的有关部门。

A. 设区的市级人民政府

B. 省、自治区、直辖市人民政府

C. 国务院

411. 安全生产监督管理部门和负有安全生产监督管理职责的有关部门接到事故报告后，应当同时报告本级（　）。

A. 工会　　B. 公安机关　　C. 人民政府

412. 国务院安全生产监督管理部门和负有安全生产监督管理职责的有关部门以及省级人民政府接到发生特别重大事故、重大事故的报告后，应当立即报告（　）。

A. 人民检察院　　B. 公安机关　　C. 国务院

413. 安全生产监督管理部门和负有安全生产监督管理职责的有关部门逐级上报事故情况，每级上报的时间不得超过（　）小时。

A. 2　　B. 6　　C. 12

414. 特别重大事故由（ ）授权有关部门组织事故调查组进行调查。

A. 市人民政府或市人民政府

B. 省级人民政府或省级人民政府

C. 国务院或国务院

415. 重大事故由事故发生地（ ）级人民政府负责调查。

A. 县　　B. 设区的市　　C. 省

416. 较大事故由事故发生地（ ）级人民政府负责调查。

A. 县　　B. 设区的市　　C. 省

417. 一般事故由事故发生地（ ）级人民政府负责调查。

A. 县　　B. 设区的市级　　C. 省

418. 未造成人员伤亡的一般事故，县级人民政府也可以委托事故发生（ ）组织事故调查组进行调查。

A. 单位　　B. 社区　　C. 上级部门

419. 事故调查组由有关人民政府、安全生产监督管理部门、负有安全生产监督管理职责的有关部门、监察机关、公安机关以及工会派人组成，并应当邀请（ ）派人参加。

A. 人民检察院　　B. 事故单位　　C. 事故单位上级部门

420. 重大事故、较大事故、一般事故，负责事故调查的人民政府应当自收到事故调查报告之日起（ ）日内做出批复。

A. 15　　B. 30　　C. 60

421. 特别重大事故，负责事故调查的人民政府应当自收到事故调查报告之日起（ ）日内做出批复。

A. 15　　B. 30　　C. 60

422. 根据《生产安全事故报告和调查处理条例》规定，（ ）应当对事故发生单位落实防范和整改措施的情况进行监督检查。

A. 安全生产监督管理部门和负有安全生产监督管理职责的有关部门

B. 工会和职工

C. 人民政府

423. 根据《生产安全事故报告和调查处理条例》规定，事故发生单位及其有关人员有下列行为的，对事故发生单位处（ ）的罚款。谎报或者瞒报事故的；在事故调查中作伪证或者指使他人作伪证的；事故发生后逃匿的。

A. 50 万元以上 200 万元以下

B. 100 万元以上 500 万元以下

C. 200 万元以上 500 万元以下

424. 根据《生产安全事故报告和调查处理条例》规定，事故发生单位及其有关人员谎报或者瞒报事故的，对主要负责人、直接负责的主管人员和其他直接责任人员处上一年年收入（ ）的罚款。

A. 40%~80%　　B. 60%~100%　　C. 80%

425. 根据《生产安全事故报告和调查处理条例》规定，事故发生单位对事故发生负有责任的，发生特别重大事故的，处（ ）的罚款。

A. 50万元以上100万元以下　　B. 100万元以上200万元以下
C. 200万元以上500万元以下

426. 职业安全健康管理体系的建立与保持，可以全面提高企业的安全管理水平，在安全管理表现为（　）安全管理。

A. 被动　　B. 主动　　C. 全面

427. 职业安全健康管理体系的建立与保持，可以全面提高企业的安全管理水平，在事故管理表现为（　）。

A. 事故处理　　B. 事故预防　　C. 事故的“四不放过”

428. 车间级综合性安全检查每月不少于（　）次。

A. 1　　B. 2　　C. 3

429. 下列（　）对本岗位的安全生产负直接责任。

A. 班组长　　B. 岗位工人　　C. 基层技术人员

430.《安全生产法》规定，生产经营单位的（　）必须按照国家有关规定经专门的安全作业培训，取得相应资格，方可上岗作业。

A. 班组长　　B. 岗位工人　　C. 特种作业人员

431. 下列（　）是运用工程技术手段消除物的不安全因素，实现生产工艺和机械设备等生产条件本质安全的措施。

A. 安全技术措施　　B. 安全管理方案　　C. 安全保障方案

432.（　）是把被保护对象与意外释放的能量或危险物质等隔开，属于防止事故发生和减少事故损失的安全技术措施。

A. 隔离　　B. 隔开　　C. 分离

433. 下列（　）安全生产检查是通过有计划、有组织、有目的的形式来实现的。

A. 定期　　B. 季节性及节假日前后　　C. 专业（项）

434. 事先把系统加以剖析，列出各层次的不安全因素，确定检查项目，并把检查项目按系统的组成顺序编制成表，以便进行检查或评审。这种属于（　）检查法。

A. 常规检查　　B. 安全检查表法　　C. 仪器检查法

435. 可造成人员死亡、伤害、职业病、财产损失或其他损失的意外事件称为（　）。

A. 事故　　B. 不安全　　C. 危险源

436. 按照系统安全工程的观点，安全是指系统中人员免遭（　）的伤害。

A. 事故　　B. 不可承受风险　　C. 有害因素

437. 海因里希对5 000多起伤害事故案例进行了详细调查研究后得出海因里希法则，事故后果为严重伤害、轻微伤害和无伤害的事故件数之比为（　）。

A. 1∶29∶300　　B. 1∶10∶300　　C. 1∶10∶100

438.《危险化学品名录》中的UN号是指（　）编号。

A. 中国危险化学品　　B. 联合国危险货物　　C. 美国危险货物

439.《火灾分类》(GB 4968—2008) 标准把火灾分为（　）。

A. Ⅰ类火灾、Ⅱ类火灾、Ⅲ类火灾和Ⅳ类火灾
B. A类火灾、B类火灾、C类火灾、D类火灾、E类火灾、F类火灾
C. 固体火灾、液体火灾、气体火灾和混合物火灾

440. 安全设备的设计、制造、安装、使用、检测、维修、改造和报废，应当符合国家标准或者（　）标准。

A. 行业　　B. 专业　　C. 企业

441. 三级安全教育是指（　）。

A. 总厂、分厂、车间　　B. 集团公司、车间、班组　　C. 厂、车间、班组

442. 根据能量转移理论的概念，事故的本质是（　）。

A. 能量的不正常作用　　B. 造成人员死伤　　C. 造成经济损失

443. 现代安全管理是以（　）为中心。

A. 事故处理　　B. 安全培训　　C. 预防事故

444. 需要向使用者提供危险品事故应急咨询电话的是（　）。

A. 生产单位　　B. 销售单位　　C. 安监机构

445. 危险、有害因素的识别是指识别危险、有害因素的存在并确定其（　）的过程。

A. 数量　　B. 性质　　C. 严重性

446. 危险化学品零售业务的店面经营面积（不含库房）应不少于（　）m^2。

A. 20　　B. 40　　C. 60

447. 危险化学品零售业务的店面应与繁华商业区或居住人口稠密区保持（　）m 以上距离。

A. 200　　B. 500　　C. 1 000

448. 危险化学品零售业务店面单一品种存放量不能超过（　）kg。

A. 200　　B. 500　　C. 1 000

449. 危险化学品零售业务店面总质量不能超过（　）t。

A. 1　　B. 2　　C. 4

450. 零售业务的店面内只许存放民用小包装的危险化学品，其存放总质量不得超过（　）t。

A. 1　　B. 2　　C. 4

451. 依据《常用化学危险品贮存通则》规定库存危险化学品隔离贮存垛与垛间距应控制在（　）m。

A. 1　　B. 2　　C. 4

452. 依据《常用化学危险品贮存通则》规定库存危险化学品主要通道的宽度不应小于（　）m。

A. 0.3~0.5　　B. 0.5~0.8　　C. 0.8~1.0

453. 工程技术对策、教育对策和法制对策即属于（　）。

A. 本质安全化原则　　B. 因果关系原则　　C. 3E 原则

454. 在管理中心必须把人的因素放在首位，体现以人为本的指导思想，这就是人本原理，不属于以人为本的含义是（　）。

A. 一切管理活动都是以人为本展开的

B. 管理活动中，作为管理对象的要素和管理系统各环节，都需要人掌管、运作、推行和实施

C. 人是管理的主体，并不是管理的客体

455. 人本原理体现了以人为本的指导思想，（ ）不是人本原理中的原则。

A. 安全第一原则　　B. 动力原则　　C. 能级原则

456. 对于事故的预防与控制，安全（ ）对策着重解决物的不安全状态问题。

A. 规则　　B. 管理　　C. 技术

457. 对于事故的预防与控制，安全教育对策和安全（ ）对策则主要着眼于人的不安全行为问题。

A. 规则　　B. 管理　　C. 技术

458. 工伤保险是国家通过立法手段保证实施的，对在工作过程中遭受人身伤害的职工或遗属提供补偿的一种（ ）。

A. 优惠措施　　B. 社会福利制度　　C. 经济补偿制度

459. 根据《工伤保险条例》，职工患职业病的，（ ）认定为工伤。

A. 应当　　B. 不得　　C. 视具体情况而定

460. 根据《工伤保险条例》，职工在工作时间和工作场所内，因工作原因受到事故伤害的，（ ）认定为工伤。

A. 应当　　B. 不得　　C. 视具体情况而定

461. 根据《工伤保险条例》，职工工作时间前后在工作场所内，从事与工作有关的预备性或者收尾性工作受到事故伤害的，（ ）认定为工伤。

A. 应当　　B. 不得　　C. 视具体情况而定

462. 根据《工伤保险条例》，职工在工作时间和工作场所内，因履行工作职责受到暴力等意外伤害的，（ ）认定为工伤。

A. 应当　　B. 不得　　C. 视具体情况而定

463. 根据《工伤保险条例》，职工在上下班途中，受到非本人主要责任的交通事故或者城市轨道交通、客运轮渡、火车事故伤害的，（ ）认定为工伤。

A. 应当　　B. 不得　　C. 视具体情况而定

464. 根据《工伤保险条例》，职工在工作时间和工作场所内，因履行工作职责受到暴力等意外伤害，但本人吸毒的，（ ）认定为工伤。

A. 应当　　B. 不得　　C. 视具体情况而定

465. 根据《工伤保险条例》，职工在工作时间和工作场所内，因履行工作职责受到暴力等意外伤害，但本人醉酒的，（ ）认定为工伤。

A. 应当　　B. 不得　　C. 视具体情况而定

466. 职工发生工伤时，（ ）应当采取措施使工伤职工得到及时救治。

A. 政府　　B. 公安机关　　C. 用人单位

467. 用人单位应当按时缴纳工伤保险费。职工个人（ ）工伤保险费。

A. 不缴纳　　B. 完全缴纳　　C. 适当缴纳

468. 工伤职工拒不接受劳动能力鉴定的，（ ）享受工伤保险待遇。

A. 停止　　B. 继续　　C. 视具体情况而定

469. 工伤职工拒绝治疗的，（ ）享受工伤保险待遇。

A. 停止　　B. 继续　　C. 视具体情况而定

470. （ ）依法维护工伤职工的合法权益，对用人单位的工伤保险工作实行监督。

A. 公安机关　　　　　　　B. 安全监督管理部门　　C. 工会组织

471. 用人单位分立、合并、转让的，（　）应当承担原用人单位的工伤保险责任。

A. 政府　　　　　　　　B. 承继单位　　　　　　C. 安全监督管理部门

472. 职工因工死亡，其近亲属按照规定从工伤保险基金领取丧葬补助金、供养亲属抚恤金和一次性工亡补助金，丧葬补助金为（　）个月的统筹地区上年度职工月平均工资。

A. 3　　　　　　　　　B. 6　　　　　　　　　C. 12

四、多选题

473.《化学品安全技术说明书》的内容包括（　）等内容。

A. 化学品及企业标识　　　　B. 成分/组成信息

C. 危险性概述　　　　　　　D. 泄漏应急处理

474.《化学品安全技术说明书》中所描述的危险性概述包括的内容有（　）等信息。

A. 危险类别　　　　　　　　B. 侵入途径、健康危害

C. 环境危害　　　　　　　　D. 燃爆危险

475. 化学品安全标签用（　）的组合形式表示化学品所具有的危险性和安全注意事项。

A. 文字　　　　　　　　　　B. 图形符号

C. 编码　　　　　　　　　　D. 化学分子式

476. 化学品安全标签内容包括（　）等项。

A. 化学品和其主要有害组分标识　　B. 警示词

C. 应急咨询电话　　　　　　　　　D. 安全措施

477. 危险化学品生产企业发现其生产的危险化学品有新的危害特性时，应当立即公告，并及时修订（　）。

A. 产品质量说明书　　　　　B. 安全技术说明书

C. 产品标签　　　　　　　　D. 安全标签

478. 根据危险化学品的危险程度和类别，用（　）进行危害程度的警示。

A. 危险　　　　　　　　　　B. 有毒

C. 注意　　　　　　　　　　D. 警告

479. 化学品安全标签对化学品危险性概述时应概述（　）方面的信息。

A. 化学品燃烧爆炸危险特性　　B. 警示词

C. 环境危害　　　　　　　　　D. 健康危害

480. 根据《化学品安全标签编写规定》关于标签的位置说法正确的是（　）。

A. 箱状包装的应位于包装端面或侧面明显处

B. 袋、捆包装的应位于包装明显处

C. 桶、瓶形包装的应位于桶、瓶侧身

D. 装箱、成组货物的应位于四个侧面

481. 根据《危险化学品安全管理条例》依法取得（　）的企业，凭相应的许可证件购买剧毒化学品、易制爆危险化学品。

A. 危险化学品安全生产许可证

B. 危险化学品安全使用许可证
C. 危险化学品经营许可证
D. 民用爆炸物品生产许可证
482. 办理危险化学品经营许可证需提供的材料包括（ ）。
A. 申请经营许可证的文件及申请书
B. 安全生产规章制度
C. 企业主要负责人相关资格证书
D. 企业安全管理人员相关资格证书
483. 下列关于从事危险化学品零售业务的店面说法正确的是（ ）。
A. 店面与繁华商业区应保持 300 m 以上距离
B. 禁忌物料不能混放
C. 店面与存放危险化学品的库房（或罩棚）应有实墙相隔
D. 备货库房单一品种存放量不能超过 500 kg，总质量不能超过 2 t
484. 从事危险化学品零售业务的店面内要求做到（ ）。
A. 在显著位置设有“禁止明火”等警示标志
B. 放置有效的消防、急救安全设施
C. 配备一定的生活设施
D. 禁忌物料不能混放
485. 从事危险化学品零售业务的店面必须满足的条件是（ ）。
A. 店面经营面积（不含库房）应不少于 60 m^2
B. 存放民用小包装的危化品存放总质量不得超过 1 t
C. 店面与存放危险化学品的库房（或罩棚）应有实墙相隔
D. 店面内配备一定的生活设施
486. 零售业务的店面备货库房应报（ ）部门批准。
A. 政府　　B. 公安　　C. 消防　　D. 质检
487. 库存危险化学品应根据其化学性质（ ）储存。
A. 分区　　B. 分类　　C. 分库　　D. 分时间
488. 剧毒化学品经营企业销售剧毒化学品，应遵守的规定是（ ）。
A. 记录购买单位的名称、地址和购买人员的姓名、身份证号码
B. 所购剧毒化学品的品名、数量、用途
C. 记录应当至少保存半年
D. 记录应当至少保存 1 年
489. 国家对危险化学品的生产、储存实行（ ）。
A. 统筹规划　　B. 合理布局　　C. 严格控制　　D. 自由经营
490. 办理剧毒化学品道路运输通行证，托运人应当向县级人民政府公安机关提交（ ）的材料。
A. 拟运输的剧毒化学品品种、数量　　B. 运输始发地和目的地
C. 运输路线、时间　　D. 相关人员的资质证明文件
491. 申请办理危险化学品经营许可证需要提交的材料包括（ ）。

A. 申请经营许可证的文件及申请书

B. 安全评价报告

C. 危险化学品事故应急预案备案登记表（复制件）

D. 经营场所产权证明文件或租赁证明文件（复制件）

492. 危险化学品的储存方式有（　）。

A. 隔离储存　　B. 隔开储存　　C. 专项储存　　D. 分离储存

493. 任何单位和个人不得（　）经营许可证。

A. 变造　　B. 伪造　　C. 出租　　D. 出借

494. 关于危险化学品的储存说法正确的是（　）。

A. 整装储存是将物品装于小型容器或包件中储存

B. 散装储存是物品不带外包装的净货储存

C. 整装储存是物品不带外包装的净货储存

D. 散装储存是将物品装于小型容器或包件中储存

495. 危险化学品的储存设施与以下（　）场所、区域之间距离必须符合国家规定的标准。

A. 居民区、商业中心、公园等人口密集地区

B. 学校、医院、影剧院、体育场（馆）等公共设施

C. 风景名胜区、自然保护区

D. 军事禁区、军事管理区

496. 危险化学品仓库的墙体可以使用（　）。

A. 砖墙　　B. 混凝土墙　　C. 钢筋混凝土墙　　D. 石墙

497. 对储存易燃、易爆危险化学品的建筑要求包括（　）。

A. 必须安装避雷设备

B. 通排风系统应设有导除静电的接地装置

C. 通排风系统的通风管应采用非燃烧材料制作

D. 储存危险化学品建筑采暖的热媒温度不应过高，热水采暖不应超过 80 ℃

498. 以下说法正确的是（　）。

A. 储存危险化学品的采暖管道，必须采用非燃烧材料

B. 储存危险化学品的采暖设备的保温材料，应采用可燃材料

C. 各类危险化学品不得与禁忌物料混合储存

D. 灭火方法不同的危险化学品不能同库储存

499. 下列说法正确的是（　）。

A. 大型仓库指库房或货场总面积大于 9 000 m^2

B. 中型仓库指库房或货场总面积在 400~9 000 m^2

C. 小型仓库指库房或货场总面积小于 550 m^2

D. 大型仓库指库房或货场总面积大于 8 000 m^2

500. 危险化学品仓库按其使用性质和经营规模分为（　）。

A. 大型仓库　　B. 中型仓库　　C. 小型仓库　　D. 特大型仓库

501. 大中型危险化学品仓库选址时应选在（　）。

A. 远离市区和居民区　　B. 当地主导风向的下风向

C. 河流下游的地域　　D. 河流上游的地域

502. 关于大中型危险化学品仓库说法正确的是（　）。

A. 仓库内应设库区和生活区

B. 库内不应设库区和生活区

C. 库区和生活区应有 5 m 以上的实体围墙

D. 库区和生活区间的实体围墙与库区内建筑的距离不宜小于 5 m

503. 危险化学品应储存于一级耐火建筑库房内的是（　）。

A. 一级易燃固体　　B. 自燃物品　　C. 腐蚀品　　D. 液化气体类

504. 遇火、遇热、遇潮能引起燃烧、爆炸或发生化学反应，产生有毒气体的危险化学品不得在（　）中储存。

A. 露天　　B. 干燥建筑物　　C. 潮湿建筑物　　D. 积水建筑物

505. 从事储存危险化学品活动的人员必须接受有关法律、法规、规章和（　）的培训，并经考核合格，方可上岗业。

A. 安全知识　　B. 专业技术　　C. 职业卫生防护　　D. 应急救援知识

506. 下列物品不得露天堆放的是（　）。

A. 爆炸物品　　B. 一级易燃物品　　C. 二级易燃物品　　D. 遇湿燃烧物品

507. 以下说法正确的是（　）。

A. 装卸易燃易爆品时，要轻搬轻放、防止摩擦和撞击

B. 装卸易燃液体须穿防静电工作服

C. 桶装各种氧化剂不得在水泥地面滚动

D. 装卸易燃液体穿铁钉鞋

508. 危险化学品出入库管理必须做好的工作有（　）。

A. 建立严格的出入库管理制度

B. 出入库前均应按合同进行检查验收、登记

C. 进入危险化学品储存区域的人员、机动车辆和作业车辆，必须采取防火措施

D. 不得用同一车辆运输互为禁忌的物料

509. 对危险化学品出入库管理工作说法正确的是（　）。

A. 装卸、搬运危险化学品时应按有关规定进行，做到轻装、轻卸

B. 不得用同一车辆运输互为禁忌的物料

C. 各类危险化学品分装、改装、开箱（桶）检查等应在库房外进行

D. 装卸对人身有毒害及腐蚀性的物品时，操作人员应根据危险性，穿戴相应的防护用品

510. 以下品种应专库储藏的是（　）。

A. 黑火药类、爆炸性化合物

B. 易燃气体、不燃气体和有毒气体

C. 易燃液体

D. 自燃物品

511. 储存易燃易爆品的库房应做到（　）。

A. 库房周围无杂草

B. 库房周围无易燃物

C. 库房内经常打扫，保持地面与货垛清洁卫生

D. 库房内的地面有少量漏撒商品

512. 储存毒害品的库房应具备条件是（ ）。

A. 库房结构完整、干燥、通风良好

B. 机械通风排毒要有必要的安全防护措施

C. 库房耐火等级不低于三级

D. 库房耐火等级不低于二级

513. 危险化学品库门应采用（ ）。

A. 内开式　　B. 外开式

C. 铁门或木质外包铁皮　　D. 木质门

514. 储存毒害品的仓库环境卫生条件要求是（ ）。

A. 库区和库房内要经常保持整洁

B. 对散落的毒品、易燃、可燃物品和库区的杂草及时清除

C. 用过的工作服、手套等用品必须放在库外安全地点，妥善保管或及时处理

D. 更换储藏毒品品种时，要将库房清扫干净

515. 储存腐蚀性物品的库房应满足的条件是（ ）。

A. 阴凉、干燥、通风、避光　　B. 建筑材料最好经过防腐处理

C. 储藏发烟硝酸的库房应是低温　　D. 溴氢酸要避光储藏

516. 储存腐蚀性物品应做到（ ）。

A. 避免阳光直射、曝晒　　B. 远离热源、电源、火源

C. 性质相抵的禁止同库储藏　　D. 性质相抵的应同库储藏

517. 不准在储存危险化学品的库房内或附近进行（ ）操作。

A. 试验　　B. 分装　　C. 打包　　D. 焊接

518. 危险化学品废弃物处理，说法正确的是（ ）。

A. 禁止在危险化学品储存区域内堆积可燃废弃物品

B. 泄漏或渗漏危险品的包装容器应迅速移至安全区域

C. 按危险化学品特性，用化学的或物理的方法处理废弃物品，不得任意抛弃、污染环境

D. 必须转移到废品回收站

519. 危险化学品储存时可能引发火灾的情况有（ ）

A. 着火源控制不严　　B. 性质相互抵触的物品混存

C. 违反操作规程　　D. 建筑物不符合消防要求

520. 运输危险化学品的驾驶员、船员、装卸人员和押运人员必须了解所运载的危险化学品的（ ）。

A. 性质　　B. 危害特性

C. 包装容器的使用特性　　D. 发生意外时的应急措施

521. 禁止使用危险货物运输车辆运输（ ）。

A. 食品　　B. 生活用品　　C. 药品　　D. 医疗器具

522. 运输散装固体危险物品，应根据性质，采取（　）和遮阳等措施。

A. 防火　　B. 防爆　　C. 防水　　D. 防粉尘飞扬

523. 铁路发送剧毒品时必须做到（　）。

A. 剧毒品仅限采用毒品专用车、企业自备车和企业自备集装箱运输

B. 必须配备2名以上押运人员

C. 严禁办理剧毒品零担发送业务

D. 填写运单一律使用黄色纸张印制，并在纸张上印有骷髅图案

524.《危险化学品安全管理条例》规定危险化学品的包装必须符合（　）。

A. 国家法律、法规、规章的规定　　B. 国家标准的要求

C. 企业标准的要求　　D. 使用单位的要求

525. 按包装结构强度和防护性能将危险品包装分（　）三类。

A. 0类包装　　B. Ⅰ类包装　　C. Ⅱ类包装　　D. Ⅲ类包装

526. 危险化学品包装应具有（　）作用。

A. 防止危险品因不利气候或环境影响造成变质或发生反应

B. 减少运输中各种外力的直接作用

C. 防止危险品撒漏、挥发和不当接触

D. 便于装卸、搬运

527. 下列易燃易爆品应专库储藏的有（　）。

A. 黑火药类、爆炸性化合物　　B. 易燃气体、不燃气体和有毒气体

C. 甲醇、乙醇、丙酮　　D. 遇湿易燃物品

528. 剧毒品应专库贮存或放在彼此间隔的单间内，执行“五双”制度，“五双”指的是（　）。

A. 双人验收　　B. 双人保管

C. 双人发货　　D. 双把锁和双本账

529. 生产经营单位建立的安全生产规章制度应具备（　）等功能。

A. 明确安全生产职责　　B. 规范安全生产行为

C. 建立和维护安全生产秩序　　D. 杜绝事故发生和避免职业伤害

530. 有关危险品运输的说法正确的是（　）。

A. 禁止用电瓶车、翻斗车、铲车、自行车等运输爆炸物品

B. 禁止用叉车、翻斗车、铲车搬运输易燃、易爆液化气体等危险物品

C. 运输爆炸、剧毒和放射性物品，应指派专人押运，押运人员不得少于2人

D. 遇水燃烧物品及有毒物品，可用小型机帆船、小木船和水泥船承运

531. 根据有关国家标准规定，危险化学品储存安排取决于（　）等。

A. 危险化学品密度　　B. 危险化学品分类、分项

C. 容器类型　　D. 消防要求

532. 根据有关国家标准规定，遇火、遇热、遇潮可能发生引起燃烧、爆炸或者发生化学反应而产生有毒气体的危险化学品，不得在（　）中储存。

A. 多层仓库　　B. 露天

C. 潮湿、积水的建筑物　　D. 无避雷针的库房

533. 危险化学品零售业务只许经营除（　）以外的危险化学品。

A. 爆炸品　B. 放射性物品　C. 腐蚀品　D. 剧毒物品

534. 生产经营单位主要负责人的职责包括（　）。

A. 建立、健全本单位安全生产责任制

B. 组织制定本单位安全生产规章制度和操作规程

C. 保证本单位安全生产投入的有效实施

D. 及时、如实报告生产安全事故

535. 所谓安全生产的“三同时”制度是指，生产经营单位新建、改建、扩建工程项目的安全设施，必须与主体工程（　）。

A. 同时设计　　B. 同时安装

C. 同时施工　　D. 同时投入生产和使用

536.《安全生产法》规定从业人员的权利主要有（　）。

A. 违章冒险作业的拒绝权　　B. 知情权

C. 建议权　　D. 紧急撤离权

537. 国家有关法律法规对特种作业人员的培训和考核提出了明确要求。特种作业人员安全技术考核的内容包括（　）。

A. 技术等级考试　　B. 安全技术理论考试

C. 职业技能标准考核　　D. 实际操作技能考核

538. 对于劳动防护用品，生产经营单位应当教育从业人员做到（　）。

A. 会修理劳动防护品　　B. 会改进劳动防护品的防护性能

C. 会正确使用防护品　　D. 会正确维护保养防护品

539. 根据《危险化学品安全管理条例》的规定，危险化学品的生产装置和储存数量构成重大危险源的储存设施，与下列（　）的距离必须符合国家标准或者国家有关规定。

A. 运输工具、加油站、加气站

B. 居民区、商业中心、公园等人口密集区域

C. 供水水源、水厂及水源保护区

D. 风景名胜区和自然保护区

540.《生产安全事故报告和调查处理条例》中规定，事故报告应当及时、准确、完整，任何单位和个人对事故不得（　）或者瞒报。

A. 上报　B. 迟报　C. 漏报　D. 谎报

541. 安全生产监督管理部门和负有安全生产监督管理职责的有关部门接到事故报告后，应当依照规定通知公安机关、（　）。

A. 劳动保障行政部门　　B. 工会

C. 人民检察院　　D. 防疫部门

542. 建立与实现职业安全健康管理体系的作用是（　）。

A. 有助于生产经营单位建立科学的管理机制

B. 有助于生产经营单位积极主动地贯彻执行相关职业安全健康法律法规

C. 有助于生产经营单位对企业生产过程、运行过程系统分析

D. 有助于生产经营单位创造更高效益

543. 生产经营单位在制定、实施与评审职业健康方针时应充分考虑（ ）因素。

A. 所适用职业安全健康法律法规与其他要求

B. 企业规模和其所具备资质活动及其所带来风险的特点

C. 员工及其代表和其他外部相关方的意见和建议

D. 同行业先进企业的职业安全健康绩效情况

544. 生产经营单位所制定的职业安全健康方针必须包括内容（ ）。

A. 承诺遵守自身所适用且现行有效的职业安全健康法律、法规

B. 承诺生产经营单位所属管理机构的职业安全健康管理规定

C. 承诺持续改进职业安全健康绩效和事故预防、保护员工安全健康

D. 承诺领先同行业其他企业的职业安全健康绩效

545. 生产经营单位在开展危害辨识、风险评价和风险控制策划时，应注意满足下列充分性要求（ ）。

A. 不仅考虑常规的活动，而且还应考虑非常规的活动

B. 考虑自身员工的活动所带来的危害和风险外，还应考虑承包方、供货方包括访问者等相关方的活动

C. 考虑作业场所内所有的物料、装置和设备造成的职业安全健康危害

D. 职业安全健康目标要求

546. 职业安全健康目标应考虑内容（ ）。

A. 以危害辨识和风险评价的结果为基础

B. 以获取的适用法律、法规及上级主管机构和其他有关相关方的要求为基础

C. 考虑以往职业安全健康目标、管理方案的实施与实现情况，以及以往事故、事件、不符合的发生情况，确保目标符合持续改进的要求

D. 自身技术与财务能力以及整体经营上有关职业安全健康的要求

547. 生产经营单位的职业安全健康管理方案应阐明（ ）。

A. 做什么事　　B. 谁来做　　C. 什么时间做　　D. 如何做

548. 职业安全健康管理体系中的管理方案包括内容（ ）。

A. 所策划风险控制措施以及获取法律、法规及其他要求的结果为主要依据，实现目标方法

B. 所策划风险控制措施以及获取法律、法规及其他要求的结果为主要依据，实现目标方法的职责部门（人员）及其绩效标准

C. 实施所策划风险控制措施以及获取法律、法规及其他要求的结果为主要依据，实现目标方法所要求的时间表

D. 不包括实施所策划风险控制措施以及获取法律、法规及其他要求的结果为主要依据，实现目标方法所必需的资源保证

549. 职业安全健康管理体系中检查与纠正措施主要包括（ ）。

A. 绩效测量与监测　　B. 事故、事件不符合纠正与预防措施

C. 审核　　D. 管理目标的完成

550. 生产经营单位建立绩效测量和监测其中主动测量内容包括（ ）。

A. 监测职业安全健康管理方案的各项计划及运行控制中各项运行标准的实施与符合情况
B. 监测作业环境（包括作业组织）的状况
C. 对员工实施健康监护
D. 对国家法律法规及企业签署的有关职业安全健康集体协议及其他要求的符合情况

551. 生产经营单位职业安全健康管理体系内部审核应当考虑的内容（ ）。
A. 生产经营单位的职业安全健康方针
B. 生产经营单位的程序及作业场所的条件和作业规程
C. 使用的职业安全健康法律、法规及其他要求
D. 生产经营单位资金承受能力

552. 生产经营单位的最高管理者在实施管理评审时应考虑方面（ ）。
A. 绩效测量与监测的结果
B. 审核活动的结果、事故、事件、不符合的调查结果
C. 可能影响企业职业安全健康管理体系的内、外部因素及各种变化
D. 企业自身的变化信息

553. 建立的安全生产责任制应满足（ ）。
A. 必须符合国家安全生产方针、政策和法律法规的要求
B. 与生产经营单位管理体制协调一致
C. 应有配套的监督、检查等制度，以保证安全生产责任制得到真正落实
D. 要根据同行业其他单位部门、班组和岗位情况

554. 生产经营单位的主要负责人对本单位安全生产工作负有（ ）的职责。
A. 建立、健全本单位安全生产责任制，组织制定本单位安全生产规章制度和操作规程
B. 保证本单位安全生产投入的有效实施，督促、检查本单位的安全生产工作，及时消除生产安全事故隐患
C. 组织制定并实施本单位的生产安全事故应急救援预案，及时、如实报告生产安全事故
D. 配备生产需要的管理人员和技术人员

555. 安全生产投入主要用于那些方面（ ）。
A. 建设安全和卫生技术措施工程
B. 重大安全生产课题的研究
C. 职工的安全生产教育和培训
D. 改善职工岗位人员福利待遇

556. 编制安全技术措施应遵循的原则为（ ）。
A. 必要性和可行性原则　　B. 轻重缓急与统筹安排的原则
C. 领导和群众相结合的原则　　D. 提高经济效益的原则

557. 安全技术措施计划的编制内容包括（ ）。
A. 措施应用的单位或工作场所
B. 措施名称，措施目的和内容，经费预算及来源，负责施工的单位或负责人

C. 开工日期和竣工日期
D. 不包括措施预期效果及检查验收

558. 人类的三大安全对策包括（ ）。
A. 安全工程技术对策　B. 安全教育对策
C. 安全管理对策　D. 激励对策

559. 安全评价包括（ ）。
A. 安全预评价　B. 安全验收评价
C. 安全现状综合评价　D. 专项评价

560. 安全评价的一般程序主要包括（ ）。
A. 准备阶段，危险、有害因素辨识与分析　B. 定性定量评价
C. 提出安全对策措施　D. 形成安全评价结论及建议

561. 禁忌物料是指（ ）。
A. 化学性质相似的物料　B. 化学性质相抵触的物料
C. 灭火方法不同的物料　D. 灭火方法相似的物料

562. 风险管理包括（ ）。
A. 风险评价　B. 风险控制　C. 风险识别　D. 定量评价

563. 风险是发生特定危害事件的（ ）的结合。
A. 可能性　B. 后果　C. 随机性　D. 因果性

564. 企业应实施安全标准化管理，推行（ ）的安全管理和监督原则，形成良好的安全文化。
A. 全员　B. 全过程　C. 全方位　D. 全天候

565. 企业根据安全检查计划开展各种形式的安全检查，安全检查的形式主要有（ ）。
A. 综合检查　B. 专业检查　C. 日常检查　D. 季节性检查

566. 安全技术标准按法律效力分为（ ）。
A. 强制性标准　B. 国际标准　C. 国外标准　D. 推荐性标准

567. 下列情况中属于事故发生的直接原因为（ ）。
A. 人的不安全行为　B. 教育培训不够或者未经安全培训
C. 没有操作规程或者操作规程不健全　D. 物的不安全状态

568. 人的安全素质包括人的安全（ ）。
A. 意识　B. 态度　C. 知识　D. 技能

569. 安全生产责任制度是单位各项安全生产规章制度及安全管理的（ ）。
A. 核心　B. 目标　C. 依据　D. 基石

570. 安全生产管理系统是生产管理的一个子系统，包括（ ）。
A. 安全防护设备与设施　B. 安全管理规章制度
C. 安全生产操作规范　D. 安全生产管理信息

571. 运用系统原理的原则有（ ）原则。
A. 整分合　B. 动态相关性　C. 激励　D. 因果关系

572. 3E 原则是指（ ）。

A. 安全控制　　B. 工程技术　　C. 教育　　D. 法制

573. 对于管理系统有三种动力，即物质动力、精神动力和信息动力。人的工作动力来源于（　）。

A. 内部动力　　B. 精神动力　　C. 信息动力　　D. 外部压力

574. 本质安全化原则可以应用于（　）中。

A. 设备　　B. 设施　　C. 建设项目　　D. 环境

575. 属于生产经营单位主要负责人安全生产教育培训内容的是（　）。

A. 典型事故案例分析　　B. 国家有关安全生产的方针、政策等

C. 安全生产管理知识和方法　　D. 工伤保险的政策、法律、法规

576. 安全检查准备阶段应该完成的事项中所包括的是（　）。

A. 确定检查对象，掌握有关法规标准　B. 对有关人员进行访谈

C. 了解检查对象的危险因素　　D. 制定检查计划，编写安全检查表或检查提纲

577. 生产经营单位主要负责人的职责包括（　）。

A. 建立、健全本单位安全生产责任制　　B. 落实安全生产责任制

C. 组织制定本单位安全生产规章制度和操作规程　　D. 督促班组工人遵守劳动纪律

578. 某单位的下述（　）投入属于安全生产投入。

A. 购买消防器材　　B. 更新除尘系统

C. 办公室安装空调系统　　D. 组织职工度假休养

579. 防止事故发生的安全技术有（　）。

A. 消除危险源　　B. 个体防护

C. 隔离　　D. 减少故障和失误

580. 属于减少事故损失的安全技术是（　）。

A. 设置薄弱环节　　B. 避难与救援

C. 限制危险物质　　D. 故障—安全设计

581. 经常性安全培训教育的形式有（　）。

A. 安全生产会议　　B. 安全文化知识竞赛

C. 宣传娱乐　　D. 实际操作演练法

582. "三同时"的要求是针对我国境内的（　）基本建设项目、技术改造项目和引进的建设项目。

A. 恢复　　B. 扩建　　C. 新建　　D. 改建

583. 安全检查的类型包括（　）安全检查。

A. 定期　　B. 经常性　　C. 专项　　D. 季节性

584. 事故直接经济损失包括（　）。

A. 人身伤亡后支出的费用　　B. 工作损失价值

C. 善后处理费用　　D. 财产损失价值

585. 生产经营单位职工因工负伤医疗终结后经劳动能力鉴定委员会评残，然后按照丧失劳动能力程度享受不同的伤残待遇。费用包括（　）。

A. 工资　　B. 补偿金　　C. 残废补助金　　D. 护理补助金

586. 根据《工伤保险条例》，（　）是我国伤残鉴定标准确定致残等级的主要依据。

A．器官缺损　　B．功能障碍　　C．医疗依赖　　D．护理依赖

587．职工有（　）情形的，应当认定为工伤。

A．在抢险救灾等维护国家利益、公共利益活动中受到伤害的

B．在工作时间和工作场所内，因工作原因受到事故伤害的

C．在工作时间和工作场所内，因履行工作职责受到暴力等意外伤害的

D．患职业病的

588．工伤保险的基本原则有（　）。

A．无责任补偿原则　　B．风险分担、互助互济原则

C．个人不缴费原则　　D．集中管理原则

589．工伤保险基金存入社会保障基金财政专户，用于《工伤保险条例》规定的（　）的支付。

A．工伤保险待遇

B．劳动能力鉴定

C．工伤预防的宣传、培训

D．法律、法规规定的用于工伤保险的其他费用

590．中华人民共和国境内的（　）、基金会、律师事务所、会计师事务所等组织和有雇工的个体工商户（以下称用人单位）应当依照本条例规定参加工伤保险，为本单位全部职工或者雇工（以下称职工）缴纳工伤保险费。

A．企业　　B．事业单位

C．社会团体　　D．民办非企业单位

591．任何单位或者个人不得将工伤保险基金用于（　）。

A．投资运营、兴建　　B．改建办公场所

C．发放奖金　　D．挪作其他用途

五、简答题

592．根据《工伤保险条例》第十四条、第十五条的规定，员工有哪些情形的，不得认定为工伤或者视同工伤？

第五章　危险化学品经营的安全技术措施

第一节　防火防爆安全技术

火是人类从野蛮进入文明的重要标志，当火可控制时，它能给人类带来光明和温暖，促进人类物质文明不断发展；当它不被控制时，可形成火灾，严重时可发展成爆炸事故，对人类生命财产和生态环境构成严重威胁。

要实现危险化学品生产、使用等各个环节中的安全，防止事故发生，需要在管理和技术两个方面同时开展工作，同时要提高从业人员的素质才能实现安全目标。在这三个方面中，管理是保证，从业人员的素质是基础，安全技术则是关键核心的问题。一切安全工作需要掌握必要的安全技术知识，为防止火灾和爆炸事故打好基础。

一、燃烧

燃烧是指可燃物与氧化剂作用发生的放热反应，通常伴随有火焰、发光和发烟现象。因此，“燃烧”包括各种类型的氧化反应或类似于氧化的反应以及分解放热反应等。从燃烧的定义而言，物质不一定在“氧气”中燃烧，如很多金属可在氟气或氯气中燃烧。因此燃烧过程主要是指放出热量的化学过程，它既是我们取得能量的一种普遍的重要方法，也是火灾爆炸过程的重要形式。

（一）燃烧的条件

1. 燃烧的必要条件

燃烧过程的发生和发展，必须具备以下三个必要条件，即可燃物、氧化剂和火源。只有这三个条件同时具备，才可能发生燃烧现象，无论缺少哪一个条件，燃烧都不能发生。上述三个条件称为燃烧的三要素。

（1）可燃物

凡是能与空气中的氧气或其他氧化剂起燃烧化学反应的物质均称为可燃物。它可分为气态、液态和固态 3 类。可燃物大多为低氧化值状态的具有还原性的物质。如木材、乙醇、甲烷、汽油、活泼金属钾、钠等。

（2）氧化剂（助燃剂）

支持可燃物燃烧的物质，即能与可燃物发生氧化反应的物质称为氧化剂。燃烧过程中的氧化剂主要是空气中游离的氧气，另外氟与氯的单质、硝酸、硝酸盐和一些元素高价含氧酸盐及其盐如氯酸钾、高锰酸钾等都可作为燃烧反应的氧化剂。

（3）有能导致燃烧的能源（点火源）

供给可燃物与氧或助燃剂发生燃烧反应的能量来源。最常见的是热能（高温），此外还有化学能、机械能、光能、电能等。

2. 燃烧的充分条件

对于无焰燃烧，燃烧反应的三个必要条件同时存在、相互作用，燃烧即会发生，如金属的燃烧就属于无焰燃烧。

大多数燃烧反应都属于有焰燃烧，有焰燃烧除需要前三个条件外，燃烧过程中存在未受抑制的自由基，形成链式反应，链式反应中链的传递使燃烧反应能够得以持续。

可燃物、助燃剂和点火源三个条件同时存在时，还需要具有一定“量”的前提，也就是燃烧反应需要一定可燃物及助燃剂的浓度，且相互之间产生作用，就可发生燃烧现象，这是燃烧反应所需的充分条件。如氢气在空气中的体积分数少于4%时，便不能被点燃。一般可燃物质在含氧量低于14%的空气中也不能燃烧。对于已经进行的燃烧反应，若消除其中任何一个条件，燃烧过程便会终止，这就是灭火的基本原理。

（二）燃烧过程及形式

1. 燃烧的过程

对不同的可燃物，其燃烧的过程也不相同。大多数可燃物质的燃烧放热反应是在可燃物的蒸气相或气态下进行的。

可燃气体是最易燃烧的物质，只要达到其本身氧化分解所需要的热量，便能燃烧，其燃烧反应速度很快，极易发展成爆炸形式。可燃气体的燃烧都属于链式反应，只要将少量分子转化为自由基就能使燃烧反应持续，因此所需要的引燃能极小，通常不到1mJ，极小的火花（如静电、金属的撞击等产生的火花）就可引发此链式反应，导致火灾爆炸的发生。

液体可燃物在火源的作用下首先发生蒸发，然后其蒸气再发生氧化分解，进入燃烧过程，放出大量的热量。

固体燃烧物分为简单物质和复杂物质。简单物质，如单质硫、磷等，受热后首先熔化，然后蒸发、氧化燃烧。复杂物质在受热时先发生分解反应，生成气态和液态产物，然后气态产物或液态产物的蒸气着火燃烧。如木材受热后，在温度小于110 ℃时，分解释放出水分；当温度达到130~150 ℃以上时，木材分解变色；在150~200 ℃时，其分解产物主要是水和二氧化碳，这些气态分解产物都不属于可燃物质，所以此时不会发生燃烧反应；温度升至200 ℃以上时，释放出一氧化碳、氢气和碳氢化合物，此时的分解产物遇氧气时即发生氧化开始燃烧；当温度升到300 ℃以上时，分解反应明显加快，气态可燃性产物供应充足，燃烧也转入剧烈状态。

2. 燃烧形式

（1）燃烧的分类

按着火方式燃烧可分为强制着火（点燃）和自发着火（自燃）2类。

强制着火是由外部能量（点火源）与可燃物直接接触（一般是局部或点接触）引起的燃烧。自发着火分为受热自燃和自热自燃两种情况。

按燃烧时可燃物的状态来分，物质燃烧又可分为气相燃烧、液相燃烧和固相燃烧3类。

气相燃烧：燃烧反应在进行时，如果可燃物和氧化剂均为气相，称为气相燃烧。气相燃烧属均相燃烧，其特征是有火焰产生。气相燃烧是一种最基本的燃烧形式，大多数可燃物的燃烧反应都属于气相燃烧。

液相燃烧：燃烧时可燃物呈液态，称为液相燃烧。只有少数沸点较高的液体的燃烧是在高温下以液体状态直接发生燃烧反应的。

固相燃烧：燃烧时可燃物为固相，称为固相燃烧。固相燃烧的特点是没有火焰，只产生光和热（阴燃）。许多金属的燃烧反应也属于固相燃烧。

（2）均相燃烧与非均相燃烧

由于可燃物质存在的状态不同，所以它们的燃烧形式是多种多样的。按参加燃烧反应可燃物与助燃剂的相态不同，燃烧反应可分为均一相燃烧和非均一相燃烧。均一相（又称均相）燃烧指参与燃烧反应的可燃物质与助燃剂都属于同一相物质，通常均一相燃烧属于气相燃烧。如氢气、煤气在空气中的燃烧。与此相反，可燃物质与助燃剂不在同一相中的燃烧反应称非均一相（又称非均相）燃烧。如石油、木材、高分子聚合物、固体可燃物在空气中的燃烧反应都属于非均相燃烧。与均相燃烧相比，非均相燃烧比较复杂，需要考虑可燃物的加热以及由此产生的热分解与相变化等情况。

（3）预混燃烧和扩散燃烧

根据可燃气体的燃烧过程，可燃气体与助燃气体预先混合而后进行的燃烧称为预混燃烧。可燃气体由容器或管道中喷出，进入到空气中并不立即燃烧，而是与周围的空气互相接触扩散之后再产生的燃烧，称为扩散燃烧。预混燃烧速度快、温度高、火焰传播快，通常的气相爆炸属于这种形式。在扩散燃烧中，可燃性气体分子与助燃气体分子边混合边燃烧，由于扩散速度相对较慢，与可燃气体接触的氧气量偏低，通常会产生不完全燃烧的产物炭黑。

（4）蒸发燃烧、分解燃烧和表面燃烧

① 蒸发燃烧。是指在可燃液体的燃烧过程中，通常不是液体本身燃烧而是由液体产生的蒸气进行的燃烧反应，

② 分解燃烧。很多固体或不挥发性液体，受热后经热分解产生的可燃气体的燃烧称为分解燃烧。

③ 表面燃烧。可燃固体和液体的蒸发燃烧和分解燃烧，均有火焰产生，属火焰型燃烧。当可燃固体燃烧至不能再分解出可燃气体时，便没有火焰，燃烧继续在所剩固体的表面进行，并发出光和热，这种形式的燃烧称为表面燃烧，也称为阴燃，通常火灾后期易发生这种现象。金属燃烧过程无气化过程，但产生的热量大，温度较高，易产生因高温熔化后金属液滴飞溅的现象。

3. 燃烧种类和特征参数

（1）闪燃及闪点

可燃液体表面的蒸气与空气形成的混合气体达到该可燃气体的燃烧极限浓度的下限时，与火源接近时会发生瞬间燃烧，能产生一闪即灭的燃烧现象（瞬间火苗或闪光），这种现象称为闪燃。由于闪燃是瞬间发生的，又因此时可燃液体的温度较低，挥发速率慢，来不及补充燃烧所消耗的可燃蒸气，随着可燃蒸气的浓度下降至燃烧极限以下，火焰自然熄灭，因此不能产生持续的燃烧条件。能产生闪燃现象的最低温度为闪点。如果易燃液体的温度高于它的闪点，则遇火源时即有可能被点燃。所以闪点是衡量可燃液体危险性的一个重要参数，可燃液体的闪点越低，其火灾危险性越大。液体按闪点的危险性分级表如表5-1 所列。

表 5-1　　　　由闪点对液体火灾危险性的分级表

种类	危险级别	闪点/℃	举例
易燃液体	Ⅰ	$t \leqslant 28$	汽油、甲醇、乙醇、乙醚、苯、甲苯、丙酮等
	Ⅱ	$28 < t \leqslant 45$	煤油、丁醇等
可燃液体	Ⅲ	$45 < t \leqslant 120$	柴油、重油等
	Ⅳ	$t > 120$	植物油、矿物油、甘油等

（2）点燃及燃点

点燃亦称为强制着火，即可燃物质与明火直接接触引起燃烧的现象。可燃物质在空气充足的条件下，被加热升温至一定温度，此时可燃物发生分解产生可燃气体。只要这些可燃气体达到该气体的燃烧爆炸极限的下限以上，与火源接触即可着火，如此时移去火源后仍能持续燃烧达 5 min 以上，这种现象称为点燃。通常物质被点燃时，先是局部被强烈加热，首先达到引燃温度产生火焰，该局部燃烧产生的热量，足以把邻近部分加热到引燃温度，燃烧就得以蔓延。物质能被点燃的最低温度称为着火点或燃点。可燃液体的着火点一般高于其闪点 5~10 ℃。但闪点在 100 ℃以下时，两者往往相近。如没有闪点数据时，也可以用着火点表征物质的火灾爆炸危险程度。

（3）自燃及自燃点

自燃是可燃物质自发着火的现象。可燃物在无外界火源作用的条件下，由于物质内部的物理、化学、生物反应过程所提供的能量经过一定的积聚条件，使物质本身温度升高，达到燃烧温度而引起自行燃烧的现象称自燃。自燃所需的最低温度称为自燃点。自燃过程中点火能是物质所具有的内能，也就是物质的温度条件。在自燃点，可燃物所分解产生的可燃气体的浓度显然超过了该气体的燃烧极限的下限。

自燃点是衡量可燃性物质火灾危险性的又一个重要参数，可燃物的自燃点越低，越易引起自燃，其火灾危险性越大。

物质自燃有受热自燃和自热自燃两种类型。

（4）引燃源

能引起可燃物燃烧的热能源称为引燃源，主要的引燃源有以下几种：

① 明火。有生产性用火，如焊接、加热的火源等；非生产性用火，如烟头等。明火是最常见而且是比较强的着火源，它可以点燃任何可燃性物质。

② 电火花。包括电气设备运行中产生的火花、短路火花以及静电放电火花和雷击火花等。随着电气设备的广泛使用和操作过程的连续化，这种火源所引起的火灾所占的比例越来越大。

③ 火星。火星是在铁与铁、铁与石块、石头与石头之间的强烈摩擦与撞击时产生的，是机械能转化为热能的一种现象。这种火星的温度一般在 1 200 ℃左右，可引起许多物质的燃烧。

④ 灼热体。灼热体是指受高温作用，由于蓄热而具有较高温度的物体。灼热体与可燃物质接触引起的着火有快有慢，这主要取决于灼热体所携带的能量和物质的易燃性、状态，其点燃过程是从一点开始扩及全面。

⑤ 聚集的日光。指太阳光、凸玻璃的聚光热等。这种热量只要具有足够的温度就能点燃可燃物质。

⑥ 化学反应热和生物热。指由于化学变化或生物作用产生的热能。这种热能如不及时散发，就会引起着火甚至燃烧、爆炸。

二、爆炸

爆炸是指由于物质发生急剧的物理或化学变化，在变化过程中伴有物质所含的能量快速释放，这些释放的能量转化成对物质本身、生成的产物或周围介质的压缩能或运动能。如氧化或分解反应，使温度、压力急剧增加或使两者同时急剧增加所产生的爆炸现象。

一般来说，爆炸现象具有以下的特征：

① 爆炸过程的反应及传播速度很快。

② 爆炸点附近的压强急剧升高，多数爆炸伴有温度升高的现象。

③ 爆炸反应时，会发出或大或小的响声。

④ 周围介质发生震动或邻近的物质遭到破坏。

（一）爆炸的分类

1. 爆炸反应的分类

关于爆炸的分类方法有如下几种：

（1）按爆炸反应分类

① 物理爆炸。它是由物理变化引起的爆炸。在爆炸现象发生的过程中，造成爆炸的介质的化学性质及化学成分不发生变化，发生变化的仅仅是该介质的状态参数（如温度、压力、体积等）。如液体变成蒸气或者气体而迅速膨胀，压力急速增加，并大大超过容器的极限承受能力而发生的爆炸。

② 化学爆炸。因物质本身起化学反应，产生大量气体和高温而发生的爆炸。如可燃气体、可燃液体蒸气的爆炸，炸药的爆炸等。化学爆炸前后物质的性质和成分均发生了根本的变化，这种爆炸能直接造成火灾，具有很大的火灾危险性。化学爆炸是消防工作中防止爆炸的重点。

③ 核爆炸。因重核裂变或轻核聚变时瞬间产生的巨大能量而发生的爆炸。

（2）按爆炸速率来分类

① 轻爆。燃烧速率为每秒数十厘米至数米；

② 爆炸。燃烧速率为每秒十几米至数百米；

③ 爆轰。燃烧速率为 1 000~10 000 m/s。

（3）其他分类

对化学爆炸，可按反应物类型来分类，也可按爆炸化学反应的形式来分类。主要包括：

① 可燃气体的分解与爆炸。

② 可燃气体混合物爆炸。

③ 可燃粉尘爆炸（有机粉尘、金属粉、面粉等）。

④ 可燃蒸气爆炸。

⑤ 可燃液雾滴爆炸。

2. 爆炸与燃烧的区别

爆炸的最主要特征是压力（实际上是压强）的急剧上升并作用于其他物体，并不一定着火（伴有发光、放热）；而燃烧过程一定有着火现象，并伴随着热量放出。

化学爆炸（其中大多数是氧化反应）与燃烧现象本质上都属于氧化反应，也同样有温度与压力的升高现象。但二者的反应速率、放热速度不同，火焰传播速度也不相同，爆炸反应的速度要大得多。

（二）爆炸极限及影响因素

1. 爆炸极限的意义

气态可燃物进入空气中，与空气混合后只有在一定的浓度下，遇点火源时才会发生爆炸。这种可燃气体在空气中形成爆炸混合物的最低浓度称为爆炸下限，最高浓度称为爆炸上限。可燃物浓度在爆炸上限与爆炸下限之间遇点火源时均可发生爆炸，这个浓度范围称为该物质的爆炸极限。可燃气体、可燃蒸气或粉尘与空气的混合物，都具有一定的爆炸极限。爆炸极限通常用可燃物在空气中的体积百分数（%）来表示。可燃物的爆炸极限可通过查阅有关手册获得，也可通过实验方法测得，它可作为制定安全生产操作规程的依据。表 5-2 为一些常见气体的爆炸极限。不同手册中所查的爆炸极限数据因测试方法不同，略有偏差。

表 5-2　　一些常见气体的爆炸极限

物质	爆炸界限（体积分数/%）		物质	爆炸界限（体积分数/%）	
	下限	上限		下限	上限
H_2	4.1	74	C_2H_4	3.0	29
NH_3	16	27	C_2H_2	2.5	80
CH_4	5.3	14	C_3H_4	1.2	9.5
CO	12.5	74	CH_3OH	7.3	36
C_2H_6	3.2	12.5	C_2H_5OH	4.3	19
C_3H_8	2.4	9.5	C_3H_6O	2.5	13
C_4H_{10}	1.9	8.4	$(C_2H_5)_2O$	1.9	48

当可燃物的浓度小于爆炸下限或高于爆炸上限时，即使有点火源，可燃物也不发生燃烧和爆炸；当可燃物的浓度稍高于爆炸下限或稍低于爆炸上限时，遇点火源能轻度爆炸；可燃气体与空气的混合物的浓度在爆炸极限的中部时，遇点火源将会发生剧烈的爆炸反应。

爆炸下限低于 10%的为甲类危险性气体；爆炸下限高于 10%的为乙类危险性气体。

对于爆炸极限浓度以上的上述物质，由于扩散的原因，因此很容易稀释到爆炸极限范围之内，非常容易引起燃爆事故。所以通常将爆炸极限浓度以上的易燃、易爆气体或粉尘也称为极度危险的物质。

2. 影响爆炸极限的因素

各种可燃气体、可燃蒸气、可燃粉尘等，由于它们的理化性质的差异，因而具有不同的爆炸极限。同样，对同一种可燃物质，它的爆炸极限也不是固定不变的，它们受温度、压力、氧含量、惰性介质、容器的大小形状等因素的影响。因此，引用爆炸极限数据时，应注明来源、测试条件等。一般手册中的爆炸极限是在标准条件下测得的数据。下面对影响爆炸极限的因素进行讨论。

(1) 温度的影响

混合气体的温度越高，则爆炸下限降低、上限增高，爆炸极限范围扩大。因为系统温度升高，分子内能增加，使原来不燃的混合物成为可燃、可爆系统。所以，系统的温度升高，物质的危险性增加。图 5-1 为初始温度对甲烷爆炸极限的影响。

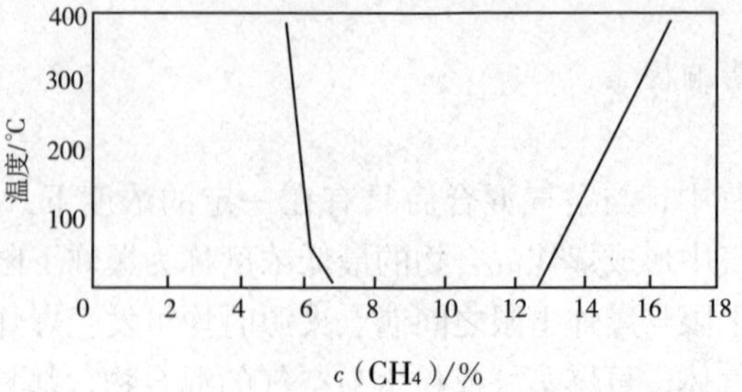

图 5-1　初始温度对甲烷爆炸极限的影响

（2）含氧量的影响

混合物中含氧量增加，一般对爆炸下限影响不大，因为在可燃物浓度爆炸下限时，氧气属过量物质。因此氧气含量主要影响氧气含量相对不足的爆炸上限。随着氧气浓度的上升，爆炸上限也随之升高，爆炸范围加大。

（3）惰性气体的影响

如果在爆炸性混合物中加入不可燃、不助燃的惰性气体，随着惰性气体含量的增加，爆炸极限范围缩小。惰性气体的含量提高到一定浓度时，可使混合物不能爆炸。一般情况下，惰性气体的浓度加大，则使混合物中氧气的含量减小，而在爆炸上限附近，因氧气的含量本已不足，故惰性气体的加入将使爆炸上限有较大程度的下移。而在爆炸下限附近区域，因氧气含量充足，所以惰性气体的引入对其影响不大。图 5-2 显示了一些惰性气体浓度对甲烷爆炸极限的影响。

有些物质虽然不参与燃烧爆炸过程的氧化还原反应，但它们能使这些反应的速率发生变化。如金属钠或白磷与氧气的反应，当没有水或水蒸气参与时，反应速率较慢，而一旦有水加入反应体系，则反应速率迅速加大，发生燃烧或爆炸反应。

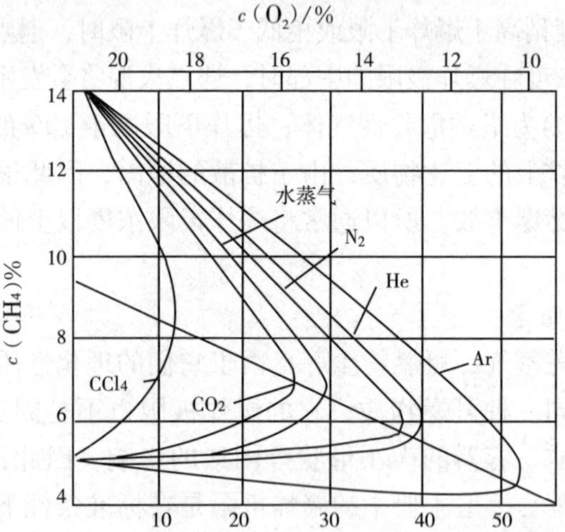

图 5-2　各种惰性气体浓度对甲烷爆炸极限的影响

（4）初始压力的影响

可燃性混合物的初始压力对爆炸极限有显著的影响，尤其在较高的压力条件下，爆炸极限随压力的变化更大（见图 5-3）。压力对爆炸极限的影响比较复杂。一般来说，压力增大，爆炸极限范围也随之扩大，尤其是爆炸上限显著提高。这是因为系统压力增大后，分子间距减小，相互碰撞的概率增加，使燃烧反应更加容易进行。压力降低，则爆炸极限范围缩小。当压力降到某极限值时，则爆炸上限与爆炸下限重合，此时对应的压力称为爆炸的临界压力。低于此压力时，可燃物在任何浓度下均不能发生爆炸。

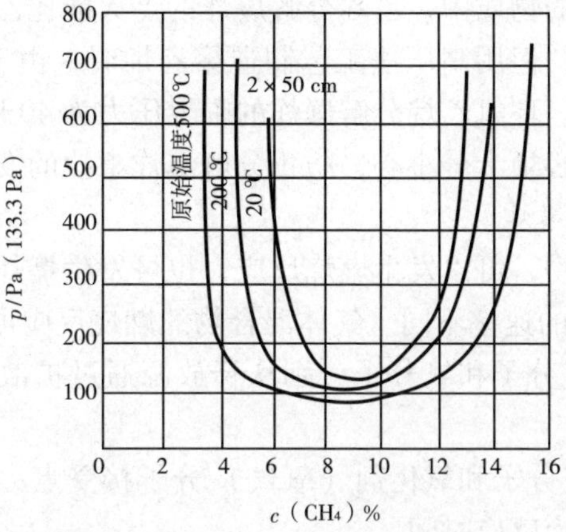

图 5-3　初始压力对甲烷爆炸极限的影响

（5）容器的影响

充装可燃物质的容器的材质、尺寸等对物质爆炸极限均有影响。实验证明，容器管径越小，爆炸极限范围越小。当管径小到一定程度时，火焰因不能通过而被熄灭。有时材料对爆炸极限也有影响，如氢气与单质氟的混合物，在玻璃容器中极易爆炸，甚至在液态空气的低温及没有光照的条件下也能爆炸；而在银制的容器中，只有在室温以上才能爆炸。

（6）能源（点火源）的影响

能源的性质对爆炸极限有很大的影响。如果能源的强度大，热表面的面积就大，火源与可燃混合物的接触时间长，就会使爆炸极限扩大，其爆炸危险性也就增加。当点火能源的强度增加到一定的程度后，爆炸极限就趋于一个稳定值。所以，一般情况下，测定可燃混合物的爆炸极限时应采用较高的点火能。

（7）可燃物质性质的影响

可燃物质完全燃烧时，所需氧气的量越大，则爆炸极限范围越低。如甲烷的爆炸上限为14%，下限为3.5%；而乙烷的上限为12.5%，下限为3%。因此，对碳氢化合物，分子量越大，爆炸极限范围越小。此外，可燃物的燃烧热值越大，爆炸极限的范围也越大。

（三）可燃气体爆炸

可燃气体的爆炸主要分两种形式，即分解爆炸和燃爆性混合气体爆炸。

1. 分解爆炸性气体的爆炸

对一些分子中存在较弱化学键的气体分子，存在弱化学键的断裂，生成强化学键并伴随着大量能量释放，称为分解爆炸的危险性物质。如乙炔、乙烯、环氧乙烷等，这些物质即使在没有氧气的条件下，也能发生爆炸，这个反应的实质是一种分解爆炸。此外，臭氧、氨、丙二烯、含炔基的有机物、氮氧化物等都具有分解爆炸的危险性。分解爆炸性气体在外界的温度和压力作用下，发生分解反应，气体分子数增加，同时产生较大的分解热，这些分解热为爆炸提供了能量。通常分解热在 80 kJ · mol^{-1} 以上的气体，在一定条件下都有可能发生爆炸。气体的分解热是爆炸的内因，一定的温度和压力是爆炸的外因。

乙炔是常见的分解爆炸性气体，目前，国际上一般将 140 kPa 规定为焊割作业中乙炔发生装置的限定压力。某些国家的要求更加严格，将限定压力规定为 130 kPa。有资料显示，即使在大气压强下，若有足够的能量，乙炔也能发生分解爆炸。

其他能产生分解爆炸的物质中，乙烯分解爆炸的点火能比乙炔大，因此低压下未曾发生过乙烯分解爆炸的事故，但用高压法工艺制造聚乙烯时，由于压力高达 200 MPa 以上，分解爆炸事故却屡有发生。环氧乙烷分解爆炸的临界压力为 40 kPa，所以在环氧乙烷的生产、储存和使用过程中，必须十分小心，防止分解爆炸事故的发生。

2. 燃爆性混合气体的爆炸

可燃气体与空气混合物，可以发生燃烧反应，也可发生爆炸反应，两者的区别主要在于燃烧反应（氧化反应）的速率不同。气体混合物的燃烧反应可分为 3 个阶段：

① 扩散阶段。可燃气分子和氧分子分别从释放源通过扩散达到相互接触，所需的时间称为扩散时间。

② 感应阶段。可燃气分子和氧化剂（氧气）分子接受点火源的能量，离解成自由基或活性分子所需的时间称为感应时间。

③ 化学反应阶段。自由基与反应物分子相互作用，生成新的分子和新的自由基，使链式反应链得到传递，化学反应得以持续，最终完全燃烧反应，所需时间称为化学反应时间。

（四）粉尘爆炸

1. 粉尘的概念

无论是作为生产过程中出现的伴随现象，还是作为所需要的最终成品，凡是呈细粉状态的固体物质，人们称之为粉尘。

按堆积状态可分为粉尘层（沉积粉尘）和粉尘云（悬浮粉尘）两类。

在粉尘爆炸研究中，常把粉尘分为可燃粉尘和不可燃粉尘（或惰性粉尘）两类。可燃粉尘是指与空气中氧反应能放热的粉尘。

根据可燃粉尘的爆炸特性，又可将其分为两大类：即活性粉尘和非活性粉尘。其基本区别是：非活性粉尘是典型的燃料，本身不含活性氧，故只有分散在含氧的气体中（如空气）时才有可能发生爆炸。反之，活性粉尘本身含活性氧，故含氧气体并不是发生爆炸的必要条件，它在惰性气体中也可爆炸。因而活性粉尘不存在浓度上限的情况。显而易见，火炸药和烟火剂粉尘属于活性粉尘，而其他粉尘，如金属、煤、粮食、塑料及纤维粉尘等属于非活性粉尘。

2. 粉尘的特性

（1）粒度

任何物质，都是由大大小小的粒子组成的，不同的粉尘，粒度不同。粉尘粒度是粉尘爆炸中一个很重要的参数。

粉尘粒度是一个统计的概念，因为粉尘是无数个粒子的集合体，是由不同尺寸的粒子级配而成。

（2）粉尘的表面积

粉尘的表面积，主要取决于粉尘的粒度。同一体积的物体，粒度越小，表面积越大。粉尘的表面积比同质量的整块固体的表面积可大好几个数量级。如把直径 100 mm 的球形材料分散成等效直径为 0.1 mm 的粉尘时，表面积增加 10 000 倍以上。表面积的增加，意味着材料与空气的接触面积增大，表面吸附能力也较强。这就加速了固体与氧的反应，增加了粉尘的化学活性，使粉尘点火后燃烧更快。

（3）粉尘的吸附性和活性

任何物质的表面都有对其他物质吸附能力，这种现象称为吸附作用。由于粉尘的粒度小，表面积大，因此它的吸附作用也大。

（4）粉尘的动力稳定性

粒子始终保持分散状态而不向下沉积的稳定性称为动力学稳定性。悬浮在空间的粉尘云是一个不断运动的集合体。粉尘受重力的影响，会发生沉降，沉降的速度与粒度有一定的关系。而粒子间相互碰撞的布朗运动又阻止它们向下沉降，即抵消了粒子的沉降。所以，粉尘的沉降受重力场的势能因素影响，而在空气中的悬浮受动能的影响，颗粒粒径越小，粒子的动能相对势能的比值越大，越不易沉降的。

3. 可燃粉尘爆炸的条件

粉尘爆炸是一种特殊的燃烧其主要特点是燃烧速度非常快，燃烧反应能在瞬间完成。反应产生的热量使温度和压力急剧增加，最终导致爆炸。导致粉尘爆炸的条件有以下几个方面的因素：

① 粉尘本身具有可燃性。

② 要有一定的粉尘浓度。与气体爆炸浓度不同，粉尘浓度采用单位体积所含粉尘粒子的质量来表示，单位是 $g \cdot m^{-3}$ 或 $mg \cdot L^{-1}$，如浓度太低，粉尘粒子间距过大，火焰难以传播。

③ 要有一定的氧含量（含能粉尘除外）。一定的氧含量是粉尘得以燃烧的基础。

④ 要有足够的点火源。粉尘爆炸所需的最小点火能量比气体爆炸大 1~2 个数量级，大多数粉尘云最小点火能量在 5~50 mJ 量级范围。

⑤ 粉尘必须处于悬浮状态，即粉尘云状态。这样可以增加气固接触面积，加快反应速度。

粉尘爆炸过程仍是一种链式连锁反应，当外界热量足够时，火焰传播速度越来越快，最后引起爆炸；若热量不足，火焰则会熄灭。整个粉尘爆炸过程虽与气体爆炸相似，但有两点区别：一是粉尘爆炸所需点火能比气相爆炸的点火能要大约 10~100 倍；二是在可燃气体爆炸中，促使温度上升的传热过程主要是热传导，而在粉尘爆炸中，热辐射是热量传递的主要途径。

4. 粉尘爆炸的危害

① 粉尘爆炸的燃烧速度或爆炸压力上升速度比气体爆炸要小，但燃烧时间长，产生能量大，爆炸形成的冲击波持续作用时间长，因而具有极强的破坏性。粉尘爆炸的破坏力比同质量的炸药要大 3~4 倍。

② 发生爆炸时，有燃烧粒子飞出。如果此燃烧粒子溅射到可燃物或人体上，会使可

燃物局部严重炭化和人体严重灼伤。

③ 容易产生二次爆炸。第一次爆炸气浪把沉积在设备或地面上的粉尘吹扬起来，在爆炸后的短时间内，随着爆炸中心区温度下降，会形成负压，周围的新鲜空气便由外向内填补进来，形成所谓的“返回风”，与扬起的粉尘混合，在第一次爆炸的余火引燃下引起第二次爆炸。二次爆炸时，粉尘浓度一般比一次爆炸时高得多，故二次爆炸威力比第一次要大得多。

④ 能产生有毒气体。一种是一氧化碳，因为在粉尘爆炸中，氧气含量一般不足，可燃粉尘的不完全燃烧会产生大量的一氧化碳；另一种是爆炸物（如塑料）自身分解的毒性气体。毒气的产生往往造成爆炸过后的大量人畜中毒伤亡。如煤矿中发生粉尘爆炸后，由于矿井中通风条件差，爆炸产物不易扩散稀释，较长时间保持较高的一氧化碳浓度，所以煤矿粉尘爆炸中的死亡人员中多半是因为一氧化碳中毒所引起的，因此粉尘爆炸产生的有毒气体问题必须受到充分重视。

5. 影响粉尘爆炸的因素

影响粉尘爆炸的因素有粉尘自身形成的和外部条件形成的两方面因素。就粉尘自身因素来说，又有化学因素和物理因素两类。化学因素主要指燃烧热和燃烧速度，此外还有水汽及二氧化碳的反应性等。物理因素主要指粉尘浓度和粒径分布，还有粒子形状、比热、热传导率、表面状态、带电性和粒子凝聚特性等也应考虑的。外部因素有气流运动状态、氧气浓度、可燃气浓度、湿度、窒息气浓度、阻燃性粉尘浓度和燃烧灰分、点火源状态等。

（五）蒸气爆炸

各种物质由液态转变为气态的过程称为汽化。当温度低于该液体的临界温度时，所蒸发的气体称为蒸汽；当温度高于该液体的临界温度时，则称为蒸气。汽化过程可以通过液体的表面蒸发实现，也可通过液体内部产生的气泡以沸腾形式实现。水、有机液体等液态物质在容器内处于过热状态时，一旦容器破裂，气液平衡破坏，液体就会迅速汽化而发生爆炸。

1. 蒸气爆炸的定义

蒸气爆炸是指液体急剧沸腾产生大量过热蒸气而引发的一种爆炸式沸腾现象。引起这种爆炸的原因有：

① 低沸点液体进入高温系统，当此高温系统的温度高于此液体的沸点时，大量的液体突然蒸发（闪蒸）导致压力剧增而引起爆炸；

② 冷热液体相混且温度已超过其中一种液体的沸点；

③ 分层液体中高沸点液体受热后将热量传给低沸点液体使之汽化；

④ 封闭层下的液体受热汽化；

⑤ 液体在系统内处于过热状态，一旦外壳破裂、液体泄漏、压力降低，过热液体会突然闪蒸引起爆炸。

2. 蒸气爆炸的分类

（1）以过热液体的种类划分

① 过热液体为水，炽热的熔融金属与水接触，产生大量水蒸气的爆炸事故（又称熔盐池爆炸），或者蒸汽锅炉由过热水引发的锅炉爆炸；

② 过热液体为氯、氨等有毒液化气体，则爆炸后，有毒物质的急剧散发将会致人中

毒和污染环境；

③ 过热液体为液化石油气之类的易燃液体，则可能引起以火球为特征的火灾灾害，或易燃液体急剧汽化后弥漫于空气中形成爆炸性混合物导致蒸气云爆炸。

（2）根据过热液体形成的过程分类

① 传热型蒸气爆炸。热从高温物体向与之接触的低温液体快速传热，液体瞬间转变成过热状态，造成蒸气爆炸。

② 平衡破坏型蒸气爆炸。指在密闭容器中，在高压下保持与其蒸气压平衡的液体，由于容器破坏而引起高压蒸气泄漏，器内压力急剧减少，液体因而处于过热状态，导致发生蒸气爆炸。

蒸气爆炸，归纳起来必须具备3个前提：一是储罐内液相部分要处于过热状态，且过热液体的量要大；二是储罐内液温与常压沸点之间的温差要大；三是储罐内液面上方气相空间处的金属罐壁产生较大的裂缝，致使内压急剧下降。

目前我国广泛采用的是常温加压方式来储存液化石油气。如常见的球型储罐、卧式储罐以及汽车槽车上专用槽罐等均采用这种方式。在该储存方式下液化石油气极易发生平衡破坏型爆炸。

上述两种类型的蒸气爆炸，都会使储罐内的液化气高速喷出并夹带着大量的雾滴，在大气中再以250倍的倍率汽化并与空气形成爆炸性混合气体，一旦遇明火就会发生化学性爆炸。

3. 液化气体或过热液体蒸气爆炸的条件和特征

（1）容器外壳破裂

液体在密闭容器中具有一定的蒸气压，只要有气相空间，蒸气和液体保持物理化学平衡。此时，如气相部分的容器外壳发生裂缝，高压蒸气就会通过裂缝喷出，容器内压急剧下降，直到等于环境压力。由于内压急剧下降，气液平衡被破坏，过热状态的液体，为了再次恢复平衡，在整个液体内部会均匀地产生沸腾核，产生大量的气泡，液体体积急剧膨胀，液体因膨胀力而获得惯性，猛烈冲击器壁而呈现很大的液击现象，使容器的裂缝范围扩大，最后断裂，碎片飞散，从而形成蒸气爆炸。

（2）可燃蒸气爆炸

如果过热液体是水或二氧化碳等不燃性物质时，蒸气爆炸只限于容器破坏后内容物的喷出；如果液体是可燃性有机液体或液体石油气，由于蒸气爆炸而喷射到空气中的可燃性气体和液体喷雾形成的蒸气云，遇点火源而着火导致空间化学爆炸，爆炸压力高，且爆炸后在空中形成巨大的火球，这是因为可燃性物质在爆炸时的浓度太高，在爆炸后形成的扩散燃烧的现象。

（3）压力降速度

压力降速度取决于装置压力与环境压力的差别、装置裂缝面积与裂缝位置以及介质的特性等因素。压力降越大，降压所需时间越短；蒸气爆炸越猛烈，爆压就越高；如果压力降不大，内压下降缓慢，蒸气所产生的爆炸就弱，压力突跃就难以发生。

（4）裂缝面积与位置

当裂缝位置处于液相部位时，尽管液体会渗出或喷出，并瞬间快速蒸发，但由于液体的流出阻力较大，流出速度受到限制，内压下降的速度缓慢，装置内的液体的过热程度较小，不会发生蒸气爆炸。当在容器的气相部分产生裂缝时，如果裂口较小，装置内压不会急剧下降，液体不会达到过热状态，其作用过程类似于安全阀等安全装置，因此也不会发生爆炸；只有当在容器的气相部位产生较大面积的裂缝时，才会使装置在极短的时间内形成较大的压力降，导致液体过热，形成蒸气爆炸。

容器中气相部分所产生的裂缝越接近液面，则对液体而言，产生的压力降也越快，所形成的蒸气爆炸也越猛烈。

(5) 容器中气相体积

当容器被高压状态下的液体充满时，装置内没有气相空间，此时，即使只有很小的裂缝，由于少量液体的泄漏，也会引起内压的极速下降而处于过热状态，最终导致爆炸。因此，盛装液化气体或过热液体的容器，不能充满，需留有足够的安全空间，防止因少量液体的泄漏导致事故的发生。

三、火灾、爆炸的预防

火灾是由失去控制的燃烧所引发的灾害现象，而爆炸则是火焰快速传播的极端情况。随着科学的发展，人类面临的火灾、爆炸现象更加复杂和多样化。材料科学的发展，使得可燃物的种类大大增多；各种能源形式和种类电子产品的使用，使得导致火灾爆炸的因素更为复杂、多样和隐蔽；建筑、交通和航天的发展，使火灾爆炸环境大为复杂。为减少火灾爆炸损失，深刻认识这些复杂的火灾现象的基本规律，才能开展有效的火灾防治工作。

减少火灾、爆炸的潜在破坏性有两种方法，即防止火灾或爆炸的发生；火灾或爆炸发生后将其破坏降到最低。

(一) 火灾及其分类分级

1. 火灾的分类

火灾是指在时间或空间上失去控制的燃烧所造成的灾害。火灾大多数是一种社会现象，发生火灾的主要原因可归纳为3个方面：一是人的不安全行为（含纵火）；二是物质的不安全状态；三是工艺技术的缺陷。人的不安全行为是最主要的因素。

依据物质燃烧特性，火灾可划分为A、B、C、D、E五类。

① A类火灾。指固体物质火灾。这种物质大多是有机物质，一般在燃烧时产生灼热的余烬。如木材、煤、棉、毛、麻、纸张等火灾。

② B类火灾。指液体火灾和可熔化的固体物质火灾。如汽油、煤油、柴油、原油、甲醇、乙醇、沥青、石蜡等火灾。

③ C类火灾。指气体火灾。如煤气、天然气、甲烷、乙烷、丙烷、氢气等火灾。

④ D类火灾。指金属火灾。如钾、钠、镁、铝镁合金等火灾。

⑤ E类火灾。指带电物体和精密仪器等物质的火灾。

2. 火灾的分级

根据《生产安全事故报告和调查处理条例》规定的生产安全事故等级标准，事故等级分为特别重大、重大、较大和一般火灾。（见第三章中第二节事故分级）

(二) 防火防爆的基本原理和措施

防火防爆措施是化工安全技术的重要内容之一。为了确保安全生产，首先必须做好预防工作，消除可能引起燃烧爆炸的危险因素，这是最根本的解决方法。从理论上讲，使可燃物不处于危险状态，或者消除一切火源。这两个措施，只要控制其一，就可以防止火灾和化学爆炸事故的发生。但在实践中，由于生产条件的限制或某些不可控制因素的影响，仅采取一种措施是不够的，往往需要采取多方面的措施，以提高生产过程的安全程度。另外还应考虑其他辅助措施，以便在万一发生火灾爆炸事故时，减小危害的程度，将损失降到最低。

1. 引发火灾、爆炸的条件控制

燃烧过程需要3个基本因素，即可燃物、助燃剂及点火源同时存在并相互作用，一旦达到条件，就可能引起火灾。引发爆炸的条件为爆炸品（内含还原剂和氧化剂）或可燃物与空气的混合物及起爆能源同时存在、相互作用。如果采取措施避免或消除上述条件之一，就可防止火灾或爆炸事故的发生，这就是防火防爆的基本原理。

2. 防火防爆的措施

在制定防火、防爆措施时，可以从以下4点进行考虑：

① 预防性措施。这是最理想、最重要的措施，其基本出发点是使可燃物、氧化剂与点火（起爆）源相分离，没有相互结合、作用的机会，从根本上杜绝发火引爆的可能性。

② 限制性措施。一旦发生火灾事故，就需要采取有效措施，限制火灾蔓延、扩大。如安装阻火、泄压设备，设置防火墙等。

③ 消防措施。万一不慎起火，要尽快组织人员、物资对火灾进行扑灭。特别是尽可能在着火的初期就能将火扑灭，可以避免带来严重损失的重大火灾的发生。

④ 疏散性措施。预先采取必要的措施，可在火灾发生时迅速将人员或重要物资撤到安全区，以减少损失。

（三）防止可燃可爆系统形成的基本方法

把预防火灾爆炸的措施分为两大类，即消除导致火灾爆炸灾害的物质条件（可燃物与氧化剂的结合）及消除导致火灾爆炸灾害的能量条件（即点火能源）

1. 消除导致火灾爆炸的物质条件

（1）替代性原则

在生产过程中尽量不用或少用可燃物。通过生产工艺的改进，以不燃物质代替可燃物；或以危险性小的物质代替危险性大的物质，这是防火防爆的根本性措施。

（2）隔离性原则

即在易燃易爆危险品的使用过程中防止泄漏，工艺设备尽量密闭化。既要防止带压设备中可燃物漏出或氧化剂漏入，也要防止空气渗入到负压设备内部，从而防止燃爆型混合物的产生，达到防止火灾爆炸发生的目标。

（3）管理措施

加强安全管理措施。内容包括对于可能存有可燃气体或粉尘的场所，要设置良好的通风除尘装置，降低空气中可燃物的浓度。在可能出现可燃气体的场所安装报警装置，时刻监测可燃物质的浓度。对有燃、爆可能性的危险物质的储存、保管、运输都要根据其特性采取相应的防范措施。对所有参与危险化学品作业的人员进行严格的安全法律法规、安全技术及安全知识的教育。

2. 消除点火源的方法手段

（1）防止撞击、摩擦产生火花

机械设备上转动部分的相互摩擦、铁器的互相撞击或铁制工具的相互打击、带压管道或铁制容器的开裂、物料喷出与器壁的摩擦等，都可能产生高温或火花，成为火灾、爆炸的点火源。因此，在易燃易爆场所应采取相应的措施，如危险场所严禁穿带钉鞋进入，用铜制、木制工具代替铁制工具，凡可能发生撞击或摩擦的两部分采用不同的金属材料等。

（2）防止可燃气体绝热压缩

当气体绝热压缩时，会使温度上升。当压力比达到一定程度时，温度可升高至该气体的燃点，从而导致火灾或爆炸事故的发生。

（3）防止高温表面成为火源

工业生产中的加热装置、高温物料的输送管道、高压蒸汽管道、高温反应设备的表面及白炽灯表面等的温度一般都较高，此外由机械摩擦导致发热的转动部分、烟筒等也具有较高的温度。当可燃物与这些高温表面接触较长时间，就可能被引燃。对一些自燃点较低的物质，尤其需要注意避开这些高温场所。为此，高温表面应有保温、隔热措施，可燃气体排放口应远离高温表面，同时要注意高温表面的清洁工作，防止高温表面上黏附的污垢发生自燃。

（4）防止热射线（主要为日光）

直射的太阳光通过凸透镜、圆形玻璃瓶、有气泡的平板玻璃等会聚集形成高温焦点，可能点燃可燃性物质。为此，有爆炸危险的厂房和库房必须采取遮阳措施，将窗玻璃涂上白漆或采用磨砂玻璃，保持这些场所的清洁卫生，清除所有可能聚光的玻璃、塑料等透明材料，尤其是一些碎玻璃必须及时清扫。

（5）防止电气火灾爆炸

电气火灾爆炸在火灾爆炸事故中占据着相当大的比例。

（6）消除静电火花

在一定条件下两种不同物质相互接触、分离产生的高电压放电时，可以产生静电火花，引起火灾爆炸事故。因此在火灾爆炸危险场所需有防止静电产生的相关措施。消除静电火花的方法见本章防止电气火灾爆炸一节。

（7）防雷电火花

雷电是自然界中的静电放电现象，雷电所产生的火花温度可熔化金属，也是引起火灾爆炸事故的重要原因之一。因此火灾爆炸危险场所需要有完备的防雷电措施。

（8）其他用火的控制

生产过程中的明火主要指加热用火、维修用火及其他火源。

① 加热火源的控制。加热易燃物料时，应避免采用明火，宜采用蒸汽、热水或其他间接热载体装置。防止产生易燃物料局部温度过高的现象。

② 维修用火的控制。维修用火主要指焊、割、喷灯等作业，是工矿企业引起火灾爆炸事故的主要原因之一。对维修用火，一般都有较为严格的管理规定，应严格遵守。

③ 其他用火的控制。制定严格的规章制度，并实行经常性检查制度，采取切实可行的措施防止烟头、火柴、烟囱飞火，以及汽车、拖拉机、柴油机的排气管喷火。这些火种

都可能引起可燃物质的燃爆。

四、限制火灾爆炸蔓延扩散的措施

（一）防止燃烧、爆炸的方法手段

1. 确保设备安全

确定设备的安全性，需要考虑以下因素：是否按照相关要求设计；是否按照设计说明进行正确制造；是否有适当的安全防护装置；维护、检查的程序是否完善。

化工设备的安全性能主要由以下4类来考查：

（1）压力容器

按现有国家的规范、标准及法规执行。在设计时，除这些标准外，还需要考虑结构材料、施工方法、设计强度等因素。设计温度和设计压力，应该根据操作中的最大值确定。同时要注意放空口和安全阀排出口的危险物滞留可能引起的二次危险。

（2）可燃物的泵、压缩机

这些设备是化工设备中较易发生故障及泄漏的设备，应尽可能地安装在室外通风良好的位置，同时采取防震措施和支撑方案进行安装。特别是输送可燃流体的泵，为了防止火灾过程中人员无法接近，可燃流体仍能继续被泵输送，应在适当的地点安装有远程控制切断阀门。

（3）加热器和加热炉

不得设置在可燃气体的可能散发区域。应特别注意点火装置、控制装置、压力安全装置以及燃烧室内的通风。加热器和加热炉的配管系统，都应安装紧急情况下的切断阀和防止倒流的止逆阀。

（4）自动化、仪表化装置

自动化、仪表化是化工装置安全运行的重要因素。所有的仪器仪表都应具有良好的可靠性、耐腐蚀性和耐候性。仪器仪表要易于检查和维修。

2. 物料加工和操作安全

对危险化学品要建立档案，按170公约和我国的《工作场所安全使用化学品规定》、《工作场所安全使用化学品规定》及《化学品的安全技术说明书》的要求生产、使用、保存和处置危险化学品。对危险化学品的性质及所具有的危险性和可能造成的损失伤害进行充分了解，对发生危险的防范技术手段、措施进行必要的准备。

在化学品的生产操作过程中，需针对各种操作的特点及其危险特性，将危险化学品的状态控制在安全水平之内。尤其在危险化学品的脱氢、加氢、氧化、蒸馏、热裂解等容易产生可燃气体或处于能量较高状态的物料，应加强管理，防止危险危害的发生。

3. 装置布局安全

化工装置的布局和排列，对于绝大多数操作都应该是最有效的，而且安全问题也必须放在同样重要的地位。对于大量处理易燃液体的单位，装置布局和设备间距注意以下5点：

① 危险性大的区域应要保留足够的空间并与其他部分保持一定安全距离；

② 装置事故不能影响水电气等关键设备；

③ 可能浸水时，应该设置防水设备；

④ 应该特别注意公路、铁路在装置附近的情况；

⑤ 对于道路的设置，应该注意在发生事故时救援车辆与人员能容易接近，受灾人员及物资能及时疏散。

（二）灭火的基本原理与方法

火灾科学研究的最终目的是为火灾防治有效性和经济性的统一提供科学依据，减少火灾损失和促进社会的和谐和安定。“防”和“治”是目前减少火灾损失的两种基本途径。火灾防治分为主动和被动两种方式，前者包括探测、报警、疏散和灭火等；后者包括阻燃、抑烟和防火等。火灾探测技术是防的重要组成部分，其工作原理与化学密切相关。灭火是治的主体，灭火剂大多由化学物质按一定配比制备而成，需根据燃烧物类型选择不同的灭火剂。

1. 灭火剂及常用灭火系统

灭火剂是指能够有效地破坏燃烧条件使燃烧终止的物质。绝大多数灭火剂用于灭火时，都会发生化学或物理反应。

灭火剂中使用的方法主要是通过吸热反应以防止或降低升温速率；隔离以阻止可燃物与氧气反应；包覆可燃物以阻挡可燃气体挥发；产生自由基以中止燃烧链反应等过程。以下简单介绍灭火剂和灭火系统。

我国灭火剂的发展史与现状见表 5-3。

表 5-3　　我国各阶段研发的主要灭火剂

年份	主要成果
1949—1966	水、CO_2、CCl_4、化学泡沫和蛋白泡沫灭火剂
1966—1979	哈龙 1211、蛋白泡沫、碳酸氢钠干粉、烟雾、金属皂型抗溶泡沫等灭火剂
1979—1989	水成膜泡沫、高倍泡沫、凝胶型抗溶泡沫、磷酸铵盐干粉灭火剂
1990—今	成膜氟蛋白和新型水成膜、氯化钾干粉、气溶胶三氟甲烷等灭火剂

2. 常用的灭火方法原理

（1）隔离灭火法

这是常用的灭火方法之一，将燃烧物质与附近未燃的可燃物质隔离或疏散，使燃烧过程因缺少可燃物质而停止。这种灭火方法适用于扑救各种固体、液体和气体火灾。

（2）窒息灭火法

阻止外界空气流入燃烧区，或用惰性气体稀释空气，减少空气中的氧含量，使燃烧物质因得不到足够的氧气而熄灭。常用的二氧化碳灭火剂的主要作用就是窒息灭火。但火药类即自身能发生氧化还原反应的活性物质不能使用此方法灭火，如硝酸铵火灾。

（3）冷却

即将灭火剂直接喷洒在燃烧的物体上，将可燃物质的温度降低到燃点以下，以终止燃烧。同时也可用灭火剂喷洒在火场附近的可燃物上起冷却作用，防止其受辐射热升温达到燃点而着火燃烧。火灾消防中喷洒水的主要原理就是起冷却降温作用。

（4）化学抑制

上述几种方法在灭火过程中，灭火剂并不参与燃烧反应，属于物理灭火方法。而化学抑制灭火法则是使灭火剂参与到燃烧反应中去，起到抑制燃烧反应的作用。在这个过程中，灭火剂在火场中产生了一定的自由基，这些自由基与燃烧链反应过程中的自由基结合，形成稳定的分子或低活性的自由基，从而切断了燃烧过程中氢、氧自由基的连锁反应链，使燃烧停止。

具有上述 4 种方法效能的具体灭火措施是多种多样的。在灭火中，应根据可燃物的性质、燃烧特点、火灾大小、火场周边环境等具体条件以及消防技术装备的性能等情况，选择一种或几种办法。一般来说，综合运用多种灭火方法的效果较好。

无论哪种灭火方法，都要重视初起火场的扑灭工作。一般火灾初起时，过火面积小，火势不太猛烈，比较容易扑灭，可实现火灾的快速扑灭。随着时间的推延，火势将可能迅速蔓延，从而使扑救时机被贻误，将会造成重大损失。

3. 灭火剂的分类及其灭火原理

几种常用的灭火剂的灭火原理如表 5-4 所列。

表 5-4　　灭火剂及其灭火原理

灭火剂	灭火原理
水（包括含添加剂的水）	吸热制冷，窒息
干粉灭火剂	冷却、窒息、隔离和化学抑制作用
泡沫灭火剂	吸热膨胀、成炭隔离、空气隔绝
卤代烷灭火剂（哈龙）	抑制燃烧链、隔离
惰性气体灭火剂	隔离

火灾发生初期，火势较小，如能正确使用好灭火器材，就能将火灾消灭在初起阶段，不至于使小火酿成大灾，避免重大损失。

通常用于扑灭初起火灾的灭火器，类型较多，使用时必须针对火灾燃烧物质的性质。否则会适得其反，有时不但灭不了火，而且还会发生爆炸。由于各种灭火器材内装的灭火药剂对不同火灾的灭火效果不尽相同，所以必须熟练地掌握灭火器在扑灭不同火灾时的作用。

针对火灾有不同的类型，对它们的扑灭方式也不相同。所以应根据燃烧对象的不同，采用相对应的灭火器材。各类火灾所对应的灭火剂的种类如表 5-5 所列。

表 5-5　　火灾类型与其相应的灭火剂

火灾类型	相应的灭火剂
A 类	水、干粉、泡沫、哈龙灭火剂等
B 类	ABC 干粉、BC 干粉、CO_2、泡沫、哈龙灭火剂等
C 类	ABC 干粉、BC 干粉、CO_2、哈龙灭火剂等
D 类	特殊干粉、膨胀石墨、砂、土等
E 类	干粉、CO_2、哈龙灭火剂等

4. 几类常用的灭火剂

（1）水

① 灭火原理：冷却和窒息。水的灭火原理主要是利用水的高比热容及大汽化热，对着火现场及可燃物实现冷却降温作用。同时，在火场的热量作用下，大量水的蒸发形成的水蒸气能有效降低空气中的氧含量，从而达到使火焰窒息的目的。

② 禁忌：遇水燃烧物质。凡是能与水发生化学反应，产生大量可燃气体，同时放出一定热量，当温度达到可燃气体的自燃点或可燃气体接触到明火时便可立即引发燃烧或爆炸的物质。

常见的遇水燃烧的物质：

a. 活泼金属及其合金类，遇水放出氢气并放热，如金属钠、钾等；

b. 金属粉末类，在高温下遇水放出氢气并放热，如金属铝粉、镁粉等；

c. 金属碳化物类，遇水生成易燃的乙炔并放热，如电石（CaC_2）等；

d. 硼氢化物类，与水反应放出氢气和热量，如硼乙烷、硼丁烷及这些物质的衍生物，但该类物质与水的反应速率相对较小；

e. 金属磷化物类，与水反应生成剧毒化合物磷化氢，同时磷化氢在室温下就可产生自燃；

f. 金属硫化物类，尤其是可溶性金属硫化物，如硫化钠、硫化铵、硫化钡等，它们与水反应可产生易燃的硫化氢；

g. 有机金属化合物类，该类物质可与水发生快速反应，生成碳氢化合物，同时放出一定的热量。

③ 水灭火剂的应用范围：普通固体物质所引起的火灾。

（2）细水雾灭火剂

水是灭火剂中性能价格比最高的，为了提高灭火效率，节约用水，人们进行了大量的工作，通过化学方法，在水中加入少量添加剂改变水的物理化学性质，加快灭火速率。采用物理方法，改变水的喷洒状态，利用水雾也可提高灭火效率。

① 细水雾。在最小设计工作压力下，距喷嘴 1 m 处的平面上，测得水雾最粗部分 99%的水微粒直径小于 1 mm。它是将含有一定压力的水通过特殊喷嘴而产生的水的微粒。

② 灭火机理。汽化吸热降温作用；降低整个空间的氧含量，起窒息作用；阻止热辐射扩散作用；火焰的拉伸作用。

③ 细水雾灭火系统的适用火灾及应用场所。与水相同，不能直接用以保护禁水性物质，但与一般水系统灭火设备同样可适用于 A 类火灾的可燃物。现主要用于各种运输工具及建筑物。

（3）干粉灭火剂

① 定义。干粉灭火剂是一种干燥的易于流动的微细粉末，由主要能够灭火的基料和各种添加剂如防潮剂、流动促进剂、防结块剂等组成。

② 分类。可分为三大类，以碳酸盐为基料；以磷酸盐为基料；以氯化钠、氯化钾、氯化钡等为基料的干粉。

③ 灭火机理有：

a. 化学抑制作用。燃烧过程是一种连锁反应过程，自由基是维持燃烧连锁反应的关键，它们具有很高的能量，性质非常活泼，但寿命很短，一经生成，立即引发下一步反应，生成更多的自由基，使燃烧过程得以延续且不断扩大。干粉灭火剂的灭火组分是燃烧的非活性物质，当把干粉加入燃烧区与火焰混合后，干粉粉末与火焰中的自由基接触并将自由基吸附在粉末表面，从而中断了自由基的延续，使火焰熄灭。

b. 隔离作用。喷出的固体粉末覆盖在燃烧物表面，构成阻碍燃烧的隔离层。特别是当粉末层达到一定厚度时，还可以起到防止复燃的作用。

c. 冷却与窒息作用。粉末在高温下会发生分解而释放出结晶水，这个过程属吸热反应，而分解生成的不活泼气体又可稀释燃烧区域的氧气浓度，从而起到冷却与窒息作用。

④ 干粉灭火系统的主要应用场合为易燃、可燃液体，伴有压力的易燃液体或气体设施，室内外变压器，大量易燃固体的堆积场所。

针对不同的火灾类型，有相应型号的干粉灭火剂，即 A 型、AB 型、ABC 型和 ABCD 型干粉灭火剂。

（4）泡沫灭火剂

① 定义。凡能与水混溶，并可通过化学方法或机械方法产生泡沫的灭火药剂，称为泡沫灭火剂。泡沫灭火剂可分 3 类：按泡沫生成机理可分为化学泡沫灭火剂和空气泡沫灭火剂；按发泡倍数可分为低倍（20 倍）、中倍（20~200 倍）和高倍（200 倍以上）；按用途可分为普通型泡沫灭火剂和抗溶剂型泡沫灭火剂。

② 泡沫灭火剂的灭火机理。由于泡沫的密度远小于一般的可燃液体，因此可以漂浮在液体表面。当泡沫灭火剂通过化学或机械作用产生的泡沫被施加到可燃物表面时，在其表面形成的泡沫覆盖层具有一定的隔绝空气作用；泡沫层还能屏蔽火焰对可燃物表面的热辐射，阻止可燃物的蒸发和热解。此外泡沫还具有一定的冷却降温作用，蒸发后具有稀释氧气作用，泡沫具有一定的黏性，可以比较稳定的附着在可燃固体的表面。

③ 几种常用的泡沫灭火剂。

a. 化学泡沫灭火剂，硫酸铝与小苏打；

b. 蛋白泡沫灭火剂，以蛋白质水解液的浓缩液为基料；

c. 氟蛋白泡沫灭火剂，广泛应用于石油化工中的灭火剂；

d. 水成膜（轻水）泡沫灭火剂。

（5）哈龙灭火剂（卤代烷灭火剂）

① 卤代烷的定义。卤代烷是指烷烃（C_nH_{2n+2}）分子中的氢完全或部分被卤素取代后所形成的一类有机化合物，商品名为氟利昂（Freon）。它主要用于制冷剂、气雾剂、塑料工业用的发泡剂以及消防行业的灭火剂等。含溴的氟氯烃主要用作灭火剂，简称哈龙（Halon）。

② 灭火剂的命名。

哈龙（Halon）	□	□	□	□
	碳	氟	氯	溴

如哈龙 1211，表示分子中含 1 个碳原子，2 个氟原子，1 个氯原子及 1 个溴原子。

③ 哈龙灭火剂的灭火机理。哈龙灭火剂在火焰中，会产生自由基，当这些自由基与燃烧反应中的链式反应的自由基结合后，链式反应中的活性自由基被消除，燃烧反应就会被终止，从而达到灭火目的。

④ 哈龙灭火剂的适用火灾类别。哈龙灭火剂由于具有灭火速率快，用量少、易汽化、全淹没、洁净、不导电，长期储存不变质等诸多优点，应用范围很广。它可用来扑救可燃气体、可燃液体、可燃固体火灾以及电气设备火灾。由于哈龙灭火剂灭火后不留痕迹、不污染着火物质，因此它是扑救电子计算机房、图书档案馆和精密仪器室火灾的理想灭火剂。哈龙灭火剂的主要缺点是破坏臭氧层及产生温室效应的气体。

哈龙灭火剂不适宜扑救下列物质的火灾，如无空气也能迅速氧化的化学物质、活泼金属、能自行分解的化学物质、能自燃的物质等。

第二节　压力容器安全技术

一、概述

压力是确定物质状态的基本参数，它可以使物体产生形变。大多数物质的熔点、沸点等理化性能随着压力的变化而发生改变。超高压下物质的性质和形态与常压时有很大的不同。压力还可以改变化学反应过程的速率和化学反应的转化率。因此，几乎每一个化工工艺过程都离不开压力容器。在化工生产中普遍使用的塔、釜、罐、槽等大多数属于压力容器的范畴。这些设备具有各种各样的形式和结构，从几十升的瓶、罐至石油化工中数万立方米的球形容器或高达上百米的塔式容器和反应器，这些容器的工作环境复杂、作用重要、危险性大。因此加强压力容器的安全管理是实现现代化工安全生产的重要环节之一。

二、压力容器的分类

压力容器是一种能承受压力载荷的密闭容器，它的主要作用是用于储存、运输被压缩的气体或液化气体，或者当这些气体、液化气体作为反应介质及传热、传质的媒介时为其提供一个密闭的空间。目前我国纳入安全监管范围的压力容器是指压力和容积达到一定数值，一旦发生事故，其后果严重的容器，它具备以下 3 个条件：

① 最高工作压力 $p \geqslant 0.1$ MPa（表压）；

② 管、筒状容器的内直径 $D \geqslant 0.15$ m，且容积 $V \geqslant 0.25$ m^3；

③ 盛装介质为气体、液化气体或最高工作温度高于或等于其标准沸点的液体。

由于压力容器的品种、性质和用途各异。因此，压力容器有不同的分类方法。

1. 按工作压力分类

① 低压容器（$0.1 \leqslant p < 1.6$ MPa），多用于化工、机械制造、冶金采矿等行业；

② 中压容器（代号 M）（$1.6 \leqslant p < 10$ MPa），多用于石油化工；

③ 高压容器（代号 H）（$10 \leqslant p < 100$ MPa），主要用于合成氨工业及部分石油化工；

④ 超高压容器（代号 U）（$p \geqslant 100$ MPa），主要应用于高分子聚合设备等。

一般情况下，中、低压容器大都是薄壁容器，高压、超高压容器往往是厚壁容器。

2. 按在生产工艺过程中的作用原理分类

按在生产工艺过程中的作用原理分，压力容器可分为以下 4 种：

① 反应容器（代号 R）：主要用来完成工作介质的物理、化学反应的容器称为反应容

器。如反应器、发生器、聚合釜、合成塔、变换炉等。

② 换热容器（代号 E）：主要用来完成介质的热量交换的容器称为传热容器。如热交换器、冷却器、加热器等。

③ 分离容器（代号 S）：主要用来完成介质的流体压力平衡、气体净化、分离等的容器称为分离容器。如分离器、过滤器、集油器、储能器、缓冲器、洗涤塔、铜洗塔、干燥器等。

④ 储运容器（代号 C，球罐代号为 B）：主要用来盛装生产和生活用的原料气体、液体、液化气体的容器称为储运容器。如储槽、储罐、槽车等。

3. 按危险性和危害性分类

从安全监察的角度，将压力容器按照其危险性和危害性进行分类，即综合考虑设计压力的高低、容器内介质的危险性大小、反应或作用过程的复杂程度以及一旦发生事故的危害性大小，把压力容器分为 3 类。

① 第 1 类容器。非易燃或无毒介质的低压容器、易燃或有毒介质的低压传热容器和分离容器属于第 1 类压力容器。

② 第 2 类容器。任何介质的中压容器；剧毒介质的低压容器；易燃或有毒介质的低压反应容器和储运容器；低压管壳式余热锅炉；低压搪瓷压力容器等属于第 2 类压力容器。

③ 第 3 类容器。高压、超高压容器；$pV \geqslant 10\ \text{MPa} \cdot \text{m}^3$ 的剧毒介质低压容器和剧毒介质的中压容器；$pV \geqslant 0.5\ \text{MPa} \cdot \text{m}^3$ 的易燃或有毒介质的中压反应容器；$pV \geqslant 5\ \text{MPa} \cdot \text{m}^3$ 的中压储运容器以及中压废热锅炉和内径大于 1 m 的低压废热锅炉；$pV \geqslant 0.2\ \text{MPa} \cdot \text{m}^3$ 的具有极高毒性和高度危害的介质；容积大于 50 m^3 的球形储罐；容积大于 5 m^3 的低温储存容器；移动式压力容器，包括铁路罐车、罐式汽车和罐式集装箱等均属于第 3 类压力容器。

当压力容器中的介质为混合物时，应以介质的组分并按上述毒性程度或易燃介质的划分原则由设计单位的工艺部门或使用单位的生产技术部门提供介质毒性程度和是否属于易燃介质的依据，无法提供依据时，按毒性危害程度或爆炸程度最高的介质确定。

此外，压力容器也有按容器内的介质分类或按容器的壁温进行分类的方法，也有将压力容器从使用管理角度考虑将压力容器分为固定式和移动式两类，其中将合成塔、反应釜、压力缓冲器、储罐等称为固定式压力容器；将气瓶、槽车等可移动的压力容器称为移动式压力容器。国家对这两类容器分别制定了不同的管理章程和技术标准、规范。

三、压力容器的使用

正确合理地操作和使用压力容器，是保证容器安全运行的一项重要措施。容器的使用单位在容器运行过程中，从使用条件、环境条件和维修条件等方面应采取控制措施，以保证容器的安全运行。

（一）压力容器的投用

1. 压力容器投用前的准备工作

① 检查容器安装、检验、修理工作后所遗留的辅助设施是否全部拆除；容器内有无遗留的工具、杂物等。如氧容器中有残油，氯容器中有水等都能导致严重的生产事故。

② 检查水、电、汽等供给是否正常恢复，道路是否畅通；操作环境是否符合安全运行的要求。

③ 检查系统中压力容器连接部位、接管等的连接情况，该取出的盲板是否抽出，阀门是否处于规定的启闭状态。

④ 检查附属设备及安全防护设施是否完好。

⑤ 检查安全附件、仪器仪表是否齐全，并检查其灵敏程度及校验情况，若发现安全附件无产品合格证或规格、性能不符合要求或逾期未校验等情况，不得使用。

⑥ 编制压力容器的有关管理制度及安全操作规程，操作人员应熟悉和掌握有关内容，并了解工艺流程和工艺条件。

2. 压力容器的开车与试运行

压力容器开车时应有专人负责、统一指挥，严格按开车方案执行。操作人员进入现场必须按规定穿戴各种防护用品和携带各种操作工具。安全部门应到场监护，发现异常情况应及时处理。

试运行前需对容器、附属设备、安全附件、阀门等进一步确认检查。在试运行过程中，操作人员应与检修人员密切配合，检查整个系统畅通情况和严密性，检查容器、机泵、阀门及安全附件是否处于良好状态，是否有跑、冒、滴、漏、串气、憋压等现象。需进行热紧密封的系统，应在升温的同时对容器、管道、阀门、附件等进行均匀热紧，并注意用力适当。当达到规定温度时，热紧工作应停止。

在容器进料时，操作人员要沿工艺流程跟随物料进程进行检查，防止物料泄漏或走错方向。同时应注意检查阀门的开启度是否合适，并密切注意运行中的细微变化。

（二）压力容器安全操作的一般要求

① 压力容器操作人员必须持证上岗，并定期接受专业培训与安全教育。

② 压力容器操作人员要熟悉本岗位的工艺流程，熟悉容器的类别、结构、主要技术参数和技术性能；严格按操作规程操作，掌握处理一般事故的方法，认真填写操作记录。

③ 严格控制工艺参数，严禁容器超温、超压运行，随时检查容器安全附件的运行情况，保证其灵敏可靠。

④ 平稳操作，容器运行期间，还应尽量避免压力、温度的频繁和大幅度波动。

⑤ 容器内有压力时，不得进行任何修理。对于特殊的生产工艺过程，需要带温、带压坚固螺栓、出现紧急泄漏情况需进行带压堵漏时，使用单位必须按设计规范制定有效的操作密闭防护措施。

⑥ 容器运行期间的巡回检查，及时发现操作中或设备上出现的不正常状态，并采取相应措施进行调整或消除。巡回过程中要密切注意液位、压力、温度是否在允许范围内，是否存在介质泄漏现象，设备的本体是否有肉眼可见的变形等，发现异常情况立即采取措施并报告。

⑦ 正确处理紧急情况。

（三）运行工艺参数的控制

每台容器都有特定的设计参数，如最大工作压力、最高最低承受温度、最大容积和有效容积、液位限制、介质腐蚀等。压力容器的运行过程中，其工作条件必须满足设计参数的限制要求，不得超限运行。

1. 压力和温度的控制

压力和温度是压力容器使用过程中的两个主要参数。压力的控制要点是控制容器的操作压力不超过最高工作压力，如经过检验认定压力容器不能按铭牌上的最高工作压力运行的容器，应按专业检验单位所限定的最高工作压力范围内使用，防止压力过高超过容器材料的变形限度而发生破裂和爆炸事故。由于材料的强度会随温度的升高而降低，而在低温下，材料表现出的主要缺陷是脆性增大。所以温度的控制主要是控制其极端的工作温度，即最高温度和最低温度。

压力容器运行过程中，操作人员应严格按照规定的工艺要求进行操作；充装用的仪表量具如压力表、磅秤等都应按规定的量程和精度选用。容器还应防止意外受热，如储存易于发生聚合反应的碳氢化合物的容器，为防止物料发生聚合反应使容器内气体温度急剧升高导致压力上升，应该在物料中加入相应的阻聚剂，同时限制这类物料的储存时间。

2. 液位控制

液位控制主要是针对液化气体介质的容器和部分反应容器而言。盛装液化气体的容器，应严格按照规定的充装系数充装，以保证在设计温度下容器内有足够的气相空间，防止温度升高过程中因容器内的气相空间不足，使气体压强过大或因泄漏导致蒸汽爆炸而造成事故。

3. 介质腐蚀性的控制

当压力容器中盛装有腐蚀性介质时，为防止容器的腐蚀，首先应在设计时根据介质的腐蚀性及容器的使用温度、使用压力，选择合适的材料，并规定一定的使用寿命。同时也应该注意到在操作过程中，介质的工艺条件对容器的腐蚀有很大的影响。因此必须严格控制介质的成分、流速、温度、水分、杂质含量及酸碱度等工艺指标，以减小腐蚀速率、延长使用寿命。

4. 交变载荷的控制

压力容器在反复变化的载荷作用下会因介质压强的变化而产生不同的形变，从而发生材料的疲劳破坏。为了防止容器发生疲劳破坏，就容器使用过程中的工艺参数控制而言，应尽量使压力、温度的升降平稳，尽量避免突然的开、停车，避免不必要的频繁加压和卸压。对要求压力、温度稳定的工艺过程，则要防止压力、温度的急剧升降，使操作工艺指标稳定。对于高温压力容器，应尽可能减缓温度的突变，以降低热应力。

(四) 压力容器运行中的检查

压力容器的使用安全与其维护保养工作密切相关。做好容器的维护保养工作，使容器在完好状态下运行，对于防患于未然、提高容器的使用效率、延长容器使用寿命是十分必要的。

1. 容器运行期间的维护保养

① 保持完好的防腐层。化工生产过程中许多介质都具有一定的腐蚀性，尤其是在高温高压条件下，这些介质的腐蚀能力更强。当工艺介质对容器材料有腐蚀性时，通常采用防腐蚀层来防止介质对器壁的腐蚀，如涂层、搪瓷、各种衬里等。防腐层一旦损坏，介质直接接触器壁，会加速局部腐蚀，将产生严重的后果。因此，要经常检查防腐层有无自行脱落，检查衬里是否开裂或焊缝处有无渗漏现象。发现防腐层损坏时，即使是局部损坏，也应该经过修补等妥善处理后才能继续使用。

② 对于有保温层的压力容器，要检查保温层是否安好，防止容器壁裸露。

③ 维护保养好安全装置。应使安全装置处于灵敏准确、使用可靠状态。因此必须在容器运行过程中，按照有关规定加强维护保养。

④ 减少或消除容器的震动。容器的震动对其正常使用有很大影响，当发现容器有震动时，应及时查找原因，采取措施，如隔离震源、加强支撑装置等，以消除或减轻容器的震动。

⑤ 彻底消除“跑”、“冒”、“滴”、“漏”现象。压力容器的连接及密封部位由于磨损或连接不良、密封损坏等原因，经常会产生各种泄漏现象。

2. 容器停用期间的维护保养

对长期停用或临时停用的压力容器，也应加强维护保养工作。停用期间保养不善的容器所受到的腐蚀等损害往往比使用过程中更加严重。在化工生产中因压力容器在停用期间保养维护工作不到位而造成严重事故的情况是屡见不鲜的。

停止运行的容器，尤其是长期停用的容器，一定要将内部介质排放干净，清除内壁所黏附的污垢、附着物和腐蚀性物质。对于腐蚀性介质，排放后还需经过置换、清洗、吹干等技术处理，使容器内部保持干燥和洁净，同时要保持容器表面的清洁，并保持容器及周围环境的干燥。此外，要保持容器外表面的防腐油漆等完好无损。有保温层的容器，还要注意保温层下的防腐、干燥和支座处的防腐。

（五）压力容器的定期检验

1. 压力容器的定期检验周期

压力容器定期检验制度是安全生产的重要保证，压力容器的检验周期应根据容器的技术状况、使用条件来确定。其检验周期具体规定如下：

① 外部检查是指在用压力容器运行中的定期在线检查，每年至少一次。

② 内外部检查是指在用压力容器停机时的检查，其检验周期分为：安全状况等级为1、2级的，每隔6年至少一次；安全状况等级为3、4级的，每3年至少一次。

③ 耐压试验是指压力容器停机检验时，所进行的超过最高工作压力的液压或气压试验。对固定式压力容器，每两次内外部检验期间内，至少进行一次耐压试验，对移动式压力容器，每6年至少进行一次耐压试验。

2. 压力容器定期检验内容

《压力容器安全技术监察规程》将压力容器的定期检验分为外部检查、内外部检验和耐压试验。

（1）外部检查

外部检查内容包括压力容器本体检查；外表面腐蚀情况检查；压力容器保温层的检查；容器与相邻管道或构件的检查；容器安全附件检查；容器支座或基础的检查。

除上述内容外，外部检查中还要对容器的排污、疏水装置进行检查；对运行容器稳定情况进行检查；安全状况等级为4级的压力容器，还要检查其实际运行参数是否符合监控条件。对盛装腐蚀性介质的压力容器，若发现容器外表面出现大面积油漆剥落，局部有明显腐蚀现象，应对容器进行壁厚测定。

外部检查工作可由检验单位有压力容器检验员资格的人员进行，也可由经过安全监察机构认可的使用单位的压力容器专业人员实施。

（2）内外部检查

内外部检查的目的是为了尽早发现容器内外部所存在的缺陷，包括在本次运行中新产生的缺陷以及原有缺陷的发展情况，以确定容器能否继续运行和为保证容器安全运行所必须采取的相应措施。

主要内容包括外部检查的全部内容；容器的结构检查；几何尺寸检查；表面缺陷检查；壁厚测定；材质检查；焊缝埋藏缺陷检查；安全附件和紧固件检查。

（3）耐压试验

耐压试验的目的是检验容器受压部件的结构强度，验证是否具有设计压力下安全运行所需要的承压能力，同时通过试验可检查容器各连接处有无渗漏，检验容器的严密性。

四、压力容器的安全使用管理

（一）压力容器安全管理基础工作

保证压力容器的安全运行，管理工作是其必要的基础。压力容器的使用单位管理工作主要包括以下几个方面。

1. 采购与验收

所选购的压力容器的总体要求要满足生产工艺需要、技术先进、检修方便、安全性能可靠，同时也要考虑到经济性和工作场所的适应性。其具体要求是：容器的压力等级与工艺要求适应；容器材质与介质特性、操作温度、生产工艺相适应；容器容积与生产能力相适应；有可靠的安全装置和理化性能的检测设施（温度、压力的测量，自动控制与报警设施）等。

验收工作主要包括容器生产厂家的生产资质、出厂资料是否齐全、正确，且符合购置要求；规格型号是否满足需要；产品铭牌是否与出厂技术资料相吻合；依据竣工图纸对实物进行质量检验；随机备件、附件质量与数量等。

2. 安装与调试

压力容器使用前需要进行安装调试。根据工艺条件和容器生产厂商的安装要求进行安装。安装时需注意接管的方位与安装螺栓的对应，尽量一次吊放就位。及时做好容器内部构件安装质量、固定螺栓的坚固及其他连接部位的焊接可靠；安全附件的安装调试等。

3. 建立压力容器的技术档案

为了全面掌握设备的情况，摸清使用规律，防止因盲目使用而发生事故，每台压力容器都必须建立完整的技术档案。档案应包括容器的原始技术资料和使用记录、检验修理记录。

（1）容器的原始技术资料

容器的原始技术资料包括容器的设计资料和制造资料。

容器的设计资料应有容器设计总图和受压部件图。中高压或低温容器的受压元件应有强度计算书。按应力分析设计的容器还应有局部应力计算资料等。

容器的制造资料应有出厂合格证，技术特性说明书和质量证明书。质量证明书中应包括主要零件化学成分与机械性能、无损探伤结果、焊接质量检查结果及耐压试验和气密性试验结果等。以上资料由设计、制造、安装单位提供，竣工验收时由安装单位连同容器一并移交使用单位。

（2）压力容器的使用检修记录

压力容器的使用检修记录主要有使用、检修过程的文字记载等，包括容器的操作压力、温度、工作介质、压力及温度的波动范围、间歇操作周期、工作介质的特性等。容器开始使用的日期、每次开停日期及变更使用条件等。容器每次检查的日期、检验内容、检验结果、水压试验情况和发现的缺陷及检修情况等。压力容器的使用记录由设备管理人员或操作人员负责按时填写并妥善保管。压力容器调出原使用单位，应将技术档案连同容器一并移交新的使用单位。此外，压力容器的技术档案还包括容器的安全附件技术资料。

通过压力容器的技术档案，可以使容器的管理、操作人员掌握设备的结构特征、介质参数和缺陷的产生发展趋势，防止由于盲目使用而发生事故。另外，档案还可以用于指导容器的定期检验以及修理、改造工作，亦是容器发生事故后，用以分析事故原因的重要依据之一。

4. 压力容器使用登记

压力使用单位，在压力容器投入使用前，应按劳动部颁发的《压力容器使用登记管理规则》的要求，逐台申报和办理使用登记手续，取得使用证，才能将容器投入运行。固定式容器的使用单位，必须向地、市级锅炉压力容器安全监察机构申请和办理使用登记手续；超高压容器和液化气体罐车的使用单位，必须向省级锅炉压力容器安全监察机构申请和办理使用登记手续。

(二) 压力容器安全管理工作的内容与要求

① 压力容器使用单位的技术负责人，必须对压力容器的安全技术管理负责，并根据压力容器的数量及对安全性能的要求，设置专门机构或指定具有专业知识的技术人员，具体负责容器的安全工作。

② 使用单位必须贯彻压力容器有关的规程与规章、标准和规范，据此编制本单位压力容器的安全管理规章制度及安全操作规程。

③ 使用单位必须持有压力容器有关的技术资料到当地相关的压力容器安全监察机构逐台办理使用登记手续，建立压力容器技术档案，并管理好有关的技术资料。

④ 使用单位应编制压力容器的年度定期检验计划，并负责实施。每年年底应将当年的检验计划完成情况和次年的检验计划报到主管部门和当地质量技术监督行政部门。

⑤ 压力容器使用单位应做好压力容器运行、维修和安全附件校验情况的检查，做好压力容器校验、修理、改造和报废等的技术审查工作。压力容器的受压部件的重大修理，改造方案应报当地锅炉压力容器安全监察机构审查批准。

⑥ 发生压力容器爆炸及重大事故的单位，应迅速报告主管部门和当地质量技术监督行政部门，并立即组织或积极协助调查，根据调查结果填写事故调查报告书，报送有关部门。

⑦ 使用单位必须对压力容器试验、焊接和操作人员进行安全技术培训经过考核取得合格证后，方可持证上岗操作。

(三) 压力容器安全管理制度

压力容器的使用单位应根据单位的生产特点制定相应的压力容器安全管理制度，主要包括：

① 各级岗位责任制。

② 基础工作管理制度。包括压力容器选购、验收、安装调试、使用登记、备件管理、操作人员培训计划及考核、技术档案管理和统计报表等制度。

③ 为保证压力容器的安全运行，在使用过程中应建立以下相应的技术管理制度。这些

制度包括容器的检验、维修、改造制度；使用、保养、紧急情况处理制度和事故报告制度。

（四）安全操作规程

压力容器的安全操作规程的主要内容有：

① 压力容器的操作工艺控制指标包括最高工作压力、最高或最低工作温度、压力及湿度的波动幅度控制值、介质成分尤其是有腐蚀性的成分控制值等。

② 压力容器岗位操作方法，开、停车的操作程序和注意事项。

③ 压力容器运行中日常检查的部位和内容要求。

④ 压力容器运行中可能出现的异常现象的判断和处理方法以及防范措施。

⑤ 压力容器的防腐措施和停用时的维护保养方法等。

第三节　电气安全技术

一、电气安全技术概述

生产过程中的各个环节电气的普遍应用，在带来便利的同时，也导致了电气事故发生的可能性迅速增大。电气事故主要包括各类触电事故、雷电、静电、电磁场危害、电气火灾或爆炸、电气线路和设备故障等各种事故。

（一）电气事故的特点与类型

1. 电气事故的特点

（1）电气事故危害大

电气事故往往伴随着危害和损失，严重的电气事故不仅会带来重大的经济损失，甚至还可能造成人员伤亡。同时，由于电气事故的发生，会严重影响正常的生产、经营过程，因而电气事故往往会伴随着二次事故的发生，使事故的危害更加严重。

（2）电气事故危险过程直观识别难

由于电是属于看不见、听不到，其本身不具备为人们直观识别的特征。因此，由电所引起的危险不易被人们察觉，使得电气事故的发生过程具有突发性。正因为如此，给电气事故的防护以及人员的培训教育带来一定难度。

（3）电气事故涉及领域广

电气事故并不仅仅局限在用电领域的触电、设备和线路故障等，在一些非用电场所，因电能的释放，也会造成灾害或伤害，如雷电、静电和电磁场危害等。电能的使用极为广泛，遍布各行业、各领域。可以说，只要有使用电的场所，就有可能发生电气事故，对电气事故的防范工作在这些地方就要认真进行。

2. 电气事故的类型

由于电气事故的特点是由于电能非正常作用于人体或系统所造成的。根据电能的不同作用形式，可将事故分为以下 5 类。

（1）触电事故

触电事故是以电流形式的能量作用于人体造成的事故。当电流直接作用于人体或置换成其他形式的能量（如热量）作用于人体时，人体都将受到不同形式的伤害。

（2）静电危害事故

静电危害事故是由静电电荷或静电场能量引起的。尽管在实际过程中产生的静电的能量一般都较小，不会直接造成人员的伤害。但是，静电的电压有时可高达数十千伏，容易发生放电现象，从而产生电火花。当此电火花与临界能量较低的易燃易爆物品接触时，可导致火灾爆炸事故的发生。当静电作用于一些控制电路时，可造成电气设备工作异常，进而引起次生事故。

（3）雷电灾害事故

雷电是大气中的一种放电现象，雷电放电具有电流大、电压高的特点。其能量释放具有释放时间短、能量密度大的特点，因此可造成极大的破坏力，能在瞬间造成人员伤亡和电气设备的损坏。

（4）射频电磁场危害

射频是指无线电波的频率或者相应的电磁振荡频率，泛指 100 kHz 以上的频率。射频伤害是由电磁场的能量造成的。在射频电磁场的作用下，人体因吸收辐射能量会受到不同程度的伤害。过量的辐射可引起中枢神经系统的机能障碍，出现神经衰弱等临床症状；可造成自主神经紊乱出现心律或血压异常；可引起眼睛伤害，造成晶体浑浊，严重时导致白内障；也可造成皮肤表层灼伤或深度烧伤等，如微波对人体的伤害等。

（5）电气系统故障危害

电气系统故障危害是由于电能在输送、分配、转换等过程中，失去控制而产生的危害。电气系统故障包括断线、短路、异常接地、漏电、误合闸、电气设备或电气元件损坏以及电子设备受电压侧发生的误动作等情况。系统中电气线路或电气设备的故障则可能引起火灾和爆炸、异常带电或停电，从而导致人员伤亡及重大财损失。

（二）电流对人体的伤害及防护

电流通过人体后，能使肌肉收缩产生运动，造成机械性损伤，电流产生的热效应和化学效应可引起一系列急剧的病理变化，使肌体遭受严重的损害，特别是流经心脏的电流，对人体的伤害更为严重。

1. 电流对人体的伤害

电流对人体所造成的伤害主要有电击、电伤和电磁场生理伤害 3 种形式。

① 电击是指电流通过人体内部，影响呼吸、心脏和神经系统，造成人体内部组织的破坏，乃至死亡的事件。通常所说的触电事故基本上都是指电击电流引起心室纤维性颤动和呼吸麻痹或中枢神经衰竭，从而造成昏迷乃至死亡。电击伤害的严重程度与通过人体的电流大小，电流通过人体的持续时间，电流通过人体的途径、电流的频率及人体健康状况等因素有关。

② 电伤是指电流的热效应、化学效应或机械效应对人体的伤害。电弧烧伤、电烙印、熔化的金属微粒渗入皮肤等伤害属于电流的热效应。

③ 电磁场生理伤害是指在高频磁场的作用下，人会出现头晕、乏力、记忆力减退、失眠、多梦等神经系统的症状。

2. 触电事故的种类

触电时，电流对人体所造成的伤害可分为局部电伤和全身性电伤（电击）两类。

（1）局部电伤

局部电伤是指在电流或电弧的作用下，人体部分组织的完整性明显地遭到破坏，有代表性的局部电伤有如下几类。

① 电灼伤。可分为接触灼伤（又称电流灼伤）和电弧灼伤。前者是人体与带电体直接接触，电流通过人体时产生热效应的结果。通常造成皮肤灼伤，只有在大电流通过人体时，才可能损伤皮下组织。后者是指电气设备的电压较高时产生强烈的电弧或电火花，灼伤人体，甚至击穿部分组织或器官，并使深部组织烧死或使四肢烧焦。此时，由于人体表面大面积灼伤或由于呼吸麻痹而致死。

② 电标志。亦称电印记或电流痕迹。电流通过人体时，在皮肤上留下青色或浅黄色的斑痕。

③ 皮肤金属化。当带负荷拉断电路形状或刀闸形状时，形成弧光短路，被熔化了的金属微粒飞溅，渗入裸露的皮肤；或由于人体某部位长时间紧密接触带电体，使皮肤发生电解作用，电流将金属粒子带入皮肤。皮肤金属化将使人体表皮的电阻迅速下降，从而使通过人体的电流加大，受到更大的伤害。

④ 机械破坏。电流通过人体时，产生机械—电动力效应，致使肌肉抽搐收缩，造成肌腱、皮肤、血管及神经组织断裂。

⑤ 电光眼。眼睛受到紫外线或红外线照射后，角膜或结膜组织产生发炎病变的现象。

（2）全身性电伤

遭受电击后，人体维持生命的重要器官（心脏、肺等）和系统（中枢神经系统）的正常活动和受到破坏，甚至导致死亡。

3. 电流对人体伤害程度及影响因素

电流对人体的伤害程度与下列因素有关：

（1）流经人体的电流强度

通过人体的电流越大，对人体的影响也越大，而电流强度与电压和电阻有关。因此，接触的电压越高，对人体的损伤也就越大。一般将 36 V 以下的电压作为安全电压。但在特别潮湿的环境中即便接触 36 V 的电源也有生命危险，所以在这种场所，要用 12 V 安全电压。

（2）电流通过人体的持续时间

电流持续时间与损伤程度有密切关系，通电时间短，对肌体的影响小；通电时间长，对肌体损伤就大，危险性也增大，特别是电流持续流过人体的时间超过人的心脏搏动周期时对心脏的威胁很大，极易产生心室纤维性颤动。当心室产生高频纤维性颤动时，心脏将失去供血能力，从而导致组织器官窒息，进而危及人的生命。

（3）电流通过人体的途径

通过人体的电流途径不同时，对人体的伤害情况也不同。通过心脏、肺和中枢神经系统的电流强度越大，其后果也就越严重。由于身体的不同部位触及带电体，所以通过人体的电流途径均不相同，因此流经身体各部位的电流强度也不同，对人体的损害程序也就不一样。所以通过人体的总电流，强度虽然相等，但电流途径不同，其后果也不相同。通常由于人体组织中血液的电阻最小，因此电流在人体内部传导时，主要是通过血液传导，所以大多数触电者以心血管及肺部的所受伤害最大。其中以从手到脚的电流途径最危险，因为沿这条途径有较多的电流通过心脏、肺部和脊髓等重要器官；其次为从一手到另一手的电流途径；再次是从一只脚到另一脚的电流途径。但后者容易剧烈痉挛而摔倒，导致电流通过全身，并造成摔伤、坠落等严重的二次事故。

（4）电流的频率

交流电对人体的损害作用比直流电大，不同频率的交流电对人体影响也不同。人体对工频交流电要比直流电敏感得多，接触直流电时，有时其强度达 250 mA 也不引起特殊的损伤，而接触 50 Hz 交流电时，只要有 50 mA 的电流通过人体，持续数十秒，便可能导致死亡。交流电中 28~300 Hz 的电流对人体损害最大，20 000 Hz 以上的交流电对人体影响较小，故使用高频电来作为理疗之用是相对安全的。我们平时采用的工频交流电源为 50 Hz，从设计电气设备角度考虑是比较合理的，然而 50 Hz 的电流对人体损害是较严重的，故一定要提高警惕，搞好用电安全工作。

（5）人体的健康状况

人的健康状况不同，对电流的敏感程度和可能造成的危害程度也不完全相同。尤其是患有心脏病、神经系统疾病及肺部疾病的人，受电击而形成的伤害程度与健康人群相比更为严重。

4. 触电的形式、原因及防护措施

（1）触电形式

按照人体及带电体的接触方式和电流通过人体的途径，电击可以分为下列 4 种情况：

① 低压单相触电。即在地面或其他接地导体上，人体的某一部位触及一相带电体的触电事故。大部分触电事故都是单相触电事故。

② 低压两相触电。即人体两处同时触及两相带电体的触电事故。这时由于人体受到的电压可高达 220 V 或 380 V，所以具有较大的危险性。

③ 跨步电压触电。当带电体接地有电流流入地下时，电流在接地点周围产生电压降，人在接地点周围，两脚之间出现电压（即跨步电压），由此引起的触电事故称为跨步电压触电。高压故障接地处或有大电流流过的接地装置附近，都可能出现较高的跨步电压。

④ 高压电击。对于 1 000 V 以上的高压电气设备，当人体过分接近时，高压电产生的电场强度足以将空气击穿，从而使电流通过人体。此时还伴有高温电弧，能把人烧伤。

（2）触电的原因

① 缺乏电气安全知识。如带电拉高压隔离开关、用手触摸绝缘保护被破坏的刀闸等。

② 违反操作规程。如在高压线附近施工或运输大型超高货物，施工工具接近高压线；带电接临时照明线及临时电源；火线误接在电动工具外壳上等。

③ 电气设备维护不良。如低压线路断裂落地未能及时修理、输电及电气设备线路绝缘老化破损长期得不到修理等。

④ 电气设备存在安全隐患。如电气设备漏电、电器设备外壳没有接地而带电、闸刀形状或磁力启动器缺少护壳、电线或电缆因绝缘磨损或腐蚀而损坏等。

（3）触电防护措施

触电事故尽管是由各种各样的原因造成的，但最常见的情况是偶然触及那些正常情况下不带电而意外带电的导电体。触电事故虽然具有突发性，但具有一定的规律性，针对其规律性采取相应的安全技术措施，很多事故是可以避免的。预防触电事故的主要技术措施如下：

① 采用安全电压。

安全电压是为了防止触电事故而采用的由特定电源供电的电压系统，它是制定电气安全规程和一系列电气安全技术措施的基础数据。这个电压系统的上限值，在任何情况下，两导体间或任一导体与地表之间均不得超过交流（频率为 50~500 Hz）有效值 50 V。

安全电压能限制人员触电时通过人体的电流，使电流处于安全范围之内，从而在一定程度上保障了人身安全。国家标准规定，安全电压额定值的等级为 42 V、36 V、24 V、12 V 和 6 V。当电气设备采用了超过 24 V 电压时，必须采用防止人直接接触带电体的保护措施。凡手提照明灯、危险环境中或特别危险环境的局部环境及高度不超过 2.5 m 的一般照明灯具、危险环境或特别危险环境使用的便携式电动工具，如果没有特殊安全结构或安全措施，应采用 36 V 安全电压；凡工作地点狭窄、行动不便以及周围有大面积接地导体的环境（如金属容器内、管道内、隧道或矿井内等），所使用的手提照明灯应采用 12 V 安全电压；对于水下的安全电压值，我国尚未规定，国际电工标准委员会（IEC）规定为 2.5 V。

安全电压应由隔离变压器供电，使输入与输出电路隔离；安全电压电路必须与其他电气系统和任何无关的可导电部分实现电气上的隔离。

② 保证绝缘性能。

电气设备的绝缘，就是用绝缘材料将带电导体封闭起来，使之不能与人身接触，从而防止触电事故。作业环境不良（潮湿、高温、有导电性粉尘、腐蚀性气体的工作环境，如机加工、铆工、锻工、电镀、漂染车间和空压站、锅炉房等场所）时，可使材料的绝缘性能降低。可选用加强绝缘或双重绝缘的电动工具、设备和导线，以防止触电、漏电事故的发生。但绝缘并非万无一失，它也会遭到破坏。绝缘损坏会使电气设备外壳带电的可能增加，从而也就增加了触电的机会。因此，必须使电气设备的绝缘电阻能把电气设备的泄漏电流限制在很小的范围内，可以防止漏电引起的事故。不同电压等级的电气设备，有不同的绝缘电阻要求，并要定期测定绝缘层的电阻等理化指标。

除了电气设备需要绝缘保护外，电工作业人员还应正确使用绝缘工具，穿戴绝缘防护用品，如绝缘手套、绝缘鞋和绝缘垫等。

③ 屏护。

屏护包括屏蔽和障碍，是指能防止人体有意、无意触及或过分接近带电体的遮拦、护罩、护盖、箱匣等安全装置。某些开启式开关电器的活动部分不便使用绝缘，或高压设备的绝缘不足以保证人在接近时的安全，应有相应的屏护，如围墙、遮拦、护网、护罩等，所采用的材料必须满足《防护屏安全要求》（GB 8197—1987）的规定。必要时，还可设置声、光报警信号和联锁保护装置。

④ 保持安全距离。

安全距离是指有关规程明确规定的、必须保持的带电部位与地面、建筑物、人体、其他设备之间的最小电气安全空间距离。安全距离的大小取决于电压的高低、设备的类型及安装方式等因素，大致可分为 4 种：各种线路的安全距离、变配电设备的安全距离、各种用电设备的安全距离、检维修时的安全距离。部分安全距离（见表 5-6~表 5-9）。

表 5-6　　导线与地面或水面的最小距离

线路经过地区	线路电压/kV		
	≤1	1~10	10~35
居民区/m	6	6.5	7
非居民区/m	5	5.5	6
交通困难地区	4	4.5	5
不能通航或浮运的河、湖（冬季水面）/m	5	5	5.5
不能通航或浮运的河、湖（50年一遇洪水水面）/m	3	3	3

表 5-7　　导线与建筑物的最小距离

线路电压/kV	≤1	10	35
垂直距离/m	2.5	3.0	4.0
水平距离/m	1.0	1.5	3.0

表 5-8　　导线与树木的最小距离

线路电压/kV	≤1	10	35
垂直距离/m	1.0	1.5	3.0
水平距离/m	1.0	2.5	–

⑤ 合理选用电器装置。

合理选用电气装置是减少触电危险和火灾爆炸危害的重要措施。选择电气设备时主要根据周围环境的情况，如在干燥洁净的环境中，可采用开启或封闭电气设备；在潮湿和多尘的环境中，应采用封闭式电气设备；在有腐蚀性气体的环境中，必须采用封闭式电气设备；在有易燃易爆的危险环境中，必须采用防爆式电气设备。

⑥ 装设漏电保护装置。

漏电保护装置（变称漏电动作保护器）是一种在设备及线路漏电时，保证人身和设备安全的装置，其作用主要是防止由于漏电引起的人身触电和火灾爆炸事故。一旦发生漏电情况，如漏电保护器切断电源后会造成事故和重大经济损失的装置和场所，应安装报警式漏电保护器。

(4) 保护接地与接零

① 保护接地。

保护接地是把用电设备在故障情况下可能出现危险的金属部分（导电体，如金属外壳等）用导线与接地线连接起来，使用电设备与大地紧密连通。在电源为三相三线制的中性点不直接接地或单相制的电力系统中，应设保护接地线。正常情况下，电力设备的外壳是不带电的。当设备一相绝缘损坏碰壳时，外壳就带电。若不采取任何安全措施，当人体触及漏电设备外壳时，就会造成触电伤亡。实践证明，保护接地与保护接零是预防触电事故的有效措施。

在变压器中性点不接地的系统中，当人体触及未采用保护接地的漏电设备外壳时，由于线路对地有电容或线路某处绝缘不好，就会有电流流过人体造成触电，采用保护接地后，接地故障电流将同时沿着接地体和人体两条通路流过（如图 5-4、图 5-5 所示），流过每一条通路的电流与其电阻成反比。一般情况下，人体的电阻远大于接地体的电阻，所以流过人体的电流很小，从而可避免或减轻触电伤害。接地电阻过大或接地线发生断线时，流过人体的电流就要加大，增加了触电的危险。

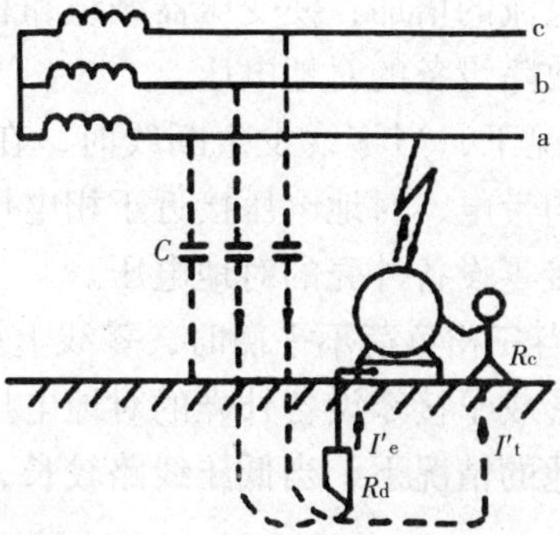

图 5-4　三相三线制保护接地原理示意图

接地电阻主要根据允许的对地电压确定。对地电压是指当设备发生接地故障时，其接地部分与大地零电位之间的电位差。根据规程规定，对于 1 000 V 以下变压器中性点不接地的系统，保护接地电阻不宜大于 4 Ω；当配电变压器或发电机容量不超过 100 kVA 时，由于低压线路短，线路对地电容较小，阻抗较大，单相接地故障电流更小，所以接地电阻可不大于 10 Ω。

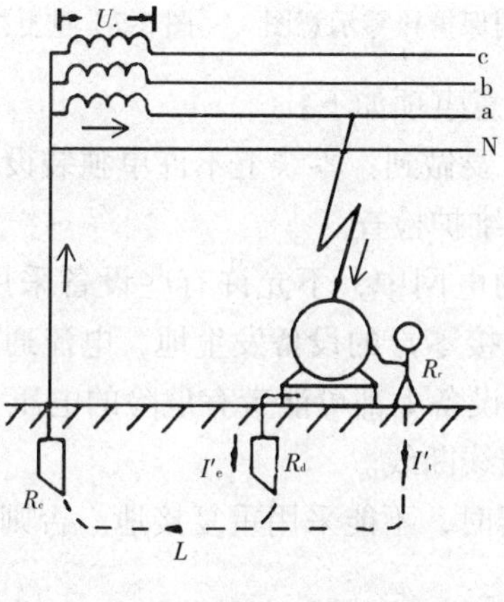

图 5-5　三相四线制保护接地原理示意图

② 保护接零。

在变压器中性点直接接地的 380/220 V 三相四线制电网中，防止触电的最可靠措施是将电力设备的不带电的外壳与零线连接起来，这叫作保护接零，如图 5-6 所示。这样，当设备某相带电部分与设备外壳碰连时，形成该相线对零线的单相短路，促使开关或熔断器迅速跳闸或熔断，切断故障设备电源，避免触电危险。运行实践表明，在采用保护接零的电网中，零线仅在电源处接地是不够安全的，还必须在低压线路的终端接地，这叫作重复接地。采用重复接地的原因是：

a. 在未采用重复接地的情况下，当线路末端的设备发生接地碰壳短路时，由于距电源远，短路阻抗较大，短路电流较小，故障段不能迅速切除电源。加之零钱截面较小，阻抗较大，零线上的压降也较大，使故障段接零设备外壳长期出现较高的对地电压，增加触电危险。采用重复接地后（如图 5-7 所示），在零线回路上并联了一个由重复接地和工作接地构成的分支电路，从而降低了相邻回路的阻抗，使短路电流增加，促使线路开关或熔断器迅速跳闸或熔断。由于短路电流的增加，使变压器绕组和相线的压降也增加，零线上的压降减小，从而进一步降低了故障设备的对地电压。

b. 在未采用重复接地的情况下，当零线发生断线时，在断线点后面只要有一台设备碰壳短路，其他接零设备外壳均带电，对地电压接近于相电压，增加了触电危险。采用重复接地后，能降低断线点后面接零设备外壳的对地电压。

c. 在三相四线制电网中，当三相负荷不平衡时，零线上就有电流通过，在零线上就有电压降产生。零线上的电压降形成了接零设备外壳的对地电压。它与零线上的电流及零线阻抗成正比。在未采用重复接地的情况下，当低压线路较长，零线阻抗较大。

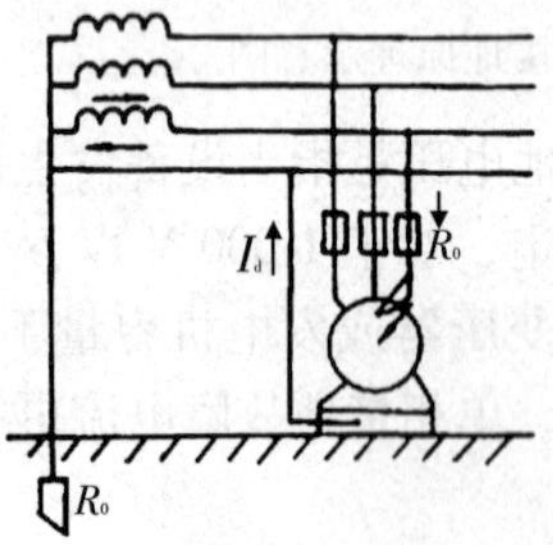

图 5-6　三相四线制保护接零示意图

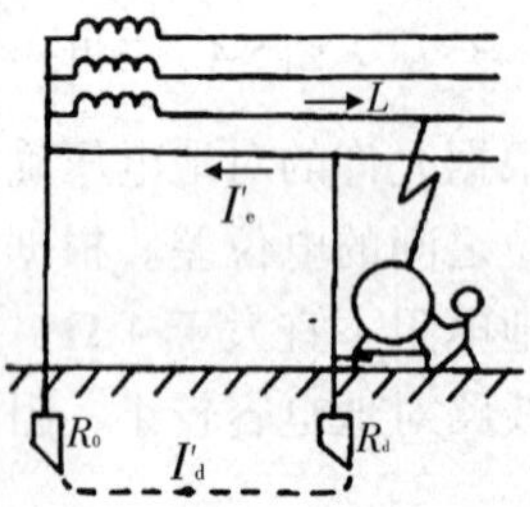

图 5-7　重复接地保护示意图

保护接零电网运行中的注意事项如下：

a. 严防零线断线。为此，要做到：零线上不许单独装设开关或熔断器；零线的截面不宜过小；保证施工质量，加强维护检查。

b. 由同一台变压器供电的电网中，不允许有些设备采用保护接地，有些设备采用保护接零。否则，采取接地（不接零）的设备发生地，电流通过两接地体构成回路采用接地的漏电设备和采用接零非漏电设备上都可能带有危险的电压。

c. 严防变压器中性点接地线断线。

d. 当电网装有漏电保护器时，不能采用重复接地。否则，漏电保护器不能投入运行。

（三）电气防火防爆

工业企业电气设备的绝缘，大多数采用的是易燃物质（如绝缘纸，高分子材料、绝缘油）。在运行中导体通过电流要发热，开关切断电源要产生电弧，由于短路或接地事故、设备损坏等原因可能产生电弧及电火花，可将周围易燃物引燃，发生火灾或爆炸。尤其是我们的石油化学工业，在生产、贮存运输过程中，极易形成易燃、易爆的环境。在这种场所使用的电气设备，由于选型不当、绝缘损坏等原因产生电火花时，就可以引起火灾或爆炸。所以应进一步了解电气火灾发生的原因，采取预防措施，并在火灾发生后采用正确的抢救方法，防止发生人身触电及爆炸事故。

1. 火灾和爆炸危险场所的分级和判断

（1）爆炸和火灾危险场所的分级

电气本身产生火灾和爆炸的危险和破坏都较小，但由于电流通过导体时会产生热量，导致能量积聚，温度升高，从而使周围的易燃易爆物品发生燃烧爆炸事故。按形成火灾爆炸危险的可能性大小将危险场所进行分级，其目的是为了有区别地选择电气设备和采取防护措施。目前我国将火灾和爆炸危险场所按照气体爆炸、粉尘爆炸及火灾危险分成三大类，每类危险场所各分若干等级。具体划分见表 5-9、表 5-10、表 5-11。

表 5-9　　气体爆炸危险场所区域等级

区域等级	说　明
0 区	连续出现爆炸性气体环境或长期出现爆炸性气体环境的区域
1 区	在正常运行时，可能出现爆炸性气体环境的区域
2 区	在正常运行时，不可能出现爆炸性气体环境，即使出现也仅可能是短时存在的区域

注：1. 除了封闭的空间（如密闭的空气容器、储油罐内部气体空间）外，很少存在 0 区；
2. 有高于爆炸上限的混合物环境或在有空气进入时可能使其达到爆炸极限的环境，应划为 0 区。

表 5-10　　粉尘爆炸危险场所区域等级

区域等级	说　明
10 区	爆炸性粉尘混合物环境连续出现或长期出现的区域
11 区	有时会积留下的粉尘扬起而偶尔出现爆炸性混合物危险环境的区域

表 5-11　　火灾危险场所区域等级

区域等级	说　明
21 区	具有闪点高于场所环境温度的可燃液体，在数量和配置上能引起火灾危险的区域
22 区	具有悬浮状、堆积状的爆炸性或可燃性粉尘，虽不能形成爆炸性混合物，但在数量上和配置上能引起火灾危险的区域
23 区	具有固体状可燃物质，在数量和配置上能引起火灾危险的区域

注：1. “正常情况”包括正常开车、停车和运转（如敞开装料、卸料等），也包括设备和管线允许的正常泄漏在内；“不正常情况”包括装置损坏、误操作、维护不当及装置的拆卸、检修等。
2. 各表分级按《爆炸和火灾危险环境电力装置设计规范》（GB 50059—1992）。

（2）危险场所的判断

判断场所的危险程度需要考虑危险物料性质、释放源特征和通风状况等因素。

① 危险物料。应考虑危险物料种类、物料的闪点、爆炸极限、密度、引燃温度、引燃能等理化指标及其工作温度、压力、数量和配置。

② 释放源。应考虑释放源的布置和工作状态，注意其泄漏或放出危险物品的速率、泄漏量和混合物的浓度，以及扩散情况和形成爆炸性混合物的范围。一般分为三级：连续释放或预计长期释放的为连续级释放源；周期性或偶然性释放的为一级释放源；不释放或只是偶然短暂释放的为二级释放源。

③ 通风。室内原则上应视为阻碍通风场所，但若安装了能充分通风的强制通风设备，则不视为阻碍通风场所；室外危险源周围有障碍处亦应视为阻碍通风场所。

④ 综合判断。对危险场所，首先应考虑释放源及其布置，再分析释放源的性质，划分级别，并考虑通风条件。

2. 火灾爆炸危险场所的电气安全

(1) 电气火灾和爆炸的原因

发生电气火灾和爆炸要具备两个条件：首先有易燃易爆物质和环境，其次有引燃条件。

① 易燃易爆物质和环境。在生产和生活场所中，广泛存在着易燃易爆易挥发物质，其中煤炭、石油、化工和军工等生产部门尤为突出。煤矿中产生的瓦斯气体，军工企业中的火药，石油企业中的石油、天然气，化工企业中的原料产品，纺织、食品企业生产场所的可燃气体、粉尘或纤维等均为易燃易爆易挥发物质，并容易在生产、贮存、运输和使用过程中与空气混合，形成爆炸性混合物。

② 引燃条件。在生产场所的动力、照明、控制、保护、测量等系统和生活场所中的各种电气设备和线路，在正常工作或事故中常常会产生电弧、火花和危险的高温，这就具备了引燃或引爆条件。

有些电气设备在正常工作情况下就能产生火花、电弧和危险高温，如电气开关的分合，运行中发电机和直流电机电刷和整流子间，交流绕线电机电刷与滑环间总有或大或小的火花、电弧产生；弧焊机就是靠电弧工作的；电灯和电炉直接利用电流发热，工作温度相当高，100 W 白炽灯泡的表面温度为 150~190 ℃，100 W 荧光灯管的表面温度也在 100~120 ℃，而碘钨灯管的表面温度高达 500~700 ℃。

电气设备引起火灾爆炸的原因分设备过热和电火花、电弧两种原因。当电气设备和线路由于绝缘老化、积污、受潮、化学腐蚀或机械损伤时，会造成绝缘强度降低或破坏，导致相间或对地短路、熔断器熔体熔断、连结点接触不良使电阻增大发热增加、铁芯铁损过大导致磁滞和涡流损耗而发热。电气设备和线路由于过负荷（过载）或接触不良、散热不及时或散热量不足等原因都可能产生火花、电弧或危险高温。另外，静电、内部过电压和大气过电压也会产生火花和电弧。这些因素都能成为易燃易爆物质的点火源。

如果在生产或生活场所中存在着可燃可爆物质，当空气中可燃气体的含量超过其危险浓度或在电气设备和线路正常或事故状态下产生的火花、电弧等形成的危险高温的作用下，就会造成电气火灾和爆炸事故。

(2) 电气防火防爆措施

为保证电气设备的安全使用，必须同时正确选用电气设备及对电气设备进行良好的维护保养两个方面入手。具体要做到以下几点：

① 合理选用电气设备。在易燃易爆场所必须选用防爆电气设备。防爆电气设备在运行中具备不引燃周围爆炸性混合物、不引起爆燃事故性能的特种电气设备。防爆电气有各种类型和等级，我国的防爆电气设备分为三大类：Ⅰ类防爆电气设备适用于煤矿井下；Ⅱ类防爆电气设备适用于爆炸性气体环境；Ⅲ类防爆电气设备适用于爆炸性粉尘环境。应根据场所的危险性和不同的易燃易爆介质的特性正确选用合适的防爆电气设备。

防爆电器的选型基本原则是在整体防爆的基础上，安全可靠，经济合理。所谓“整体防爆”，就是将爆炸危险场所作为一个整体来考虑，按照防爆电气安全规程与有关技术规范的规定，根据爆炸危险场所中存在的危险物质的种类、特性，释放源出现的频度、时间以及通风状况等，选用相应的防爆电气设备。

② 防爆电器的选型原则。应根据爆炸危险环境分区等级和爆炸性物质（单纯物质或混合物）的类别、级别，选用相应的防爆电气；当存在两种或两种以上爆炸性物质时，应按危险程度较高的级别和温度组别进行选用；

③ 爆炸性气体环境防爆电气的选用。爆炸性气体环境防爆电气类型，按目前我国的法规、标准规定，适用于爆炸性气体环境的防爆电气设备有多种型式。一个防爆电气设备可以采用一种防爆型式，也可以采用几种防爆型式的组合。不同防爆型式的电气设备，其安全程度是有差别的，因此应根据使用条件选择使用。

a. 防爆电气设备类型。防爆电气设备包括隔爆型（d）、增安型（e）、本质安全型（i）、正压型（p）、充油型（o）、充砂型（q）、无火花型（n）、防爆特殊型（s）、浇封型（m）等类型。

b. 防爆电气设备标志。电气设备铭牌处于的右上方有明显的标志“EX”，应顺次标明防爆类型、类别、级别、温度组别等防爆标志。

c. 防爆电气设备的选用。根据危险区域等级及要求，选定防爆电气设备类型。爆炸危险场所电气设备选型见表 5-12。

表 5-12　爆炸危险场所电气设备防爆类型选型

爆炸危险区域	适用的防爆型式	
	电气设备类型	符号
0 区	本质安全型（ie 级）	Ia
	其他特别为 0 区设计的电气设备（特殊型）	s
1 区	适用于 0 区的防护类型	
	隔爆型	d
	增安型	e
	本质安全型	ib
	充油型	o
	正压型	p
	充砂型	q
	其他特别为 1 区设计的电气设备（特殊型）	s
2 区	适用于 0 区或 1 区的防护类型	
	无火花型	n

④ 爆炸性粉尘环境防爆电气设备的选用。

在生产、加工、处理、转运或储存过程中出现或可能出现爆炸性、可燃性粉尘、可燃性纤维与空气形成的混合物的场所，应根据防爆要求选用合适的防爆电气设备。

爆炸性粉尘场所的防爆电气选用原则为：除需执行前述防爆电气设备通用技术条件外，还要求满足在此环境内所用的有可能过负荷的电气设备，应安装可靠的过负荷保护；

本环境内应尽量少装插座及局部照明灯具。如必须安装时，其插座宜安置在爆炸性粉尘不易积聚处，灯具宜安置在事故发生时气流不易冲击处。

爆炸性粉尘场所的防爆电气选型，可参考表5-13的要求。

表5-13　爆炸性粉尘环境防爆电气设备选型

危险等级 粉尘类别	10区	11区	危险等级 粉尘类别	10区	11区
爆炸性粉尘	DT	DT	可燃性非导电性粉尘	DT	DP
可燃性导电粉尘	DT	DT	可燃纤维	DT	DP

由于电气火灾是由电火花或电器过热引燃周围易燃物所形成，电器安装的位置应适当避开易燃物。在电焊作业的周围以及天车滑触线的下方不应堆放易燃物，使用电热器具、灯具要防止烤燃周围易燃物。

(3) 电气设备的维护

由于电气设备运行中产生的火花和危险高温是引起火灾的主要原因，因此保持电气设备的正常运行对于防火防爆有着重要的意义。为此需对电气设备进行有效的维护，防止电气故障，减少事故隐患。电气设备的维护包括以下几个方面：

① 检查电气线路的电压、电流不得超过规定值，防止出现上述参数超过允许范围。

② 定期检查电气设备和线路的绝缘性能，保持设备绝缘良好。

③ 在有气体或蒸气爆炸性混合物的场所中的电气设备，经常检查电气设备的表面温度。其表面的最高温度不应超过规定的要求范围。

④ 定期清扫，尤其对在纤维、粉尘类爆炸混合物场所中的电气设备，清扫可保持电气设备的清洁，减少爆炸性粉尘的浓度；防止灰尘、油污等造成电气绝缘等级的下降。

⑤ 防止导线接头氧化。通常电气线路中的接头部分由于杂质较多，容易发生氧化还原反应，从而导致接触电阻随氧化程度的加重而逐渐增大，接头处通过电流时的电压降也越大，工作过程中产生的热量也越多。因此需要定期检查其接地电阻值，使之保持在安全范围之内。

⑥ 在爆炸危险场所的环境条件下，保持通风设施处于良好状态，能降低爆炸性混合物的浓度，从而可以防止危险事故的发生。

(4) 电气设备灭火器材的选用

电气设备的火灾有两个特点：一是着火电气设备可能带电；二是有些电气设备充有大量冷却油，可能发生喷油或爆炸，造成火焰蔓延。

带电灭火不可使用直流水枪和泡沫灭火器，以防扑救人员触电，应使用二氧化碳、七氟丙烷或干粉灭火器等。带电灭火一般只能在10 kV以下的电气设备上进行。

电机着火时，可用喷雾水灭火，使其均匀冷却，以防轴承和轴变形，也可用二氧化碳、七氟丙烷等灭火，但不宜用干粉、沙子、泥土灭火，以免损坏电机。

变压器等电器发生喷射燃烧时，除切断电源外，有事故储油坑的应设法将油导入储油坑，坑内和地上的燃油可用泡沫扑灭。要防止燃油流入电缆沟并使火焰蔓延，电缆沟内的燃油亦只能用泡沫覆盖扑灭。

二、静电的危害及消除

在日常生活和工业生产中，静电现象是一种较为普遍的自然现象，人们一方面利用静电进行生产活动，如利用静电进行除尘、喷漆、植绒和复印等，另一方面要防止静电给生产生活带来危害。统计结果表明，静电危害涉及到十多个行业，仅美国平均每年由静电所造成的损失达200多亿美元。我国仅石化行业近年来就发生了数十起较大的静电事故，影响了生产的正常进行，甚至诱发火灾、爆炸等恶性事故，造成人员伤亡和财产损失。因此，如何进行静电防护及控制是相关行业最为关注的安全问题之一。

（一）静电产生的原因

1. 静电产生的原理

当两个物体相互紧密接触时，在接触面产生电子转移，而两物体分离时造成这两个物体各自正、负电荷过剩，由此形成了分离后的两个物体带有静电。两种不同的物质相互之间接触和分离后带的电荷的极性与各种物质的电子逸出功有关。所谓电子逸出功是使电子脱离原来的物质表面所需要的能量。两物体相接触，甲物质的逸出功比乙物质的逸出功大，则甲对电子的吸引能力比乙强，电子就会从乙转移到甲，于是电子逸出功较小的物质失去电子带正电，而逸出功大的物质就可在此过程中获得电子而带负电。如果带电体的电阻率高，导电性能差，则该物质中的电子移动困难，静电荷易于积聚，从而形成静电。

2. 影响静电产生和积聚的因素

产生静电的因素有许多种，而且往往是多种因素的综合作用。

（1）内因

物体的电子逸出功是静电产生的主要内因，物体的电阻率是静电能否积聚的重要原因。

物体上产生了静电，能否积聚起来主要取决于物体的电阻率。导电体难于积聚静电，而绝缘体能积聚足够的静电而引起各种静电现象。

一般汽油、苯、乙醚等有机溶剂的电阻率在1 010~1 013 Ω · m之间，它们容易积聚静电。金属的电阻率小，电子运动的阻力小，所以两种金属接触分离后，呈现不出静电现象。水是电的较好导体，但当少量的水混杂在绝缘的液体中时，因水滴与绝缘液体的相对运动、摩擦而产生静电，从而导致静电量增多。金属是良导体，通常情况下是不能产生静电的，但当其粉末被悬浮于空中后就与绝缘体一样，也会带有静电。

（2）外因

产生静电的外因有许多种，通常是几种因素共同作用。除两物体的直接接触—分离起电外，带电微粒附着到绝缘固体上可使之带静电；在电场中物体可产生感应静电；固定的金属与流动的液体之间会出现电解起电；固体材料在机械力作用下产生压电效应；流体、粉末喷射时，与喷口摩擦而使喷出的流体或粉末产生静电。因此，当高压可燃气体容器发生泄漏，易燃气体快速喷出时，极易因静电作用而产生燃烧爆炸事故。

接触—分离的两物质的种类及组合不同，会影响静电产生的大小和极性。通过大量实验可知，按照不同物质相互摩擦时带电极性的顺序，排出了静电带电序列表。下面是一个典型的静电序列表：

（+）玻璃—头发—尼龙—人造纤维—绸缎—醋酸人造丝—人造毛丝—纸纤维和滤

纸—黑橡胶—维尼纶—莎纶—聚酯纤维—电石—聚乙烯—赛璐珞—玻璃纸—聚四氟乙烯（-）；

在上述序列表中任何两个物体紧密接触—迅速分离后，排位靠前的物体带正电荷，而排位靠后的物体带负电。在序列表中两物体所处的位置间隔越大，静电的起电量越大。

3. 静电种类

（1）固体静电

固体物质大面积的摩擦，如纸张与辊轴、橡胶或塑料碾制过程中；传动皮带与皮带轮；传送皮带与导轮的摩擦；固体物质在压力下接触而后分离；固体物质在挤出过滤时与管道、过滤器等发生的摩擦；固体物质的粉碎、研磨和搅拌过程及其他一些类似的工艺过程均可能产生静电。

（2）粉体静电

粉体是固体的一种特殊形态，与整块固体相比，粉体具有较大的比表面积、分散性和悬浮性的特点。由于它的分散性，表面积增加，使得其更容易产生静电。粉体的悬浮性又使得像铝粉、镁粉等金属粉体通过空气与地绝缘，也能产生和积聚静电，因此粉体比一般固体具有更大的静电危险性。粉体静电与粉体材料性质、输送管道、搅拌器或料槽材料性质、粉体的颗粒大小和表面几何特征、工艺输送速度、运动时间长短、载荷量等有关。

（3）液体静电

液体在输送、喷射、混合、搅拌、过滤、剧烈晃动过程中，会产生带电现象。如在石油工业中，从原油的储运，半成品、成品的加工过程中，反复的加温、加压、喷射、输送等过程，都会产生大量的静电，有时达到数千至数万伏，一旦放电可造成非常严重的后果。液体的带电与液体的电阻率、液体所含杂质、管道材料和管道内壁情况、容器的几何形状、液体的流速等情况有关。

（4）气体（蒸汽）静电

纯净的气体在通常条件下不会引起静电，但由于气体中往往含有悬浮液体微滴或灰尘等固体微粒，当高压喷出时相互间摩擦（接触）—分离，能产生较强的静电，如二氧化碳气体由钢瓶中喷出时产生的静电可达 8 kV。

气体静电与气体的性质、喷出速度、管径及材质、包含的液体与固体微粒的性质、容器的几何形状、压力、密度及温度等都有较大的关系。

（5）人体静电

通常情况下，人体的电阻在数百欧姆至数千欧姆之间，因此可以说人体是电的良导体，不易积聚静电。但当人们穿着一定的服装时，在干燥环境中人体就成了绝缘体。在此情况下，当人的各种活动有利于静电产生时，就会形成静电的积聚体。有时可产生几千甚至上万伏的静电电位。

人体在静电场中也会感应起电，如果人体与地绝缘，就成为独立的带电体。如果空间存在带电颗粒，人们在此环境中可产生吸附带电。人体静电的极性和数值受人们所处的环境的温度、湿度、所穿内外衣的材质、运动速度、对地电容等因素的影响。

由于人是处于运动状态的，因此人体静电往往会造成一些意想不到的危害和事故，因此对人体静电应引起高度重视。

（二）静电的危害

静电放电是带电体周围的电场强度超过了周围介质的绝缘，击穿场强时，因介质电离而使带电体上的电荷部分或全部消失的现象。其静电能量变为热能、声音、光、电磁波等而消耗，当放电能量较大并作用于周围的易燃易爆物品时，就会成为火灾、爆炸的点火源。

1. 火灾和爆炸

静电最大的危害结果是火灾和爆炸。在有可燃液体的作业场所（如油料的装卸运输场所），可能由静电火花引起火灾；在有气体、蒸气爆炸性混合物或有粉尘纤维爆炸性混合物的场所（如含有氧气的乙炔、煤粉、金属粉末、面粉、石油气等），可能由静电引起爆炸。

如相对湿度较小的情况下，人从铺有PVC薄膜的软椅上突然起立时，可产生18 kV的静电电位。冬季干燥天气的条件下，当汽车到加油站加油时，司机身体极可能带有静电，在手持油泵加油时，就会因身体与加油枪之间放电而导致火灾事故的发生。所以，加油前人的身体应与其他导电体接触，使身体上的静电释放，可防止火灾事故的发生。

2. 电击

当人体带电时，或带静电的人体接近接地体时，都可能产生静电电击。虽然静电的电击的能量只有毫焦级，不足以直接伤害人体，但可能导致坠落、摔倒等二次事故。电击还可能造成作业人员精神紧张，从而使作业人员易发生误操作等情况，引起事故发生。

3. 影响生产

静电的存在，使正常的生产受到干扰和破坏，导致设备损坏、产品质量下降。如静电可使粉尘或粉末状产品吸附在设备上，影响粉尘的过滤和输送，造成物料结块、管道堵塞等现象，降低设备的使用寿命；静电放电能引起计算机、自动控制设备的故障或误动，影响仪器仪表的正常运行，造成各种损失，是生产过程中重要的事故隐患。

（三）防止静电危害的方法

1. 防静电的主要场所

静电的主要危害是引起火灾和爆炸，因此，静电可能引起安全事故的场所必须采取防静电措施。具体有以下几个方面：

① 生产、使用、储存、输送、装卸易燃易爆物品的生产场所。

② 产生可燃性粉尘的生产装置、干式集法装置以及装卸此类物料的场所。

③ 易燃气体、易燃液体槽车和船的装卸场所。

④ 静电电击能产生危害的场所。

2. 防止静电的途径

防止和消除静电的主要依据是从静电产生与存在的原因入手，在工艺方面控制静电的发生量；采取泄漏导出的方法，消除静电电荷的积聚；利用设备生产出异性电荷，中和生产过程中产生的静电电荷。

（1）工艺控制法

工艺控制法就是从工艺流程、设备结构、材料选择和操作管理等方面采取措施，限制静电的产生或控制静电的积累，使静电的积累不能达到危险的程度。具体的方法有：限制输送速度，减小物料的摩擦起电；对静电的产生区和逸散区，采取不同的防静电措施；正确选择设备和管道的材料；合理安排物料的投入顺序；消除产生静电的附加源，如液流的喷溅、冲击、粉尘在料斗内的冲击等。

增加空气湿度可使物体表面形成一层水吸附层，从而降低了绝缘体的表面电阻率，便于绝缘体通过自身泄放静电。因此，如工艺条件许可，可增加室内的相对湿度，当空气的相对湿度高于50%时，可基本消除静电的危害。

（2）泄漏导走法

泄漏导走法就是将静电接地，使之与大地相连接，消除导体上的静电。这是消除静电的最基本的方法。可以利用工艺手段对空气增湿、添加抗静电剂，使带电体的电阻率下降或规定静置时间和缓冲时间等，使所带静电电荷得以通过接地系统导入大地。

所有金属装置、设备、管道、储罐等都必须接地，不允许有与地相绝缘的金属设备或金属零部件。各专设的静电接地端子电阻应不大于100 Ω。

不宜采用非金属管道输送的易燃液体。如必须使用非金属管道，应采用可导电的管子或内设金属丝、网的管子，并将金属丝、网的一端可靠接地或采用静电屏蔽。

（3）静电中和法

静电中和法是利用静电消除器产生的消除静电所必需的离子来实现对异性电荷的中和。静电消除法主要应用于非导体如橡胶、塑料、纸张等行业的生产过程中。静电消除器的型式主要有自感式、外接电源式、放射线式、离子流式和组合式等。自感式和放射线式静电消除器适用于任何级别的场所。如在防爆场所内，应选用具有防爆性能的静电消除器。离子流型静电消除器主要适用于远距离和需防火、防爆的场所中。

3. 人体防静电措施

人体带有静电除了能使人受到电击和对安全生产构成威胁外，还能在精密仪器或电子器件的生产和使用中造成质量事故。因此消除人体所带有的静电是非常必要的。

（1）人体接地

在人体必须接地的场所，工作人员应随时用手接触接地棒，以清除人体所带的静电。在重点防火防爆场所的入口处、外侧，应有裸露的金属接地物，如采用接地的金属门、扶手、支架等。属0区或1区电气爆炸危险场所，且可燃物的最小点燃能量在0.25 mJ以下时，工作人员应穿着防静电鞋、工作服和手套。禁止在爆炸危险场所穿着化纤衣服及进行穿衣脱帽活动。

（2）工作场所地面导电化

特殊危险场所的地面，应具有导电性能和导电条件。这一要求可通过地面洒水或是铺设导电地板来实现。工作地面泄漏电阻的阻值应控制在$3\times(10^4 \sim 10^6)$ Ω之间。

（3）安全操作

工作中应尽量不进行可使人体带电的活动，如接近或接触带电体；操作应有条不紊，避免急骤性的动作；在有静电危险的场所，不得携带与工作无关的金属物品，如钥匙、硬币、手表等；合理使用规定的劳动保护用品和工具，不准使用化纤材料制品，如使用化纤材料制作的拖布或抹布擦洗地面或物品等。

三、防雷技术措施

雷电是自然界存在的物理现象，是雷云层相互接近或接近大地时，云层或地面感应出相反电荷，当电荷积聚到一定程度，产生云和云间以及云和大地间放电，迸发出光和声的现象。天空中带电荷的雷云对大地放电，形成强烈直击雷，或称雷击，它不仅产生刺眼闪光和巨大雷声，而且可产生达几十千安至几百千安的雷电流，同时产生6 000~20 000 ℃的高温。所伴随的猛烈冲击波，对雷电附近的人畜生命安全造成严重威胁，使建筑房屋损坏，森林着火，石油、电力、气象、通信、航空航天建筑设施造成严重破坏。沿着雷电流流动方向，在周围数公里空间形成感应雷电压、雷电流通过供电线路、信号线路和各种金属管线传到各家各户造成人员伤亡，特别对微电子设备（计算机、电视、通信设备、电气设备等）造成严重破坏。根据有关方面统计资料报告，全球每年因雷电灾害造成的损失高达数十亿美元。我国每年因雷击造成的伤亡人员达一万多人，各种经济损失也达数亿人民币。

（一）雷电的分类与危害

1. 雷电的分类

从危害角度考虑，雷电可分为直击雷、感应雷（包括静电感应和电磁感应）和雷电侵入波等3种。

（1）直击雷

雷电直接击在建筑物上或其他物体上，产生电效应、热效应和机械力，在雷暴活动区域内，雷云直接通过人体、建筑物或设备等对地放电所产生的电击现象，称之为直接雷击。此时雷电的主要破坏力在于电流特性而不是放电时的高电位。

（2）感应雷

感应雷有静电感应雷和电磁感应雷两种，感应雷的破坏也称为二次破坏。静电感应雷是由于雷云接近地面，在地面感应物上感应出大量异性电荷，当雷云与其他物体放电后，凸出物顶部电荷失去束缚，产生对地面很高的静电电位，以雷电波形式沿凸出物以极快的速度泄放。此时当附近有可燃物就极易引发火灾和爆炸，而感应到正在联机的导线上就会对设备产生强烈的破坏性。电磁感应雷是因为雷击时雷电流变化梯度很大，在其周围空间会产生强大的交变磁场，使得周围的金属构件产生感应电流，一旦与其他金属设备接触或接近时，则可能向周围物体放电，产生火花而造成危害。

（3）雷电侵入波

雷电侵入波是雷击在架空线路或金属管道上产生的冲击电压，此电压可沿着线路或管道迅速传播侵入建筑物内，危及人身安全或破坏设备。

2. 雷电的危害

（1）雷电的破坏

雷电的破坏按其破坏因素可归纳为电性质破坏、热性质破坏、机械性质破坏3类。

① 电性质破坏。雷电产生高达数万伏甚至数十万伏的冲击电压，可毁坏发电机、变压器、断路器、破坏绝缘子等电气设备的绝缘，烧断电线或劈裂电杆，造成大规模停电；绝缘损坏会引起短路，导致火灾或爆炸事故；二次放电（反击）的火花也可能引起火灾或爆炸；绝缘的损坏，可使高压窜入低压，可造成严重触电事故；巨大的雷电流流入地下，会在雷击点及其连接的金属部分产生极高的对地电压，可直接导致触电或跨步电压的触电事故。

② 热性质破坏。当几十至上千安的强大电流通过导体时，在极短的时间内将大量雷电能量转换成热能。雷电流产生大量热的过程所需时间很短，热量不能及时散失，造成雷击点的周围的局部温度迅速升高，在雷电通道中产生的高温往往造成易燃物燃烧或金属熔化飞溅，进而酿成火灾。

③ 机械性质破坏。由于雷电的热效应，能使雷电通道中木材纤维缝隙和其他结构缝

隙中的空气剧烈膨胀，同时使水分及其他物质分解为气体，因而在被雷击物体内部出现很大的压力，致使被击物遭受严重破坏或造成爆炸。

（2）雷电危害

① 雷电感应。雷电的强大电流所产生的强大交变电磁场合，会使导体感应出较大的电动势，还会在构成闭合回路的金属物中感应出电流。如果回路中有的地方接触电阻较大，就会局部发热或发生火花放电，可引燃易燃易爆物品。

② 雷电波入侵。雷电波沿线路或管道迅速传播。若侵入建筑物内，可将配电装置和电气线路的绝缘层击穿，产生短路或使建筑物内的易燃、易爆物品燃烧和爆炸。

③ 反击作用。当防雷装置受到雷击时，在接闪器、引下线和接地体上都具有很高的电势差。如果防雷装置与建筑物内的电气设备、电气线路或其他金属管道的距离很近，它们之间就会产生放电，这种现象称为反击。反击可能引起电气设备绝缘损坏、金属管道烧穿。

④ 雷电对人体的危害。雷击电流能迅速通过人体，可立即使呼吸中枢麻痹，心室纤颤、心搏骤停，以致脑组织及一些主要脏器受到严重损害，出现休克或突然死亡。雷击时产生的火花、电弧，还可使人遭到不同程度的烧伤。

（二）防雷的基本措施

雷电灾害是一种常见的自然灾害，人类对雷电防护认识和经验也是逐年提高。200多年前，美国科学家富兰克林发明了避雷针（实际上是引雷针，使雷电沿引雷针引入地下），开创了人类雷电防护新纪元。由接闪器、避雷带、引下线、接地网构成了建筑防雷措施，大大减少了建筑物因雷击造成的损失。随着科学技术发展，新型电子设备广泛应用，雷电流引起的感应雷击已成为电子时代的一大公害。现代防雷技术原则是全方位防护，综合治理。把防雷减灾工程看作是一个系统工程。

1. 防雷装置

防雷装置包括接闪器、引下线、接地装置电涌保护器及其他连接导体。

（1）接闪器

接闪器是用于直接接受雷击的金属体，包括避雷针、避雷带、避雷网等，主要安装于被保护设施的上方。由于它的位置原因，使其形成的感应电荷密度最大，电场最强，使雷云首先对其放电，从而使雷电流被定向导入地下，使被保护设施免受雷击。

（2）引下线

引下线用于将雷电从接闪器引导至地下的装置。引下线应满足机械强度、大电流通过、耐腐蚀和热稳定的要求。通常采用圆钢或扁钢制成，并采取镀锌或涂料等防腐措施，引下线禁止用铝线作材料。

引下线应取最短途径，尽量避免弯曲，并进行可靠固定。可以利用建筑物的金属结构作为引下线，但金属结构的连接点必须焊接可靠，保证其电阻率达到规定要求。

（3）接地装置

接地装置具有向大地泄放雷电流的作用。接地装置与接闪器一样应有防腐措施和要求，接地体一般采用镀锌钢管或角钢制作，其长度一般为2.5 m，垂直打入地下，其顶端应低于地面0.6 m，防止接地端过浅，雷击时形成跨步电压对人体造成伤害。

（4）电涌保护器

电涌保护器也称为电压保护器。它是一种限制瞬态过电压和分流电涌电流的器件。

2. 防雷的基本措施

（1）防直击雷

防直击雷的主要措施是装设接闪器作避雷器具，如避雷针、避雷线、避雷网及避雷带。

① 避雷针是通过将雷电引向自身，从而保护其他物体免受雷击。多用于保护工业与民用高层建筑以及发电厂、变电所的室外配电装置、油品燃料储罐等设施。

避雷针分独立和附设两种。独立避雷针是离开建筑物单独安装，其接地装置一般也是独立的，接地电阻一般不超过 10 Ω。附设避雷针安装在建筑物上，其接地装置可以与其他接地装置共用，可以沿建筑物四周敷设。附设避雷针与建筑物顶部的其他接闪器应互相连接起来。

露天装设的金属封闭容器，当壁厚大于 4 mm 时，一般可以不装避雷针，而利用金属容器本身作接闪器。但至少要有两个接地点，接地点间隔应小于 30 m。

② 避雷线。避雷线主要用来保护架空线路免受直击雷的破坏。它设在架空线的上方，并与接地装置连接，所以也称架空地线。

③ 避雷带和避雷网。它们是在建筑物沿屋角、屋脊、檐角和屋檐等易受雷击部位敷设的金属网络，主要用于保护高大的建筑物免受雷击。

（2）雷电感应的保护措施

雷电感应能产生很高的冲击电压，在电力系统中应与其他过电压同样考虑，可将室内外的金属设备、金属管道、结构钢筋予以接地。对于金属屋顶，可将屋顶妥善接地；对于钢筋混凝土屋顶，可将屋面钢筋焊接成金属网格并予以接地，保证这些金属体的电位相同，起到防止雷电感应的破坏。

对于金属管道，为防止雷电感应放电，平行管道相距不到 0.1 m 时，每 20~30 m 用金属线实现跨接；交叉管道相距不到 0.1 m 时，也用金属线跨接；管道与金属结构之间距离小于 0.1 m 时，同样用金属线跨接。

（3）雷电侵入波的保护措施

金属管道和架空电线在受到雷击时，所产生的高压若不能就近导入地下，则必然沿着管道或线路，传入相连接的设施，造成人身伤害和设备损失。因此防雷电侵入波危害的主要措施是在雷电波未侵入前先将其导入地下。具体可采取以下措施：

架空管道进入厂房处及此前 100 m，采取 2~4 处接地措施；在架空电力的进户端安装避雷器，避雷器上端接线路，下端接地。平时由绝缘间隙保持避雷器的绝缘状态，不影响电力线路的正常运行。当雷电波传来时，避雷器的绝缘间隙被高压击穿而接地，雷电波就不能侵入设施。雷击后，只要恢复避雷器的绝缘间隙，电力系统就可正常运行。

防止雷电侵入波的防护装置有阀型避雷针、管型避雷针和保护间隙，主要用于保护电力设备，也可用作防止高压电侵入室内的安全措施。

建筑物的进出线应分类集中布线，穿金属管保护并与其他金属体作等电位连接。

习题五

一、判断题

1. 加油站从业人员上岗时应穿防静电工作服。

2. 机动车在加注汽油时，油箱口会有大量油气冒出，应该注意防火。

3. 加油站邻近单位发生火灾时，可继续营业但应向上级报告。

4. 严禁在油气区内用有色金属敲打撞击作业。

5. 可燃气体和氧的含量越大，火源强度、初始温度越高，湿度越低，惰性粉尘及灰分越少，爆炸极限范围越大，粉尘爆炸危险性也就越大。

6. 爆炸容器的材料和尺寸对爆炸极限有影响，若容器材料的传热性好，管径越细，火焰在其中越难传播，爆炸极限范围变小。

7. 任何场所的防火通道内，都要设置防火标志。

8. 液化气罐区及贮罐的安全防火要求比汽油罐区及贮罐还严格。

9. 着火源包括静电、明火、电火花等。

10. 阻火器的基本原理是由于液体封在气体进出之间，在液封两侧的任何一侧着火，火焰都将在液封底熄灭，从而阻止了火焰蔓延。

11. 化学危险品仓库应设在远离城镇和人口密集的地区，并设置专用仓库和专用线路，有保证安全的特殊装卸设备以及符合城市规划、公安、防火等有关条例规定的安全措施，设置地点应与当地有关单位协商确定。

12. 防火间距就是当一幢建筑物起火时，其他建筑物在热辐射的作用下，没有任何保护措施时，也不会起火的最小距离。

13. D类火灾是指固体火灾。

14. 在公共场所发生火灾时，正常照明电源切断情况下，应在5 s内自动切换成应急电源。

15. 细水雾灭火系统灭火效率高，同时对环境无影响，它能够代替卤代烷等对环境有破坏的气体灭火系统及现有的会造成水渍损失的自动喷水灭火系统。

16. 高分子材料阻燃化技术是通过阻燃剂使聚合物不着火。

17. 油脂滴落于高温暖气片上发生燃烧的现象属于受热自燃。

18. 化学危险品库、氢氧站、油料库等应远离火源，布置在厂区边缘地区及最小频率风向的上风侧。

19. 乙炔铜爆炸属于简单分解爆炸。

20. 扑灭金属火灾时禁止用水，可用干燥的砂子或特殊的灭火剂。

21. 爆炸极限的范围越宽，爆炸下限越小，则此物质越危险。

22. 常压的容器是不能贮存压缩气体和加压液体的。

23. 盛装具有腐蚀性介质的容器，底部尽可能不装阀门，腐蚀性液体应从顶部抽吸排出。

24. 有火灾爆炸危险的厂房内，通风气体可以循环使用。

25. 安全疏散距离是指厂房最近工作地点到外部出口或楼梯的距离。

26. 干粉灭火剂不适合扑救精密仪器火灾。

27. 混合物的爆炸极限不是固定的，而是随混合物的温度、压力等变化的。

28. 易燃易爆场所必须采用防爆型照明灯具。

29. 扑救有毒气体火灾时要戴防毒面具，且要站在下风方向。

30. 氧化物与还原物、氧化剂与强酸强碱必须分开存放。

31.《常用危险化学品分类标志》规定，爆炸品包括无整体爆炸危险，但具有燃烧、抛射及较小爆炸危险的物品。

32.《常用危险化学品分类标志》规定，遇湿易燃物品是指遇水或受潮时，发生剧烈化学反应，放出大量的易燃气体和热量的物品，有些不需明火，即能燃烧或爆炸。

33.《常用危险化学品分类标志》规定，氧化剂包括含有过氧基的无机物，其本身不一定可燃，但能导致可燃物的燃烧。

34. 可燃气体、可燃蒸气或可燃粉尘与空气组成的混合物在任何混合比例下都能发生燃烧爆炸。

35. 易燃易爆作业场所必须尽量用扫帚和拖把清扫粉尘。

36. 生产单位出厂的危险化学品，其包装上必须加贴标准的安全标签，出厂的非危险化学品可以没有标志。

37. 如果化学品以高速高压通过各种系统，必须避免产生热，否则将引起火灾或爆炸。38. 易燃易爆危险场所严禁吸烟。

39. 在易燃易爆气体压缩机启动过程中，没有用惰性气体置换压缩机系统中的空气或置换不彻底就启动，都会引起燃烧爆炸事故。

40. 安全阀卸压时应将其危险气体导至安全的地点。

41. 可燃尾气的烟道可以用砖石垒砌。

42. 可燃气体和易燃蒸气的抽送、压缩设备的电机部分应为符合防爆等级要求的电气设备，否则应隔离设置。

43. 易燃液体不应采用压缩空气压送。

44. 可以使用塑料管输送易燃液体。

45. 固体粉碎和筛分，对于自反应性物质，可能因机械撞击、摩擦而发火，所以这类物质能否适用于筛分和粉碎必须十分慎重的考虑。

46. 在进行物料粉碎时，最易产生的点火源是物料中掺杂有坚硬的铁石杂物，在撞击或研磨过程中能产生火花。

47. 有机过氧化物的过滤过程就很危险，因为有机过氧化物（滤饼）极不稳定，受撞击、挤压、摩擦易发生燃烧或爆炸。

48. 对混合时产生静电的物料，应加入抗静电剂等。

49. 输送有毒、易燃和易腐蚀物料的机泵，在解体检修之前，必须将泵体内残液放净。50. 输送易爆有毒的液化气体时应在压出管线上装有压力调节和超压切断泵的连锁装置、温控和超温信号等安全装置。

51. 对于一些含水的贮罐，收料时油温更应严格控制，但可以直接用蒸汽扫线。

52. 贮罐收料时可以直接从贮罐上部注入。

53. 贮罐的检尺、测温盒、取样器应采用导电性良好且与罐体金属相碰不产生火花的材料制作。

54. 计量、测温和取样作业完后，要盖好作业孔，用棉纱（布）擦净器具，禁止使用化纤物。

55. 对于油品（特别是甲、乙类液体），不准使用两种不同导电性质的检尺、测温和采样工具进行操作。

56. 上罐作业只能使用防爆灯具，并注意不可失落。

57. 采样器内剩余的油样及洗刷采样器的油品必须倒回罐内。

58. 动火分析的取样要有代表性，特殊动火的分析样品要保留到动火作业结束。

59. 禁止用电瓶车、翻斗车、铲车、自行车等运输爆炸物品。

60. 遇水燃烧物品及有毒物品禁止用小型机帆船、小木船和水泥船承运。

61. 固定泡沫装置管线控制阀可设在防火堤内。

62. 发生简单分解爆炸的爆炸性物质，爆炸时所需要的能量是由爆炸物本身分解产生的，爆炸时一定伴随着燃烧现象。

63. 可燃物质的爆炸极限是恒定的。

64. 密度小于水和不溶于水的易燃液体的火灾，可以用水进行扑救。

65. 化学泡沫灭火剂可以用来扑救忌水忌酸的化学物质和电气设备的火灾。

66. 抗溶性泡沫不仅可以扑救一般液体烃类的火灾，还可以有效地扑救水溶性有机溶剂的火灾。

67. 静电的消失主要有两种方式即中和和泄漏。

68. 产生静电最常见的方式是接触分离起电。

69. 直接接触触电与间接接触触电的最主要的区别是发生电击时所触及的带电体是正常运行的带电体还是意外带电的带电体。

70. 直流电流与交流电流相比，容易摆脱，其室颤电流也比较小，因而，直流电击事故很少。

71. 室颤电流即最小致命电流，与电流持续时间关系密切。

72. 对于正常人体，感知阈值与时间因素无关；而摆脱阈值与时间有关。

73. 通风情况是划分爆炸危险区域的重要因素，它分为一般机械通风和局部机械通风两种类型。

74. 对于正常人体而言，感知阈值平均为0.5 mA，并与时间因素相关。

75. 电伤伤害多见于机体的外部，往往在机体表面留下伤痕。

76. 电流持续时间愈长，人体电阻因出汗等原因而降低，使通过人体的电流进一步增加，危险性也随之增加。

77. 流经心脏的电流越多、电流路线越短电击危险性越大。

78. 雷电可以分为直击雷、感应雷、雷电波侵入和球形雷。

79. 严禁在装有避雷针的构筑物上架设通信线、广播线或低压线。

80. 触电事故是由于人直接接触带电体发生的事故。

81. 电弧烧伤也叫电伤。

82. 电伤是电能转换成热能、机械能等其他形式的能量作用于人体，对人体造成的伤害。83. 电气机械性损伤也叫电伤，是触电事故的一种。

84. 人身触电事故特指电击事故。

85. 数十毫安的电流短时间通过人体，虽有一定危险但不会致命。

86. 电流通过人体内部，对人体伤害程度受电流大小影响，而与其他因素无关。

87. 感知电流一般不会对人体构成伤害，但有可能导致二次事故。

88. 室颤电流是短时间作用于人体而引起心室纤维性颤动的最小致命电流。

89. 人体电阻随着接触电压升高而急剧升高。

90. 一般情况下保护接零不能将漏电设备对地电压降低到安全范围以内。

91. 绝缘是用绝缘物把带电体与人体隔离，防止人体的接触。

92. 所谓安全电压是在任何条件下都不会危及生命安全的电压。

93. 各类移动式电气设备和手持式电动工具，使用时均应安装漏电保护器。

94. 感应雷也称作雷电感应，分为静电感应雷和电磁感应雷。

95. 油漆制造车间、氧气站、易燃品库等应划为第一类防雷建筑物。

96. 为了有利于静电的泄漏，可采用静电导电性工具。

97. 利用山势装设的远离被保护物的避雷针或避雷线，也可作为被保护物的主要直击雷防护措施。

98. 对储存易燃介质或毒性程度为极度、高度或中度危害介质的压力容器，应在安全阀或爆破片的排出口装设导管，可直接排入大气。

99.《压力容器安全技术监察规程》规定，安全阀与压力容器之间一般不宜装设截止阀门。

100.《压力容器安全技术监察规程》规定，压力容器运行操作人员，应加强对液面计的维护管理，保持完好和清晰。

101.《压力容器安全技术监察规程》规定，液氧罐的操作人员，严禁使用带油脂的工具和防护用品。

102. 压力容器最小厚度的确定应当考虑制造、运输、安装等因素的影响。

103.《气瓶安全监察规程》规定，气瓶必须专用。只允许充装与钢印标记一致的介质，不得改装使用。

104. 气瓶充装站只要具备相当规模，未办理注册登记的，也可以从事充装工作。

105.《气瓶安全监察规程》规定，充装超量的气瓶不准出厂。

106.《气瓶安全监察规程》规定，气瓶充装前，充装单位应有专人对气瓶逐只进行检查，确认瓶内气体并做好记录。

107. 可以从液化石油气储罐或罐车直接向气瓶灌装。

108.《气瓶安全监察规程》规定，不允许瓶对瓶直接倒气。

109.《气瓶安全监察规程》规定，气瓶吊装时，严禁使用电磁起重机和金属链绳。

110. 液化石油气瓶用户及经营者，可以将气瓶内的气体向其他气瓶倒装，自行处理气瓶内的残液。

111. 易燃气体气瓶的首次充装或定期检验后的首次充装，必须经置换或抽真空处理后进行。

112. 溶解乙炔气瓶充装前，必须按《溶解乙炔充装规定》测定溶剂补加量。

113. 盛装易燃液体的容器，应留有不少于5%的空隙。

114. 根据《压力容器定期检验规则》，对拆下来的紧急切断装置，应解体、检验、修理和调整并进行耐压、密封、紧急切断等性能试验。检验合格并重新铅封方准使用。

115. 根据《压力容器定期检验规则》，全面检验报告应有检验、审核、审批三级签字，审批人应为检验机构授权的技术负责人。

116. 锅炉是把燃料的化学能变成热能，再利用热能把水加热成具有一定温度和压力的蒸汽的设备。

117. 锅炉包括两大部分：盛装水、汽的“锅”和进行燃烧加热的“炉”。

118. 锅炉水循环的停滞会造成受热面过热、鼓包、管子涨粗甚至爆管事故。

119. 压力容器爆破时所能释放的能量与它的工作介质的物性状态没有关系。

120. 高压容器的使用压力较高，密封是个关键，所以密封结构也是高压容器中的一个主要结构。

121. 强度就是材料或结构元件所具有的承受外力而不被破坏的能力。

122. 压力容器的设计，必须由具有相应专业技术水平的单位负责，并应经过规定的审批手续。

123. 压力容器破坏的主要原因之一是存在裂纹缺陷。

124. 水压试验的主要目的，是检查受压元件的强度。同时也可以通过水在局部地方的渗透等发现潜在的局部缺陷。

125. 水压试验用水温度应高于周围露点的温度，以防锅炉或容器表面结露。且水温越高越好。

126. 压力容器，可由没有制造许可证的专业单位制造。

二、填空题

127. 对盛装易燃液体的容器，应留有不少于__________%的间隙。

128. 爆破片爆破压力的选定，一般为设备、容器及系统最高工作压力的__________倍。

129. TN 供电系统指的是__________系统。

130. 《气瓶安全监察规程》规定，车用压缩天然气钢瓶，每________年检验一次。

131. 《气瓶安全监察规程》规定，采用车辆运输时，气瓶要妥善固定。卧放时，瓶阀端应朝向一方，垛高不得超过__________层且不得超过车厢高度。

三、单选题

132. 天然气燃烧火灾是（　）类火灾。

A. A　　B. B　　C. C

133. 衡量可燃性液体火灾危险性大小的主要参数是（　）。

A. 沸点　　B. 闪点　　C. 燃点

134. 易燃易爆场所中不能使用（　）工具。

A. 铁制　　B. 铜制　　C. 木制

135. 下列（　）属于易燃气体。

A. 二氧化碳　　B. 乙炔　　C. 氧气

136. 下列（　）爆炸属于物理爆炸。

A. 锅炉　　B. 面粉　　C. 乙炔

137. 从事易燃易爆作业的人员应穿（　）工作服以防静电。

A. 合成纤维　　B. 普通　　C. 含金属纤维的棉布

138. 在作业场所液化气浓度较高时应戴（　）。

A. 面罩　　B. 口罩　　C. 眼罩

139. 存放爆炸物的仓库应采用（　）照明设备。

A. 白炽灯　　B. 日光灯　　C. 防爆型灯具

140. 下列物质爆炸危险性最高的是（　）。

A. 汽油　　B. 乙炔　　C. 苯

141. 下列物质（　）不可能发生爆炸。

A. 生石灰　　B. 面粉　　C. 铝粉

142. 对于有爆炸危险的可燃物，当可燃物的（　），则越易发生爆炸。

A. 爆炸下限越高　　B. 爆炸上限越低　　C. 爆炸极限范围越宽

143. 下列（　）灭火器不适于扑灭电气火灾。

A. 二氧化碳　　B. 干粉　　C. 泡沫

144. 甲类物品仓库与场外道路路边的防火间距不应小于（　）m。

A. 10　　B. 15　　C. 20

145. 气体测爆仪测定的是可燃气体的（　）。

A. 爆炸下限　　B. 爆炸极限范围　　C. 浓度

146. 对于金属钠的火灾不可以采用（　）灭火。

A. 干粉　　B. 泡沫　　C. 砂土

147. 通常把闪点低于（　）℃的液体叫易燃液体。

A. 45　　B. 60　　C. 75

148. 两种可燃性液体的混合物的闪点，一般在这两种液体闪点之间，并（　）这两种物质的平均值。

A. 高于　　B. 等于　　C. 低于

149. 下列能在常温下自燃的物质是（　）。

A. 磷　　B. 煤　　C. 柴油

150. 一般压力越高，可燃物的自燃点（　）。

A. 不变　　B. 越高　　C. 越低

151. 下列物质种类中燃烧速度最快的是（　）。

A. 气体　　B. 液体　　C. 固体

152. 液体火灾和可熔化的固体物质的火灾属于（　）类火灾。

A. A　　B. B　　C. C

153. 阻火器的原理是阻止火焰的（　）。

A. 扩大　　B. 传播　　C. 温度

154. 燃料容器管道直径越小，发生爆炸的危险性（　）。

A. 越小　　B. 越大　　C. 无规律

155. 可燃粉尘的粒径越小，发生爆炸的危险性（　）。

A. 越小　　B. 越大　　C. 无关

156. 使用或储存特殊贵重机器仪表、仪器等设备或物品的建筑，其耐火等级为（　）级。

A. 一　　B. 二　　C. 三

157. 室外消防给水管道的直径不应小于 DN（　）。

A. 50　　B. 100　　C. 150

158. 比较适于扑灭电气设备火灾的是（　）。

A. 水　　B. 二氧化碳　　C. 沙石

159. 爆炸物品厂房之间的安全距离是根据爆炸产生的（　）确定的。

A. 冲击波　　B. 破片飞散距离　　C. 气体扩散距离

160. 在火灾中，由于毒性造成人员伤亡的罪魁祸首是（　）。

A. 二氧化碳　　B. 一氧化碳　　C. 一氧化氮

161. 爆炸下限小于 10%的气体属于（　）类可燃性危险物品。

A. 甲　　B. 乙　　C. 丙

162. 下列气体灭火剂中由于破坏臭氧层，而被逐步替代的是（　）。

A. 二氧化碳灭火剂

B. 卤代烷 1211、1301 灭火剂

C. 七氟丙烷灭火剂

163. 固体燃烧分（　）种情况。

A. 2　　B. 3　　C. 4

164. 贴安全标签的目的是为了警示使用者，此种化学品的（　）以及一旦发生事故应采取的救护措施。

A. 有害性　　B. 危害性　　C. 物理性

165. 在封闭厂房（密闭容器内等有限空间）作业和深夜班、加班作业时，必须安排（　）人以上一起工作。

A. 2　　B. 3　　C. 4

166. 行灯和机床、钳台局部照明应采用安全电压，容器内和危险潮湿地点电压不得超过（　）V。

A. 12　　B. 24　　C. 36

167. 在易燃易爆系统抽加盲板时，还要保持系统（　），防止空气吸入。

A. 正压　　B. 微正压　　C. 负压

168. 输送可燃气体宜采用（　）。

A. 潜水泵　　B. 磁力泵　　C. 液环泵

169. 运输爆炸、剧毒和放射性物品，应指派（　）押运。

A. 驾驶员　　B. 押运员　　C. 装卸工

170. 含水的油品会发生突沸和喷溅，因此油温一般不应超过（　）℃。

A. 60　　B. 70　　C. 80

171. 一般可燃物质在含氧量低于（　）%的空气中不能燃烧。

A. 14　　B. 16　　C. 18

172. 可燃气体混合物的初始温度越高，使爆炸下限（　），上限增高，爆炸极限范围增大。

A. 增高　　B. 降低　　C. 不变

173. 环状消防管网应用阀门分为若干独立段，每段内消防栓数量不宜超过（　）个。

A. 4　　　　　B. 5　　　　　C. 6

174. 室外消火栓间距不应超过 120 m，其保护半径不应超过（　）m。

A. 60　　　　　B. 100　　　　　C. 150

175. 在易燃易爆场所穿（　）鞋最危险。

A. 布　　　　　B. 胶　　　　　C. 带铁钉

176. 水封井是安全液封的一种，一般设置在含有可燃气（蒸气）或者油污的排污管道上，以防燃烧爆炸沿排污管道蔓延。一般说来，水封高度不应小于（　）mm。

A. 100　　　　　B. 150　　　　　C. 250

177. 为防止易燃易爆气体危害，取样和检测人员必须站在（　）方向操作。

A. 上风　　　　　B. 下风　　　　　C. 风的左侧

178. 在易燃、易爆场所的照明灯具，应使用防爆型或密闭型灯具，在多尘、潮湿和腐蚀性气体的场所，应使用（　）型灯具。

A. 开启　　　　　B. 保护　　　　　C. 密闭

179. 属于化学爆炸的是（　）爆炸。

A. 烟花爆竹　　　　　B. 面粉　　　　　C. 瓦斯

180. 不能用于擦洗设备的是（　）。

A. 肥皂　　　　　B. 洗衣粉　　　　　C. 汽油

181. 不属于燃烧三要素的是（　）。

A. 点火源　　　　　B. 可燃性物质　　　　　C. 阻燃性物质

182. 乙烯着火应使用的灭火剂（　）。

A. 水　　　　　B. 砂土　　　　　C. 雾状水

183. 若系统内存在燃爆性气体爆破片的材料不应选用（　）。

A. 塑料　　　　　B. 橡胶　　　　　C. 铁片

184. 工房内防静电的措施不包括（　）。

A. 造潮　　　　　B. 通风　　　　　C. 降温

185. 可燃混合物的化学反应速度越快，反应放出的热量就越多，则（　）越大。

A. 火焰　　　　　B. 燃速　　　　　C. 烟气

186. 一般来讲（　）。

A. 气体比较容易燃烧，其次是液体，再次是固体

B. 液体比较容易燃烧，其次是气体，再次是固体

C. 固体比较容易燃烧，其次是液体，再次是气体

187. 气体扩散燃烧的速度决定于（　）。

A. 氧化反应的本身　　　　　B. 气体的扩散速度　　　　　C. 火焰的温度

188. 容器内液体过热、气化而引起的爆炸属于（　）爆炸。

A. 化学性　　　　　B. 物理性　　　　　C. 粉尘

189. 物理性爆炸前后，物质的化学成分及性质（　）。

A. 均无变化　　　　　B. 有的改变　　　　　C. 根本变化

190. 气体或蒸气的（　）范围越宽，其危险度值越大。

A. 泄漏　　B. 爆炸极限　　C. 混合比例

191. 在可燃物质（气体、蒸气、粉尘）可能泄漏的区域设（ ），是监测空气中易爆物质含量的重要措施。

A. 报警仪　　B. 监督岗　　C. 巡检人员

192. 水是最常用的灭火剂，主要作用是（ ）。

A. 冷却降温　　B. 隔离　　C. 窒息

193. 水蒸气的灭火原理在于降低燃烧区的（ ）。

A. 温度　　B. 湿度　　C. 含氧量

194. 化学泡沫灭火原理主要是（ ）作用。

A. 隔离与窒息　　B. 降温　　C. 化学抑制

195. 易燃可燃液体储罐着火必须采取的措施（ ）。

A. 迅速切断进料　　B. 首先要抓紧扑灭火焰　　C. 首先疏散人群

196. 固体可燃物表面温度超过（ ）时，可燃物接触该表面有可能一触即燃。

A. 可燃物燃点　　B. 100 ℃　　C. 可燃物闪点

197. C 类火灾指的是（ ）物质火灾。

A. 固体　　B. 液体　　C. 气体

198. 比水轻的非水溶性可燃、易燃液体火灾，原则上不能用（ ）扑救。

A. 砂土　　B. 干粉　　C. 水

199. 《压力容器安全技术监察规程》规定，容器内部有（ ）时，不得进行任何修理。

A. 压力　　B. 温度　　C. 杂质

200. 在压力容器的安全阀与排放口之间装设截止阀的，运行期间必须处于（ ）并加铅封。

A. 开启　　B. 全开　　C. 关闭

201. 《气瓶安全监察规程》规定，气瓶充装登记有效期为（ ）年。

A. 1　　B. 3　　C. 5

202. 《气瓶安全监察规程》规定，气瓶充装登记有效期满前（ ）个月，气瓶充装单位应向原注册单位提出办理换发注册登记申请。

A. 1　　B. 3　　C. 5

203. 《气瓶安全监察规程》规定，盛装一般性气体的气瓶，每（ ）年检验一次。

A. 1　　B. 3　　C. 5

204. 《气瓶安全监察规程》规定，盛装惰性气体的气瓶，每（ ）年检验一次。

A. 1　　B. 3　　C. 5

205. 《气瓶安全监察规程》规定，低温绝热气瓶，每（ ）年检验一次。

A. 1　　B. 3　　C. 5

206. 《气瓶安全监察规程》规定，车用液化石油气钢瓶，每（ ）年检验一次。

A. 1　　B. 3　　C. 5

207. 《气瓶安全监察规程》规定，采用车辆运输时，气瓶要妥善固定。立放时，车厢高度在瓶高的（ ）以上。

A. 1/3　　B. 2/3　　C. 1/2

208. 乙炔瓶的定期检验，每三年进行一次，库存或停用周期超过（　）年的乙炔瓶，启用前应进行检验。

A. 1　　B. 2　　C. 3

209. 对使用期限超过（　）年的任何类型液化石油气钢瓶，登记后不予检验，按报废处理。

A. 5　　B. 10　　C. 15

210. 瓶体磕伤、划伤或凹坑处的剩余壁厚小于设计壁厚的（　）%的钢瓶应报废。

A. 70　　B. 80　　C. 90

211.《气瓶安全监察规定》中规定瓶体凹陷深度超过（　）mm 或大于凹陷短径的 1/10 的气瓶应报废。

A. 5　　B. 7　　C. 10

212.《气瓶安全监察规定》中规定气瓶水压试验压力一般是设计压力的（　）倍。

A. 1.15　　B. 1.25　　C. 1.5

213. 高压管路上的阀门在密封不严造成气体回串时，往往阀体及回串方向的管路上会出现（　）现象。

A. 振动　　B. 发热　　C. 结霜

214. 液化石油气用户及经销者，（　）将气瓶内的气体向其他气瓶倒装。

A. 可以在无人区　　B. 不得在室内　　C. 严禁

215. 介质对压力容器的破坏主要是由于（　）。

A. 腐蚀　　B. 易燃　　C. 有毒

216. 在不大于规定充装量的条件下，液化石油气储罐的压力随（　）变化而变化。

A. 充装量　　B. 储存温度　　C. 输送设备的压力

217. 安全泄放装置能自动迅速地泄放压力容器内的介质，以便使压力容器始终保持在（　）压力范围内。

A. 工作　　B. 最高允许工作　　C. 设计

218. 液化气汽车罐车属于（　）类压力容器。

A. 一　　B. 二　　C. 三

219. 进行压力容器内部检验或检修时，要求工作空间空气中的氧含量（体积比）为（　）。

A. 15%~25%　　B. ≥20%　　C. 18%~23%

220. 容器耐压试验采用气压时，试验方法按照《压力容器安全技术监察规程》的有关要求进行。保压不小于（　）小时。

A. 2　　B. 3　　C. 4

221. 年度检查是指压力容器运行中的在线检验，每年至少（　）次。

A. 一　　B. 二　　C. 三

222. 压力容器一般应于投用满（　）年时进行首次全面检验。

A. 一　　B. 二　　C. 三

223. 储存液化气体的压力容器应当规定设计储存量，装量系数不得大于（　）。

A. 0.9　　　　　　B. 0.95　　　　　　C. 1.0

224. 下列物品中，（　）可以与氧气瓶同车运输。

A. 可燃气体气瓶 B 油脂　C. 氮气瓶

225.《气瓶安全监察规程》规定气瓶水压试验的压力为公称工作压力的（　）倍。

A. 1.2　　　　　　B. 1.3　　　　　　C. 1.5

226. 一般情况下，压力容器的构件不允许发生（　）变形。

A. 弹性　　　　　　B. 塑性　　　　　　C. 刚性

227. 未焊透是焊缝存在的一个缺口，因而往往是（　）破坏的起裂点，也会导致疲劳破坏。

A. 弹性　　　　　　B. 脆性　　　　　　C. 刚性

228. 最常用消除焊接残余应力的方法是将焊件进行焊后（　）处理。

A. 酸　　　　　　B. 热　　　　　　C. 冷

229. 水压试验应该在（　）和热处理以后进行。

A. 焊接试验　　　　　　B. 无损探伤合格　　　　　　C. 金相检查

230. 不锈钢容器进行水压试验时，应该控制水中的（　）离子含量，防止腐蚀。

A. 氢　　　　　　B. 氧　　　　　　C. 氯

231. 发生汽水共腾的主要原因是（　）。

A. 炉水含盐量太低　　B. 炉水 pH 酸碱度太低　　C. 炉水含盐量太高

232. 锅炉和压力容器安全三大附件为压力表、安全阀和（　）。

A. 温度计　　　　　　B. 水位计　　　　　　C. 烟气氧含量分析仪

233. 压力容器内的压力由于容器内部或外部受热而显著增加，且容器与其他设备的连接管道又装有截止阀，应单独装设（　）。

A. 压力表　　　　　　B. 温度计　　　　　　C. 安全卸压装置

234. 气瓶发生化学爆炸的主要原因是（　）。

A. 气瓶中气体发生混装（可燃气体和氧气）　　B. 气瓶充装过量

C. 维护不当

235. 氧气瓶及强氧化剂气瓶瓶体及瓶阀处，必须杜绝沾有（　）。

A. 油污　　　　　　B. 水珠　　　　　　C. 漆色

236. 锅炉严重缺水时可采取以下措施（　）。

A. 缓慢进水　　　　　　B. 严禁向锅炉内上水，应该采取紧急停炉措施

C. 开安全阀快速降压

237. 下列放电释放能量较小的是（　）放电。

A. 电晕　　　　　　B. 传播型刷形　　　　　　C. 火花

238.（　）是消除静电危害最常见的方法。

A. 屏蔽　　　　　　B. 接地　　　　　　C. 增湿

239. 以下几种静电放电形式中（　）引发火灾爆炸事故的引燃能力很强，危险性很大。

A. 刷形放电和火花放电　　B. 传播型刷形放电和电晕放电

C. 火花放电和传播型刷形放电

240. 下列（　）型电气设备是正常状态下和故障状态下产生的火花或热效应均不能点燃爆炸性混合物的电器设备。

A. 正压　　B. 隔爆　　C. 本质安全

241. 在正常时不产生火花、电弧或高温的设备上采取措施以提高安全程度的电气设备是（　）。

A. 本质安全型　　B. 增安型　　C. 无火花型

242. 静电最为严重的危险是（　）。

A. 妨碍生产　　B. 静电电击　　C. 引起爆炸和火灾

243. 屏护是一种对电击危险因素进行（　）的手段。

A. 消除　　B. 流散　　C. 隔离

244. 带电灭火时，若用水枪灭火，宜采用（　）水枪。

A. 水柱　　B. 喷淋　　C. 喷雾

245. 发电机起火时，不能用（　）灭火。

A. 喷雾水　　B. 二氧化碳　　C. 干粉

246. 爆炸危险环境应优先采用（　）线。

A. 铜　　B. 铝　　C. 铁

247. （　）是防止雷电波的防护装置，主要用来保护电力设备和电力线路，也用作防止高压电侵入室内的安全措施。

A. 避雷针　　B. 避雷线　　C. 避雷器

248. 装设（　）主要用来防直击雷，保护露天变配电设备、建筑物和构筑物。

A. 避雷针　　B. 避雷线　　C. 避雷器

249. 电器着火时下列不能用的灭火方法是（　）。

A. 用四氯化碳或1211灭火器进行灭火　　B. 用沙土灭火　　C. 用水灭火

250. 如果触电者伤势严重，呼吸停止或心脏停止跳动，应竭力施行（　）和胸外心脏按压。

A. 按摩　　B. 点穴　　C. 人工呼吸

251. 雷电放电具有（　）的特点。

A. 电流大、电压高　　B. 电流小、电压高　　C. 电流大、电压低

252. 任何电气设备在未验明无电之前，一律按（　）处理。

A. 无电　　B. 也许有电　　C. 有电

253. 当工作地点狭窄、行动困难以及周围有大面积接地体等环境其安全电压应采用（　）V的电压。

A. 36　　B. 42　　C. 12

254. 如果工作场所潮湿，为避免触电，使用手持电动工具的人应（　）。

A. 站在铁板上操作　　B. 应穿绝缘靴，站在绝缘垫上操作　　C. 穿防静电鞋操作

255. 易受雷击的建筑物和构筑物、有爆炸或火灾危险的露天设备如油罐、贮气罐、高压架空电力线路、发电厂和变电站等也应采取防（　）措施。

A. 直击雷　　B. 雷电感应　　C. 雷电侵入

256. 屏护装置把（　）同外界隔离开来，防止人体触及或接近。

A. 绝缘体　　B. 带电体　　C. 电器

257. 电伤是由电流的（　）效应、化学效应或机械效应对人体构成的伤害。

A. 磁　　B. 热　　C. 场

258. 防雷装置包括（　）引下线、接地装置三部分。

A. 接零线　　B. 避雷器　　C. 接闪器

259. 在易燃、易爆场所的照明灯具，应使用防爆型或密闭型灯具，在多尘、潮湿和腐蚀性气体的场所，应使用（　）型灯具。

A. 开启　　B. 保护　　C. 密闭

260. 电缆经过易燃易爆及腐蚀性气体场所敷设时，应（　）。

A. 穿管保护，管口保护　　B. 用防腐型电缆　　C. 直接埋设

261. 人体直接接触或过分接近正常带电体而发生的触电现象称为（　）触电。

A. 间接接触　　B. 直接接触　　C. 跨步电压

262. 为了防止电磁场的危害，应采取接地和（　）防护措施。

A. 屏蔽　　B. 绝缘　　C. 隔离

263. 电光眼伤害属于（　）。

A. 烧伤　　B. 电伤　　C. 灼伤

264. 电流通过人体短时间使人致命的最危险的原因是引起（　）。

A. 呼吸麻痹和中止　　B. 电休克　　C. 心室纤维性颤动

265. 固体粉碎和液体分离过程的起电属于（　）起电。

A. 接触　　B. 破断　　C. 电荷迁移

266. 我国工频安全电压的额定值为（　）。

A. 36 V，12 V

B. 36 V，24 V

C. 42 V，36 V，24 V，12 V，6 V

267. 在潮湿场所或金属构架上工作应尽量选用带有双重绝缘结构的工具或选用（　）的设备。

A. 安全电压　　B. 保护接地　　C. 保护接零

268. 增安型电气设备是（　）的电气设备。

A. 具有隔爆外壳　　B. 不会产生火花　　C. 壳内充有保护气体

269. 为了限制产生危险的静电，可限制液体在管道内的（　）。

A. 压力　　B. 温度　　C. 流速

四、多选题

270. 加油站应杜绝的明火包括（　）。

A. 生活用火　　B. 维修用火　　C. 打火机和烟头　　D. 强光和热辐射

271. 加油员消防安全操作规程应包括下列内容（　）。

A. 上岗时应穿防静电工装　　B. 加油车进站停稳、发动机熄火后，才能开始加油

C. 不应直接向塑料桶等非金属容器加注汽油　　D. 加油车应接好接地线

272. 加油站爆炸的特点有（　）。

A. 震荡作用　　B. 冲击波　　C. 碎物打击　　D. 造成火灾

273. 属于化学爆炸的是（ ）。

A. 烟花爆竹爆炸　B. 面粉爆炸　C. 瓦斯爆炸　D. 锅炉爆炸

274. 防止火灾爆炸事故发生的基本原则是（ ）。

A. 限制易燃易爆系统的形成　B. 防止可燃物外溢泄漏

C. 消除各类点火源　D. 通风置换

275. 按爆炸反应速度分类，爆炸可分为（ ）。

A. 轻爆　B. 爆炸　C. 爆轰　D. 殉爆

276. 爆炸过程表现为（ ）的两个阶段。

A. 化学能迅速转变为机械能

B. 物质的潜在能以一定的方式转化为强烈的压缩能

C. 压缩急剧膨胀，对外做功，从而引起周围介质的变形、移动和破坏

D. 发生剧烈的化学反应

277. 以下属于燃烧必备的三个条件的是（ ）。

A. 助燃剂　B. 可燃物　C. 着火源　D. 温度

278. 根据物质燃烧的原理，灭火要控制可燃物，隔绝空气，消除火源，阻止火势和爆炸波的蔓延，灭火方法的分类为（ ）。

A. 冷却法和窒息法　B. 隔离法和抑制法

C. 降温法和阻燃法　D. 隔离法和降温法

279. 下列属于电器火灾灭火器的是（ ）。

A. 干粉灭火器　B. 泡沫灭火器　C. 二氧化碳　D. 水

280. 防火装置的作用是防止火焰窜入设备、容器与管道内，或阻止火焰在设备和管道内扩展。通用的阻火设备包括（ ）。

A. 安全液封　B. 阻火器　C. 导向阀　D. 阻火闸门

281. 下列（ ）遇水会发生自燃着火。

A. 钠　B. 氢化钠　C. 黄磷　D. 白磷

282. 使用二氧化碳时应注意防止（ ）。

A. 冻伤　B. 烫伤　C. 窒息　D. 中毒

283. 生产易燃易爆危险物品的单位，对产品应当附有（ ）等数据说明书，并且注明防火防爆注意事项。

A. 燃点　B. 闪点　C. 爆炸极限　D. 自燃点

284. 在工业生产中，常见的点火能源有（ ）等。

A. 明火　B. 电气火花　C. 撞击　D. 静电火花

285. 下列（ ）物质起火可以用水扑救。

A. 钠　B. 乙酸　C. 甲烷　D. 电石

286. 化学爆炸的要素有（ ）。

A. 爆炸反应过程放热　B. 爆炸反应过程高速

C. 爆炸反应过程生成大量气体　D. 突发性

287. 化学爆炸可以分为（ ）。

A. 简单分解爆炸　B. 复杂分解爆炸　C. 爆炸性混合物爆炸　D. 锅炉爆炸

288. 泡沫灭火剂按泡沫的机理可以分为（　）。

A. 化学泡沫灭火剂　　B. 空气泡沫灭火剂

C. 水　　D. 二氧化碳灭火剂

289. 下列是防爆卸压装置的是（　）。

A. 安全阀　　B. 爆破片　　C. 防爆门　　D. 火星熄灭器

290. 下列不能用水扑灭的是（　）。

A. 密度小于水的易燃液体火灾　　B. 盐酸、硝酸引起的火灾

C. 电石引起的火灾　　D. 钠

291. 下列介质中（　）物质与水作用会出现化学自燃着火。

A. 钠　　B. 氢化钠　　C. 黄磷　　D. 电石

292. 灭火时采取的原则有（　）。

A. 先控制，后消灭　　B. 救人重于救火

C. 先重点，后一般　　D. 救人与救火同等重要

293. 烟气控制主要有（　）两条途径。

A. 挡烟　　B. 排烟　　C. 加强通风　　D. 封闭窗户

294. 下列物质（　）当受外来撞击或摩擦时很容易引起燃烧爆炸，故对该类物品进行操作时，要轻拿轻放，切忌摔、碰、拖、拉、抛等。

A. 爆炸品　　B. 毒害品　　C. 有机过氧化物　　D. 腐蚀品

295. 爆炸主要的破坏形式有（　）。

A. 直接的破坏作用　　B. 冲击波的破坏作用

C. 造成火灾　　D. 造成中毒和环境污染

296. 强氧化剂、爆炸品及用铁桶包装的一级易燃液体，没有采取可靠的安全措施，不得用（　）运输。

A. 板车　　B. 铁底板车　　C. 汽车　　D. 汽车挂车

297. 禁止用（　）搬运易燃易爆液化气体等危险品。

A. 叉车　　B. 铲车　　C. 翻斗车　　D. 电瓶车

298. 易燃液体储罐的安全附件有（　）。

A. 呼吸阀　　B. 阻火器　　C. 泡沫灭火装置　　D. 洒水装置

299. 影响阻火器性能的因素主要有（　）。

A. 阻火层强度　　B. 阻火层厚度

C. 阻火器孔隙大小　　D. 阻火器通道大小

300. 可燃物质的状态不同（气、液、固态），其燃烧的过程也不同。大多数可燃物质的燃烧是在（　）下进行的。

A. 固态　　B. 液态　　C. 蒸气　　D. 气态

301. 下列属于物理爆炸的是（　）。

A. 超压爆炸　　B. 锅炉爆炸　　C. 氧化爆炸　　D. 面粉爆炸

302. 灭火的基本方法有（　）。

A. 窒息灭火法　　B. 冷却灭火法

C. 隔离灭火法　　D. 化学抑制灭火法

303. 任何可燃物的燃烧必须经过（　）等过程。

A. 氧化　B. 还原　C. 分解　D. 燃烧

304. 物理爆炸常见的有（　）。

A. 气体的非化学过程的过压爆炸　B. 液相的气体爆炸

C. 物体燃烧引起的爆炸　D. 液化气体和过热液体的爆炸

305. 自热自燃的主要方式有（　）。

A. 氧化发热　B. 分解发热　C. 聚合发热　D. 吸附发热

306. 影响爆炸极限的因素有（　）。

A. 温度　B. 压力　C. 体积　D. 氧含量

307. 根据压力容器在生产工艺过程中的作用可为（　）。

A. 反应容器　B. 换热容器　C. 分离容器　D. 储存容器

308. 气瓶实行固定充装单位充装制度，气瓶充装单位只允许充装（　）的气瓶。

A. 单位自有　B. 托管　C. 其他单位　D. 个人

309.《气瓶安全监察规程》规定，属于下列（　）情况之一，未经处理的气瓶，严禁充装。

A. 对瓶内介质未确定的　B. 附件损坏的

C. 瓶内有剩余压力的　D. 超过检验期限的

310.《气瓶安全监察规程》规定，（　）和使用气瓶的单位，应加强对气瓶的安全管理。

A. 生产　B. 运输　C. 储存　D. 经销

311.《气瓶安全监察规程》规定，气瓶充装前的检查记录、充装操作记录、充装后复验和检查记录应完整，内容至少应包括（　）。

A. 气瓶编号　B. 气瓶容积、实际充气量

C. 发现的异常情况　D. 检查者、充装者、复验者姓名和日期

312.《气瓶安全监察规程》规定，运输和装卸气瓶时，应轻装轻卸，严禁（　）。

A. 抛　B. 滑　C. 滚　D. 碰

313. 根据《压力容器定期检验规则》，压力容器定期检验工作包括（　）。

A. 年度检查　B. 全面检验　C. 局部检验　D. 耐压试验

314. 表示蒸汽工作特性的主要参数是（　）。

A. 压力　B. 容积　C. 温度　D. 密度

315. 锅炉水循环常见的障碍事故是（　）。

A. 停滞　B. 倒流　C. 泄漏　D. 汽水

316. 从压力容器安全管理和技术监督的角度来考虑一般把它分为（　）。

A. 固定式容器　B. 旋转式容器　C. 移动式容器　D. 圆筒型容器

317. 影响锅炉水循环的因素主要有（　）。

A. 锅炉工作压力　B. 循环回路压力

C. 上升管受热情况与下降管绝热情况　D. 水温

318. 移动式压力容器按其容积大小及结构形状可以分为（　）。

A. 气瓶　B. 气桶　C. 槽车　D. 储罐

319. 气瓶一般可分为（　）气瓶。

A. 永久气体　B. 液化气体　C. 溶解气体　D. 钢瓶

320. 固定式压力容器可分为盛装压力容器、（　）压力容器等。

A. 反应　B. 换热　C. 分离　D. 萃取

321. 气瓶的结构必须具有这样一些特点（　）。

A. 便于搬运移动　B. 高度要适当

C. 便于灌装气体和仓库储存　D. 轻便可靠

322. 气瓶根据制造方法可以分为（　）等几种。

A. 焊接气瓶　B. 管制气瓶　C. 冲压拉伸制气瓶　D. 卷轧钢瓶

323. 对于制造锅炉或压力容器受压元件的材料，应该考虑的主要性能是（　）。

A. 机械性能　B. 工艺性能　C. 耐腐蚀性　D. 耐压性能

324. 在锅炉和压力容器制造中，比较常见的焊接缺陷主要有（　）。

A. 焊缝表面缺陷　B. 焊接裂纹　C. 焊接内部缺陷　D. 其他缺陷

325. 焊缝内部缺陷主要有（　）。

A. 未焊透　B. 气孔　C. 夹渣　D. 塌陷

326. 在锅炉工作过程中，传热方式有（　）。

A. 传导　B. 对流　C. 辐射　D. 热交换

327. 电伤的特点有（　）。

A. 电流较大　B. 会留下明显伤痕

C. 局部伤害　D. 可能深入机体

328. 电流对人体伤害程度的影响因素有（　）。

A. 电流大小　B. 电流通过人体的持续时间

C. 电流通过人体的途径　D. 电流的种类

329. 电机在正常运行时应做到（　）。

A. 进出风口畅通　B. 电流保持恒定

C. 不允许水油杂物落入　D. 经常保持清洁

330. 装设（　）是直击雷防护的主要措施。

A. 避雷针　B. 避雷线　C. 避雷网　D. 避雷带

331. 触电死亡者一般有以下特征（　）。

A. 心跳、呼吸停止　B. 瞳孔放大

C. 血管硬化　D. 身上出现尸斑，且尸体僵硬

332. 在抢救触电者脱离电源时，下列事项正确的有（　）。

A. 救护人不得采用金属和其他潮湿的物品作为救护工具

B. 在使触电者脱离电源的过程中，救护人员最好单手操作，以防自身触电

C. 当触电者站立或位于高处时，应采取措施防止脱离电源后触电者摔跌

D. 夜晚发生触电事故时，应考虑切断电源后的临时照明以利防护。

333. 下列措施属于间接接触触电防护措施的有（　）。

A. 保护接地　B. 保护接零　C. 绝缘　D. 漏电保护

334. 防静电的控制措施有（　）。

A. 环境危险程度的控制　　B. 工艺控制
C. 接地和屏蔽　　D. 使用抗静电添加剂

335. 接地和屏蔽是防静电措施之一，它包括（　）。
A. 导体接地　　B. 绝缘体接地　　C. 导电性地面　　D. 消除附加静电

336. 防直接雷的主要措施有装设（　）。
A. 避雷针　　B. 避雷线　　C. 避雷网　　D. 避雷带

337. 带电灭火应选用的灭火器有（　）。
A. 二氧化碳、干粉　　B. 四氯化碳
C. 泡沫灭火器　　D. 二氟二溴甲烷

338. 电磁场防护措施有（　）以及电磁辐射的人员防护措施。
A. 屏蔽、吸收　　B. 增湿　　C. 高频接地　　D. 抑制辐射

339. 在电气设备上作业的安全措施有（　）等。
A. 停电　　B. 验电
C. 装设接地线　　D. 悬挂标示牌和装设遮栏

340. 防止静电危害的措施有（　）和加抗静电添加剂及工艺控制法。
A. 静电接地　　B. 去湿　　C. 增湿　　D. 静电中和法

341. 电气火灾和爆炸的直接原因有（　）。
A. 危险温度　　B. 电火花　　C. 有毒气体　　D. 可燃气体

五、简答题

342. 根据《生产安全事故报告和调查处理条例》规定的生产安全事故等级标准，火灾分为哪些等级？

第六章 工作场所职业危害及其防治

在危险化学品的经营活动过程中，存在许多职业危害因素，它们可能影响或损害劳动者的健康、甚至危及生命。识别这些职业危害因素及其危害、制定和实施针对性的防治措施，才能防止职业病危害的侵袭，预防职业病发生。本章简要介绍职业危害因素和职业病防治基础知识，重点叙述危险化学品经营场所毒物的分类、毒性分级、中毒和综合防毒措施等内容。

第一节 职业危害防治概述

一、职业病危害因素

职业危害的防治首先需要识别职业危害因素并对其危害进行评价，然后制定和实施针对性预防和控制措施，以避免、减少职业疾病的发生。通常所说的职业病危害因素包括危险因素和有害因素，通常统称为危害因素。

（一）职业病的概念

1. 职业病危害因素

职业病危害因素是指在生产、工作过程中、作业场所存在的各种有害的化学、物理、生物因素以及在作业过程中产生的其他危害劳动者健康，能导致职业病的有害因素。

2. 危险因素（GB/T 15236—2008）

能对人造成伤亡或对物造成突发性损坏的因素称为危险因素。

3. 有害因素（GB/T 15236—2008）

能影响人的身体健康，导致疾病或对物造成慢性损坏的因素。

（二）职业病危害因素来源

职业性危害因素，其来源大致有以下几个方面。

1. 生产过程产生

与生产过程有关的职业性危害因素：包括随着生产工艺流程而使用或接触的原材料、中间产品、产品以及各种废弃物。如化学性因素主要是工业毒物、粉尘等；物理性因素主要是噪声、振动、高温、电离辐射及非电离辐射等；生物性因素主要是致病微生物、寄生虫和毒素等。

2. 劳动过程产生

与劳动过程有关的职业性危害因素：与劳动强度有关的如作业强度过大、超负荷作业等；与劳动制度有关的如劳动组织不合理、作业时间过长等；与作业方式有关的如长时间强迫体位、设备、工具与使用者不匹配等。

3. 生产环境产生

与作业环境有关的职业性危害因素：这类职业性危害因素主要是指作业场所一般环境条件如空间、温度、湿度、通风、照明等不符合要求；还有人机布局不合理、防护和劳保设施缺陷，等等。

（三）职业危害因素的分类

职业病危害因素分类常用的方法，有以下几种。

1. 按性质分类

按职业病危害因素的性质可作如下分类（GB/T 13861—1992）。

（1）化学性因素

① 工业毒物，如铅、苯、汞、锰、一氧化碳等；

② 生产性粉尘，如矽尘、煤尘、石棉尘、有机性粉尘等。

（2）物理性因素

① 异常气象条件，如高温、高湿、低温、高气压、低气压等。

② 电离辐射，如 α 射线、β 射线、X 射线、γ 射线等。

③ 非电离辐射，如紫外线、红外线、高频电磁场、微波、激光等。

④ 噪音、超声、次声、振动等。

⑤ 设备、设施缺陷等。

（3）生物性因素

① 细菌如皮毛畜产品中的炭疽杆菌、布鲁杆菌等。

② 病毒如森林脑炎、流感病毒等。

③ 霉菌、有机粉尘中的真菌、真菌孢子等。

（4）生理性因素

① 负荷超限。

② 身体状况异常。

③ 职业禁忌证等。

（5）其他因素

如行为因素等。

2.《职业病危害因素分类目录》分类

按卫生部公布的《职业病危害因素分类目录》可分为以下十类。

① 粉尘类：如煤尘、矽尘、水泥尘、陶土尘、电焊烟尘等。

② 放射性物质类：如核素、X 射线、γ 射线等。

③ 化学物质类：如苯、酚、醛、硫化氢、氯气等。

④ 物理因素：如高温、振动、噪音、辐射等。

⑤ 生物因素：如炭疽杆菌、布氏杆菌、森林脑炎等。

⑥ 导致职业性皮肤病的危害因素：如焦油、沥青、蒽油、汽油、润滑油等。

⑦ 导致职业性眼病的危害因素：如硫酸、硝酸、盐酸、甲醛、酚等。

⑧ 导致职业性耳鼻喉口腔疾病的危害因素：如噪声、铬化合物、氟化氰等。

⑨ 职业性肿瘤的职业病危害因素：如石棉、砷、联苯胺等。

⑩ 其他职业病危害因素。

二、职业病

职业疾病是指由于职业危害因素直接或间接导致的人体伤害疾病的统称。它是企业、事业和个体经济组织（统称用人单位）的劳动者在职业活动中，因接触粉尘、放射性物质和其他有毒、有害物质等因素而引起的疾病。

（一）概念

1. 职业病危害

可能导致从事职业活动的劳动者罹患职业疾病的各种危害。

2. 职业病危害事故

在职业活动中因职业病危害造成的急、慢性职业病及死亡的事件。

3. 职业相关疾病

由于职业性危害因素对人体的急性或慢性反复作用而导致人体损害的疾病。这些疾病或者完全是由职业性危害因素引起的或者是由于职业性危害因素诱发、加重的。

4. 职业性多发病

凡是职业性有害因素直接或间接的构成该病原因之一的非特异性常见疾病均称职业性多发病，也称工作相关多发病，如矿工消化不良、建筑工人腰背痛、各种职业综合证等。

职业性因素不是它的唯一致病原因，它还与多种非职业性因素有关，并能使潜在疾病暴露或加重。改善环境工作条件可使疾病得到控制或缓解。

5. 职业病

是指企业、事业单位和个体经济组织等用人单位的劳动者在职业活动中，因接触粉尘、放射性物质和其他有毒、有害因素而引起的疾病。

（二）职业病分类

依据卫生部公布的职业病目录，职业病分为以下十类：

① 职业中毒：如苯、硫化氢、砷氢化物、氯气中毒等。

② 尘肺：如硅肺、水泥尘肺、陶土尘肺、石棉尘肺、电焊尘肺等。

③ 物理因素职业病：如中暑、减压病、手臂振动病等。

④ 放射性疾病：急性放射病、慢性放射病、放射性肿瘤等

⑤ 职业性传染病：如炭疽杆菌病、布氏杆菌病、森林脑炎等。

⑥ 职业性皮肤病：如化学性皮肤灼伤、油彩皮炎、黑变病

⑦ 职业性眼病：如电光性眼炎、化学性眼部灼伤、职业性白内障等。

⑧ 职业性耳鼻喉病：如噪声聋、铬鼻病、牙酸蚀病等。

⑨ 职业性肿瘤：如苯所致白血病、石棉所致肺癌、间皮瘤等。

⑩ 其他职业病。

三、职业病防治

（一）职业病防治方针和原则

依据《中华人民共和国职业病防治法》，我国职业病防治工作坚持预防为主、防治结合的方针，建立用人单位负责、行政机关监管、行业自律、职工参与和社会监督的机制，实行分类管理、综合治理。

（二）三级防治

职业病的防治实行三级防治原则，见表 6-1。

表 6-1　三级防治对比表

预防级别	防治内容	防治对象	主要责任方
一级	职业病危害因素	所有接触员工	企业
二级	发现、诊断职业病人	疑似、早期职业病人	企业、医疗机构
三级	治疗、康复	职业病病人	医疗机构

（三）职业病防治的原则要求

《中华人民共和国职业病防治法》将职业病预防工作分前期防治、中期防治（劳动过程中的防护）和后期防治（职业病管理）三个方面，对职业病的防治提出了原则性要求。

1. 前期防治

识别和评价建设项目存在的职业病危害因素及其影响，通过申报、预评价、项目“三同时”和职业病危害控制效果评价等措施，提供符合国家标准的作业环境条件，从源头上进行控制，达到本质安全化。

2. 中期防治

采取职业病防治管理措施包括定期监测和评价生产过程中的职业病危害因素，控制工作场所职业病危害影响；对劳动者进行职业健康监护、开展职业健康检查，及早发现职业性疾病损害；制定应急预案随时应对潜在的事故、紧急情况等，保护员工健康。

3. 后期防治

及时发现、诊治职业病人，保护他们的合法权益，促进康复，减少残疾和后遗症、提高生活质量，使职业病危害造成的损失最小化。

第二节　工作场所毒物及其危害

毒物指有毒的物质。广义讲，任何物质都具有一定毒性，只要在特定条件下且数量足够多时，都对人体有危害。这里所说的毒物是指在一定条件下，较小剂量即可破坏生物体正常生理机能，造成某些暂时性或永久性病变、导致疾病甚至死亡的化学物质。危险化学品里许多品种都具有毒性，甚至是剧毒物质。有毒作业场所存在着中毒的高风险，向来是危险化学品生产行业职业健康管理的重点。

一、概述

（一）有毒、有害物质的概念

当某些物质进入人的机体并积累到一定量后，就会与体液或组织发生生物化学作用或生物物理变化，扰乱或破坏机体的正常生理机能，使某些器官和组织发生暂时性或长久性病变，甚至危及生命，人们称该物质为有毒品。由这些毒品侵入人体而导致的病理状态称为中毒。这类物质称为毒害物品。

当物品中含有致病的微生物，能引发病态甚至死亡的物质，称为感染性物品。

（1）有害物质。

化学的、物理的、生物的等能危害职工健康的所有物质的总称。

（2）有毒物质。

作用于生物体，能使肌体发生暂时或永久性病变，导致疾病甚至死亡的物质。

（3）生产性毒物。

生产性毒物指在生产中使用和产生的、并在作业时以较少的量经呼吸道、皮肤、口腔进入人体，与人体发生化学作用，而对健康产生危害的物质。

（4）毒物源。

指工作场所中所有散发有毒有害物质的源头。

（5）有毒作业。

职工在存在生产性毒物的工作地点从事生产和劳动的作业。

（二）工作场所毒物来源

① 有毒商品。经营单位采购、销售的危险化学品商品中许多品种具有毒性，这是经营工作场所毒物的主要来源。

② 危险化学品发生反应产生。某些化学品本身并无毒性，但在遇光、热、水、燃烧后发生化学反应，或性质相抵触的化学品由于运输、包装时混合而发生化学反应，生成新的有毒物质。

③ 意外释放。由于储存、运输、操作过程有毒化学品的包装、容器、管道等破损导致有毒物质意外泄漏。

④ 废弃物。各种废弃物包括废气、废液、固体废渣等含有有毒物质，若未经过无害化处理便丢弃和转移，可导致有毒物质的散发。

（三）工业毒物分类

毒物的分类方法很多，如按毒物来源、性质、存在的相态、侵入人体途径、毒性程度、毒物作用的靶器官和靶系统等分类，这里简要介绍几种分类的方法。

1. 按相态分类

① 固体类毒物。包括金属和非金属固体，如铅、铊、砷等。

② 气体类毒物。以气体的形式散发在作业的场所中，包括窒息性气体和刺激性气体，如氯气、氨气、硫化氢、一氧化碳等。

③ 液体类毒物。如强酸、强碱、有机化合物苯、醛、酚等。

④ 其他。以粉尘、烟雾、蒸气等形式存在的毒物如汞蒸气、电焊烟、漆雾等，悬浮于空气中的粉尘、烟和雾等微粒，统称为气溶胶。

2. 危害程度分类

按毒物的危害程度分为以下 4 类：

① Ⅰ极度危害。剧毒类物质，毒性极大，小量进入人体即可致命，如氰化物、砷、黄磷等。

② Ⅱ高度危害。高毒类物质，毒性较大，如铅、甲醛等。

③ Ⅲ中度危害。中等毒类物质，毒性较小，如甲醇、硝酸、汽油等。

④ Ⅳ轻度危害。低毒类物质，有轻微的毒性。

危害程度分级标准见表 6-2 所列。

表 6-2 职业性接触毒物危害程度分级表

指　标	分　级			
	Ⅰ（极度危害）	Ⅱ（高度危害）	Ⅲ（中度危害）	Ⅳ（轻度危害）
急性中毒	—	—	—	—
吸入 LC_{50}/（$mg \cdot m^{-3}$）	< 200	200~2 000	2 000~20 000	≥20 000
经皮 LD_{50}/（$mg \cdot m^{-3}$）	< 100	100~500	500~2 500	≥2 500
经口 LD_{50}/（$mg \cdot m^{-3}$）	< 25	25~500	500~5 000	≥5 000
急性中毒发病症状	易发生，后果严重	可发生，后果不良	偶尔发生	迄今未见，但有影响
慢性中毒患病情况	患病率高（≥5%）	患病率较高（<5%）或症状发生率≥20%	偶有中毒病例发生或症状发生率≥10%	无慢性中毒，但有慢性影响
慢性中毒后果	脱离接触后继续进展或不能治愈	脱离接触后可基本治愈	脱离接触后可恢复正常，不致严重后果	脱离接触后，自行恢复，无不良后果
致癌性	人体致癌物	可疑致癌物	实验动物致癌物	无致癌性
最高容许浓度/（$mg \cdot m^{-3}$）	< 0.1	0.1~1.0	1.0~10	≥10

3. 按毒害特性分类

按有毒化学品作用部位、靶器官系统和毒害方式等特性分为以下 8 类：

① 急性毒性。

② 皮肤腐蚀/刺激。

③ 严重眼睛损伤/眼睛刺激性。

④ 呼吸或皮肤过敏。

⑤ 生殖细胞突变性。

⑥ 致癌性。

⑦ 特异性靶器官系统特性（一次接触）。

⑧ 特异性靶器官系统特性（反复接触）。

二、毒性

（一）毒性及其分级

1. 毒性

毒性是指某种物质接触人体表面或侵入人体特定部位后产生伤害的能力。

2. 毒性强度判别标准

有毒品的剂量与生理反应之间的关系，用“毒性”来表示。毒性一般以毒物能引起实验动物某种毒性反应所需的剂量表示。最通用的毒性反应是由动物实验测定的。根据实验动物的死亡数与剂量或浓度对应值来作为评价指标。

判断毒性的强弱的实验性指标很多，如急性阈剂量或浓度（LMTac）、半数致死剂量或浓度（LD_{50} 或 LC_{50}）、最小致死剂量或浓度（MLD 或 MLC）、最大耐受剂量或浓度，（LD_0 或 LC_0）、绝对致死剂量或浓度（LD_{100} 或 LC_{100}）等，但是最常采用的是以下实验性指标：

（1）半数致死量（LD_{50}）和半数致死浓度（LC_{50}）

LD_{50}、LC_{50} 是表示半数致死剂量或浓度，即能引起实验动物的 50%死亡的剂量或浓度。这是将动物实验所得数据经统计处理而得的。其中的剂量为每千克实验动物体重所需有毒物的毫克数，以 mg/kg 表示；浓度以 mg/L（或 1×10^{-6}）表示。

（2）绝对致死量（LD_{100}）或致死浓度（LC_{100}）

LD_{100} 或 LC_{100} 是表示绝对致死量或致死浓度，即能引起实验动物全部死亡的最小剂量或最低浓度。

（3）最小致死剂量（MLD）或浓度（MLC）

MLD 或 MLC 表示能引起实验动物中个别动物死亡的剂量或浓度。

（4）最大耐受剂量（LD_0）或浓度（LC_0）

LD_0 或 LC_0 表示最大耐受剂量或浓度，即不引起动物死亡，全组染毒，动物全部存活的最大剂量或浓度。

3. 毒性强度分级

在各种评价指标中，常用半数致死量来衡量有毒品的毒性大小。据此可将有毒品分为 6 级，见表 6-3。

表 6-3　有毒物质的半数致死量与毒性分级

毒品名称	大鼠 LD_{50}/（$mg\cdot kg^{-1}$）	兔除毛时 LD_{50}/（$mg\cdot kg^{-1}$）	对人可能致死量	
			/（$g\cdot kg^{-1}$）	g/（60 kg 体重）
剧毒	<1	<5	<0. 05	< 0. 1
高毒	1~50	5~44	0. 05~0. 5	3
中等毒	50~500	44~350	0. 5~5	30
低毒	500~5 000	350~2 180	5~15	250
微毒	5 000~15 000	2 180	15	1 000
基本无毒	>15 000	—	—	—

常见高毒物质有54种，节录其中部分，见表6-4。

表6-4　　　　高毒物品目录

序号	毒物名称 CAS No.	别名	英文名称	MAC/($mg\cdot m^{-3}$)	PC-TWA/($mg\cdot m^{-3}$)	PC-STEL/($mg\cdot m^{-3}$)
1	N-甲基苯胺 100-61-8	—	N-Methyl aniline	—	2	5
2	N-异丙基苯胺 768-52-5	—	N-Isopropylaniline	—	10	25
3	氨　7664-41-7	阿摩尼亚	Ammonia	—	20	30
4	苯　71-43-2	—	Benzene	—	6	10
5	苯胺 62-53-3	—	Aniline	—	3	7.5
6	丙烯酰胺 79-06-1	—	Acrylamide	—	0.3	0.9
7	丙烯腈 107-13-1	—	Acrylonitrile	—	1	2
8	对硝基苯胺 100-01-6	—	p-Nitroaniline	—	3	7.5
9	对硝基氯苯/二硝基氯苯 100-00-5/25567-67-3	—	p-Nitrochlorobenzene/Dinitrochlorobenzene	—	0.6	1.8

（二）最高容许浓度或阈限

1. 概念

（1）职业接触限值（OELs）

职业性有害因素的接触限制量值指劳动者在职业活动过程中长期反复接触，对绝大多数接触者的健康不引起有害作用的容许接触水平。

化学有害因素的职业接触限值包括时间加权平均容许浓度、短时间接触容许浓度和最高容许浓度三类。

（2）最高容许浓度（MAC）

在工作地点、一个工作日内，任何有毒化学物质均不应超过的浓度。

（3）时间加权平均容许浓度（PC—TWA）

以时间为权数规定的8 h工作日、40 h工作周的平均容许接触浓度。即每周作业40小时加权平均容许浓度。在此浓度下几乎对所有作业人员不会产生损害效应。

（4）短时间接触容许浓度（PC—STEL）

在遵守PC—TWA前提下容许短时间（15 min）接触的浓度。

2. 部分毒物阈限值

《工作场所有害因素职业接触限值第1部分：化学有害因素》列出339种工作场所空气中化学物质容许浓度，节录部分见表6-5。

表 6-5　　　　　　　　　工作场所空气中化学物质容许浓度

序号	中文名	英文名	化学文摘号（CAS No.）	OELs/（mg·m^{-3}）			备注
				MAC	PC-TWA	PC-STEL	
1	安妥	Antu	86-88-4	—	0.3	—	—
2	氨	Ammonia	7664-41-7	—	20	30	—
3	2-氨基吡啶	2-Aminopyridine	504-29-0	—	2	—	皮 d
4	氨基磺酸铵	Ammonium sulfamate	7773-06-0	—	6	—	—
5	氨基氰	Cyanamide	420-04-2	—	2	—	—
6	奥克托今	Octogen	2691-41-0	—	2	4	—
7	巴豆醛	Crotonaldehyde	4170-30-3	12	—	—	—
8	百草枯	Paraquat	4685-14-7	—	0.5	—	—
9	百菌清	Chlorothalonile	1897-45-6	1	—	—	G2Bc
10	钡及其可溶性化合物（按 Ba 计）	Barium and soluble compounds, as Ba	7440-39-3(Ba)	—	0.5	1.5	—
11	倍硫磷	Fenthion	55-38-9	—	0.2	0.3	皮
12	苯	Benzene	71-43-2	—	6	10	皮,G1a

三、综合防毒措施

国家发布的《危险化学品管理条例》、《工作场所防止职业中毒卫生工程防护措施规范》、《危险化学品的运输包装通用技术条件》、《危险化学品的储存通则》和《危险化学品经营单位开业条件和技术要求》等法规和标准，规定了工作场所综合防毒措施的原则和要求。

（一）控制毒物源措施

目的是控制毒物源头，减少毒物来源。常用的措施有：

1. 经营无毒、低毒商品

在同类商品中尽可能选择无毒、低毒的商品经营。必须经营的高毒化学品应加快周转，减少库存、避免积压，控制工作场所毒物的存量。

2. 防止无毒物品受热、潮湿产生毒物

某些无毒物质在受热、受潮湿、遇火可发生变性而形成有毒物质或产生毒性更强的物质，因此在经营、运输、储存和操作的各个环节应严加防范。

3. 防止货物混装、混存产生毒物

性质相抵触的物质混合或邻近储存时，可能发生变性产生毒物或使原有毒性增强，在运输、储存、分装等操作时应加以注意，将它们隔离。

4. 禁止违法经营有毒产品

不得经营、进口和使用国家明令禁止使用的有毒产品包括原材料。

5. 妥善处置有毒废弃物

有毒商品及其包装废弃物，不论是废气、废液还是废渣都应严格按照无毒化处理，不应随便丢弃或卖给无处理资质的废品收购站、避免残留毒物泄漏。

（二）控制泄漏措施

1. 密封包装

采用封闭的包装如包装袋、容器、管道将有毒产品密封，防止挥发和释放。

2. 严密储存

有毒物品应贮存在阴凉、通风、干燥的场所，不可露天存放，不应接近酸、碱类物质或热源。经营的有毒物品应专库贮存或存放在彼此间隔的单间内。

3. 防止包装、容器破损

包装或储存有毒产品的包装袋、容器、管道应经常检查，操作时应倍加小心，防止发生破损而导致有毒物质的释漏。

4. 防止运输泄漏

由于毒物的运输事故造成毒物的泄漏，屡有发生且导致严重后果，应严格遵守《危险化学品管理条例》和《危险货物的运输包装通用技术条件》等规定，预防运输事故的发生。

（三）降低毒物浓度措施

目的是排放毒物、增加新鲜空气，降低场所空气中毒物的浓度。常用的措施有：

1. 密闭—排毒装置

密闭—排毒系统装置由密闭罩、通风管、净化装置和通风机构成，可将有毒气体封闭收集，经净化后排放，有效降低作业场所空气中毒物的含量。

2. 通风排气装置

在有毒气体释放的重点设备、部位设置排气罩，是控制毒源、防止毒物扩散的局部技术装置，装置包括密闭罩、开口罩、通风橱等。剧毒物品的场所还应安装普通的机械通风排毒设备，尽量降低空气中毒物的浓度。

3. 排放气体净化

废气的无害化排放，是企业必须履行的环保义务，也是防毒的主要措施。根据有毒物质的特性和生产工艺的不同，采用相应的有害气体的净化设施和方法，如洗涤法、吸附法、过滤法、静电法、燃烧法和高空排放法等达到无毒排放。

4. 隔离措施

将有毒作业场所与无毒作业场所、休息场所隔开，使作业人员与有毒环境隔离，避免直接接触到毒物。

（四）检测和报警

检测和报警的目的是及时发现异常和紧急情况，以便立即采取应对措施，避免造成重大的损失。常用的措施有：

1. 安全监视

设置专兼职监督人员，定期或随时检查和监督有毒产品储存包装、管道、容器以及人员的操作行为，及时发现和排除各类隐患。

2. 检测

定期检测工作场所有毒物质的浓度，以便量化、准确判断作业现场安全状态、及时发现异常迹象。

(1) 检测类型

依据检测目的的不同，检测的类型有以下几种：

① 评价监测。适用于建设项目职业病危害因素预评价、职业病危害因素控制效果评价和职业病危害因素现状评价等。

② 日常监测。适用于对工作场所空气中有害物质浓度日常的定期监测。

③ 监督监测。适用于职业卫生监督部门对用人单位进行指导监督时，对工作场所空气中有害物质浓度进行的监测。

④ 事故性监测。适用于对工作场所发生职业危害事故时，进行的紧急采样监测。

根据现场情况确定采样点。监测至空气中有害物质浓度低于短时间接触容许浓度或最高容许浓度为止。

(2) 检测方法

采用气体检测仪采样检测。通常由专业人员按《工作场所空气中有害物质监测的采样规范》和《工作场所空气有毒物质测定》要求采样检测和评价，至少每年夏、冬各检测一次。企业可采用相应的检测仪表指定专人进行日常监测、记录并建立检测档案。

作业场所检测设备种类繁多。生产单位日常自行检测常用的有便携式气体检测仪，样式见图 6-1。

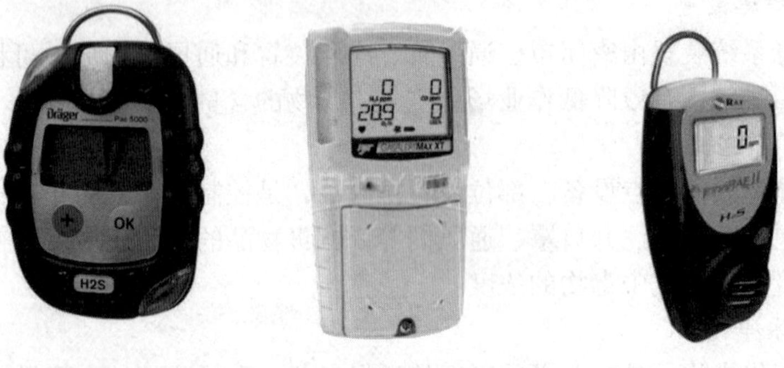

图 6-1　氨气、氯气等检测仪

3. 报警装置

应考虑到由于设备意外故障或事故等原因可能导致毒物突发大量释放，在可能发生的部位安装单个探测警报仪，也可以安装探测警报系统同时监测多个部位，一旦出现毒物浓度超标便可立即报警。

(五) 防毒标识

防毒标识有禁止标识、警告标识、指令标识和提示标识等类型。其作用是在有毒场所设置警示标识，通过醒目并易于理解的标识，将有毒与无毒场所分开，防止无关人员靠近、误入，提醒操作人员随时注意防毒和使用劳保用品。

1. 储存场所标识

贮存有毒化学危险品场所应设置明显的防毒标识，标识应符合《危险货物包装标志》的规定。同一区域贮存两种或两种以上不同级别的毒物时，应按最高等级毒物的性能设标志。

2. 运输防毒标识

按《危险化学品管理条例》的规定运输有毒危险化学品车辆设置“有毒”、“剧毒”等标志，提醒行人不可靠近、停留，其他车辆司机注意回避、防止发生交通事故。

3. 工作场所防毒标识

在有毒物品的工作场所的入口处的显著位置，根据需要，设置“当心中毒”或者“当心有毒气体”等警告标识，“戴防毒面具”、“穿防护服”，“注意通风”等指令标识和“紧急出口”、“救援电话”等提示标识。

4. 告知卡

依据《高毒物品目录》和《高毒物品作业岗位职业病危害告知规范》，在使用高毒物品作业岗位醒目位置设置《告知卡》，告知毒物名称、理化特性、健康危害、应急处理、警示标志、防护要求和应急电话等内容，样式见图 6-2。

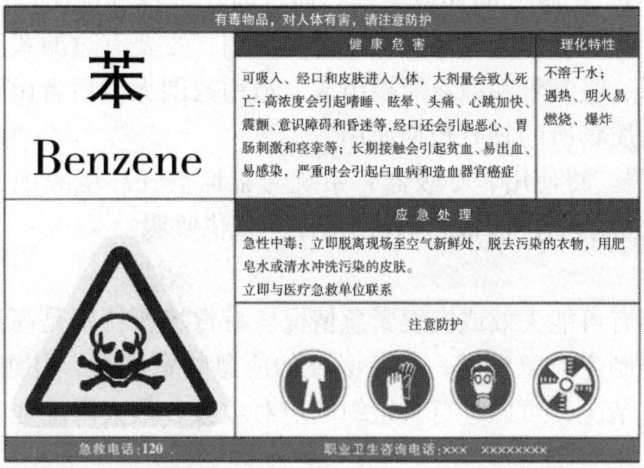

图 6-2 告知卡

（六）个体防护措施

1. 从业人员基本要求

① 经过培训考核合格、持证上岗；

② 接触毒害品人员应具备防毒意识、知识和技能；

③ 应急避难、逃生、急救基本技能。

2. 操作要求

在有毒作业场所操作应注意：

① 遵守操作规程，防止操作失误导致毒物的泄漏。

② 作业中不得饮食，不得用手擦嘴、脸、眼睛。

③ 每次作业完毕，应及时用肥皂（或专用洗涤剂）洗净面部、手部，用清水漱口，需要时洗浴。

④ 防护用具应及时清洗，集中存放，禁止带出作业场所。

3. 劳动防护用品

作业人员应按要求正确使用劳动保护用品。主要考虑对皮肤和呼吸的防护。防毒劳动防护用品大致有以下几种：

（1）防护服

防酸碱对皮肤的损伤，常用耐酸碱性能好的布料制作，如丙纶、涤纶或氯纶布料；防止有毒物质经皮肤进入人体的防护服，常采用对所防有毒物质不渗透或渗透率较小的聚合物，涂于布料上制成。

（2）防护眼镜

防护眼镜要充分透明，不影响视力。防毒型眼镜，多为密闭式，镜框周边嵌有软垫以便与眼周皮肤紧密接触，为避免镜片发蒙，框边上留有换气小孔。

（3）防护面具

包括透风面盔和口罩等。防御固体碎屑及有毒液体的面罩，要求面罩完全包覆面部。

（4）呼吸防护器

呼吸防护器是防止有毒物质从呼吸道进入人体引起职业中毒的有效措施。呼吸防护器有过滤式（空气净化式）和隔离式（供气式）两种主要类型。

① 过滤式呼吸器。把吸入的环境空气，通过净化部件的吸附、吸收、催化或过滤等作用，除去其中有毒物质后作为气源供使用者呼吸用，主要有过滤式防毒面具和过滤式防毒口罩。前者由面罩、吸气管和滤毒瓶罐组成，适用范围大。后者由于滤毒盒容量小，一般用于低浓度有毒物质场所的临时短期使用。

② 隔离式呼吸器。将使用者呼吸器官系统与有毒空气环境隔绝，靠本身携带的气源（如气瓶等）或导气管引入作业环境以外的洁净空气供呼吸。

（七）应急预案

任何防毒措施都有可能失效或突发紧急情况。有毒场所特别是高毒场所应针对可能出现的事故或紧急情况制定应急预案，配备必要的应急物资器材，并组织员工学习、演练，一旦发生事故或紧急情况，可以进行有组织的应对救援、最大限度地减少损失。

四、职业中毒与急救

（一）中毒途径

有毒品侵入人体的途径有 3 种，即呼吸道、皮肤和消化道。在生产过程中，有毒品最主要的是通过呼吸道侵入，其次是皮肤，而经消化道侵入的较少。当生产中发生意外事故时，可能有毒品直接冲入口腔而引起中毒的事件发生。

而日常生活中，中毒事故主要是以消化道入侵为主。

1. 经呼吸道侵入

人的呼吸道可分为导气管和呼吸单位两大部分。导气管包括鼻腔、口腔前庭、咽、喉、气管、主支气管、支气管、细支气管和终末气管。呼吸单位包括呼吸细支气管、终末呼吸细支气管、肺泡小管和肺泡。

由于从鼻腔到肺泡，整个呼吸道各部分结构的不同，对毒害物质的吸收也不同，进入越深，表面积越大，停留时间越长，吸收量越大。此外，吸收量的大小，对于固体有毒物质，与其粒径、溶解度大小有关。对于气体有毒物质，与肺泡壁两侧有毒气体的分压大小及呼吸深度、速度、循环速度等有关。

肺泡内的由二氧化碳形成的碳酸润湿肺泡壁，对增加某些物质的溶解度起一定的作用，从而促进有毒品的吸收。另外，由呼吸道吸入的有毒物质被肺泡吸收后，不经过肝脏解毒而直接进入血液循环系统，分布到全身，所以毒害较为严重。

2. 经皮肤侵入

有些有毒品可透过无损表皮、毛囊、汗腺导管等途径侵入人体。经表皮进入体内的有毒品需经过三种屏障，第一是皮肤的角质层，一般相对分子质量大于 300 的物质不易透过完整的角质层。第二是位于表皮层下面的连接角质层，其表皮细胞富有固醇磷脂，它能阻止水溶性物质的通过，但不能阻止脂溶性物质透过。第三是表皮与真皮连接处的基膜。经表皮吸收的脂溶性有毒品还需具有水溶性，才能进一步扩散和被吸收。

如果表皮屏障的完整性被破坏，可促进有毒品的吸收。潮湿环境也可促进吸收气态有毒品。经常接触有机溶剂，会使皮肤表面的类脂质溶解，使所接触的毒物更容易进入人体。

经皮肤侵入人体的有毒品，不经过肝脏的解毒而直接随血液循环分布于全身。

3. 经消化道侵入

胃肠道的酸碱度是影响有毒品吸收的重要因素。胃液呈酸性，对弱碱性物质可增加其电离程度，从而减少其吸收。而对弱酸性物质则具有阻止其电离的作用，因而增加其吸收。脂溶性和非电离的有毒品能渗透过胃的上皮细胞。胃内的蛋白质和黏性液状蛋白类食物则可减少毒物的吸收。

小肠吸收有毒品同样受到上述条件的影响。肠内较大的吸收面积和碱性环境，使弱碱性物质转化为非电解质而可被吸收。而小肠内的酶可以使已与有毒品结合的蛋白质或脂肪分解，从而释放出游离的有毒品而促进其吸收。

（二）影响毒物危害的因素

毒物对人体产生的伤害后果与许多因素相关，主要有：

① 毒物本身的毒性大小。

② 侵入人体的途径。

③ 进入人体毒物的量或浓度。

④ 毒物的相态。

⑤ 毒物的溶解性。

⑥ 毒物与人体的亲和性。

⑦ 人体组织对毒物的敏感程度。

⑧ 暴露于有毒环境的时间等。

（三）中毒类型

由于影响毒物危害后果的因素诸多，中毒有不同的表现类型。

① 急性中毒。由于毒物毒性极强一次或短时间内进入、或毒物毒性一般但大量进入人体所致，立即发生毒性反应甚至致命，如硫化氢、一氧化碳、氯气等中毒。

② 亚急性中毒。介于急性中毒与慢性中毒之间，在一段时日内有较多的毒物进入人体或多次接触毒物而产生的中毒现象。

③ 慢性中毒。由于长期的、小量毒物进入机体所致，毒性反应不明显而不为人所重视，随着毒物的蓄积、毒性作用的累积而引起严重的伤害，如铅、汞、锰等中毒。

④ 带毒状态。虽然接触毒物，但由于进入人体量少尚无中毒症状和体征，但体检、检验尿、血中时发现所含的毒物值（或代谢产物）超过正常值上限，这种状态称带毒状态或称毒物吸收状态。例如早期的铅中毒者。

（四）常见中毒

依据国家颁布的职业病目录，明确的中毒职业病有56种，包括以下几类：

① 金属毒物中毒。如铅、汞、锰、铍、铊、钡、钒、铀等及其化合物中毒等。

② 非金属毒物中毒。如磷、砷及其化合物中毒等。

③ 有毒气体中毒。如一氧化碳、硫化氢、光气、氨气中毒等。

④ 化工毒物中毒。如苯、酚、烯、醛、氰及腈类中毒等。

⑤ 农药中毒。如有机磷、氨基甲酸酯类、杀虫脒、溴甲烷、拟除虫菊酯类农药中毒等。

（五）化学灼伤处置

化学灼伤大多数是由于设备故障、违章操作、检修失误或个人防护缺失等原因造成的。因此，为了防止发生化学灼伤，应加强对设备、管道的维修与保养，严防“跑、冒、滴、漏”现象等；严格执行安全操作规程，杜绝违章操作。

化学性皮肤灼伤是高温或常温的化学物直接对皮肤刺激、腐蚀作用及化学反应热引起的急性皮肤、黏膜损害，不包括火焰伤、水烫伤和冻伤。有些物质如硫酸、烧碱等具有剧烈的腐蚀性；另一些化学物品，如高浓度甘油等具有很强的吸水、脱水性能，可使皮肤组织迅速脱水而发生坏死，造成化学灼伤。有的化学品不仅具有强腐蚀性和化学性灼伤能力，同时具有一定的毒性，且易通过被腐蚀的伤口被人体吸收引起中毒。因此，对化学灼伤的急救要分秒必争。尤其是对头部的灼伤，不仅要注意到皮肤，更重要的是眼睛等部位的处置。若不立即给予合理的救护处理，可能造成严重的后果。

1. 化学灼伤分类

可导致烧伤的化学物质不少于千种，但常见的化学灼伤有以下几类：

① 酸类灼伤。如硫酸、硝酸、盐酸、氢氟酸、石炭酸、草酸灼伤等。

② 碱类灼伤。包括无机碱类如氢氧化钠、氢氧化钾、石灰、氨水灼伤和有机碱类如甲胺、乙二胺、乙醇胺灼伤等。

③ 高温有毒气体灼伤。如强酸和强碱蒸气、焦油、沥青灼伤等。

④ 脱水灼伤。如浓甘油、五氧化二磷、高浓度的乙二胺等。

⑤ 其他。比较常见的有磷灼伤、氰化物灼伤、酚类如苯酚、甲酚灼伤等。

2. 化学灼伤处置

（1）眼睛灼伤

通常由于腐蚀性液体溅飞入眼睛或腐蚀性液体蒸气喷到眼睛所致，可导致结膜炎、角膜溃烂、穿孔甚至引起失明。接触腐蚀性液体的作业场所应设有冲洗的装置和必要的救护用品。

（2）皮肤灼伤

通常由于腐蚀性液体溅飞、洒落皮肤所致，可导致皮肤灼伤、溃烂，日后留下皮肤瘢痕和畸形。

（3）救护方法

发生眼睛、皮肤化学性灼伤，应按下列方法处理：

① 立即离开中毒现场，迅速去除、脱离受化学药剂污染的衣物、用具；

② 使用大量的清水冲洗灼伤部位，时间不少于20 min；

③ 中和处理，即用弱酸（如2%～5%醋酸、硼酸水溶液等）冲洗碱类灼伤，用弱碱

（2%～5%的碳酸氢钠水溶液）冲洗酸类灼伤；

④ 将化学药剂冲洗完全后，可涂保护性油膏（磷灼伤不宜用），并用纱布包扎；

⑤ 对发生严重化学灼伤者在经过紧急处置后，应立即送医院急救。

注：若是电石、生石灰等遇水强放热或燃烧的颗粒溅入眼睛时，应先用植物油或液体石蜡棉签将颗粒蘸去，才能用水进行冲洗，否则会使灼伤加重。

习题六

一、判断题

1. 生产过程中职业病危害因素的物理因素中一般包括：异常的气候条件、工作环境、电离辐射线和非电离辐射线等。

2. 劳动过程中的职业病危害因素一般包括：生产场所设计不符合卫生标准、缺乏必要的安全卫生技术设施、缺乏安全防护设施等。

3. 个体防毒的措施之一是正确使用呼吸防护器，防止有毒物质从呼吸道进入人体引起职业中毒。

4. 个人皮肤防护的防毒措施之一是皮肤防护，主要依靠个人防护用品，防护用品可以避免有毒物质与人体皮肤的接触。

5. 有毒作业环境管理中的组织管理包括对职工进行防毒的宣传教育，使职工既清楚有毒物质对人体的危害，又了解预防措施，从而使职工主动地遵守安全操作规程，加强个人防护。

6. 在生产过程中，有毒品最主要的是通过呼吸道侵入，其次是皮肤，而经消化道侵入的较少。

7. 不定期对作业环境空气中有毒物质进行监测是防毒作业环境管理的重要内容。

8.《使用有毒物品作业场所劳动保护条例》规定，用人单位应当尽可能使用无毒物品；需要使用有毒物品的，应当优先选择使用低毒物品。

9. 可能产生职业中毒危害的建设项目的职业中毒危害防护设施应当与主体工程同时设计，同时施工，同时投入生产和使用；建设项目竣工，应当进行职业中毒危害控制效果评价，并经卫生行政部门验收合格。

10. 使用有毒物品作业的用人单位可以按照国务院卫生行政部门或行业管理部门的规定，向卫生行政部门及时、如实申报存在职业中毒危害项目。

11. 使用有毒物品作业的用人单位应当依照职业病防治法的有关规定，采取有效的职业卫生防护管理措施，加强劳动过程中的防护与管理。

12. 从事使用高毒物品作业的用人单位，应当配备专职的或者兼职的职业卫生医师和护士；不具备配备专职的或者兼职的职业卫生医师和护士条件的，应当与依法取得资质认证的职业卫生技术服务机构签订合同，由其提供职业卫生服务。

13.《使用有毒物品作业场所劳动保护条例》规定，职业中毒危害防护设备、应急救援设施和通讯报警装置处于不正常状态时，用人单位应当立即停止使用有毒物品作业；恢复正常状态后，方可重新作业。

14. 使用有毒物品作业的用人单位应当按照国务院卫生行政部门的规定，定期对使用有毒物品作业场所职业中毒危害因素进行检测、评价。

15. 高毒作业场所职业中毒危害因素不符合国家职业卫生标准和卫生要求时，用人单位必须立即停止高毒作业，并采取相应的治理措施；经治理，职业中毒危害因素符合国家职业卫生标准和卫生要求的，方可重新作业。

16. 从事使用高毒物品作业的劳动者结束作业时，应将其使用的工作服、工作鞋帽等物品存放、穿戴到非高毒作业区域。

17. 使用有毒物品作业的用人单位应当对从事使用有毒物品作业的劳动者进行离岗时的职业健康检查；对离岗时未进行职业健康检查的劳动者，不得解除或者终止与其订立的劳动合同。

18. 可能产生职业中毒危害的建设项目，未依照职业病防治法的规定进行职业中毒危害预评价，或者预评价未经卫生行政部门审核同意，可自行开工。

19. 危险化学品项目的职业卫生防护设施无须与主体工程同时设计，同时施工，同时投入生产和使用，可先行投产、运行。

20. 危险化学品建设项目竣工，未进行职业中毒危害控制效果评价，或者未经卫生行政部门验收，可以投入生产、运行。

21. 存在高毒作业的危险化学品建设项目的防护设施、设计，未经卫生行政部门审查同意，可进行施工操作。

22.《使用有毒物品作业场所劳动保护条例》规定，使用单位应按国家有关规定清除化学废料和清洗盛装危险化学品的废旧容器。

23.《使用有毒物品作业场所劳动保护条例》规定，使用单位应将危险化学品的有关安全卫生资料向职工公开，教育职工识别安全标签、了解安全技术说明书、掌握必要的应急处理方法和自救措施，经常对职工进行工作场所安全使用化学品的教育和培训。

24. 职工对违章指挥或强令冒险作业，有权拒绝执行；对危害人身安全和健康的行为，有权检举和控告。

25. 凡确诊患有职业病的职工，可由企业决定是否享受国家规定的工伤保险待遇或职业病待遇。

26. 患职业病的情形，不属于工伤。

27. 用人单位应当将工作过程中可能产生的职业病危害及其后果，有选择的告知劳动者。

28. 职业病诊断机构在安全生产监督管理部门作出调查结论或者判定前应当中止职业病诊断。

29. 经安全生产监督管理部门督促，用人单位仍不提供工作场所职业病危害因素检测结果、职业健康监护档案等资料或者提供资料不全的，职业病诊断机构应当中止职业病诊断。

30. 职业病诊断、鉴定的费用由用人单位承担，再次鉴定的费用由个人承担。

31. 在职业病目录中，职业性哮喘属于生物因素所致职业病。

32. 职业性危害因素所致职业危害的性质和强度取决于危害因素的本身理化性能。

33. 在职业危害识别过程中，生产中使用的全部化学品、中间产物和产品均需要进行职业卫生检测。

34. 发生人员中毒、窒息的紧急情况，抢救人员必须佩戴隔离式防护面具进入受限空间，并至少有1人在受限空间外部负责联络工作。

35. 职业健康监护档案管理各单位应有专人管理并按规定长期保存。

36. 同一工作场所，不同职业病危害因素，须分别设监测点，同一岗位，可合并设点。

37. 劳动者接受职业健康检查应当视同正常出勤。

38. 职业健康检查结束后，需要复查的，可以根据复查要求增加复查项目。

39. 职业病防护设施，包括降低职业病危害因素的强度或浓度的设备和设施，也包括有关建筑物和构筑物。

40. 建设项目职业病防护用品必须与主体工程同时设计、同时施工、同时投入生产和使用。

41. 用人单位工作场所存在职业病目录所列职业病危害因素的，应当及时、如实向所在地安全生产监督管理部门申报危害项目，接受监督。

42. 建设项目职业卫生“三同时”工作可以与安全设施“三同时”工作一并进行。

43. 建设项目的职业病防护设施发生重大变更的，建设单位应当重新进行职业病危害预评价，办理相应的备案或者审核手续。

44. 职业病危害严重的建设项目，其职业病防护设施设计未经审核同意的，建设单位不得进行施工，应当进行整改后重新申请审核。

45. 建设项目职业病防护设施建设期间，建设单位应当对其进行经常性的检查，对发现的问题及时进行整改。

46. 分期建设、分期投入生产或者使用的建设项目，其配套的职业病防护设施应当在建设项目全部完成后进行验收。

47. 对用人单位违反《用人单位职业健康监护监督管理办法》的行为，任何单位和个人均有权向安全生产监督管理部门举报或者报告。

48. 用人单位是职业健康监护工作的责任主体，其主要负责人对本单位职业健康监护工作全面负责。

49. 用人单位不得安排未经上岗前职业健康检查的劳动者从事接触职业病危害的作业，不得安排有职业禁忌的劳动者从事其所禁忌的作业。

50. 用人单位不得安排未成年工从事接触职业病危害的作业，不得安排孕期、哺乳期的女职工从事对本人和胎儿、婴儿有危害的作业。

51. 接触职业病危害因素的劳动者在作业过程中出现与所接触职业病危害因素相关的不适症状时，用人单位应当立即组织有关劳动者进行应急职业健康检查。

52. 用人单位不承担职业健康检查费用，给予警告，责令限期改正，可以并处 3 万元以下的罚款。

53. 劳动者因某种原因未接受离岗时职业健康检查，用人单位可以解除或者终止与其订立的劳动合同。

54. 安全生产行政执法人员、劳动者或者其近亲属、劳动者委托的代理人有权查阅、复印劳动者的职业健康监护档案。

55. 特种劳动防护用品实行安全标志管理。

56. 用人单位发生分立、合并、解散、破产等情形时，应当对劳动者进行职业健康检查，并依照国家有关规定妥善安置职业病病人；其职业健康监护档案应当依照国家有关规定实施移交保管。

57. 安全生产监督管理部门履行监督检查职责时，有权进入被检查单位，查阅、复制被检查单位有关职业健康监护的文件、资料。

58. 用人单位未建立或者落实职业健康监护制度，给予警告，责令限期改正，可以并处 3 万元以下的罚款。

59. 用人单位未按照规定安排职业病病人、疑似职业病病人进行诊治的，给予警告，责令限期改正，逾期不改正的，处 5 万元以上 20 万元以下的罚款；情节严重的，责令停止产生职业病危害的作业，或者提请有关人民政府按照国务院规定的权限责令关闭。

60. 用人单位安排未经职业健康检查的劳动者从事接触职业病危害的作业的，并处 5 万元以上 30 万元以下的罚款；情节严重的，责令停止产生职业病危害的作业，或者提请有关人民政府按照国务院规定的权限责令关闭。

61. 用人单位违反《用人单位职业健康监护监督管理办法》规定，未报告职业病、疑似职业病的，由安全生产监督管理部门责令限期改正，给予警告，可以并处 1 万元以下的罚款；弄虚作假的，并处 2 万元以上 5 万元以下的罚款。

62. 劳动者受到急性职业中毒危害或者出现职业中毒症状时，用人单位应当立即组织有关劳动者进行应急职业健康检查。

63. 用人单位未如实提供职业健康检查所需要的文件、资料的，给予警告，责令限期改正，可以并处 3 万元以下的罚款。

64. 用人单位未根据职业健康检查情况采取相应措施的，给予警告，责令限期改正，可以并处 2 万元以下的罚款。

65. 用人单位未按照规定在劳动者离开用人单位时提供职业健康监护档案复印件的，责令限期改正，给予警告，可以并处 8 万元以上 10 万元以下的罚款。

66. 用人单位隐瞒、伪造、篡改、损毁职业健康监护档案等相关资料，或者拒不提供职业病诊断、鉴定所需资料的，给予警告，责令限期改正，逾期不改正的，处 5 万元以上 20 万元以下的罚款；情节严重的，责令停止产生职业病危害的作业，或者提请有关人民政府按照国务院规定的权限责令关闭。

67. 用人单位安排未成年工从事接触职业病危害的作业的，并处 10 万元以上 30 万元以下的罚款；情节严重的，责令停止产生职业病危害的作业，或者提请有关人民政府按照国务院规定的权限责令关闭。

68. 用人单位安排孕期、哺乳期女职工从事对本人和胎儿、婴儿有危害的作业的，并处 5 万元以上 30 万元以下的罚款；情节严重的，责令停止产生职业病危害的作业，或者提请有关人民政府按照国务院规定的权限责令关闭。

69. 用人单位安排有职业禁忌的劳动者从事所禁忌的作业的，并处 5 万元以上 30 万元以下的罚款；情节严重的，责令停止产生职业病危害的作业，或者提请有关人民政府按照国务院规定的权限责令关闭。

70. 职业病防护设施所需费用不能纳入建设项目工程预算。

71. 职业病危害一般的建设项目，其职业病危害预评价报告应当向安全生产监督管理部门备案，职业病防护设施由建设单位自行组织竣工验收，并将验收情况报安全生产监督管理部门备案。

72. 职业病危害较重的建设项目，其职业病危害预评价报告应当报安全生产监督管理部门审核；职业病防护设施竣工后，由安全生产监督管理部门组织验收。

73. 职业病危害严重的建设项目，其职业病危害预评价报告应当报安全生产监督管理部门审核，职业病防护设施设计应当报安全生产监督管理部门审查，职业病防护设施竣工后，由安全生产监督管理部门组织验收。

74. 建设项目职业病危害分类管理目录由国家安全生产监督管理总局制定并公布。省级安全生产监督管理部门可以根据本地区实际情况，对建设项目职业病危害分类管理目录作出补充规定。

75. 国家对职业卫生技术服务机构实行资质认可制度。

76. 职业卫生技术服务机构应当取得职业卫生技术服务机构资质。

77. 未取得职业卫生技术服务机构资质的，不得从事职业卫生检测、评价等技术服务。

二、填空题

78. 职业病，是指企业、事业单位和个体经济组织的劳动者在职业活动中，因接触粉尘、__________和其他有毒、有害物质等因素而引起的疾病。

79. 职业性接触毒物危害程度分__________个级别。

80.《使用有毒物品作业场所劳动保护条例》规定，用人单位未对职业卫生防护设备、应急救援设施、通讯报警装置进行维护、检修和定期检测，导致上述设施处于不正常状态的，由卫生行政部门给予警告，责令限期改正，处__________的罚款，逾期不改正的，提请有关人民政府按照国务院规定的权限予以关闭。

81. 个人防护措施属于第__________级预防。

三、单选题

82. 依照卫生部公布的职业病目录，法定尘肺不包括（ ）。

A. 铝尘肺　　B. 石墨尘肺　　C. 木工尘肺

83. 由于小量毒物长期地进入机体所致，毒性反应不明显而不为人所重视，随着毒物的蓄积和毒性作用的累积而引起的严重伤害，称为（ ）中毒。

A. 急性　　B. 慢性　　C. 亚

84. 毒物毒性一般但却大量进入人体，立即发生毒性反应甚至致命，称为（ ）中毒。

A. 急性　　B. 慢性　　C. 亚

85. 用人单位应当及时将职业健康检查结果及职业健康检查机构的建议以（ ）形式如实告知劳动者。

A. 书面　　B. 电子邮件　　C. 通知

86. 用人单位未按照规定组织职业健康检查、建立职业健康监护档案或者未将检查结果如实告知劳动者的，责令限期改正，给予警告，可以并处5万元以上（ ）万元以下的罚款。

A. 3　　B. 10　　C. 10

87. 国家鼓励和支持研制、开发、推广、应用有利于职业病防治和保护劳动者健康的（ ）。

A. 新技术、新工艺、新设备、新原料

B. 新技术、新装置、新设备、新材料

C. 新技术、新工艺、新设备、新材料

88. 应当制定职业病防治规划，将其纳入国民经济和社会发展计划，并组织实施的为

（ ）人民政府。

A．国务院和县级以上地方

B．县级以上地方

C．省级地方

89．统一负责、领导、组织、协调本行政区域的职业病防治工作，建立健全职业病防治工作体制、机制，统一领导、指挥职业卫生突发事件应对工作的为（ ）地方人民政府。

A．县级以上　　B．省级　　C．设区的市级

90．有关防治职业病的国家职业卫生标准，组织制定并公布的为（ ）。

A．国务院卫生行政部门

B．国家安全生产监督管理部门

C．国务院劳动保障行政部门

91．应当组织开展重点职业病监测和专项调查，对职业健康风险进行评估，为制定职业卫生标准和职业病防治政策提供科学依据的为（ ）。

A．国家安全生产监督管理部门

B．国务院卫生行政部门

C．国务院劳动保障行政部门

92．用人单位工作场所存在职业病目录所列职业病的危害因素的，应当及时、如实向（ ）部门申报危害项目。

A．所在地安全生产监督管理

B．所在地卫生行政

C．设区的市级卫生行政

93．新建、扩建、改建建设项目和技术改造、技术引进项目可能产生职业病危害的，建设单位向安全生产监督管理部门提交职业病危害预评价报告应当在（ ）阶段。

A．可行性论证　　B．设计　　C．施工

94．建设项目的防护设施设计，应当经安全生产监督管理部门审查，符合国家职业卫生标准和卫生要求的，方可施工的项目为职业病危害（ ）。

A．严重　　B．较重和严重　　C．一般、较重和严重

95．建设项目在竣工验收前，建设单位应当进行职业病危害（ ）。

A．检测与评价　　B．控制效果评价　　C．现状评价

96．应当在其醒目位置，设置警示标识和中文警示说明的作业岗位为产生（ ）。

A．职业病危害的　　B．严重职业病危害的　　C．较重和严重职业病危害的

97．用人单位应当按照国务院安全生产监督管理部门的规定，定期对工作场所进行职业病危害因素检测、评价。检测、评价结果存入用人单位职业卫生档案，定期向（ ）报告并向劳动者公布。

A．所在地卫生行政部门　　B．上级机构　　C．所在地安全生产监督管理部门

98．职业病危害因素检测发现工作场所职业病危害因素不符合国家职业卫生标准和卫生要求时，用人单位应当立即采取相应治理措施，仍然达不到国家职业卫生标准和卫生要求的，必须（ ）。

A. 上报安全生产监督管理部门　　B. 佩戴符合防护要求的防护用品

C. 停止存在职业病危害因素的作业

99. 向用人单位提供可能产生职业病危害的设备的，应当提供中文说明书，并在设备的醒目位置（　）。

A. 张贴中文说明书　　B. 设置警示标识和中文警示说明

C. 设置安全注意事项

100. 可能产生职业病危害的化学品、放射性同位素和含有放射性物质的材料的产品包装应当有醒目的（　）。

A. 警示标识和中文警示说明　B. 告知牌　C. 标识

101. 劳动者被诊断患有职业病，但用人单位没有依法参加工伤保险的，其医疗和生活保障由（　）。

A. 当地政府承担　　B. 患者本人承担　　C. 该用人单位承担

102. 用人单位已经不存在或者无法确认劳动关系的职业病病人，申请医疗救助和生活等方面的救助可以向地方人民政府（　）。

A. 所在地卫生行政部门　B. 劳动保障行政部门　C. 民政部门

103. 建设项目职业病危害风险分类目录的颁布部门是（　）。

A. 卫生部　　B. 劳动和社会保障部　　C. 安监总局

104. 新建、改建、扩建的工程建设项目和技术改造、技术引进项目（以下统称建设项目）可能产生职业病危害的，建设单位应当按照《建设项目职业卫生“三同时”监督管理暂行办法》的规定，向安全生产监督管理部门申请（　）。

A. 备案、评审、审查、竣工验收

B. 许可、评审、检验、竣工验收

C. 备案、审核、审查、竣工验收

105. 在劳动过程、生产过程和生产环境中存在的危害劳动者健康的因素，称为（　）危害因素。

A. 职业病　　B. 劳动生理　　C. 劳动心理

106. 职业病危害因素达到一定程度，并在一定条件下，使劳动者健康发生损伤称为（　）。

A. 工伤　　B. 职业性损伤　　C. 劳动伤害

107. 职业性多发病是指由于（　）中存在诸多因素所致的病损，或虽然原为非职业性疾病，由于接触职业病危害因素而使之加剧或发病率增高。

A. 休息场所　　B. 日常生活　　C. 生产环境

108. 生产过程职业病危害因素中的（　）属于化学因素。

A. 病毒　　B. 真菌　　C. 有毒物质

109. 由职业病危害因素所引起的疾病称之为职业病，由国家主管部门公布的职业病目录所列的职业病称（　）职业病。

A. 法定　　B. 重度　　C. 劳动

110. 生产过程职业病危害因素中的（　）属于物理因素。

A. 矽尘　　B. 布氏杆菌　　C. X 射线

111. 生产过程中的职业性危害因素按其性质可分为化学因素、(　)、生物因素等。

A. 物理因素　　B. 生产粉尘　　C. 高温

112. 在生产过程、劳动过程、(　)环境中存在的危害劳动者健康的因素，称为职业性危害因素。

A. 作业　　B. 卫生　　C. 家庭

113. 下列(　)属于物理性危害因素。

A. 生产粉尘　　B. 噪声　　C. 真菌

114. 下列(　)属于化学性危害因素。

A. 工业毒物　　B. 振动　　C. 高温

115. 下列哪些因素或条件不属于与劳动过程有关的职业性危害因素(　)。

A. 劳动组织不合理　　B. 操作体位不良　　C. 照明不良

116. 劳动者离开用人单位时，对于本人的职业健康监护档案(　)。

A. 有权带走原件　　B. 有权要求复印件　　C. 无权要求复印件

117. 下列对劳动者享有的职业卫生保护权利的说法中，不正确的是(　)。

A. 有危害知情权和获得职业卫生教育、培训的权利

B. 有权拒绝违章指挥和强令进行没有职业病防护措施的作业

C. 要求单位安排职业病患者回家疗养

118.《使用有毒物品作业场所劳动保护条例》规定，用人单位应当依照本条例和其他有关法律、行政法规的规定，采取有效的防护措施，预防(　)的发生，依法参加工伤保险，保障劳动者的生命安全和身体健康。

A. 事故　　B. 职业中毒事故　　C. 火灾

119.《使用有毒物品作业场所劳动保护条例》规定，存在高毒作业的建设项目的职业中毒危害防护设施设计，应当经(　)部门进行卫生审查；经审查，符合国家职业卫生标准和卫生要求的，方可施工。

A. 卫生行政　　B. 安监　　C. 公安

120.《使用有毒物品作业场所劳动保护条例》规定，用人单位变更名称、法定代表人或者负责人的，应当向原受理申报的(　)部门备案。

A. 卫生行政　　B. 安监　　C. 质检

121.《使用有毒物品作业场所劳动保护条例》规定，劳动者在已订立劳动合同期间因工作岗位或者工作内容变更，从事劳动合同中未告知的存在(　)的作业时，用人单位应当如实告知劳动者，并协商变更原劳动合同有关条款。

A. 危险　　B. 有毒　　C. 职业中毒危害

122.《使用有毒物品作业场所劳动保护条例》规定，使用有毒物品作业的用人单位有关(　)应当熟悉有关职业病防治的法律、法规以及确保劳动者安全使用有毒物品作业的知识。

A. 管理人员　　B. 业务员　　C. 办事员

123.《使用有毒物品作业场所劳动保护条例》规定，使用有毒物品作业的用人单位应当为从事使用有毒物品作业的劳动者提供符合国家职业卫生标准的(　)，并确保劳动者正确使用。

A. 设备　　　　　　　　B. 防护用品　　　　　　　C. 工具

124.《使用有毒物品作业场所劳动保护条例》规定，使用有毒物品作业的用人单位维护、检修存在高毒物品的生产装置，必须事先制订维护、检修方案，明确（　）措施，确保维护、检修人员的生命安全和身体健康。

A. 安全　　　　　　　　B. 救护　　　　　　　　C. 职业中毒危害防护

125.《使用有毒物品作业场所劳动保护条例》规定，从事使用高毒物品作业的用人单位应当至少每（　）对高毒作业场所进行一次职业中毒危害因素检测，至少每半年进行一次职业中毒危害控制效果评价。

A. 一个月　　　　　　　B. 一年　　　　　　　　C. 半年

126.《女职工劳动保护特别规定》规定，对怀孕（　）个月以上的女职工，用人单位不得延长劳动时间或者安排夜班劳动，并应当在劳动时间内安排一定的休息时间。

A. 6　　　　　　　　　B. 7　　　　　　　　　C. 8

127.《使用有毒物品作业场所劳动保护条例》规定，用人单位发生分立、合并、解散、破产等情形的，应当对从事使用有毒物品作业的劳动者进行（　），并按照国家有关规定妥善安置职业病病人。

A. 健康检查　　　　　　B. 培训　　　　　　　　C. 登记

128.《使用有毒物品作业场所劳动保护条例》规定，劳动者应当学习和掌握相关职业卫生知识，遵守有关劳动保护的法律、法规和操作规程，正确使用和维护职业中毒危害防护设施及其用品；发现（　）时，应当及时报告。

A. 职业中毒事故隐患　　B. 新装备　　　　　　　C. 新情况

129.《使用有毒物品作业场所劳动保护条例》规定，用人单位未依照本条例的规定进行职业中毒危害因素检测和职业中毒危害控制效果评价的；由卫生行政部门给予警告，责令限期改正，处（　）的罚款，逾期不改正的，提请有关人民政府按照国务院规定的权限予以关闭。

A. 1 万元以上 10 万元以下

B. 5 万元以上 20 万元以下

C. 2 万元以上 15 万元以下

130. 职业病危害严重的用人单位，应当委托具有相应资质的职业卫生技术服务机构，对其进行职业病危害现状评价，周期为（　）年/次。

A. 一　　　　　　　　　B. 二　　　　　　　　　C. 三

131. 劳动者离开用人单位时，有权索取本人职业健康监护档案复印件，用人单位应当如实、无偿提供，并在所提供的复印件上（　）。

A. 盖章　　　　　　　　B. 签字　　　　　　　　C. 签章

132. 用人单位应当选择由省级以上人民政府卫生行政部门批准的（　）承担职业健康检查工作。

A. 医疗卫生机构　　　　B. 职业卫生技术服务机构　C. 医院

133. 对准备脱离所从事的职业病危害作业或者岗位的劳动者，用人单位组织劳动者进行离岗时的职业健康检查应当在劳动者离岗前（　）日内。

A. 90　　　　　　　　B. 60　　　　　　　　　C. 30

134. 建设项目职业病危害预评价和职业病危害控制效果评价，应当由依法取得相应资质的（　）机构承担。

A. 评价　　B. 职业卫生技术服务　　C. 职业卫生检测

135. 没有证据否定职业病危害因素与病人临床表现之间的必然联系的，应当（　）。

A. 诊断为职业病　　B. 继续进行医学观察　　C. 进行流行病学现场调查

136. 劳动者对用人单位提供的工作场所职业病危害因素检测结果等资料有异议，或者无用人单位提供资料的，诊断、鉴定机构应当提请（　）进行调查。

A. 安全生产监督管理部门　　B. 卫生行政部门　　C. 工会组织

137. 职业病诊断、鉴定过程中，在确认劳动者职业史、职业病危害接触史时，当事人对劳动关系、工种、工作岗位或者在岗时间有争议的，申请仲裁可以向当地的（　）。

A. 安全生产监督管理部门　　B. 劳动人事争议仲裁委员会　　C. 卫生行政部门

138. 当事人对职业病诊断有异议的，申请鉴定可以向作出诊断的医疗卫生机构所在地地方人民政府（　）。

A. 安全生产监督管理部门B. 劳动人事争议仲裁委员会C. 卫生行政部门

139. 疑似职业病病人在诊断、医学观察期间的费用，由（　）承担。

A. 用人单位　　B. 当地政府　　C. 患者本人

140.《使用有毒物品作业场所劳动保护条例》规定，使用有毒物品作业场所应当设置警示标识、中文警示说明和（　）。

A. 黄色区域警示线　　B. 红色区域警示线　　C. 黄色警示牌

141.《使用有毒物品作业场所劳动保护条例》规定，从事使用高毒物品作业的用人单位应当设置淋浴间和更衣室，并设置清洗、存放或者处理从事使用高毒物品作业劳动者的工作服、工作鞋帽等物品的专用间。劳动者结束作业时，其使用的工作服、工作鞋帽等物品必须存放在（　）区域内。

A. 高毒作业　　B. 一般毒物作业　　C. 黄色警示

142.《使用有毒物品作业场所劳动保护条例》规定，用人单位应当按照规定对从事使用高毒物品作业的劳动者（　）。

A. 进行调离　　B. 妥善安置　　C. 进行岗位轮换

143. 工作场所同时接触多个毒物时，毒物危害程度级别权重数取（　）。

A. 多种毒物危害程度级别权重数的平均值计算

B. 危害程度级别最严重的毒物权重数计算

C. 危害程度级别最轻的毒物权重数计算

144. 工作场所同时接触多个毒物时，化学物职业接触比值为（　）。

A. 各化学物职业接触比值之和　　B. 化学物浓度最高的毒物接触比值

C. 各化学物职业接触比值的平均数

145. 职业病目录中，尘肺病有（　）种。

A. 11　　B. 13　　C. 17

146. 在建设项目职业病危害风险分类目录中，基础化学原料制造属于职业病危害（　）的行业。

A. 严重　　B. 较严重　　C. 一般

147. 职业危害识别的方法中是定量分析法的是（ ）。

A. 类比法　B. 检查表法　C. 检测检验法

148. 进行新建、改建、扩建、技术改造或者技术引进建设项目的，自建设项目竣工验收之日起（ ）日内进行申报。

A. 7　B. 10　C. 30

149. 下列属于职业危害中化学危害的是（ ）。

A. 氯气　B. 低气压　C. 振动

150. 下列属于职业危害中物理危害的是（ ）。

A. 电离辐射　B. 细菌　C. 有机粉尘

151. 人们在生产和生活中为防御各种职业危害和伤害而在劳动过程中穿戴和配备的各种用品的总称称为（ ）防护用品。

A. 特种　B. 一般　C. 个人劳动

152. 职业病危害项目申报工作实行（ ）管理。

A. 分级　B. 属地分级　C. 统一

153. 毒物进入人体的途径有三个，即（ ）。

A. 口、鼻、耳　B. 食物、空气、水　C. 皮肤、呼吸道、消化道

154. 目前我国职业病发病率最高的是（ ）。

A. 尘肺病　B. 食物中毒　C. 噪声聋

四、多选题

155. 用人单位主要负责人、职业卫生管理人员的职业卫生培训，应当包括下列主要内容（ ）。

A. 职业卫生相关法律、法规、规章和国家职业卫生标准

B. 职业病危害预防和控制的基本知识

C. 职业卫生管理相关知识

D. 国家安全生产监督管理总局规定的其他内容

156. 根据《工作场所职业病危害警示标识》（GBZ 158）的规定警示说明应当载明职业病危害因素的（ ）。

A. 检测结果　B. 种类

C. 类别　D. 后果、预防和应急处置措施

157. 存在或产生高毒物品的作业岗位，应当按照《高毒物品作业岗位职业病危害告知规范》（GBZ/T 203）的规定，在醒目位置设置高毒物品告知卡，告知卡应当载明高毒物品的（ ）。

A. 名称、理化特性　B. 健康危害

C. 检测结果　D. 防护措施及应急处理

158. 职业危害因素的识别包括（ ）。

A. 各种因素是否有危险性　B. 发现新的职业危害因素

C. 是否存在职业危害因素　D. 找出已知确认的职业性危害因素

159. 下面降噪措施属于对声源的控制手段的为（ ）。

A. 改进设备的结构　B. 提高加工质量

C. 设隔声屏障　　D. 提高装配质量

160. 有关工业毒物的危害正确的是（　）。

A. 汽油中毒会表现为兴奋、狂躁　　B. 氯气会导致窒息

C. 乙二醇会致肾病　　D. 沥青尾气可致癌症

161. 无毒和有毒作业的分开方式可以采取（　）。

A. 有毒作业密闭化　　B. 有毒管道化

C. 将有毒作业局限在某个独立的操作间　　D. 采取通风净化的方式将有毒气体排出

162. 采购的高毒物品的供应商应具备以下条件（　）。

A. 取得国家颁发的相应许可和经营许可证

B. 必须有与供应物品相一致的《安全技术说明书》

C. 必须有与供应物品相一致的《安全标签》

D. 进口物品说明书和标签必须有中文说明和标志

163. 影响化学危险源扩散危害的因素（　）。

A. 化学毒物的理化性质　　B. 化学毒物的毒性和储量

C. 气象条件　　D. 地形和地物

164.《女职工劳动保护特别规定》中女职工在经期禁忌从事的劳动范围是（　）。

A. 冷水作业分级标准中规定的第二级、第三级、第四级冷水作业

B. 低温作业分级标准中规定的第二级、第三级、第四级低温作业

C. 体力劳动强度分级标准中规定的第三级、第四级体力劳动强度的作业

D. 高处作业分级标准中规定的第四级、第五级高处作业

165. 职业病病人主要待遇有（　）。

A. 工伤医疗和伤残待遇　　B. 因公死亡待遇

C. 精神损害赔偿　　D. 职业康复待遇

166. 与作业环境有关的职业性危害因素包括（　）。

A. 厂房狭小　　B. 不良气象条件

C. 劳动制度不合理　　D. 车间位置不合理

167. 职业健康监护的内容包括（　）。

A. 职业健康预防　　B. 职业健康检查

C. 职业健康档案　　D. 职业健康状况分析

168. 以下正确的是（　）。

A. 用人单位应当保障职业病病人依法享受国家规定的职业病待遇

B. 用人单位应当按照国家有关规定，安排职业病病人进行治疗、康复和定期检查

C. 用人单位对不适宜继续从事原工作的职业病病人，应当调离原岗位，并妥善安置

D. 用人单位对从事接触职业病危害的作业的劳动者，应当给予适当岗位津贴

169. 职业健康监护分为（　）。

A. 上岗前检查　　B. 在岗期间定期检查

C. 离岗时检查　　D. 离岗后医学随访和应急健康检查

170. 上岗前健康检查的主要目的是发现有无职业禁忌证，建立接触职业病危害因素人员的基础健康档案。上岗前健康检查均为强制性职业健康检查，应在开始从事有害作业

前完成。下列人员应进行上岗前健康检查（　）。

A. 拟从事接触职业病危害因素作业的新录用人员　　B. 拟从事高处作业人员

C. 拟从事电工作业人员　　D. 拟从事驾驶作业人员

171. 长期从事规定的需要开展健康监护的职业病危害因素作业的劳动者，应进行在岗期间的定期健康检查。定期健康检查（　）。

A. 早期发现职业病病人或疑似职业病病人或劳动者的其他健康异常改变

B. 及时发现有职业禁忌证的劳动者

C. 通过动态观察劳动者群体健康变化，评价工作场所职业病危害因素的控制效果

D. 不定期健康检查的周期根据不同职业病危害因素的性质、工作场所有害因素的浓度或强度、目标疾病的潜伏期和防护措施等因素决定

172. 与职业健康监护相关的资料应按照职业卫生档案统一管理，包括（　）。

A. 职业健康监护委托书职业健康检查结果报告和评价报告

B. 职业病报告卡用人单位对职业病患者和职业禁忌证者处理和安置的记录

C. 用人单位在职业健康监护中提供的其他资料和职业健康检查机构记录整理的相关资料

D. 劳动保障行政部门要求的其他资料

173. 职业病危害因素包括：职业活动中存在的各种有害的（　）因素以及在作业过程中产生的其他职业有害因素。

A. 化学　　B. 物理　　C. 生物　　D. 自然

174. 生产过程中的职业病危害因素一般包括（　）。

A. 地理因素　　B. 物理因素　　C. 生物因素　　D. 化学因素

175. 职业病危害因素能否引起职业性损伤取决于（　）。

A. 接触机会　　B. 作用强度

C. 毒物的化学结构和理化性质　　D. 个体危险因素

176. 职业危害预防的防毒技术措施包括（　）。

A. 设备添置　　B. 宣传措施

C. 预防措施　　D. 净化回收措施

177. 职业危害预防的防毒预防措施包括（　）。

A. 以无毒、低毒的物料代替有毒、高毒的物料　　B. 改革工艺

C. 生产过程的密闭、通风排毒　　D. 隔离操作

178. 有毒作业环境管理主要抓好（　）。

A. 组织管理措施　　B. 定期进行作业环境的监测

C. 严格执行“三同时”方针　　D. 及时识别作业场所出现的新的有毒物质

179. 与生产环境有关的职业病危害因素一般包括（　）。

A. 建筑物容积和建筑结构构件与生产性质不相适应

B. 缺乏适当的机械通风

C. 缺乏防尘、防毒、防寒保暖设备

D. 劳动制度不合理

180. 常用的工业毒物危害治理措施包括（　）。

A．密闭通风排风系统　　B．局部排风系统
C．个体防护　　D．净化回收

181．危险化学品中毒急救要遵循的 5 项原则是（　）及促进生命器官功能恢复和及时解毒、促进毒物排出。
A．救护者的个人防护　　B．切断毒物来源
C．采取有效措施防止毒物继续侵入人体　　D．立即进入现场

182．以下（　）属于物理因素所致职业病。
A．高原病　　B．中暑　　C．航空病　　D．溃疡

183．化学品对人体产生的化学品效应可分为急性和慢性，取决于化学品（　）。
A．存放位置　　B．包装好坏
C．暴露的浓度　　D．暴露时间的长短

184．在生产过程中控制毒物的卫生工程措施包括（　）。
A．密闭通风排毒系统　　B．自然风排毒系统
C．个人防护　　D．卫生系统

185．《使用有毒物品作业场所劳动保护条例》是为了保证作业场所安全使用有毒物品，（　）职业中毒危害，保护劳动者的生命安全、身体健康及其相关权益，根据职业病防治法和其他有关法律、行政法规的规定制定的。
A．预防　　B．控制　　C．消除　　D．了解

186．《使用有毒物品作业场所劳动保护条例》规定，按照有毒物品产生的职业中毒危害程度，有毒物品分为（　）。国家对作业场所使用高毒物品实行特殊管理。
A．一般有毒物品　　B．高毒物品　　C．毒害品　　D．危险物

187．从事使用有毒物品作业的用人单位应当使用符合国家标准的有毒物品，不得在作业场所使用（　）。
A．国家明令禁止使用的有毒物品　　B．不符合国家标准的有毒物品
C．合格的化学品　　D．标准的化学品

188．《使用有毒物品作业场所劳动保护条例》规定，用人单位的使用有毒物品作业场所，除应当符合职业病防治法规定的职业卫生要求外，还必须符合（　）要求。
A．作业场所与生活场所分开，作业场所不得住人
B．有害作业与无害作业分开，高毒作业场所与其他作业场所隔离
C．设置有效的通风装置，可能突然泄漏大量有毒物品或者易造成急性中毒的作业场所，设置自动报警装置和事故通风设施
D．高毒作业场所设置应急撤离通道和必要的泄险区

189．《使用有毒物品作业场所劳动保护条例》规定，使用有毒物品作业场所应当设置黄色区域（　）和说明。警示说明应当载明产生职业中毒危害的种类、后果、预防以及应急救治措施等内容。
A．警示线　　B．警示标识　　C．消防提示牌　　D．中文警示

190．《使用有毒物品作业场所劳动保护条例》规定，从事使用高毒物品作业的用人单位，应当配备应急救援人员和必要的应急救援（　），制定事故应急救援预案，并根据实际情况变化对应急救援预案适时进行修订，定期组织演练。事故应急救援预案和演练记录

应当报当地卫生行政部门、安全生产监督管理部门和公安部门备案。

A. 器材　　B. 设备　　C. 文件　　D. 人员

191.《使用有毒物品作业场所劳动保护条例》规定，用人单位应当与劳动者订立劳动合同，将工作过程中可能产生的（　）等如实告知劳动者，并在劳动合同中写明，不得隐瞒或者欺骗。

A. 废弃物情况　　B. 职业中毒危害及其后果

C. 职业中毒危害防护措施和待遇　　D. 工伤因素

192.《使用有毒物品作业场所劳动保护条例》规定，使用有毒物品作业的用人单位应当确保职业中毒危害（　）处于正常适用状态，不得擅自拆除或者停止运行。

A. 防护设备　　B. 应急救援设施　　C. 通讯报警装置　　D. 办公设施

193. 有毒物品的包装应当符合国家标准，并以易于劳动者理解的方式加贴或者拴挂有毒物品安全标签。有毒物品的包装必须有醒目的（　）。

A. 警示标识　　B. 中文警示说明　　C. 条纹　　D. 色泽

五、简答题

194. 个人防护措施中的防毒面具和防毒口罩属于呼吸防护器，种类很多，大体可分为哪几大类？

第七章　重大危险源与危险化学品事故应急管理

第一节　重大危险源管理

一、重大危险源的基础知识

（一）重大危险源概念

20 世纪 70 年代以来，预防重大工业事故已成为世界各国社会、经济和技术发展的重点研究对象之一，引起国际社会的广泛重视。1993 年 6 月，第 80 届国际劳工大会通过的《预防重大工业事故公约》将“重大事故”定义为在重大危害设施内的一项活动过程中出现意外的突发性的事故，如严重泄漏，火灾或爆炸，其中涉及一种或多种危险物质，并导致对工人、公众或环境造成即刻的或延期的严重危害。

我国国家标准《危险化学品重大危险源辨识》（GB 18218—2009）中将重大危险源定义为长期地或临时地生产、加工、搬运、使用或储存危险物质，且危险物质的数量等于或超过临界量的单元。单元指一个（套）生产装置、设施或场所，或同属一个工厂的且边缘距离小于 500 m 的几个（套）生产装置、设施或场所。但不包括核设施、军事设施以及现场之外的非管道的运输。

（二）重大危险源控制系统的组成

重大危险源的控制目的，不仅是预防重大事故的发生，而且要做到一旦发生事故，能将事故危害限制到最低程度。通常，重大危险源内总是含有相当数量的易燃、易爆或有毒的危险物质，并且在一定的范围内使用、生产、加工或储存。对这些活动需要采用系统工程的思想方法进行有效控制，才能达到保证安全生产的目标。

重大危险源控制系统主要由以下几个部分组成：

1. 重大危险源的辨识

防止重大工业事故发生的第一步，是辨识或确认高危险性的工业设施（危险源）。由政府主管部门和权威机构在物质毒性、燃烧、爆炸特性基础上，制定出危险物质及其临界量标准。通过危险物质及其临界量标准，可以确定哪些是可能发生事故的潜在危险源。

企业应根据《危险化学品重大危险源辨识》（GB 18218—2009），并结合《危险化学品重大危险源监督管理暂行规定》的要求，普查、辨识企业存在的重大危险源，并进行登记建档，确保安全。

2. 重大危险源的评价

根据危险物质及其临界量标准进行重大危险源辨识和确认后，就应对其进行风险分析评价。

一般来说，重大危险源的风险分析评价包括以下几个方面：

① 辨识各类危险因素及其原因与机制。

② 依次评价已辨识的危险事件发生的概率。

③ 评价危险事件的后果。

④ 进行风险评价，即评价危险事件发生概率和发生后果的联合作用。

⑤ 风险控制，即将上述评价结果与安全目标值进行比较，检查风险值是否达到了可接受水平，否则需进一步采取措施，降低危险水平。

3. 重大危险源的管理

企业应对工厂的安全生产负主要责任。在对重大危险源进行辨识和评价后，应针对每一个重大危险源制定出一套严格的安全管理制度，通过技术措施（包括化学品的选择，设施的设计、建造、运转、维修以及有计划的检查）和组织措施（包括对人员的培训与指导，提供保证其安全的设备，工作人员水平、工作时间、职责的确定以及对外部合同工和现场临时工的管理），对重大危险源进行严格控制和管理。

4. 重大危险源的安全报告

对已经过辨识和评价的重大危险源，企业应在规定的期限内，向政府主管部门提交安全报告。如属新建的有重大危害性的设施，则应在其投入运转之前提交安全报告。安全报告应详细说明重大危险源的情况，可能引发事故的危险因素及前提条件，安全操作和预防失误的控制措施，可能发生的事故类型，发生事故的可能性及后果，限制事故后果的措施，现场事故应急救援预案等。

安全报告应根据重大危险源的变化以及新知识和技术发展的情况进行修改和增补，并提交政府主管部门进行检查和评审。

5. 事故应急救援预案

事故应急救援预案是重大危险源控制系统的重要组成部分。企业应负责制定事故现场应急救援预案，并且定期检验和评估事故现场应急救援预案和程序的有效程度，并在必要时进行修订。场外事故应急救援预案，由政府主管部门根据企业提供的安全报告和有关资料制定。制定事故应急救援预案的目的是抑制突发事件，减少事故对工人、居民和环境的危害。因此，事故应急救援预案应提出详尽、实用、明确和有效的技术措施与组织措施。政府主管部门应保证将发生事故时要采取的安全措施和正确做法的有关资料散发给可能受事故影响的公众，并保证公众充分了解发生重大事故时的安全措施。一旦发生重大事故，应尽快报警。

每隔适当的时间应修订和重新散发事故应急救援预案宣传材料。

6. 工厂选址和土地使用规划

政府有关部门应制定综合性的土地使用政策，确保重大危险源与居民区和其他工作场所、机场、水库、其他危险源和公共设施安全相隔离。

7. 重大危险源的监察

政府主管部门必须派出经过培训的、合格的技术人员定期对重大危险源进行监察、调查、评估和咨询。

二、重大危险源的辨识

防止重大工业事故发生的首要任务是辨识或确认高危险性的工业设施（重大危险源）。这是由政府主管部门或权威机构在物质毒性、燃烧、爆炸特性的基础上，确定危险物质及其临界量标准（即重大危险源辨识标准）。通过危险物质及其临界量，就可以确定哪些是可能发生重大事故的潜在危险源。

为此，我国制定的国家标准《危险化学品重大危险源辨识》（GB 18218—2009）规定了辨识重大危险源的依据和方法，以及重大危险源的申报工作。该标准适用于危险物质的生产、使用、储存和经营等企业或组织。

（一）重大危险源的分类及单元划分

1. 分类

《危险化学品重大危险源辨识》（GB 18218—2009）对重大危险源的分类如下定义：重大危险源分为生产场所重大危险源和储存区重大危险源两种。

2. 单元划分

（1）生产场所、储存区、单元的概念

生产场所指危险物质的生产、加工及使用等的场所，包括生产、加工及使用等过程中的中间储罐存放区及半成品、成品的周转库房。

储存区指专门用于储存危险物质的储罐或仓库组成的相对独立的区域。

单元是指一个（套）生产装置、设施或场所，或同属一个工厂且边缘距离小于 500 m 的几个（套）生产装置、设施或场所。

（2）单元划分

一般把装置的一个独立部分称为单元，并以此来划分单元。每个单元都有一定功能特点，例如原料供应区、反应区、产品蒸馏区、吸收或洗涤区、成品或半成品贮存区、运输装卸区、催化剂处理区、副产品处理区、废液处理区、配管桥区等。

在一个共同厂房内的装置可以划分为一个单元；在一个共同堤坝内的全部贮罐也可划分为一个单元；散设地上的管道不作为独立的单元处理，但配管桥区例外。

一个以上相距不到 500 m 的几个（套）装置、设施或场所，是划分成一个单元还是几个单元？关键是看他们之间在安全方面是否相对独立。如果一个装置、设施或场所发生事故会导致另一个或几个装置、设施或场所发生事故，就是相对不独立，应该把他们一起算作一个单元；否则就分开为不同的单元。以火灾为例，如果不同装置、设施或场所之间的距离符合《建筑设计防火规范》规定的安全距离，则应划分为不同的单元。

另一方面，如果相距超过 500 m 的两个生产装置都是同一工艺的组成部分（如用管道连接），在生产、安全方面紧密相关，则应视为同一单元。

因此，对于“500 m”不应生硬理解。

（二）重大危险源辨识方法

重大危险源辨识界定必须依据物质的危险特性及其数量来确定。《危险化学品重大危险源辨识》将重大危险源分为生产场所重大危险源和储存区重大危险源两种，并根据物质不同特性将重大危险源按 4 类物质品名称及其临界量加以确定。

① 爆炸性物质名称及临界量。

② 易燃物质名称及临界量。

③ 活性化学物质名称及临界量。

④ 有毒物质名称及临界量。

《危险化学品重大危险源辨识》将生产、储存两大类的重大危险源物质名称和临界量列表明示，共 142 个物品。我们可以根据国家标准确定的名称和临界量来调查、辨识界定重大危险源。

单元内存在危险物质的数量等于或超过《危险化学品重大危险源辨识》中表 1、表 2、表 3、表 4 规定的临界量，即被定为重大危险源。单元内存在危险物质的数量根据处理物质的种类的多少区分为以下两种情况。

（1）单元内存在的危险物质为单一品种，则该物质的数量即为单元内危险物质的总量，若等于或超过相应的临界量，则定为重大危险源。

（2）单元内存在的危险物质为多品种时，则按下式计算，若满足下面公式，则定为重大危险源：

$$\frac{q_1}{Q_1}+\frac{q_2}{Q_2}+\cdots+\frac{q_n}{Q_n}$$

式中　q_1，$q_2 \cdots q_n$——每种危险物质实际存在量，t；

Q_1，$Q_2 \cdots Q_n$——与各危险物质相对应的生产场所或贮存区的临界量，t。

重大危险源辨识过程（如图 7-1 所示），其基本程序包括：

① 收集资料。收集可用于重大危险源辨识、危险性分析的资料。

② 明确分析对象。分析生产工艺、场所及其环境，确定重大危险源辨识对象的性质、位置和特点。

③ 计算临界量。划分单元，计算单元中的危险物品数量或者危险场所能量。

④ 判别重大危险源。如果达到或超过重大危险源辨识指标，则确定为重大危险源。

⑤ 将辨识结果进行汇总。记录并汇总所有重大危险源。

具体的辨识过程如图 7-1 所示。

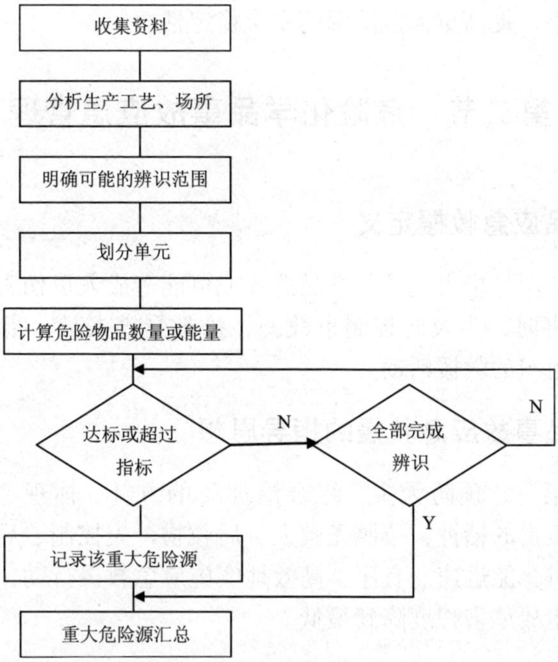

图 7-1　重大危险源辨识过程

三、重大危险源监控与管理

国家安全生产监督管理总局《关于认真做好重大危险源监督管理工作的通知》提出全面落实企业重大危险源管理监控的主体责任。

企业是安全生产的主体，也是重大危险源管理监控的主体，在重大危险源管理与监控中负有重要责任。各级安全生产监督管理部门要监督检查并指导督促企业做好以下工作：

① 要做好重大危险源登记建档工作，如实向安全监管部门申报。

② 要保证重大危险源安全管理与监控所必需的资金投入。

③ 要建立、健全本单位重大危险源安全管理规章制度，落实重大危险源安全管理和监控责任，制定重大危险源安全管理与监控的实施方案。

④ 要对从业人员进行安全教育和技术培训，使其掌握本岗位的安全操作技能和在紧急情况下应当采取的应急措施。

⑤ 要在重大危险源现场设置明显的安全警示标志，并加强重大危险源的监控和有关设备、设施的安全管理。

⑥ 要对重大危险源的工艺参数、危险物质进行定期的检测，对重要的设备、设施进行经常性的检测、检验，并做好检测、检验纪录。

⑦ 要对重大危险源的安全状况进行定期检查，并建立重大危险源安全管理档案。

⑧ 要对存在事故隐患和缺陷的重大危险源认真进行整改，不能立即整改的，必须采取切实可行的安全措施，防止事故发生。

⑨ 要制定重大危险源应急救援预案，落实应急救援预案的各项措施。

⑩ 要贯彻执行国家、地区、行业的技术标准，推动技术进步，不断改进监控管理手

段，提高监控管理水平，提高重大危险源的安全稳定性。

第二节　危险化学品事故应急管理

一、危险化学品应急救援定义

危险化学品应急救援是指由危险化学品造成或可能造成人员伤害、财产损失和环境污染及其他较大社会危害时，为及时控制事故源，抢救受害人员，指导群众防护和组织撤离，清除危害后果而组织的救援活动。

二、危险化学品事故应急救援的指导思想

认真贯彻“安全第一，预防为主，综合治理”的方针，体现“以人为本”的思想，本着对人民财产高度负责的精神，按照先救人、后救物，先控制、后处置的指导思想，当发生危险化学品事故时，能迅速、有序、高效地实施应急救援行动，最大限度地减少人员伤亡和财产损失，把事故危害程度降到最低。

三、危险化学品事故应急救援的基本原则

1. 统一指挥原则

危险化学品事故的抢险救灾工作必须在危险化学品应急救援指挥中心的统一领导、指挥下开展。应急预案应当贯彻统一指挥的原则。各类事故具有意外性、突发性、扩展迅速、危害严重的特点，因此，救援工作必须坚持集中领导、统一指挥的原则。因为在紧急情况下，多头领导会导致一线救援人员无所适从，贻误战机。

2. 充分准备、快速反应、高效救援的原则

针对可能发生的危险化学品事故，做好充分的准备；一旦发生危险化学品事故，快速做出反应；尽可能减少应急救援组织的层次，以利于事故和救援信息的快速传递，减少信息的失真，提高救援的效率。

3. 生命至上的原则

应急救援的首要任务是不惜一切代价，维护人民生命安全。事故发生后，应当首先保护学校学生、医院病人、体育场馆人员和所有无关人员安全撤离现场，转移到安全地点，并全力抢救受伤人员，寻找失踪人员，同时保护应急救援人员的安全。

4. 单位自救和社会救援相结合的原则

在确保单位人员安全的前提下，应急预案应当体现单位自救和社会救援相结合的原则。单位熟悉自身各方面情况，又身处事故现场，有利于初期事故的救援，将事故消灭在初始状态。单位救援人员即使不能完全控制事故的蔓延，也可以为外部的救援赢得时间。事故发生初期，事故单位应按照灾害预防和处理规范（预案）积极组织抢险，并迅速组织遇险人员安全撤离，防止事故扩大。

5. 分级负责、协同作战的原则

各级地方政府、有关部门和危险化学品经营单位及相关的单位按照各自的职责分工分级负责、各尽其能、各司其职，做到协调有序、资源共享、快速反应，积极做好应急救援

工作。

6. 科学分析、规范运行、措施果断的原则

科学分析是做好应急救援的前提，规范运行是应急预案能够有效实施的保证，针对事故现场果断决策采取不同的应对措施是保证救援成效的关键。

7. 安全抢险的原则

在事故抢险过程中，应采取切实有效的措施，确保抢险救护人员的安全，严防在抢险过程中发生二次事故。

四、危险化学品事故应急救援的基本任务

1. 立即抢救受害人员，指导群众防护和撤离危险区，维护救援现场秩序。

抢救受害人员是应急救援的首要任务。接到事故报警后，应该立即组织营救受害人员，组织撤离或者采取其他措施保护危害区域内的其他人员。在应急救援行动中，快速、有序、高效地实施现场急救与安全转送伤员是降低伤亡率，减少事故损失的关键。由于危险化学品事故发生突然、扩散迅速、涉及范围广、危害大，应及时指导和组织群众采取各种措施进行自身防护，并迅速撤离出危险区或可能爱到危害的区域。在撤离过程中，应积极组织群众开展自救和互救工作。

2. 控制危害源，对事故危害进行检验和监测。

及时控制造成事故的危险源是应急救援工作的重要任务，只有及时控制住危险源，防止事故的继续扩展，才能及时、有效地进行救援。在控制危险源的同时，对事故造成的危险进行检测、监测，确定事故的危害区域、危害性质及危害程度。特别是对于发生在城市或人口稠密地区的危险化学品事故，应尽快组织工程抢险队与事故单位技术人员一起及时控制事故继续扩展。

3. 转移危险化学品及物资设备。

转移处于事故和事故危险区域内的危险化学品，防止引发二次事故，转移或抢救物资设备，降低财产损失。

4. 消除危害后果，恢复正常生活、生产秩序。

做好现场清洁，消除危害后果。针对事故对人体、动植物、土壤、水源、空气造成的实际危害和可能的危害，迅速采取封闭、隔离、洗消等措施。对事故外溢的有毒有害物质和可能对人和环境继续造成危害的物质，应及时组织人员予以清除，防止对人的继续危害和对环境的污染。对危险化学品造成的危害进行监测、处置，直至符合国家环境保护标准。

5. 查清事故原因，评估危害程度。

事故发生后应及时调查事故的发生原因和事故性质，估算出事故的危害波及范围和危险程度，查明人员的伤亡情况，做好事故调查。

五、应急救援的基本形式

按事故涉及范围和危害程度，可采取两种不同的救援方式。

1. 单位自救

单位自救是危险化学品事故应急救援最基本、最重要的救援形式。这是因为事故单位

最了解事故的现场情况，即使事故危害已经扩大到事故单位以外区域，事故单位仍须全力组织自救，特别是尽快控制危险源。

2. 社会救援

社会救援主要是指重大或灾害性化学事故，事故危害虽然局限于事故单位内，但因事故单位的救灾能力有限，同时可能因事故的危害程度较大或危害范围已经影响周围社区和邻近地区，依靠本单位以及消防部门的力量不能控制事故或不能及时消除事故后果，因此需要组织社会救援。此种形式的应急救援需要当地政府出面组织各有关部门和各种社会救援力量协同作战以便有条不紊地进行救援。

六、应急救援的组织与实施

化学事故应急救援一般按照报警、接警、事态分析、确定相应级别、预警、应急启动、救援行动、扩大应急、应急结束、应急恢复等过程进行。

1. 事故发生后，现场第一目击者必须立刻按事故信息报告程序，将事故现场的真实情况上报，并以最快速度传递到直接上级应急指挥中心。事故信息得到初步确认后，按预定程序进行事故预警。

2. 应急指挥中心接到事故报警后，密切关注现场事态，进行事态评估和响应级别的确定，如果达到最低响应级别及其以上条件，则按响应级别启动应急预案。如果响应级别超过本级指挥中心权限，应立即上报，交由上级符合应急指挥条件的应急指挥中心进行指挥。

3. 如果没有达到最低响应级别条件，则关闭应急响应。

4. 应急预案启动，则由应急指挥中心和现场指挥人员协调指挥，按照预案程序和要求，开通应急通信网络，调配应急队伍、物资与装备，现场警戒，疏散群众，寻求专家支持等，对人员、设备、装备进行科学、有序的救援抢险。

5. 现场应急队伍到达现场后，首先进行人员抢救，避免、减少人员伤亡，同时，对事故进行控制。如果救援力量不足，应立即寻求外部力量援助，事故扩大，响应级别提高，则应立即报告上级，提高应急响应级别。

6. 当事故得到控制，事故隐患消除，环境达标，经现场指挥确认，并报经最高应急指挥中心同意，现场应急处置行动宣告结束。

7. 现场应急行动结束后，有明确的事故信息发布部门和发布原则，将相关信息及时进行通报，解答公众关注的一些焦点问题，维护社会生活秩序的稳定。对于容易引发局部地区社会动荡的重大事件，应由事故现场指挥部及时、准确地向新闻媒体通报公众关注的动态信息，既维护社会稳定，也有利于赢得公众对应急救援的各方面的支持。

8. 现场应急行动结束后，进行应急恢复阶段。当现场清理完毕，常态得到恢复，则可解除警戒。同时做好善后赔偿、应急救援能力评估及应急预案的修订工作。

9. 整个应急救援行动宣告结束。

整个应急响应过程如图 7-3 所示。

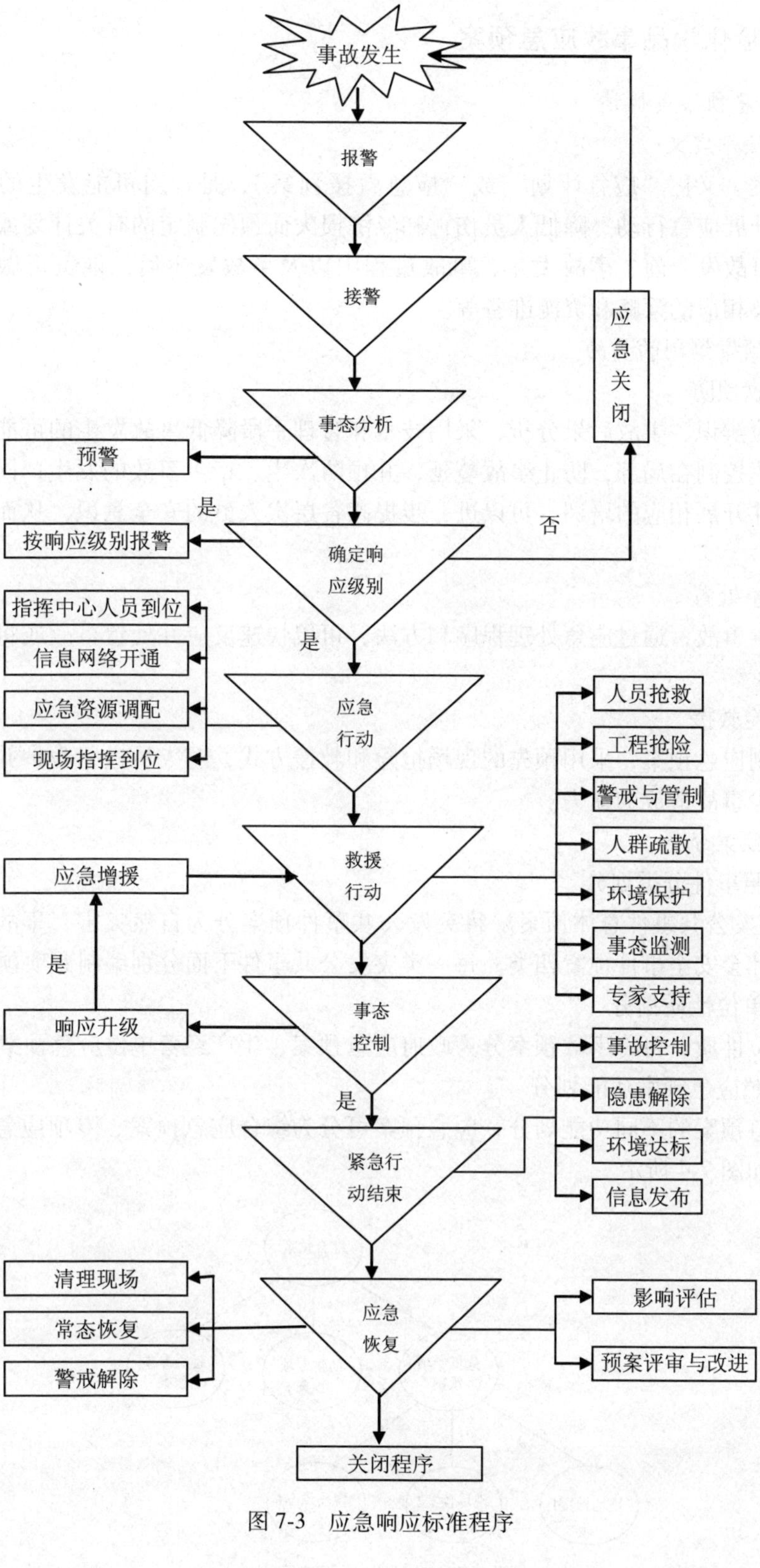

图 7-3　应急响应标准程序

七、危险化学品事故应急预案

（一）应急预案的概述

1. 应急预案定义

应急预案，又称“应急计划”或“应急救援预案”，是针对可能发生的事故，为迅速、有序地开展应急行动、降低人员伤亡和经济损失而预先制定的有关计划或方案。应急预案明确了事故发生前、事故发生、事故过程中以及事故发生后，谁负责做什么，何时做，怎么做及相应的策略和资源准备等。

2. 应急预案编制的目的

（1）事故预防

通过危险辨识、事故后果分析，采用技术和管理手段降低事故发生的可能性，或将已经发生的事故控制在局部，防止事故蔓延，并预防次生、衍生事故的发生；同时，通过编制应急预案并开展相应的培训，可以进一步提高各层次人员的安全意识，从而达到事故预防的目的。

（2）应急处置

一旦发生事故，通过应急处理程序和方法，可以快速反应并处置事故或将事故消除在萌芽状态。

（3）抢险救援

通过编制应急预案，采用预先的现场抢险和救援方式，对人员进行救护并控制事故发展，从而减少事故造成的损失。

3. 应急预案分类

（1）按照事件分类划分

《国家突发公共事件总体预案》将突发公共事件预案分为自然灾害、事故灾难、公共卫生事件、社会安全事件预案四类。每一类突发公共事件下面分别编制专项预案。

（2）按单位性质划分

按照单位性质，可将事故预案分为政府应急预案、生产经营单位应急预案。

（3）按照应急预案功能划分

根据应急预案的不同功能划分，应急预案可分为综合应急预案、专项应急预案、现场处置预案，如图 7-4 所示。

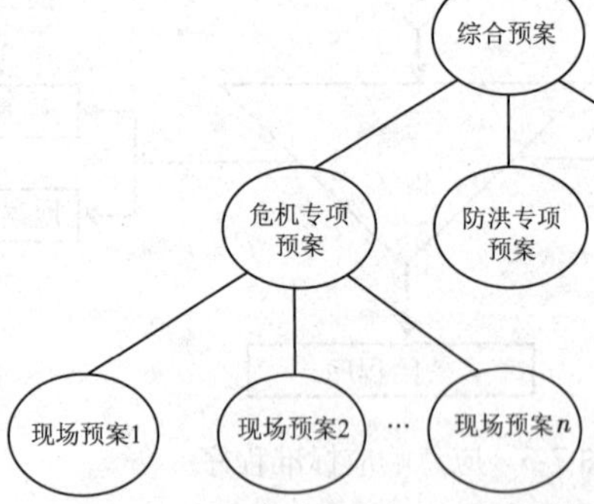

图 7-4　事故应急预案层次

① 综合应急预案。从总体上阐述处理事故的应急方针、政策，应急组织结构及相关应急职责，应急行动、措施和保障等基本要求和程序，是应对各类事故的综合性文件。

② 专项应急预案。是针对具体的事故类别（如危险化学品泄漏等事故）、危险源和应急保障而制定的计划或方案，是综合应急预案的组成部分，应按照综合应急预案的程序和要求组织制定，并作为综合应急预案的附件。专项应急预案应制定明确的救援程序和具体的应急救援措施。

③ 现场处置应急预案。是针对具体的装置、场所或设施、岗位所制定的应急处置措施。现场处置方案应具体、简单、针对性强。现场处置方案应根据风险评估及危险性控制措施逐一编制，做到事故相关人员应知应会，熟练掌握，并通过应急演练，做到迅速反应、正确处置。

在实际工作中，上述应急预案的分类往往是综合运用、有机结合的，例如政府应急预案，先进行综合预案编制，后进行专项预案的编制；在生产经营单位里，先进行综合预案的编制，后进行专项预案的编制，再进行现场处置预案的编制等。

4. 应急预案的文件体系结构

一般采用四级体系：手册（综合预案）、程序、指导书、应急行动记录。

① 一级文件——总体预案或称为基本方案，是总的管理政策和策划。其中应包括应急救援方针、应急救援（预案）目标（针对何种重大风险）、应急组织机构构成和各级应急人员的责任及权利。包括应急准备、现场应急指挥、事故后恢复及应急演练、训练等原则的叙述。

② 二级文件——应是对于总预案中涉及的相关活动具体工作程序。其所针对的是每一个具体内容、措施和行动的指导。规定每一个具体的应急行动活动中的具体的措施、方法及责任。每个应急程序都应包括行动目的和范围、指南、流程及具体方法的描述，包括每个活动程序的检查表。

③ 三级文件——说明书（程序中特定细节及行动的说明，责任及任务说明）。

④ 四级文件——对应急行动的记录。包括制订预案的一切记录，如培训记录、文件记录、资源配置的记录、设备设施相关记录、应急设备检修记录、消防装备保管记录、应急演练的相关记录等等。

（二）应急预案核心要素

应急预案是针对各级各类可能发生的事故和所有危险源制定应急方案，必须考虑事前、事发、事中、事后的各个过程中相关部门和有关人员的职责、物资、装备的储备、配置等方方面面的需要。

完整的应急预案编制应包括以下一些基本要素，即分为6个一级关键要素及20个二级的核心要素构成，如表7-1，包括：① 方针与原则；② 应急策划；③ 应急准备；④ 应急响应；⑤ 现场恢复；⑥ 预案管理与评审改进。

所有这些要素构成了重大事故应急预案的核心要素，这些要素是重大事故应急预案编制应当涉及的基本方面。在实际编制时，根据企业的风险和实际情况的需要，也为便于预案内容的组织，可根据企业自身实际，将要素进行合并、增加、重新排列或适当的删减等，这些要素在应急过程中也可视为应急功能。

表 7-1　　　　　　　　　　重大事故应急预案的核心要素

1. 方针与原则	2. 应急策划	3. 应急准备	4. 应急响应	5. 现场恢复	6. 预案管理与评审改进
	2.1 危险分析 2.2 资源分析 2.3 法律法规要求	3.1 机构与职责 3.2 应急资源 3.3 教育、训练和演习 3.4 互助协议	4.1 接警与通知 4.2 指挥与控制 4.3 警报和紧急公告 4.4 通信 4.5 事态监测与评估 4.6 警戒与治安 4.7 人群疏散与安置 4.8 医疗与卫生 4.9 公共关系 4.10 应急人员安全 4.11 消防与抢险（包括泄漏物的控制）		

（三）危险化学品应急救援预案的主要内容及要求

1. 危险化学品应急预案的主要内容

危险化学品应急预案是针对危险化学品可能发生的事故所需的应急行动而制定的指导文件。一个完整的应急救援预案体系通常包括以下关键内容：

① 基本预案，对紧急情况应急管理提供一个简介，并提供必要说明；

② 预防程序，对潜在事故进行确认并采取减缓事故的有效措施；

③ 准备程序，说明应急行动前所需采取的准备工作；

④ 基本应急程序，给出任何事故都可适用的应急行动程序；

⑤ 特殊危险应急程序，针对特殊事故危险性的应急程序；

⑥ 恢复程序，说明事故现场应急行动结束后所需采取的清除和恢复行动。

2. 应急预案编制的基本要求

应急预案编制必须以科学的态度，在全面调查的基础上，实行领导与专家相结合的方式，开展科学分析和论证，使应急预案真正具有科学性。同时，应急预案应符合使用对象的客观情况，具有实用性和可操作性，以利于准确、迅速地控制事故。因此，应急预案编制有 3 点基本要求：

① 分级、分类地制定应急预案的内容；

② 做好应急预案中各项目之间的衔接；

③ 结合实际情况，确定应急预案的内容。

（四）应急预案编制的过程与内容

应急预案的编制过程如图 7-5 所示。

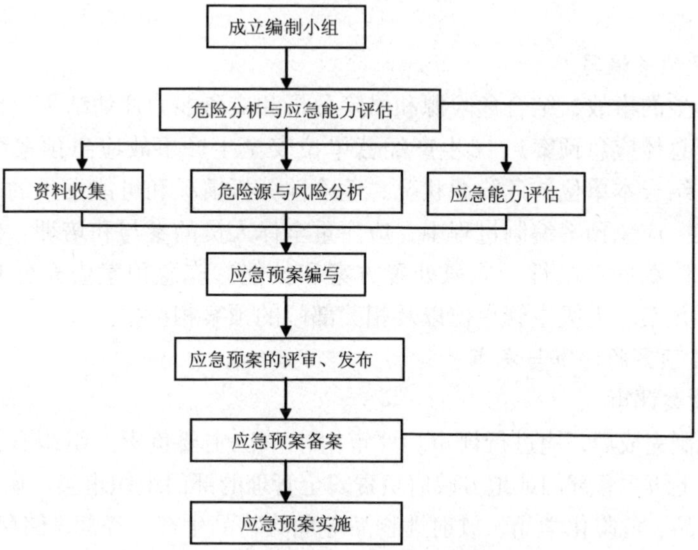

图 7-5　应急预案的编制工作流程

1. 成立预案编制小组

应急预案的成功编制需要有关职能部门和团体积极的参与，并最终达成一致意见，尤其是应寻求与危险直接相关的各方进行合作。成立以单位主要负责人为领导的应急预案编制工作小组，要结合本单位部门的职能分工，明确编制任务，制定工作计划，将各有关职能部门、各类专业技术有效结合起来，方可有效地保证应急预案的准确性、完整性和实用性，同时也为应急各方提供了一个非常重要的合作与交流的机会，有利于统一应急各方不同的观点和意见。

2. 危险分析与应急能力评估

为了准确策划应急预案的编制目标和内容，应开展危险分析和应急能力评估工作。为有效开展此项工作，预案编制小组应进行资料的初步收集，收集应急预案编制所需的各种资料，包括相关法律法规、应急预案、技术标准、国内外同行业事故案例分析、本单位技术资料及重大危险源等。

（1）危险源与风险分析

危险源与风险分析是应急预案编制的基础和关键。在危险因素分析及事故隐患排查、治理的基础上，确定本单位的危险源及可能发生事故的类型和后果，进行事故风险分析，并指出事故可能产生的次生、衍生事故，从而形成分析报告，分析结果作为应急预案的编制依据。

（2）应急能力评估

应急能力评估是对本单位应急装备、应急队伍等应急能力进行评估。应急能力包括应急资源（应急人员、设施、装备和物资），应急人员的技术、经验和接受的培训等，这将直接影响应急行动的快速、有效性。应急能力评估也是依据危险分析的结果，对应急资源的准备状况的充分性和从事应急救援活动所具备的能力评估，以明确应急救援的需求和不足，为应急预案的编制奠定基础。

制定应急预案时，应当在评估与潜在危险相适应的应急能力的基础上，选择最现实、最有效的应急策略。

3. 应急救援预案编写

针对可能发生的事故，结合危险源和风险分析和应急能力评估结果等信息，按照《国家突发公共事件总体应急预案》、《生产经营单位安全生产事故应急预案编制导则》等有关规定和要求，结合本单位的危险源状况、危险性分析情况和可能发生的事故特点，编制相应的应急预案。应急预案编制过程中，应注重全体人员的参与和培训，使所有与事故有关人员均掌握危险源的危险性、应急处置方案和技能。应急预案应充分利用社会应急资源，与地方政府预案、上级主管单位以及相关部门的预案相衔接。

4. 应急救援预案的评审与发布

（1）应急预案评审

应急预案编制完成后，应进行评审。评审由本单位主要负责人组织有关部门和人员进行。外部评审由上级主管部门或地方政府负责安全管理的部门组织审查。矿山、建筑施工单位和易燃易爆物品、危险化学品、放射性物品等危险物品生产、经营、储存、使用单位和中型规模以上的其他生产经营单位，应当组织专家对本单位编制的应急预案进行评审，评审应当形成书面纪要并附有专家名单。其他生产经营单位应当对本单位编制的应急预案进行论证。

为确保应急预案的科学性、合理性以及与实际情况的符合性，应急预案编制单位或管理部门应依据我国有关应急的方针、政策、法律、法规、规章、标准和其他有关应急预案编制的指南性文件与评审检查表，组织开展应急预案评审工作。同时应取得政府有关部门和应急机构的认可。

（2）应急预案发布

重大事故应急预案经评审后，应由最高行政负责人签署发布，并报送有关部门和应急机构备案。

应急预案编制完成后，应该通过有效实施确保其有效性。应急预案实施主要包括：应急预案宣传、教育和培训；应急资源的定期检查落实；应急演习和训练；应急预案的实践；应急预案的电子化；事故回顾等。

5. 应急预案备案

地方各级安全生产监督管理部门的应急预案，应当报同级人民政府和上一级安全生产监督管理部门备案。

中央管理的企业的综合应急预案和专项应急预案，报国务院国有资产监督管理部门、国务院安全生产监督管理部门和国务院有关主管部门备案；其所属单位的应急预案分别抄送所在地的省、自治区、直辖市或者设区的市人民政府安全生产监督管理部门和有关主管部门备案。

其他生产经营单位中涉及安全生产许可的，其综合应急预案和专项应急预案，按照隶属关系报所在县级以上地方人民政府安全生产监督管理部门和有关主管部门备案；未实行安全生产许可的，其综合应急预案和专项应急预案的备案，由省、自治区、直辖市人民政府安全生产监督管理部门确定。

6. 应急预案实施

各级安全生产监督管理部门、生产经营单位应当采取多种形式开展应急预案的宣传教育及培训活动，普及生产安全事故预防、避险、自救和互救知识，提高从业人员安全意识和应急处置技能。应急预案的要点和程序应当张贴在应急地点和应急指挥场所，并设有明显标志。

生产经营单位应当制定本单位的应急预案演练计划，根据本单位事故预防重点，每年至少组织一次综合或者专项应急预案演练，每半年至少组织一次现场处置方案演练。演练结束后，应当对演练效果进行评估，撰写评估报告，分析存在的问题，并提出修改意见。

生产经营单位制定的应急预案应当至少每三年修订一次，预案修订情况应有记录并归档，应当及时向有关部门或者单位报告应急预案的修订情况，应当按照应急预案要求配备相应的应急物资及装备，建立使用状况档案，定期检测和维护。

生产经营单位发生事故后，应当及时启动应急预案，组织有关力量进行救援，并按照规定将事故信息及应急预案启动情况报告安全生产监督管理部门和其他负有安全生产监督管理职责的部门。

（五）应急预案编写提纲

生产经营单位应当根据有关法律、法规和《生产经营单位安全生产事故应急预案编制导则》，结合本单位的危险源状况、危险性分析情况和可能发生的事故特点，制定相应的应急预案，编制时要确保与其他相关预案（地方政府、上级主管单位以及相关部门的预案）协调一致。生产经营规模小、危险因素少的生产经营单位，综合应急预案和专项应急预案可以合并编写。

1. 综合应急预案编写提纲

（1）总则

① 编制目的。简述应急预案编制的目的、作用等。

② 编制依据。简述应急预案编制所依据的法律法规、规章以及有关行业管理规定、技术规范和标准等。

③ 适用范围。说明应急预案适用的区域范围，以及事故的类型、级别。

④ 应急预案体系。说明本单位应急预案体系的构成情况。

⑤ 应急工作原则。说明本单位应急工作的原则，内容应简明扼要、明确具体。

（2）企业基本概况

主要包括单位地址、从业人数、隶属关系等内容，以及周边重大危险源、重要设施、目标、场所和周边布局情况。危险化学品运输单位的提纲还应包括运输车辆情况及主要的运输产品、运量、运地、行车路线等内容。

（3）危险目标及其危险性和对周围的影响

主要阐述本单位存在的危险源及其危险特性和对周边的影响。

（4）危险化学品事故应急救援机构、组成人员及职责划分

预案中必须对应急救援系统精心组织，分清责任，落实到人。应急救援系统主要由应急救援领导机构和应急救援专业队伍组成。

应急救援领导机构应负责企业应急救援指挥工作，小组成员应包括具备完成某项任务的能力、职责、权力及资源的部门负责人，还应包括具备或可以获取有关社会、储运系统、应急救援专业知识的技术人员。小组成员直接领导各下属应急救援专业部，并向总指挥负责，由总指挥统一协调部署各专业队的职能和工作。

应急救援专业队是事故发生后，接到命令即能火速赶往事故现场，执行应急救援行动中特定任务的专业队伍。根据需要，可划分为通信队、治安队、消防队、抢险抢修队、医

疗救护队、运输队、防化队、监测、物资供应站等。

（5）预防与预警

① 危险源监控。明确本单位对危险源监测监控的方式、方法以及采取的预防措施。

② 预警行动。明确事故预警的条件、方式、方法和信息的发布程序。

③ 信息报告与处置。按照有关规定，明确事故及未遂伤亡事故信息报告与处置办法。

a. 信息报告与通知。明确 24 小时应急值守电话、事故信息接收和通报程序。

b. 信息上报。明确事故发生后向上级主管部门和地方人民政府报告事故信息的流程、内容和时限。

c. 信息传递。明确事故发生后向有关部门或单位通报事故信息的方法和程序。例如：发生灾情后，现场人员应利用一切可能的通信手段立即向值班室、消防队报警，提供准确、简明的事故现场信息，并提供报警人的联系方式。企业发生危险化学品事故，很重要的是前期扑救工作，如进行紧急处理并组织人员疏散等措施。值班室或消防队接到报警后，应首先报告应急救援领导小组，报告内容包括：事故发生的时间和地点，事故类型（如火灾、爆炸、泄漏等），估计造成事故的物资量及后果。领导小组全面启动事故处理程序，通知各专业队火速赶赴现场，实施应急救援行动，然后向上级应急指挥部门报告，根据事故的级别判断是否需要启动区域性应急预案。

（6）应急响应

① 响应分级。针对事故危害程度、影响范围和单位控制事态的能力，将事故分为不同的等级。按照分级负责的原则，明确应急响应级别。

② 响应程序。根据事故的大小和发展态势，明确应急指挥、应急行动、资源调配、应急避险、扩大应急等响应程序。

③ 应急结束。明确应急终止的条件。事故现场得以控制，环境符合有关标准，导致次生、衍生事故隐患消除后，经事故现场应急指挥机构批准后，现场应急结束。应急结束后，应明确：

a. 事故情况上报事项；

b. 需向事故调查处理小组移交的相关事项；

c. 事故应急救援工作总结报告。

（7）信息发布

信息发布应明确事故信息发布的部门、发布原则。事故信息应由事故现场指挥部及时准确向新闻媒体通报事故信息。

（8）后期处置

主要包括污染物处理、事故后果影响消除、生产经营秩序恢复、善后赔偿、抢险过程和应急救援能力评估及应急预案的修订等内容。

（9）保障措施

包括通信与信息保障、应急队伍保障、应急物资装备保障、经费保障、交通运输保障、治安保障、技术保障、医疗保障、后勤保障等。

（10）培训与演练

包括对本单位人员开展的应急培训计划、方式和要求。如果预案涉及社区和居民，要做好宣传教育和告知等工作。明确应急演练的规模、方式、频次、范围、内容、组织、评估、总结等。

2. 专项应急预案编写提纲

针对本单位可能发生的危险化学品事故制定专项预案，这些专项预案针对可能发生的事故类型及现场情况，明确事故接警、各项应急措施启动、应急救援人员的引导、事故扩大及同企业应急预案衔接的程序。专项预案是在综合应急预案的基础上充分考虑了某特定事故的特点，具有较强的针对性，但要做好协调工作，避免在应急过程中出现混乱。

（1）事故类型和危害程度分析

在危险源评估的基础上，对其可能发生的事故类型和可能发生的季节及其严重程度进行确定。

（2）应急处置基本原则

明确处置安全生产事故应当遵循的基本原则。

（3）组织机构及职责

① 应急组织体系。明确应急组织形式、构成单位或人员，并尽可能以结构图的形式表示出来。

② 指挥机构及职责。根据事故类型，明确应急救援指挥机构总指挥、副总指挥以及各成员单位或人员的具体职责。应急救援指挥机构可以设置相应的应急救援工作小组，明确各小组的工作任务及主要负责人职责。

（4）预防与预警

① 危险源监控。明确本单位对危险源监测监控的方式、方法，以及采取的预防措施。

② 预警行动。明确具体事故预警的条件、方式、方法和信息的发布程序。

（5）信息报告程序

① 确定报警系统及程序；

② 确定现场报警方式，如电话、警报器等；

③ 确定 24 小时与相关部门的通讯、联络方式；

④ 相互确认的通告、报警形式和内容；

⑤ 明确应急反应人员向外求援的方式。

（6）应急处置

① 响应分级。针对事故危害程度、影响范围和单位控制事态的能力，将事故分为不同的等级。按照分级负责的原则，明确应急响应级别。

② 响应程序。根据事故的大小和发展态势，明确应急指挥、应急行动、资源调配、应急避险、扩大应急等响应程序。

③ 处置措施。针对本单位事故类别和可能发生的事故特点、危险性，制定应急处置措施（如危险化学品火灾、爆炸、中毒等事故应急处置措施）。

（7）应急物资与装备保障

明确应急处置所需的物质与装备数量、管理和维护、正确使用等。

3. 现场处置预案编写提纲

（1）需现场处置的事故的特征

现场处置主要包括：

① 危险性分析，可能发生的事故类型；

② 事故发生的区域、地点或装置的名称；

③ 事故可能发生的季节和造成的危害程度；

④ 事故前可能出现的征兆。

（2）应急组织与职责

① 基层单位应急自救组织形式及人员构成情况；

② 应急自救组织机构、人员的具体职责，应同单位或车间、班组人员工作职责紧密结合，明确相关岗位和人员的应急工作职责。

（3）应急处置

① 事故应急处置程序。根据可能发生的事故类别及现场情况，明确事故报警、各项应急措施启动、应急救护人员的引导、事故扩大及同企业应急预案衔接的程序。

② 现场应急处置措施。针对可能发生的火灾、爆炸、危险化学品泄漏、坍塌、水患、机动车辆伤害等，从操作措施、工艺流程、现场处置、事故控制，人员救护、消防、现场恢复等方面制定明确的应急处置措施。

③ 报警电话及上级管理部门、相关应急救援单位联络方式和联系人员，事故报告的基本要求和内容。

（4）注意事项

① 佩戴个人防护器具方面的注意事项；

② 使用抢险救援器材方面的注意事项；

③ 采取救援对策或措施方面的注意事项；

④ 现场自救和互救注意事项；

⑤ 现场应急处置能力确认和人员安全防护等事项；

⑥ 应急救援结束后的注意事项；

⑦ 其他需要特别警示的事项。

（5）危险化学品泄漏处置预案内容

① 防护。根据事故物质的毒性及划定的危险区域，确定相应的防护等级，并根据防护等级按标准配备相关的防护器具。

② 询情和侦检。

询问遇险人员情况，容器储量、泄漏时间、部位、形式、扩散范围、周边单位、居民、地形、电源、火源情况，消防设施、工艺措施、到场人员处置意见。

使用检测仪器测定泄漏物质、浓度、扩散范围。

确认设施、建筑物险情及可能引发爆炸燃烧的各种危险源，确认消防设施运行情况。

③ 现场急救。

在事故现场，化学品对人体可能造成的伤害为：中毒、窒息、冻伤、化学灼伤、烧伤等。进行急救时，不论患者还是救援人员都需要进行适当的防护。

a. 现场急救注意事项：选择有利地形设置急救点；防止发生继发性损害；应至少2~3人为一组集体行动，以便相互照应；所用救援器材需具备防爆功能。

b. 现场处理：对现场的受伤人员，按现场急救方法进行救治处理。

c. 使用特效药物治疗，对严重者送医院观察治疗。

④ 泄漏处理。

泄漏源控制。可能时，通过控制泄漏源来消除化学品的溢出或泄漏，通过关闭有关阀门、停止作业或通过改变工艺流程、物料走向等方法进行泄漏源的控制。

泄漏物处理。现场泄漏物要及时进行覆盖、收容、稀释、处理，使泄漏物得到安全可靠的处置，防止二次事故的发生。泄漏物主要有 4 种方法：

a. 围堤堵截。如果化学品为液体，泄漏到地面上时会四处蔓延扩散，难以收集处理。为此，需要筑堤堵截或者引流到安全地点，储罐区发生液体泄漏时，要及时关闭雨水阀，防止物料沿明沟外流。

b. 稀释与覆盖。为减少大气污染，通常是采用水枪或消防水带向有害物蒸汽云喷射雾状水，加速气体向高空扩散，使其在安全地带扩散。在使用这一技术时，将产生大量的被污染水，因此应疏通污水排放系统。对于可燃物，也可以在现场施放大量水蒸气或氮气，破坏燃烧条件。对于液体泄漏，为降低物料向大气中的蒸发速度，可用泡沫或其他覆盖物品覆盖外泄的物料，在其表面形成覆盖层，抑制其蒸发。

c. 收容（集）。对于大型泄漏，可选择用隔膜泵将泄漏出的物料抽入容器或槽车内；当泄漏量小时，可用沙子、吸附材料、中和材料等吸收中和。

d. 废弃。将收集的泄漏物运至废物处理场处置。用消防水冲洗剩下的少量物料，冲洗水排入含油污水系统处理。

泄漏处理注意事项：进入现场人员必须配备必要的个人防护器具；如果泄漏物是易燃易爆的，应严禁火种；应急处理时严禁单独行动，要有监护人，必要时用水枪、水炮掩护；化学品泄漏时，除受过特别训练的人员外，其他任何人不得试图清除泄漏物。

（6）火灾控制

危险化学品容易发生火灾、爆炸事故，但不同的化学品以及在不同情况下发生火灾，其扑救方法差异很大，若处置不当，不仅不能有效扑灭火灾，反而会使灾情进一步扩大。此外，由于化学品本身及其燃烧产物大多具有较强的毒害性和腐蚀性，极易造成人员中毒、灼伤。因此，化学品生产、使用、储存、运输的人员和消防救护人员平时应熟悉和掌握化学品的主要危险性及其相应的灭火措施，并定期进行防火演习，提高紧急事态时的应变能力。

一旦发生火灾，每个职工都应清楚知道他们的作用和职责，掌握有关消防设施、人员的疏散程序和危险化学品灭火的特殊要求等内容。

八、危险化学品事故应急演练

应急演练是指来自多个机构、组织或群体的人员针对假设事件，执行实际紧急事件发生时各自职责和任务的排练活动。

1. 应急演练方法

（1）桌面演练

基本任务是锻炼参演人员解决问题的能力，解决应急组织相互协作和职责划分的问题。桌面演练一般在会议室举行，由应急组织的代表或关键岗位人员参加，针对有限的应急响应和内部协调活动，按照应急预案及标准工作程序讨论紧急情况时应采取的行动。事后采取口头评论形式收集参演人员的建议，提交一份简短的书面报告，总结演练活动和提出有关改进应急响应工作的建议，为功能演练和全面演练做准备。

（2）功能演练

基本任务是针对应急响应功能，检验应急人员以及应急体系的策划和响应能力。功能演练一般在应急指挥中心或现场指挥部进行，并可同时开展现场演练，调用有限的应急设备。演练完成后，除采取口头评论形式外，还应向有关方面和部门提交有关演练活动的书面报告，对演习中反映出的问题提出改进建议。

(3) 全面演练

基本任务是对应急预案中全部或大部分应急响应功能进行检验，以评价应急组织应急运行的能力和相互协调能力。全面演练为现场演练，演练过程要求尽量真实，调用更多的应急人员和资源，进行实战性演练，可采取交互式进行，一般持续几个小时或更长时间。演练完成后，除采取口头评论外，应提交正式的书面报告。

应急预案演练前应建立演练领导小组或策划小组，制定详细的演练计划，经过充分的准备后才可实施。尤其是全面演练，过程复杂，牵涉到许多部门，事前更应经过周密地策划。演练过程一般可划分为演练准备、演练实施和演练总结三个阶段。

演练的参与人员包括：参演人员、控制人员、模拟人员、评价人员及观摩人员。

2. 应急演练的任务

应急演练过程可划分为演练准备、演练实施和演练总结三个阶段（如图 7-6 所示）。

应急演练是由多个组织共同参与的一系列行为和活动，所以按照应急演练的三个阶段，可将演练前后应予完成的内容和活动分解并整理成 20 项单独的基本任务。

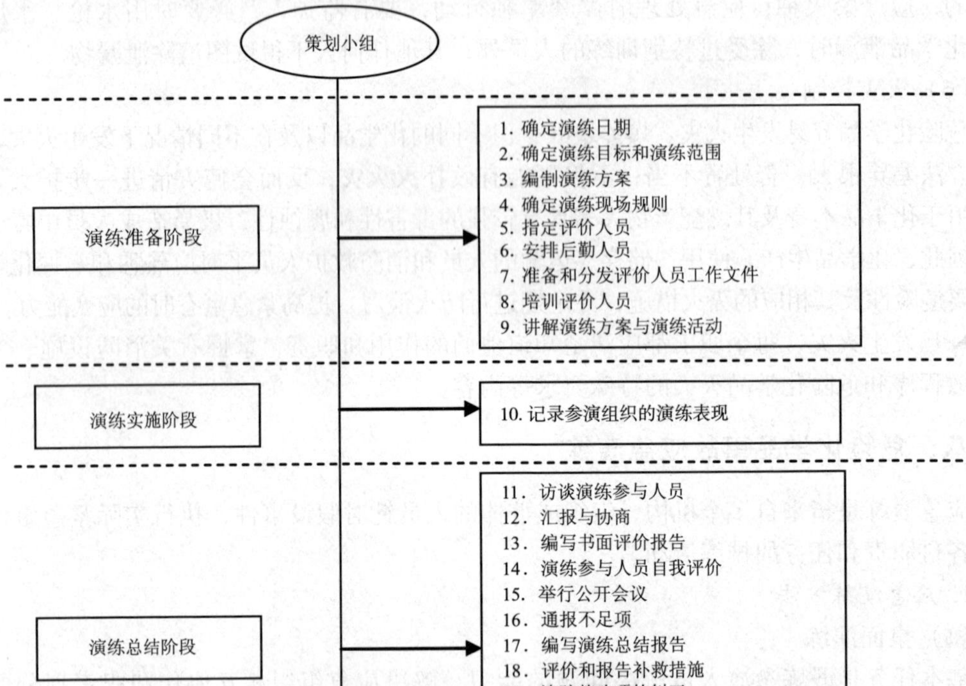

图 7-6　综合性应急演练实施的基本过程

九、危险化学品事故处置

（一）危险化学品应急处置的基本程序

1. 危险化学品应急处置的基本程序

（1）部署救援行动

救援人员接到灾情报警时，应尽量多询问一些有关灾害的详细情况，如危险化学品名称，泄漏还是火灾，灾害现场及周边情况，发生时间等。救援人员到达灾害现场后，不要盲目进入灾区，首先要了解灾害现场情况。根据了解的情况，调集救援力量，部署救援行动，立即依据事故情况确定救援预案，调集救援力量，配齐消防技术装备。

（2）现场侦察与检测

根据不同灾情，派出若干个侦察小组，对事故现场进行侦察，侦察小组一般由 2～3 人组成，配备必要的防护措施和检测仪器，侦察内容包括危险品的性质与浓度测定、受困人员情况、泄漏情况及周边环境等。

（3）设立警戒，紧急疏散

为防止不必要的损失，事故周边地区应确定警戒范围，在警戒区设置警戒标志，主要路口必须布置警戒人员，必要时实行交通管制。对于易燃气体、液体泄漏事故，如果火灾尚未发生，则必须消除警戒区内的火源。迅速将警戒区及污染区内与事故应急处理无关的人员撤离，选派有经验的指挥员和懂技术的工程技术人员，在指定位置（或巡回检查）密切注视灾害现场动态，发现异常及时通报，以便采取必要的措施处置。

（4）现场急救

对受伤害人员及时施救，避免化学品对人体可能造成伤害：中毒、窒息、冻伤、化学灼伤、烧伤等。

（5）安全防护

进入高浓度区域工作的救援人员应做好安全防护，如佩戴防护面具，穿戴专用防护服等。

（6）泄漏处置

（7）火灾（爆炸）处置

（8）洗消处理

洗消方法有物理洗消和化学洗消两种。物理洗消是通过冲洗、稀释、掩埋等方法；化学洗消是通过化学反应使有毒物质转化为无毒或低毒物质。洗消的对象包括染毒人员、装备、建筑和地面等。洗消尽可能在现场进行，防止扩大污染范围。

应急救援过程并非按部就班地按以上顺序进行，而是根据实际情况尽可能地同时进行。如危险化学品泄漏，在侦查与监测的同时甚至接警、报警时即应尽可能切断泄漏源等。

2. 危险化学品应急处置应坚持的原则

① 坚持先控制，后处置的原则，避免事故蔓延扩大。

② 坚持上风方向原则。

③ 坚持冷却稀释、防止爆炸与工艺配合相结合的原则。

④ 坚持以快制快的原则，力争将事故控制在较小的范围内。

⑤ 坚持利用现有装备、有限参与的原则，避免发生不必要的人员伤亡和中毒事故。

（二）火灾事故应急处置原则

不同种类的危险化学品或同一种类的危险化学品在不同情况下发生火灾时，其扑救方法是不同的，若处置不当，不仅不能有效地扑灭火灾，反而会使灾情进一步扩大。另外，由于危险化学品本身及其燃烧产物大多具有较强的毒害性和腐蚀性，极易造成人员中毒、灼伤。因此，必须精心组织，科学指挥，严密实施，确保万无一失。

1. 危险化学品火灾事故应急处置原则

（1）查明灾情

应迅速查明燃烧范围、燃烧物品及其周围物品的品名和主要危险特性、火势蔓延的主要途径，火灾事故区域的危险化学品及燃烧产物是否有毒。

（2）控制灾情

正确选择最适合的灭火剂和灭火方法安全地控制火灾。火势较大时，应先堵截火势蔓延，控制燃烧范围，然后逐步扑灭火势。

① 先控制，后消灭。针对危险化学品火灾的火势发展蔓延快和燃烧面积大的特点，积极采取准确判断，科学决策；统一指挥，协同作战；以快制快，速战速决；冷却降温，控制火势；筑堤堵截，阻击蔓延；消防装置灭火与工艺灭火相结合；隐蔽抵近，适时出击；集中兵力，围歼火灾；消灭残火，防止复燃等处置火灾事故的对策。

消防部队到场后，必须通过以下步骤进行冷却和灭火。

a. 加强冷却。首先，确定危险部位（即易发生物理爆炸的容器），加大对该处的冷却强度，切断火源对这些部位的辐射。为防止火灾危及相邻设施，需对周围设施及时冷却，并迅速疏散受火势威胁的物资。

b. 控制火势蔓延。在加强冷却的同时，必须对燃烧强度进行控制，先消灭外围火灾，如地面火灾、建筑火灾等。然后集中力量，控制主要火源。对于可燃气体或液体火灾，在不具备灭火的条件下，主要用水来控制和冷却，将灾害控制在一定范围内。

c. 围堤堵截。有些火灾可能造成易燃液体外流，这时可用沙袋或其他材料筑堤拦截流淌的液体或挖沟导流将物料导向安全地点。用毛毡、海草帘堵住下水井、阴井口等处，防止火焰蔓延。贮罐区发生液体流淌时，要及时关闭堤内和堤外雨水阀、切断阀，防止物料沿阴沟外溢。

d. 确定主攻方向，有效实施灭火。根据危险化学品泄漏的位置及火势情况，确定主攻方向，防止火势失去控制。

e. 隐蔽抵近，适时出击。化工火灾时，随时可能发生的爆炸，严重威胁到人员的生命安全。为保存自己，消灭火灾，扑救人员应占领有利位置，在密切注意火场的情况下，采取隐蔽抵近，适时出击的灭火对策。

f. 集中力量，围歼火灾。当灭火条件成熟时（如对于气体火灾，已经实施堵漏或可以堵漏时；对于液体火灾已具备足够的灭火剂时），应及时集中力量，围歼火灾。

② 进行火情侦察、火灾扑救、火场疏散人员应有针对性地采取自我防护措施，如佩戴防护面具，穿戴专用防护服等。

（3）紧急撤退

对有可能发生爆炸、爆裂、喷溅等特别危险需紧急撤退的情况，应按照统一的撤退信号和撤退方法及时撤退。撤退信号应格外醒目，保证现场所有人员都能看到或听到。

（4）灾后处理工作

火灾扑灭后，仍然要派人监护现场，消灭余火。对于可燃气体没有完全清除的火灾应在上、中、下不同层面保留火种，直到介质完全烧尽。火灾单位应当保护现场，接受事故调查，协助公安部门调查火灾原因，核定火灾损失，查明火灾责任，未经公安部门的同意，不得擅自清理火灾现场。

2. 易燃、可燃液体储罐初起火灾的扑救

易燃、可燃液体储罐发生火灾、爆炸，特别是罐区中某一罐发生着火、爆炸具有极大的危险性，一旦发生火情，应迅速向消防部门报警并向企业调度室报告，报警和报告中必须说明罐区的位置、着火罐的位号及储存物料情况，以便消防部门迅速赶赴火场进行扑救。

若着火罐还在进料，必须采取措施迅速切断物料。如无法关闭进料阀，可在消防水枪的掩护下进行强行关闭，或通知送料单位停止送料。

若火罐区有固定泡沫发生站，则应立即启动泡沫发生装置，利用泡沫灭火。

若着火罐为压力容器，应迅速打开喷淋设施，对事故容器和邻近储罐进行冷却保护，以防止超温、超压引起爆炸，条件许可时应打开紧急放空阀门进行安全泄压。

火场指挥员应根据具体情况，组织人员采取有效措施防止物料流散，避免火势扩大，并注意邻近储罐的保护以及减少人员伤亡和火势的扩大。

3. 仓库火灾的扑救

仓库内存放的物质可燃品居多，而危险品仓库内储存的各种危险化学品的危险性更大。因此仓库着火时，仓库管理人员应立即向消防部门及单位调度室报警。报警时说明起火仓库地点、库号、着火物质品种及数量。

仓库的初起火灾更需要仓库管理人员利用仓库的灭火器材及时扑救。仓库灭火不可盲目使用水枪喷射，应选用合适的灭火器材进行灭火。否则用水枪一冲，物质损失必然增多，特别是危险品仓库，水的作用甚至可能引起更为严重的后果。仓库管理人员应主动向消防指挥人员介绍情况，说明物品位置及相应的灭火器材，以免扩大火势，甚至引起爆炸。

为了防止火场秩序的混乱，应加强警戒，阻止无关人员入内，参加灭火的人员必须听从统一的指挥。

习题七

一、判断题

1. 任何单位和个人不得编造、传播有关突发事件事态发展或者应急处置工作的虚假信息。

2. 突发事件发生地的其他单位应当服从人民政府发布的决定、命令，配合人民政府采取的应急处置措施，做好本单位的应急救援工作，并积极组织人员参加本单位的应急救援和处置工作。

3. 突发事件发生地的公民应当服从人民政府、居民委员会、村民委员会或者所属单位的指挥和安排，配合人民政府采取的应急处置措施，积极参加应急救援工作，协助维护社会秩序。

4. 公民参加应急救援工作或者协助维护社会秩序期间，其在本单位的工资待遇和福利不变；表现突出、成绩显著的，由县级以上人民政府给予表彰或者奖励。

5. 受突发事件影响地区的生产经营单位应当根据本地区遭受损失的情况，制定救助、补偿、抚慰、抚恤、安置等善后工作计划并组织实施，妥善解决因处置突发事件引发的矛盾和纠纷。

6. 单位或者个人违反《中华人民共和国突发事件应对法》，不服从所在地人民政府及其有关部门发布的决定、命令或者不配合其依法采取的措施，构成违反治安管理行为的，由公安机关依法给予处罚。

7. 单位或者个人违反《中华人民共和国突发事件应对法》，导致突发事件发生或者危害扩大，给他人人身、财产造成损害的，不用承担任何责任。

8. 违反《中华人民共和国突发事件应对法》规定，构成犯罪的，依法追究民事责任。

9. 突发事件发生后，事故单位应当针对其性质、特点和危害程度，立即组织有关部门，调动应急救援队伍和社会力量，依照本章的规定和有关法律、法规、规章的规定采取应急处置措施。

10. 应急预案是针对可能发生的事故，为迅速、有序地开展应急行动而预先制定的管理规定。

11. 对本单位应急装备、应急队伍等应急能力进行评估，并结合本单位实际，加强应急能力建设，是编制应急预案的关键。

12. 生产规模小、危险因素少的生产经营单位，综合应急预案和专项应急预案可以合并编写。

13. 应急预案的管理遵循综合协调、分类管理、分级负责、属地为主的原则。

14. 应急预案的编制应当符合有关法律、法规、规章和标准的规定；结合本地区、本部门、本单位的安全生产实际情况。

15. 应急预案的编制应当本地区、本部门、本单位的危险性分析情况。

16. 应急预案的编制可以明确应急组织和人员的职责分工，并有具体的落实措施。

17. 应急预案的编制应该有明确、具体的事故预防措施和应急程序，并与其应急能力相适应。

18. 应急预案的编制可以应急准备代替应急保障措施，也能满足本地区、本部门、本单位的应急工作要求。

19. 应急预案中生产经营单位概况主要包括单位地址、从业人数、隶属关系、主要原材料、主要产品、产量等内容，以及周边重大危险源、重要设施、目标、场所和周边布局情况。必要时，可附平面图进行说明。

20. 信息上报就是明确事故发生后向上级主管单位报告事故信息的流程、内容和时限。

21. 应急物资装备保障必须明确应急救援需要使用的应急物资和装备的类型、数量、性能、存放位置、管理责任人及其联系方式等内容。

22. 后期处置主要包括污染物处理、事故后果影响消除、生产秩序恢复、善后赔偿、抢险过程和应急救援能力评估及应急预案的修订等内容。

23. 现场处置方案的应急组织与职责主要包括：基层单位应急自救组织形式及人员构成情况。

24. 现场处置方案的应急组织与职责主要包括应急自救组织机构、人员的具体职责，不应同单位或车间、班组人员工作职责紧密结合，明确相关岗位和人员的应急工作职责。

25. 现场应急处置措施。针对可能发生的火灾、爆炸、危险化学品泄漏、坍塌、水患、机动车辆伤害等，从操作措施、工艺流程、现场处置、事故控制，人员救护、消防、现场恢复等方面制定明确的应急处置措施。

26. 现场处置方案中附件的有关应急部门、机构或人员的联系方式应列出应急工作中需要联系的部门、机构或人员的多种联系方式，并不断进行更新。

27. 现场处置方案中重要物资装备的名录或清单应列出应急预案涉及的重要物资和装备名称、型号、存放地点等。

28. 生产经营单位风险种类多、可能发生多种事故类型的，可以不用编制本单位的综合应急预案。

29. 对于某一种类的风险，生产经营单位应当根据存在的重大危险源和可能发生的事故类型，制定相应的专项应急预案。

30. 专项应急预案应当包括危险性分析、预防措施、应急处置程序和应急保障等内容。

31. 对于危险性较大的重点设备、重点岗位和重点场所，生产经营单位应当制定重点工作岗位的现场处置方案。

32. 应急预案应当包括应急组织机构和人员的联系方式、应急物资储备清单等附件信息。附件信息应当经常更新，确保信息准确有效。

33. 除矿山、建筑施工单位和易燃易爆物品、危险化学品、放射性物品等危险物品的生产、经营、储存、使用单位和中型规模以上的其他生产经营单位外，其他生产经营单位应当对本单位编制的应急预案进行论证。

34. 参加应急预案评审人员与所评审预案的生产经营单位有利害关系的，可以参加。

35. 应急预案的评审或者论证应当注重应急预案的实用性、基本要素的完整性、预防措施的针对性、组织体系的科学性、响应程序的操作性、应急保障措施的可行性、应急预案的衔接性等内容。

36. 生产经营单位的应急预案由生产经营单位主要负责人签署公布后，再进行评审或者论证。

37. 对于实行安全生产许可的生产经营单位，未应急预案备案登记的，在申请安全生产许可证时，可以不提供相应的应急预案备案登记表，仅提供应急预案。

38. 各级安全生产监督管理部门应当将应急预案的培训纳入安全生产培训工作计划，并组织实施本行政区域内重点生产经营单位的应急预案培训工作。

39. 应急预案的要点和程序应当张贴在应急地点和应急指挥场所，并设有明显的标志。

40. 生产经营单位应当制定本单位的应急预案演练计划，根据本单位的事故预防重点，每半年至少组织一次综合应急预案演练或者专项应急预案演练。

41. 生产经营单位应当制定本单位的应急预案演练计划，根据本单位的事故预防重点，每半年至少组织一次现场处置方案演练。

42. 各级企业应当每年对应急预案的管理情况进行总结。应急预案管理工作总结应当报上一级安全生产监督管理部门。

43. 生产经营单位生产工艺和技术发生变化的应急预案不需要修订。

44. 周围环境发生变化，形成新的重大危险源的应当及时修订应急预案。

45. 依据的法律、法规、规章和标准发生变化的生产经营单位应急预案应当及时修订。

46. 应急组织指挥体系或者职责已经调整的生产经营单位应急预案可三年后修订。

47. 生产经营单位发生事故后，应当及时启动应急预案，组织有关力量进行救援，不必将事故信息及应急预案启动情况报告安全生产监督管理部门和其他负有安全生产监督管理职责的部门。

48. 对于在应急预案编制和管理工作中做出显著成绩的单位和人员，安全生产监督管理部门、生产经营单位可以给予表彰和奖励。

49. 生产经营单位未制定应急预案，导致事故救援不力或者造成严重后果的，由县级以上安全生产监督管理部门依照有关法律、法规和规章的规定，责令停产停业整顿，并依法给予行政处罚。

50. 生产经营单位未按照应急预案采取预防措施，导致事故救援不力或者造成严重后果的，由县级以上安全生产监督管理部门依照有关法律、法规和规章的规定，责令停产停业整顿，并依法给予行政处罚。

51. 应急演练是针对事故情景，依据应急预案而模拟开展的预警行动、事故报告、指挥协调、现场处置等活动。

52. 现场处置即根据事故情景，按照相关应急预案和现场指挥部要求对事故现场进行控制和处理。

53. 综合演练通常成立演练领导小组，下设策划组、执行组、保障组、评估组等专业工作组。根据演练规模大小，其组织机构可进行调整。

54. 针对应急演练活动可能发生的意外情况制定演练保障方案或应急预案，并进行演练，做到相关人员应知应会，熟练掌握。

55. 根据演练规模和观摩需要，可编制演练观摩手册。演练观摩手册通常包括应急演练时间、地点、情景描述、安全注意事项等。

56. 在综合应急演练前，演练组织单位或策划人员可按照演练方案或脚本组织桌面演练或合成预演，熟悉演练实施过程的各个环节。

57. 生产经营单位制定的应急预案应当至少每三年修订一次，预案修订情况应有记录并归档。

58. 上级单位应当指导、督促检查生产经营单位做好应急预案的备案登记工作，建立应急预案备案登记建档制度。

59. 演练实施过程中出现特殊或意外情况，演练总指挥可决定中止演练。

60. 演练实施过程中，安排行动人员采用文字、照片和音像等手段记录演练过程。

61. 演练书面总结报告不必对应急演练准备、策划等工作进行简要总结分析。

62. 参与演练单位不可对本单位的演练情况进行总结。

63. 单位要根据需要，没有必要引进、采用先进适用的应急救援技术装备。

64. 危险化学品应急救援队所在单位要加大投入，引进采用高效快速救援钻机、大型排水设备、大型清障支护设备、快速灭火、堵漏、洗消设备以及人员避险、搜寻、定位等装备，提高安全保障和应急救援能力。

65. 企业要充分利用国家对安全生产专用设备所得税优惠、安全生产费用税前扣除等财税支持政策。在年度预算中必须保证应急救援装备、设施和演练、宣传、培训、教育等投入，提高救护队员的工资福利及其他相关待遇。

66. 事故隐患分为一般事故隐患、较大事故隐患、重大事故隐患、特大事故隐患。

67. 生产经营单位应当建立健全事故隐患排查治理制度。

68. 生产经营单位主管安全工作的领导对本单位事故隐患排查治理工作全面负责。

69. 任何单位和个人发现事故隐患，均有权向安全监管监察部门和有关部门报告。

70. 安全监管监察和有关部门是事故隐患排查治理和防控的责任主体。

71. 生产经营单位对排查出的事故隐患，应当及时进行治理，但不必登记、建档。

72. 企业应负责制定现场应急预案，并且定期检验和评估现场应急预案和程序的有效程度，并适时进行修订。

73. 应急预案的目的是避免突发事件的发生，杜绝对工人、居民和环境的危害。

74. 应急预案应提出详尽、实用、明确、有效的技术和组织措施。

75. 政府主管部门必须派出经过培训的、考核合格的技术人员定期对重大危险源进行监察、调查、评估和咨询。

76. 危险化学品事故应急救援是指危险化学品由于各种原因造成或可能造成众多人员伤亡及其他社会危害时，为及时控制危险源，抢救受害人员，指导群众防护和组织撤离，清除危害后果而组织的救援活动。

77. 生产经营单位内部一旦发生危险化学品事故，单位负责人必须立即按照上级制定的应急预案组织救援。

78. 负有危险化学品安全监督管理职责的部门和环境保护、公安、卫生等有关部门，应当按照当地应急救援预案组织实施救援，尽可能不拖延、推诿。

79. 当发生危险化学品事故时，现场人员必须根据各自企业制定的事故预案采取积极有效的抑制措施，尽量减少事故蔓延，并向有关部门报告和报警。

80. 救援过程中，救援人员在做好自身防护的基础上，应快速实施救援，控制事故发展。

81. 应急救援人员在控制事故发展的同时，应将伤员救出危险区域和组织群众撤离、疏散，消除危险化学品事故的各种隐患。

82. 危险化学品事故应急救援预案是为了提高对突发事故的适应能力，根据实际情况预计未来可能发生的事故，事先制定的事故应急救援对策，它是为在事故中保护人员和设施的安全而制定的行动计划。

83. 编制应急救援预案的目的是确保不发生事故。

84. 生产经营单位根据实际情况，按事故的性质、类型、影响范围、严重后果分等级地制定相应的应急救援预案。

85. 为使应急救援预案更有针对性和能迅速应用，一般要制定不同类型的应急预案。

86. 一个单位的不同类型的应急救援预案要形成统一整体，救援力量要统一安排。

87. 事故应急救援预案应覆盖事故发生后应急救援各阶段的计划，既预案的启动、应急、救援、事后监测与处置等各个阶段。

88. 对已确定的重大危险源应在建筑设计、设备设计、环境设计采取有关的消防、安全措施。

89. 企业应对重大危险源采取便捷、有效的消防、治安报警措施和联络通信、记录措施。

90. 企业应对应急救援设备、设施建立健全各种规章制度和岗位操作规程。

91. 企业对应急设备、设施的管理方面应制定的主要制度包括：安全生产责任制度；安全生产教育培训制度；安全生产检查制度。

92. 应急救援指挥部由工会主席任总指挥；有关人员任副总指挥。

93. 应急救援组织机构应包括应急处置行动组、通信联络组、疏散引导组、安全防护救护组等。

94. 事故应急指挥领导小组负责本单位预案的制订、修订，组建应急救援队伍，检查督促做好重大危险源事故的预防措施和应急救援的各项准备工作。

95. 在应急救援过程中生产经营单位安全部门协助总指挥做好事故报警、情况通报及事故处置等工作。

96. 在应急救援过程中生产经营单位保卫部门负责灭火、警戒、治安保卫、疏散、事故现场通信联络和对外联系、道路管制等工作。

97. 在应急救援过程中生产经营单位物资供应部门负责抢险抢救物质的供应和保障等工作。

98. 企业应制订事故处置程序，一旦发生重大事故，做到临危不惧，指挥不乱。

99. 在应急救援过程中，有一名值班人员熟悉各种通信工具的报警方法、联络方式和信号就可以了。

100. 企业要加强对各种救援队伍的培训，保证人员能够熟悉事故发生后所采取的对应方法和步骤，做到应知应会。

101. 有效的工程抢修抢险应以控制事故，减少损失，以达到更加安全为目的。

102. 应急救援抢险人员应根据事先拟定的抢险方案，在做好个体防护的基础上，以最快的速度排除险情，要严格避免次生和衍生事故的发生。

103. 事故发生后，危险区域人员首先要做好自救互救，在医护人员到达时，要听从医护人员的指挥，采取切实可行的救助办法，以达到减少人员伤亡的目的。

104. 企业一旦发生重大危险源事故，本企业抢险抢救力量不足，不必请求社会力量援助。

105. 应急救援过程中社会援助队伍到达企业时，指挥部要派人员引导并告知安全注意事项。

106. 应急救援队伍接到报警后，应立即根据事故情况，调集救援力量，携带专用器材，分配救援任务，下达救援指令，迅速赶赴事故现场。

107. 应急救援过程中，向上级报告事故情况包括：事故发生的时间、地点，危险品种类、数量，事故性质，危险范围等。

108. 应急救援过程中，应急救援人员要在警戒区边界实施不间断的检测，以确保警戒区的有效性。

109. 应急救援过程中，应急救援人员应在事故地区的主要交通要道、路口设安全检查站，控制抢险救援的车辆通行。

110. 应急救援过程中，应急救援人员应加强对重要目标和地段的警戒和巡逻，防止人为破坏、制造事端。

111. 应急救援过程中，救援人员首先应熟悉地形，明确撤离方向；准备好进入危险区应携带的标志物、扩音器以及强光手电等必要器材。

112. 应急救援过程中，应急救援人员撤离前应及时指导危险区的群众做好个人防护。

113. 在应急救援过程中救援人员组织群众撤离危险区域时，可以横穿危险区域。

114.《中华人民共和国突发事件应对法》所称突发事件，是指突然发生，造成社会危害，需要采取应急措施的事件。

115. 国家建立统一领导、综合协调、分类管理、分级负责、属地管理为主的应急管理体制。

116. 有关人民政府及其部门为应对突发事件，可以征用单位和个人的财产。

117. 根据突发公共事件发生过程、性质和机理，突发公共事件主要分为三类。

118. 危险物品生产、经营、储运、使用单位，应当制定具体的应急预案，并对生产经营场所，有危险物品的建筑物及周边环境开展隐患排查，及时采取措施消除隐患，防止发生突发事件。

119. 可以预警的自然灾害、事故灾难和公共卫生事故预警级别，分为一级、二级、三级、四级，四级为最高级别。

120. 突发环境事件报告中初报是查清有关基本情况后随时上报。

121. 2005年7月19日，某地一化工有限公司所属分装厂，分装农药。由于没有严格的防护措施，几名临时招聘的女工在倒装农药时，先后发生头晕、恶心、呕吐等中毒症状，相继被送到医院。因抢救及时没有人员死亡。根据上述事实，请判断，因该公司招聘人员为临时工，所以不用为她们配备劳动保护用品。

122. 2005年7月19日，某地一化工有限公司所属分装厂，分装农药。由于没有严格的防护措施，几名临时招聘的女工在倒装农药时，先后发生头晕、恶心、呕吐等中毒症状，相继被送到医院。因抢救及时没有人员死亡。根据上述事实，请判断，因该公司招聘人员应当进行上岗前和在岗期间的职业卫生教育和培训，普及有关职业卫生知识。

123. 2006年4月19日，某树脂制品有限公司生产过程中大量使用有机溶剂甲苯，人工操作，没有通风设施。员工方某发生疑似急性甲苯中毒，4月20日经诊断为“轻度甲苯中毒”。经职业卫生监督人员现场检查发现，该公司未向卫生行政部门申报存在职业危害因素，未组织操作人员上岗前、在岗期间、离岗时的职业健康检查，未设立职业健康监护档案；无工作场所职业病危害因素监测及评价资料；未建立职业病防治管理制度和职业病危害事故应急救援预案；职业病危害因素岗位操作人员未佩戴有效的个人防护用品；未设立警示标志和中文警示说明。根据上述事实，请判断，订立劳动合同时，企业可以将工作过程中可能产生的部分职业病危害及其后果、职业病防护措施和待遇应如实告知劳动者。

124. 2006年4月19日，某树脂制品有限公司生产过程中大量使用有机溶剂甲苯，人工操作，没有通风设施。员工方某发生疑似急性甲苯中毒，4月20日经诊断为“轻度甲苯中毒”。经职业卫生监督人员现场检查发现，该公司未向卫生行政部门申报存在职业危害因素，未组织操作人员上岗前、在岗期间、离岗时的职业健康检查，未设立职业健康监护档案；无工作场所职业病危害因素监测及评价资料；未建立职业病防治管理制度和职业病危害事故应急救援预案；职业病危害因素岗位操作人员未佩戴有效的个人防护用品；未设立警示标志和中文警示说明。根据上述事实，请判断，该公司使用的有机溶剂甲苯不属于高毒物品，不需要向安全监察部门进行职业危害申报。

125. 2007年11月24日7时51分，某公司上海销售分公司租赁经营的浦三路油气加注站，在停业检修时发生液化石油气储罐爆炸事故，造成4人死亡、30人受伤，周围部分建筑物等受损，直接经济损失960万元。根据上述事实，请判断，该事故应上报至省、自治区、直辖市人民政府安全生产监督管理部门和负有安全生产监督管理职责的有关部门。

126. 2007年11月24日7时51分，某公司上海销售分公司租赁经营的浦三路油气加注站，在停业检修时发生液化石油气储罐爆炸事故，造成4人死亡、30人受伤，周围部分建筑物等受损，直接经济损失960万元。事故调查组认定：造成这次事故的直接原因是：液化石油气储罐卸料后没有用氮气置换清洗，储罐内仍残留液化石油气；在用压缩空气进行管道气密性试验时，没有将管道与液化石油气储罐用盲板隔断，致使压缩空气进入了液化石油气储罐，储罐内残留液化石油气与压缩空气混合，形成爆炸性混合气体；因违章电焊动火作业，引发试压系统发生化学爆炸，导致事故发生。根据上述事实，请判断，本起事故调查组成员由有关人民政府、安全生产监督管理部门、负有安全生产监督管理职责的有关部门、监察机关、公安机关以及工会派人组成，并应当邀请人民检察院派人参加，不可以聘请有关专家参与调查。

127. 2007年4月13日早8时许，某县某村公路旁的麦田里发现7桶不明化学物品。经过专家化验，该化学物品为“三氯化磷”，剧毒，易散发。被遗弃的7桶“三氯化磷”都已经过期。周围小麦被“烧”死，造成严重污染。根据上述事实，请判断，本事故违反《危险化学品安全管理条例》规定，危险化学品处置方案应当报所在地设区的市级人民政府负责危险化学品安全监督管理综合工作部门和同级环境保护部门、公安部门备案。

128. 某厂油污法兰损坏需维修。维修钳工甲将带有污油底阀的污油管线放入污油池内，当时污油池液面高度为500 cm，上面浮有30 cm的浮油。在液面上的100 cm处需对法兰进行更换，班长乙决定采用对接焊接方式。电焊工内去办理动火票，钳工甲见焊工丙办理动火手续迟迟没回，便开始焊接，结果发生油气爆炸，钳工甲掉入污油池死亡。根据上述事实，导致该起事故的直接原因是未在没有动火票的情况下进行焊接。

129. 某厂油污法兰损坏需维修。维修钳工甲将带有污油底阀的污油管线放入污油池内，当时污油池液面高度为 500 cm，上面浮有 30 cm 的浮油。在液面上的 101 cm 处需对法兰进行更换，班长乙决定采用对接焊接方式。电焊工内去办理动火票，钳工甲见焊工丙办理动火手续迟迟没回，便开始焊接，结果发生油气爆炸，钳工甲掉入污油池死亡。根据上述事实，电焊工不是特殊工种，不用按照国家有关规定经专门的安全作业培训，取得相应资格。

130. 某化工有限公司未经批准擅自利用某单位空房间设置危险化学品仓库，并大量储存包装不符合国家标准要求的连二亚硫酸钠（保险粉）和高锰酸钾等危险化学品。2006 年 5 月 10 日，由于下雨，房间漏雨进水，地面返潮，连二亚硫酸钠（保险粉）受潮，发生化学反应引起火灾。造成 7 000 多人疏散，103 人感到不适。根据上述事实，请判断，国家对危险化学品的生产、储存实行统筹规划、合理布局。

131. 某化工有限公司未经批准擅自利用某单位空房间设置危险化学品仓库，并大量储存包装不符合国家标准要求的连二亚硫酸钠（保险粉）和高锰酸钾等危险化学品。2006 年 5 月 10 日，由于下雨，房间漏雨进水，地面返潮，连二亚硫酸钠（保险粉）受潮，发生化学反应引起火灾。造成 7 000 多人疏散，103 人感到不适。根据上述事实，请判断，危险化学品包装的型式、规格、方法和单件质量（重量），应当与所包装的危险化学品的性质和用途相适应。

132. 某机械制造厂仪表车间车工班的李某、徐某、陈某和徒工小张、小孟及徐某的妻子饶某，聚集在一间约 18 m^2 的休息室内，用一个 5 kW 的电炉取暖。将门窗紧闭，墙角存放一个盛装 15 kg 汽油的玻璃瓶。玻璃瓶内压力，随着室温升高而加大，先后两次将瓶塞顶出，被徒工小孟先后两次用力塞紧。由于瓶内压力不断增大，把玻璃瓶胀开一道裂缝，汽油慢慢向外渗出，流向电炉。坐在电炉旁的陈某、饶某发现汽油渗出后，立刻用拖布擦拭汽油。在擦拭清理过程中，拖布上的汽油溅到电炉丝上，瞬间电炉就燃烧起来，火焰顺着油迹向汽油瓶烧去。屋内的几个人见势不妙都往门口跑，徐某用力把门打开，因屋内充满汽油蒸气，门一开，屋外充足的氧气使屋内刹那间火光冲天，汽油瓶爆炸。造成 3 人被烧死，其他人被烧伤，房屋和机床被烧毁，经济损失惨重。根据上述事实，该事故原因是严重违反休息室内不准存放易燃易爆危险化学品的规定，汽油瓶受热胀裂，遇火燃烧爆炸，发现危险后处理操作方法错误，缺乏有关汽油等危险物品的安全知识，遇险后不会正确处理。

133. 某建材商店地下涂料仓库内，存放大量不合格的“三无”产品聚氨酯涂料（涂料是苯系物）。地下仓库内虽有预留通风口，但通风差，无动力排风设施。某日，进入库房作业时 1 名工人昏倒在地，一同作业的另 2 名工人，在救助时也昏倒在地。经救援人员将中毒的 3 名工人送往医院，其中两人经抢救无效死亡。事后，又有 2 名在地下仓库作业的工人，发现有中毒症状，被送到医院住院治疗。根据上述事实，请判断本事故的直接原因是库存涂料是“三无”产品，含苯量严重超标，排毒通风差，大量有毒有害气体积聚，对作业人员造成危害。

134. 某市一公司利用存放干杂仓库改造成危险化学品仓库，库房之间防火间距不符合标准。并将过硫酸铵（氧化剂）与硫化碱（还原剂）在同一个库房混存。8月5日因包装破漏，过硫酸铵与硫化碱接触发生化学反应，起火燃烧，13点26分爆炸引起大火，1小时后离着火区很近的仓库内存放的低闪点易燃液体又发生第二次强烈爆炸，造成更大范围的破坏和火灾。至8月6日凌晨5时，扑灭了这场大火。这起事故造成15人死亡，200多人受伤，其中重伤25人，直接经济损失2.5亿元。根据上述事实，请判断，该公司仓库内过硫酸铵（氧化剂）与硫化碱（还原剂）混存，因包装破漏接触发生化学反应、起火、燃烧、爆炸，是这起事故的直接原因。

135. 某危险化学品经营公司，经营范围是一般危险化学品，《危险化学品经营许可证》于2006年10月30日到期，尚未申请换证。2007年4月5日，装卸工在仓库内搬运货物时，将一瓶甲苯二异氰酸酯（剧毒化学品）撞碎，导致多人中毒。根据上述情况，该公司应于《危险化学品经营许可证》到期1个月前，向发证机关提出经营许可证的延期申请，并提交相关文件、资料。

136. 某五金厂包装车间一名工人发生严重皮炎和肝损害，送往职业病防治院治疗，被诊断为职业性三氯乙烯剥脱性皮炎。该厂老板感到很委屈。因为，该厂清洗车间曾发生过多例三氯乙烯皮炎，后在当地卫生防疫站的指导下对通风系统进行改造，包装车间与清洗车间距离十几米远，怎么会发生三氯乙烯皮炎？经查五金构件出厂前要用一种代号为808的溶剂进行表面清洁，该代号产品没有技术说明书，不知道化学组成成分。经检验808溶剂含三氯乙烯达22%。另外包装车间使用中央空调，只送冷风，没有排风系统。根据上述事实，808溶剂生产单位，应当在808溶剂包装内附有化学品安全技术说明书。

137. 事发当天上午，该加油站站长陈某在未办理动火审批手续的情况下，带领2名临时雇来的无资格证的修理工，对装过90号汽油的一卧式罐扶梯进行焊补作业，在焊接过程中发生爆炸，陈某和1名焊工当场被炸死，另1人重伤。直接经济损失16万元。根据上述事实，请判断，在加油站动火，必须严格执行规章制度，办理必要的动火手续。

138. 小村和王伟是新分到化工厂的工人，小村是押运人员，王伟是驾驶员，没经过任何培训就安排上岗了。他们一起运送一批危险化学品去较远的B城市，车走到半路，小村想抽烟。王伟说："再忍耐一下，前边就是A市了，去那里准能买上。"于是王伟加快了车速，抄近道超速行驶，很快就到了A市。王伟把车停在一个较大的百货商店门口，小村进去买了一包烟，他们又上路了，路上又捎上一搭车人，他们抽着烟边开边聊。吃饭时间到了，可还没到B市，他们于是停车吃饭。饭后，两人一起出来，王伟问小村："你知道车上拉的是什么吗?"小村说："这容易，我马上就知道。"于是他拿起一瓶化学品，打开盖，闻了闻，说："盐酸。"王伟夸小村："你的鼻子还真厉害!"根据上述情况，请判断，王伟和小村没有上岗资格证，违反了《危险化学品安全管理条例》关于驾驶员及押运人员必须有掌握危险化学品运输的安全知识，并经考核取得上岗资格证，方可上岗作业的规定。

139. 小村和王伟是新分到化工厂的工人，小村是押运人员，王伟是驾驶员，没经过任何培训就安排上岗了。他们一起运送一批危险化学品去较远的B城市，车走到半路，小村想抽烟。王伟说："再忍耐一下，前边就是A市了，去那里准能买上。"于是王伟加快了车速，抄近道超速行驶，很快就到了A市。王伟把车停在一个较大的百货商店门口，小村进去买了一包烟，他们又上路了，路上又捎上一搭车人，他们抽着烟边开边聊。吃饭时间到了，可还没到 B 市，他们于是停车吃饭。饭后，两人一起出来，王伟问小村："你知道车上拉的是什么吗？"小村说："这容易，我马上就知道。"于是他拿起一瓶化学品，打开盖，闻了闻，说："盐酸。"王伟夸小村："你的鼻子还真厉害！"根据上述情况，请判断，王伟可否私自改变行车路线，运输危险化学品时车辆经过市区和人口密集的地方，停留在人口密集的百货商店和饭店门口中途停车。

二、填空题

140. 单位或者个人违反《中华人民共和国突发事件应对法》，导致突发事件发生或者危害扩大，给他人人身、财产造成损害的，应当依法承担__________。

141. 应急结束必须明确__________，事故现场得以控制，环境符合有关标准，导致次生、衍生事故隐患消除后，经事故现场应急指挥机构批准后，现场应急结束。

142. 应急预案中__________信息应由事故现场指挥部及时准确向新闻媒体通报。

143. __________指因危险性质、数量可能引起事故的危险化学品所在场所或设施。

三、单选题

144. 2005 年 6 月某职业病防治所接到报告，某电器公司员工杨某由于三氯乙烯中毒导致死亡。卫生监督人员现场检查发现该电器公司清洗工序设有一台超声波清洗机，使用三氯乙烯作为清洗剂。该公司已向安监部门申报存在三氯乙烯职业危害，清洗工序未设立警示标志和中文警示说明。该单位工人进公司时检查过肝功能，但没有进行在岗期间、离岗时的职业健康检查，公司没能提供工作场所职业病危害因素监测及评价资料，订立劳动合同时没有告知劳动者职业病危害真实情况，经检测清洗房中的三氯乙烯浓度最高为 243 mg/m^3。根据上述事实，三氯乙烯可能导致的职业病有（　）。

A. 肝血管瘤　　　　B. 职业性哮喘　　　　C. 白血病

145. 2005 年 6 月某职业病防治所接到报告，某电器公司员工杨某由于三氯乙烯中毒导致死亡。卫生监督人员现场检查发现该电器公司清洗工序设有一台超声波清洗机，使用三氯乙烯作为清洗剂。该公司已向卫生部门申报存在三氯乙烯职业危害，清洗工序未设立警示标志和中文警示说明。该单位工人进公司时检查过肝功能，但没有进行在岗期间、离岗时的职业健康检查，公司没能提供工作场所职业病危害因素监测及评价资料，订立劳动合同时没有告知劳动者职业病危害真实情况，经检测清洗房中的三氯乙烯浓度最高为 243 mg/m^3。根据以上描述，对从事接触职业病危害的作业的劳动者，用人单位应当按照国务院安全生产监督管理部门、卫生行政部门的规定组织上岗前、在岗期间和离岗时的职业健康检查，并将检查结果（　）告知劳动者。

A. 书面　　　　B. 电话　　　　C. 书面或电话均可

146. 2007 年 5 月 22 日，某大学学生常某为报复同宿舍的同学，以非法手段从经营剧毒品的朋友处获取了 250 g 剧毒物质硝酸铊。5 月 29 日下午 4 时许，常某用注射器分别向受害人牛某、李某、石某的茶杯中注入硝酸铊，导致 3 名学生铊中毒。根据以上情况，（　）向个人销售剧毒化学品（属于剧毒化学品的农药除外）和易制爆危险化学品。

A. 可以　　　　B. 视情况而定　　　　C. 禁止

147. 2007 年 5 月 22 日，某大学学生常某为报复同宿舍的同学，以非法手段从经营剧毒品的朋友处获取了 250 g 剧毒物质硝酸铊。5 月 29 日下午 4 时许，常某用注射器分别向受害人牛某、李某、石某的茶杯中注入硝酸铊，导致3名学生铊中毒。根据以上情况，剧毒化学品的销售企业应当在销售后（　）日内，将所销售的剧毒化学品的品种、数量以及流向信息报所在地县级人民政府公安机关备案，并输入计算机系统。

A. 3　　B. 5　　C. 10

148. 2007年5月22日，某大学学生常某为报复同宿舍的同学，以非法手段从经营剧毒品的朋友处获取了250 g剧毒物质硝酸铊。5月29日下午4时许，常某用注射器分别向受害人牛某、李某、石某的茶杯中注入硝酸铊，导致3名学生铊中毒。根据以上情况，铊中毒属于（　）。

A. 物理因素所致职业病　　B. 其他职业病　　C. 职业中毒

149. 某车库发生了严重的火灾，事后经调查得知，该车库平时用于堆放油料和纸箱之类的杂物，存放大约有2 t左右的汽油、柴油等油品，当晚20时左右，车库老板在库内把车库反锁后，在开车库灯的时候发生爆炸，车库门被炸开，里面火光冲天，大火使整个车库几乎化为废墟。根据上述情况，化学危险品必须贮存在经（　）部门批准设置的专门的化学危险品仓库中，经销部门自管仓库贮存化学危险品及贮存数量必须经公安部门批准。

A. 公安　　B. 环保　　C. 质检

150. 某地一化工建材公司主要经营丙烯酸、稀释剂、二甲苯、铁红等化工原料。2006年6月19日，店内储存的二甲苯溶剂泄漏，形成的爆炸混合气体与员工取暖使用煤炉处的明火接触，发生爆燃引发火灾。过火面积60 m^2。根据上述情况，该单位的（　）是本单位的消防安全责任人。

A. 主要负责人　　B. 负责人　　C. 安全管理人员

151. 某地一化工建材公司主要经营丙烯酸、稀释剂、二甲苯、铁红等化工原料。2006年6月19日，店内储存的二甲苯溶剂泄漏，形成的爆炸混合气体与员工取暖使用煤炉处的明火接触，发生爆燃引发火灾。过火面积60 m^2。根据上述情况，该企业对建筑消防设施每（　）至少进行一次全面检测，确保完好有效，检测记录应当完整准确，存档备查。

A. 半年　　B. 一年　　C. 两年

152. 某化学品经营企业从化工厂购进一批（10 t）氢氧化钠（固碱），个别包装存在破损泄漏情况，将其存放在一座年久失修的不符合储存条件的库房中。一天晚上，大雨倾盆而下库房进水，将部分氢氧化钠泡在水中，致使氢氧化钠渗入水中并顺水流入附近河流。仓库保管员发现后，及时报告了单位主管领导，主管领导立即进行了应急处理，嘱咐手下人员不得向外界泄漏任何消息。根据上述情况，依据《危险化学品经营企业开业条件和技术要求》，分析危险化学品仓库按其使用性质和经营规模分为（　）种类型。

A. 二　　B. 三　　C. 四

153. 某化学品经营企业从化工厂购进一批（10 t）氢氧化钠（固碱），个别包装存在破损泄漏情况，将其存放在一座年久失修的不符合储存条件的库房中。一天晚上，大雨倾盆而下库房进水，将部分氢氧化钠泡在水中，致使氢氧化钠渗入水中并顺水流入附近河流。仓库保管员发现后，及时报告了单位主管领导，主管领导立即进行了应急处理，嘱咐手下人员不得向外界泄漏任何消息。根据上述情况，请指出以下（　）方面符合危险化学品安全管理要求。

A. 危险化学品必须储存经审查批准的危险品仓库中，未经批准不得随意设置危险化学品储存仓库

B. 氢氧化钠的包装不够严密，存在泄漏，造成水侵入，不符合危险货物包装的有关要求

C. 单位主管领导接到报告后立即进行了应急处理

154. 某机械制造厂仪表车间车工班的李某、徐某、陈某和徒工小张、小孟及徐某的妻子饶某，聚集在一间约 18 m^2 的休息室内，用一个 5 kW 的电炉取暖。将门窗紧闭，墙角存放一个盛装 15 kg 汽油的玻璃瓶。玻璃瓶内压力，随着室温升高而加大，先后两次将瓶塞顶出，被徒工小孟先后两次用力塞紧。由于瓶内压力不断增大，把玻璃瓶胀开一道裂缝，汽油慢慢向外渗出，流向电炉。坐在电炉旁的陈某、饶某发现汽油渗出后，立刻用拖布擦拭汽油。在擦拭清理过程中，拖布上的汽油溅到电炉丝上，瞬间电炉就燃烧起来，火焰顺着油迹向汽油瓶烧去。屋内的几个人见势不妙都往门口跑，徐某用力把门打开，因屋内充满汽油蒸气，门一开，屋外充足的氧气使屋内刹那间火光冲天，汽油瓶爆炸。造成 3 人被烧死，其他人被烧伤，房屋和机床被烧毁，经济损失惨重。根据上述事实，引发该事故的着火源是（ ）。

A. 电火花　　B. 静电　　C. 明火

155. 某加油站汽油加油机的吸管止回阀发生故障，加油员张某请来农机站修理工进行修理，修理完毕后修理工离开，张某与另一闲杂人员周某滞留在罐室。因张某打火机掉落地上，周某拣起打火机后，随手打火，检修中溢出的汽油气体遇火引起爆燃。造成 2 人死亡。根据上述情况，检修中溢出的汽油气体发生爆燃，必须达到（ ）。

A. 爆炸上限　　B. 爆炸极限　　C. 浓度

156. 某建材商店地下涂料仓库内，存放大量不合格的“三无”产品聚氨酯涂料（涂料是苯系物）。地下仓库内虽有预留通风口，但通风差，无动力排风设施。某日，进入库房作业时 1 名工人昏倒在地，一同作业的另 2 名工人，在救助时也昏倒在地。经救援人员将中毒的 3 名工人送往医院，其中两人经抢救无效死亡。事后，又有 2 名在地下仓库作业的工人，发现有中毒症状，被送到医院住院治疗。根据上述事实，该涂料仓库内存放的“三无”产品聚氨酯涂料挥发出的苯蒸气的毒性属于（ ）。

A. 低毒　　B. 中毒　　C. 高毒

157. 某煤气公司液化石油气储罐区发生液化石油气泄漏燃爆事故。事发当天 16 时 38 分，接班巡线职工检查发现，白茫茫的雾状液化气带着呼啸声从罐区容积 400 m^3 的 11 号球罐底部喷出。虽经单位职工及当地消防队员奋力抢险，最终还是在 18 时 50 分发生第一次爆炸，造成参加现场抢险人员中的 12 人当场死亡，31 人受伤。19 时 25 分，11 号球罐再次发生爆炸，20 时，12 号球罐也发生爆炸，引发邻近 3 台 100 m^3 卧罐安全阀排放、着火燃烧。此次燃爆事故烧毁 400 m^3 球罐 2 台，100 m^3 卧罐 4 台，燃损槽车 7 辆，炸毁配电室、水泵房等建筑物，直接经济损失 477 万元。根据上述情况，依据《生产安全事故报告和调查处理条例》本事故属于（ ）事故。

A. 特别重大　　B. 重大　　C. 较大

158. 某煤气公司液化石油气储罐区发生液化石油气泄漏燃爆事故。事发当天 16 时 38

分，接班巡线职工检查发现，白茫茫的雾状液化气带着呼啸声从罐区容积 400 m^3 的 11 号球罐底部喷出。虽经单位职工及当地消防队员奋力抢险，最终还是在 18 时 50 分发生第一次爆炸，造成参加现场抢险人员中的 12 人当场死亡，31 人受伤。19 时 25 分，11 号球罐再次发生爆炸，20 时，12 号球罐也发生爆炸，引发邻近 3 台 100 m^3 卧罐安全阀排放、着火燃烧。此次燃爆事故烧毁 400 m^3 球罐 2 台，100 m^3 卧罐 4 台，燃损槽车 7 辆，炸毁配电室、水泵房等建筑物，直接经济损失 477 万元。根据上述情况，分析不属于该事故防范措施的是（ ）。

A. 液化石油气储气站应加强日常安全检查和安全管理

B. 不定期更换法兰密封垫片并检查紧固螺栓，防止阀门泄漏

C. 制定事故应急处理预案并组织有关人员演练

159. 某肉联厂一辆农用车内装 2 只容积各为 400 L 的空液氨钢瓶，到某化肥厂购买液氨。为了能多装点，便找熟人打通关系得到"关照"，上午 10 时充装结束。下午 3 时 10 分，在返回途中一只钢瓶突然爆炸，冲击波将汽车挡板冲坏，驾驶室冲扁，玻璃全部震碎，司机罗某和乘车人杨某被冻灼伤并中毒。下午 5 时左右，在清理现场时，第 2 只钢瓶又突然爆炸，造成 2 人中毒受伤，从钢瓶喷出的大量液氨迅速挥发成气氨向周围扩散，致使 100 m 外下风头的 2 名过路群众中毒倒地。这起事故造成 1 人重伤，5 人轻伤，直接经济损失 2 万余元。根据上述情况，（ ）对气瓶的安全全面负责。

A. 气瓶消费者　　B. 气瓶充装单位　　C. 安全监察部门

160. 某市一公司利用存放干杂仓库改造成危险化学品仓库，库房之间防火间距不符合标准。并将过硫酸铵（氧化剂）与硫化碱（还原剂）在同一个库房混存。8 月 5 日因包装破漏，过硫酸铵与硫化碱接触发生化学反应，起火燃烧，13 时 26 分爆炸引起大火，1 小时后离着火区很近的仓库内存放的低闪点易燃液体又发生第二次强烈爆炸，造成更大范围的破坏和火灾。至 8 月 6 日凌晨 5 时，扑灭了这场大火。这起事故造成 15 人死亡，200 多人受伤，其中重伤 25 人，直接经济损失 2.5 亿元。根据上述情况，低闪点易燃液体是指闪点（ ）。

A. <-18 ℃　　B. $-18\sim23$ ℃　　C. $23\sim61$ ℃

161. 某危险化学品经营公司，经营范围是一般危险化学品，《危险化学品经营许可证》于 2006 年 10 月 30 日到期，尚未申请换证。2007 年 4 月 5 日，装卸工在仓库内搬运货物时，将一瓶甲苯二异氰酸酯（剧毒化学品）撞碎，导致多人中毒。根据上述事实，该公司存在的违规之处不包括（ ）。

A. 未按期换证

B. 私自扩大经营范围，经营剧毒化学品

C. 将一般危险化学品和剧毒化学品不在同一仓库存放

162. 某市一公司利用存放干杂仓库改造成危险化学品仓库，库房之间防火间距不符合标准。并将过硫酸铵（氧化剂）与硫化碱（还原剂）在同一个库房混存。8 月 5 日因包装破漏，过硫酸铵与硫化碱接触发生化学反应，起火燃烧，13 时 26 分爆炸引起大火，1 小时后离着火区很近的仓库内存放的低闪点易燃液体又发生第二次强烈爆炸，造成更大范围的破坏和火灾。至 8 月 6 日凌晨 5 时，扑灭了这场大火。这起事故造成 15 人死亡，200 多人受伤，其中重伤 25 人，直接经济损失 2.5 亿元。根据上述情况，该仓库贮存过硫酸

铵与硫化碱的方式是（ ）。

A. 分区　　B. 分类　　C. 分库

163. 某五金厂包装车间一名工人发生严重皮炎和肝损害，送往职业病防治院治疗，被诊断为职业性三氯乙烯剥脱性皮炎。该厂老板感到很委屈。因为，该厂清洗车间曾发生过多例三氯乙烯皮炎，后在当地卫生防疫站的指导下对通风系统进行改造，包装车间与清洗车间距离十几米远，怎么会发生三氯乙烯皮炎？经查五金构件出厂前要用一种代号为808的溶剂进行表面清洁，该代号产品没有技术说明书，不知道化学组成成分。经检验808溶剂含三氯乙烯达22%。另外包装车间使用中央空调，只送冷风，没有排风系统。根据上述事实，该厂不符合《工作场所化学有害因素职业接触限值》法规的有（ ）。

A. 对清洗车间的通风系统进行改造

B. 为职工配备防护用品

C. 中央空调没有排风系统

164. 易燃易爆物品、危险化学品、放射性物品等危险物品的生产、经营、储运、使用单位，应当制定具体应急（ ），并对生产经营场所、有危险物品的建筑物、构筑物及周边环境开展隐患排查，及时采取措施消除隐患，防止发生突发事件。

A. 原则　　B. 预案　　C. 体系

165. 危险化学品单位应当将其危险化学品事故应急预案报所在地设区的市级人民政府安全生产监督管理部门（ ）。

A. 评审　　B. 备案　　C. 发布

166. 应急准备是针对可能发生的事故，为迅速、有序地开展应急行动而预先进行的组织准备和应急（ ）。

A. 物资　　B. 装备　　C. 保障

167. 结合本单位部门职能分工，成立以单位（ ）为领导的应急预案编制工作组，明确编制任务、职责分工，制定工作计划。

A. 党政一把手　　B. 主要负责人　　C. 生产部门领导

168.（ ）是指事故发生后有关组织或人员采取的应急行动。

A. 应急准备　　B. 应急救援　　C. 应急响应

169.（ ）是针对具体的装置、场所或设施所制定的应急处置措施。

A. 综合应急预案　　B. 专项应急预案　　C. 现场处置方案

170. 应急预案编制依据就是简述应急预案编制所依据的法律法规、规章，以及有关行业管理规定、（ ）等。

A. 国家标准

B. 地方标准

C. 有关行业管理规定、技术规范和标准

171.（ ）建立健全应急物资储备保障制度，完善重要应急物资的监管、生产、储备、调拨和紧急配送体系。

A. 国家　　B. 社会　　C. 企业

172. 应急预案封面主要包括应急预案编号、应急预案版本号、生产经营单位名称、应急预案名称、编制单位名称、（ ）日期等内容。

A. 修订　　　　　　B. 实施　　　　　　C. 颁布

173. 综合应急预案应当包括本单位的应急组织机构及其职责、预案体系及响应程序、(　)、应急培训及预案演练等主要内容。

A. 事故预防及应急保障　　　　B. 编制依据和目的　　　　C. 应急预案管理

174. 现场处置方案应当包括危险性分析、可能发生的事故特征、应急处置程序、应急处置要点和（　）等内容。

A. 附件　　　　　　B. 注意事项　　　　　　C. 应急保障

175. 生产经营单位因兼并、重组、转制等导致隶属关系、经营方式、法定代表人发生变化的应急预案应当（　）修订。

A. 不　　　　　　B. 三年后　　　　　　C. 及时

176. 生产经营单位应当及时向有关部门或者单位报告应急预案的（　），并按照有关应急预案报备程序重新备案。

A. 备案时间　　　　　　B. 修订情况　　　　　　C. 演练情况

177. 生产经营单位应当按照应急预案的（　）应急物资及装备，建立使用状况档案，定期检测和维护，使其处于良好状态。

A. 要求配备相应的　　　　　　B. 现有　　　　　　C. 备齐

178.《生产安全事故应急演练指南》（AQ/T 9007—2011）规定了生产安全事故应急演练（以下简称应急演练）的目的、原则、类型、内容和（　）。

A. 综合应急演练的组织

B. 综合应急演练的组织与实施

C. 专项应急演练的组织与实施

179.（　）演练是针对应急预案中多项或全部应急响应功能开展的演练活动。

A. 综合　　　　　　B. 单项　　　　　　C. 现场

180.（　）演练是针对应急预案中某项应急响应功能开展的演练活动。

A. 综合　　　　　　B. 单项　　　　　　C. 现场

181.（　）应当采取多种形式开展应急预案的宣传教育，普及生产安全事故预防、避险、自救和互救知识，提高从业人员安全意识和应急处置技能。

A. 生产经营单位　　　　B. 各级安全生产监督管理部门　　　　C. 事业单位

182. 生产经营单位应当组织开展本单位的应急预案（　），使有关人员了解应急预案内容，熟悉应急职责、应急程序和岗位应急处置方案。

A. 培训活动　　　　　　B. 编制　　　　　　C. 演练

183. 根据事故情景，向相关部门或人员发出预警信息，并向有关部门和人员报告事故情况。这在应急演练内容中属于（　）。

A. 应急准备　　　　　　B. 应急响应　　　　　　C. 预警与报告

184. 警戒与管制就是根据事故情景，建立应急处置现场（　）区域，实行交通管制，维护现场秩序

A. 管制　　　　　　B. 警戒　　　　　　C. 戒严

185. 根据《生产安全事故应急预案管理办法》，生产经营单位风险种类多、可能发生多种事故类型的，应当组织编制本单位的（　）。

A. 综合应急预案　　B. 专项应急预案　　C. 现场处置方案

186. （　）就是根据事故情景，召开新闻发布会或事故情况通报会，通报事故有关情况。

A. 新闻发布　　B. 社会沟通　　C. 信息发布

187. 根据事故情景，应急处置结束后，所开展的事故损失评估、事故原因调查、事故现场清理和相关善后工作就是（　）。

A. 事后评估　　B. 事故清理　　C. 后期处置

188. 演练工作经费保障，根据演练工作需要，明确演练工作经费及（　）。

A. 后续经费　　B. 承担单位　　C. 经费计划

189. 除所有大中型危险化学品企业外，不具备建立专职救援队条件的其他危险化学品企业，必须建立（　）救援队。

A. 专业应急　　B. 兼职　　C. 志愿

190. （　）即根据演练工作需要，采取必要安全防护措施，确保参演、观摩等人员以及生产运行系统安全。

A. 演练工作安全保障　　B. 安全防护措施　　C. 系统安全

191. 演练工作通信保障就是根据演练工作需要，采用（　），保证演练通信信息通畅。

A. 电信系统　　B. 多种公用或专用通信系统　　C. 计算机系统

192. 在综合应急演练前，通过安全（　），确认演练所需的工具、设备、设施、技术资料以及参演人员到位。

A. 会议　　B. 检查　　C. 评审

193. 应急演练（　）下达演练开始指令后，参演单位和人员按照设定的事故情景，实施相应的应急响应行动，直至完成全部演练工作。

A. 总指挥　　B. 总导演　　C. 安全总监

194. 演练（　）根据演练事故情景设计以及具体分工，在演练现场实施过程中展开演练评估工作，记录演练中发现的问题或不足，收集演练评估需要的各种信息和资料。

A. 模拟人员　　B. 评估人员　　C. 观摩人员

195. 演练总指挥宣布演练结束后，参演人员按（　）集中进行现场讲评或者有序疏散。

A. 预定方案　　B. 既定方针　　C. 领导指令

196. 现场点评是在应急演练（　），在演练现场，评估人员或评估组负责人对演练中发现的问题、不足及取得的成效进行口头点评。

A. 前　　B. 过程中　　C. 结束后

197. 评估人员针对演练中观察、记录以及收集的各种信息资料，依据评估标准对应急演练活动全过程进行科学分析和客观评价，并撰写（　）。

A. 演练评估方案　　B. 书面评估报告　　C. 演练总结

198. 评估报告重点对演练活动的组织和实施、演练目标的实现、参演人员的表现以及（　）进行评估。

A. 演练中暴露的问题　　B. 好人好事　　C. 成功和欠缺之处

199．演练结束后，由演练组织单位根据演练记录、演练评估报告、应急预案、现场总结等材料，对演练进行全面总结，并形成（　）。

A．现场总结报告　　B．演练书面总结报告　　C．对应急预案的修改建议

200．对主管部门要求备案的应急演练资料，演练（　）应将相关资料报主管部门备案。

A．组织部门（单位）　　B．参演单位　　C．评估人员

201．根据演练评估报告中对应急预案的改进建议，由（　）按程序对预案进行修订完善。

A．应急预案执行部门　　B．应急预案编制部门　　C．演练组织单位

202．应急演练结束后，组织应急演练的部门（单位）应根据应急演练评估报告、总结报告提出的问题和建议对应急管理工作（包括应急演练工作）进行（　）。

A．评估　　B．总结　　C．持续改进

203．所有大中型危险化学品企业都要依法按照相关标准建立（　）救援队。

A．专业应急　　B．兼职　　C．志愿

204．没有建立专职应急救援队的危险化学品企业必须与邻近的具备相应能力的专业救援队签订应急（　）。

A．合同　　B．意向书　　C．救援协议

205．对于某一种类的风险，生产经营单位应当根据存在的（　）和可能发生的事故类型，制定相应的专项应急预案。

A．重大危险源　　B．一般危险源　　C．危险目标

206．（　）应当包括危险性分析、可能发生的事故特征、应急组织机构与职责、预防措施、应急处置程序和应急保障等内容。

A．综合应急预案　　B．专项应急预案　　C．现场处置方案

207．企业要建立重大危险源管理制度，明确操作规程和应急处置措施，实施（　）。

A．不间断的监控　　B．全面管理　　C．不间断检测

208．企业要按照国家有关规定实行重大危险源和重大隐患及有关应急措施备案制度，每（　）至少要进行一次全面的安全生产风险分析。

A．年　　B．季度　　C．月

209．企业要加强重点岗位和重点部位监控，发现事故征兆要立即发布（　），采取有效防范和处置措施，防止事故发生和事故损失扩大。

A．启动预案信息　　B．预警信息　　C．新闻信息

210．企业要积极探索与当地政府相关部门和周边企业建立（　），切实提高协同应对事故灾难的能力。

A．应急联动机制　　B．合作机制　　C．沟通机制

211．（　）应当包括危险性分析、可能发生的事故特征、应急处置程序、应急处置要点和注意事项等内容。

A．综合应急预案　　B．专项应急预案　　C．现场处置方案

212．企业应急处置程序和现场处置方案要实行（　）。

A．精细化管理　　B．牌板化管理　　C．衔接化管理

213. 企业应急预案的编制要做到（　），使预案的制定过程成为隐患排查治理的过程和全员应急知识培训教育的过程。

A. 专家参与　　　　　B. 领导参与　　　　　C. 全员参与

214. 企业要加强（　），适时修订完善应急预案，组织专家进行评审或论证，按照有关规定将应急预案报当地政府和有关部门备案，并与当地政府和有关部门应急预案相互衔接。

A. 应急预案管理　　　B. 应急预案演练　　　C. 应急预案宣贯

215. 企业要建立应急（　）制度，每年都要结合本企业特点至少组织一次综合应急演练或专项应急演练；高危行业企业每半年至少组织一次综合或专项应急演练；车间（工段）、班组的应急演练要经常化。演练结束后要及时总结评估，针对发现的问题及时修订预案、完善应急措施。

A. 演练　　　　　　B. 监控　　　　　　C. 预案

216. 矿山、建筑施工单位和易燃易爆物品、危险化学品、放射性物品等危险物品的生产、经营、储存、使用单位和（　）以上的其他生产经营单位，应当组织专家对本单位编制的应急预案进行评审。

A. 中型规模　　　　B. 小型企业　　　　C. 微型企业

217. 企业要充分利用和整合调度指挥、监测监控、办公自动化系统等现有信息系统建立应急（　）。

A. 平台　　　　　　B. 指挥体系　　　　C. 响应中心

218. 企业要针对本企业事故特点加大（　），尤其是重点工艺流程中应急物料、应急器材、应急装备和物资的准备。

A. 应急救援装备储备力度　B. 物资储备力度　C. 应急救援装备及物资储备力度

219. 要努力形成（　）体系，确保应对各种事故，尤其是重特大且救援复杂、难度大的生产安全事故应急救援的装备和物资需要。

A. 应急救援体系　B. 应急管理体系　C. 多层次的应急救援装备和物资储备

220. 要进一步加强安全生产行政执法，将有关（　）纳入安全生产行政执法内容之中。

A. 应急预案内容　　　B. 应急演练内容　C. 安全生产应急工作的内容

221. 要充分利用好国家在安全生产和应急救援方面的投入政策，管好用好资金，坚持（　）原则，充分发挥投资效益。

A. 节约办事　　　　B. 建设与节约并重　　　C. 利旧与新建并重

222. 任何单位和个人都有依法（　）的义务。国家鼓励、引导社会组织和个人开展地震群测群防活动，对地震进行监测和预防。国家鼓励、引导志愿者参加防震减灾活动。

A. 开展群测群防活动　　B. 参加防震减灾活动　　C. 支持防震减灾

223. 从事防震减灾活动，应当遵守国家有关（　）。

A. 防震减灾标准　　　B. 法规　　　　　　C. 法律法规标准

224.（　）工作，实行预防为主、防御与救助相结合的方针。

A. 防震减灾　　　　B. 消防　　　　　　C. 职业卫生

225. 危险、危害因素是指能使人造成伤亡，对物造成（　），或影响人的身体健康导致疾病，对物造成慢性损坏的因素。

A. 损害　　B. 损坏　　C. 突发性损坏

226. 事故隐患分为一般事故隐患和（　）事故隐患。

A. 较大　　B. 重大　　C. 特大

227. 一般事故隐患是指危害和整改难度较小，发现后能够（　）整改和排除的隐患。

A. 立即　　B. 限期　　C. 停产停业

228. 生产经营单位（　）对本单位事故隐患排查治理工作全面负责。

A. 高层领导　　B. 安全分管领导　　C. 主要负责人

229. 下列（　）是事故隐患排查治理和防控的责任主体。

A. 安全监管监察部门　　B. 生产经营单位　　C. 政府有关部门

230. 风险是特定危险事件发生的（　）与后果的结合。

A. 必然性　　B. 可能性　　C. 危险性

231. 风险评价是对系统存在的危险进行定性或定量的分析，得出系统发生危险的可能性及其后果（　）程度的评价。

A. 完好　　B. 危险　　C. 严重

232. 防止重大工业事故发生的第一步，是辨识或确认（　）危险性工业设施（危险设施）。

A. 低　　B. 高　　C. 没有

233. 企业应对工厂的（　）负责，在对重大危险源进行辨识和评价后，应对每一个重大危险源制定出一套严格的管理制度，采取技术措施和组织措施对重大危险源进行严格的控制和管理。

A. 职工　　B. 安全生产　　C. 财产

234. 制定应急预案的目的是抑制（　）事件，减少对人员、财产和环境的危害。

A. 突发　　B. 火灾爆炸　　C. 中毒

235. 生产经营单位应当每季、每年对本单位事故隐患排查治理情况进行统计分析，并分别于下一季度（　）日前和下一年 1 月 31 起前向安全监管监察部门和有关部门报送书面统计分析表。

A. 10　　B. 15　　C. 28

236. 危险化学品事故应急救援根据事故（　）及其危险程度，可采取单位自救和社会救援两种形式。

A. 影响大小　　B. 波及范围　　C. 爆炸程度

237. 生产经营单位内部一旦发生危险化学品事故，单位负责人必须立即按照本单位制定的（　）组织救援。

A. 工作计划　　B. 控制措施　　C. 应急救援预案

238. 当发生危险化学品事故时，现场人员必须根据各自企业制定的事故预案采取积极有效的（　），尽量减少事故的蔓延，并向有关部门报告和报警。

A. 撤离方式　　B. 善后措施　　C. 抑制措施

239. 应急救援过程中，救援人员在做好自身防护的基础上，应快速（　），控制事故发展。

A. 实施救援　　　　B. 全面防护　　　　C. 了解事故

240. 在事故应急救援中，救援人员应迅速建立警戒区域，将警戒区和污染区内与事故应急处理无关的人员（　），以减少不必要的人员伤亡。

A. 隔离　　　　B. 隔绝　　　　C. 撤离

241. 危险化学品的泄漏处理包括（　）、泄漏物处理、危害监测。

A. 危化品保护　　　　B. 泄漏源控制　　　　C. 周边的警戒

242. 一个单位的不同类型的应急救援预案要形成统一整体，救援力量要（　）安排。

A. 统筹　　　　B. 随时　　　　C. 定期

243. 应急救援预案要有实用性、要根据（　）单位的实际条件制订，使预案便于操作。

A. 本　　　　B. 周边　　　　C. 其他

244. 应急救援预案要有权威性，各级应急救援组织应（　），通力协作。

A. 职务明确　　　　B. 职责明确　　　　C. 统一行动

245. 应急救援预案要定期演习和复查，要根据（　）情况定期检查和适时修订。

A. 天气　　　　B. 实际　　　　C. 当前

246. 应急救援队伍要进行（　），并要有记录和档案。

A. 日常教育　　　　B. 定期整顿　　　　C. 专业培训

247. 应急救援人员要通过考核证实能胜任所担任的（　），才能上岗。

A. 应急任务　　　　B. 重要任务　　　　C. 任务

248. 应急救援专职队平时就要（　）并配有相应器材。

A. 互相沟通　　　　B. 选拔人员　　　　C. 组建落实

249. 应急救援的器材要定期检查，保证（　）完好。

A. 设备性能　　　　B. 消防器材　　　　C. 防护器材

250. 生产经营单位应对重大危险源的温度、压力、流量、浓度等采取（　）措施。

A. 人工监测　　　　B. 手动报警　　　　C. 自动监测报警

251. 生产经营单位应对重大危险源采取便捷、有效的（　）、治安报警措施和联络通信、记录措施。

A. 泄漏　　　　B. 危险　　　　C. 消防

252. 企业应急救援指挥部由（　）任总指挥；有关副职领导任副总指挥，负责一旦发生事故时应急救援的组织和指挥。

A. 企业主要负责人　　　　B. 分管安全的领导　　　　C. 工会主席

253. 应急救援指挥领导小组负责本单位预案的制订、修订，组建（　），组织预案的实施和演练，检查督促做好重大危险源事故的预防措施和应急救援的各项准备工作。

A. 基干民兵队伍　　　　B. 应急救援队伍　　　　C. 生产骨干队伍

254. 应急救援总指挥负责组织指挥企业的（　）。

A. 预案演练　　　　B. 预案修订　　　　C. 应急救援

255. 在应急救援过程中，安全管理部门协助总指挥做好事故报警、情况通报及（　）等工作。

A. 事故处置　　　　B. 人员疏散　　　　C. 环境保护

256. 在应急救援过程中，物资供应部门负责抢险和抢救物资的（ ）等工作。

A. 供销　　B. 供应　　C. 供应和保障

257. 在应急救援过程中，环保部门负责事故现场的（ ）及毒害物质扩散区域内的洗消工作等。

A. 环境卫生　　B. 环境监测　　C. 消除危险

258. 企业应根据重大危险源目标模拟事故（ ），制订出各种状态的应急处置方案。

A. 状态　　B. 过程　　C. 后果

259. 企业应制订（ ）程序，一旦发生重大事故，做到临危不惧，指挥不乱。

A. 事故　　B. 事故处置　　C. 事故应急

260. 对于危险性较大的重点岗位，生产经营单位应当制定重点工作岗位的（ ）。

A. 综合应急预案　　B. 专项应急预案　　C. 现场处置方案

261. 在应急救援过程中，社会援助队伍到达企业时，指挥部要派人员引导并告知（ ）。

A. 生产注意事项　　B. 安全注意事项　　C. 安全规章制度

262. 在应急救援过程中，为了更好地维护危险区及其附近地区的（ ），还应及时利用通告、广播等形式将事故的有关情况及处置措施向群众通报，通过宣传教育，稳定群众情绪，严防由于群众恐慌或各种谣传引起社会混乱。

A. 社会秩序　　B. 公共卫生　　C. 公共环境

263.（ ）是指明确事故发生后向有关部门或单位通报事故信息的方法和程序。

A. 信息快递　　B. 信息上报　　C. 信息报告与通知

264. 在应急救援过程中，救援人员首先应熟悉地形，明确撤离（ ）；准备好进入危险区应携带的标志物、扩音器以及强光手电等必要器材。

A. 人数　　B. 方向　　C. 工具

265. 在应急救援过程中，救援人员进入危险区后应立即通过敲门、呼叫等方式搜索（ ）人员。

A. 救援　　B. 受困　　C. 无关

266. 在应急救援过程中，撤离前应及时指导危险区的群众做好（ ）防护。

A. 躯体全面　　B. 头部　　C. 个人

267. 在应急救援过程中，组织群众撤离危险区域时，应选择合理的撤离（ ），避免横穿危险区域。

A. 时间　　B. 路线　　C. 地点

268. 在应急救援过程中，对沾有毒害物品的人员要在警戒区出口处（ ），进入安全区后再做进一步检查，造成伤害的要尽快进行救护。

A. 实施洗消　　B. 进行登记　　C. 进行转移

269. 在应急救援过程中，根据燃烧物的具体性质，选用合适的（ ）扑灭火灾。

A. 灭火剂　　B. 清洗剂　　C. 洗涤剂

270. 在应急救援过程中，根据现场的实际情况，利用抢险车上的器材和堵漏工具，灵活运用不同的堵漏方法对容器、管道实施（ ）。

A. 清洁　　B. 破拆　　C. 堵漏

271. 在应急救援过程中，对积聚和存放在事故现场的危险化学品，应及时转移至（ ）。

A. 安全地带　　B. 居民区域　　C. 生产地点

272. 《中华人民共和国突发事件应对法》规定，突发事件应对工作原则为预防为主、（ ）。

A. 预防与应急相结合　　B. 安全第一　　C. 以人为本

273. 可以预警的自然灾害、事故灾难和公共卫生事件的预警级别分别用红色、（ ）、黄色、蓝色标示。

A. 绿色　　B. 紫色　　C. 橙色

274. 国务院及有关部门为应对某一类型或某几种类型突发公共事件而制定的应急预案叫突发公共事件（ ）应急预案。

A. 部门　　B. 专项　　C. 总体

275. 针对应急预案中全部或大部分应急响应功能，检验、评价应急组织应急行动能力的演练活动叫（ ）演习。

A. 桌面　　B. 全面　　C. 功能

276. 根据突发环境事件的发生过程、性质和机理，突发环境事件分为：突发环境污染事件、（ ）事件和辐射环境污染事件。

A. 危险化学品污染　　B. 光化学污染　　C. 生物物种安全环境

277. 生产经营单位要积极组织应急预案演练，高危企业每年至少要组织（ ）次应急预案演练。

A. 一　　B. 二　　C. 三

278. 在应急管理中，（ ）阶段的目标是尽可能抢救受害人员，保护可能受威胁的人群，并尽可能控制并消除事故。

A. 预防　　B. 准备　　C. 响应

四、多选题

279. 突发事件是指突然发生，造成或者可能造成严重社会危害，需要采取应急处置措施予以应对的（ ）。

A. 自然灾害　　B. 事故灾难　　C. 公共卫生事件　　D. 社会安全事件

280. 按照社会危害程度、影响范围等因素，自然灾害、事故灾难、公共卫生事件分为（ ）四级。

A. 特别重大　　B. 重大　　C. 较大　　D. 一般

281. 有关单位有下列情形之一的，由所在地履行统一领导职责的人民政府责令停产停业，暂扣或者吊销许可证或者营业执照，并处5万元以上20万元以下的罚款；构成违反治安管理行为的，由公安机关依法给予处罚（ ）。

A. 未按规定采取预防措施，导致发生严重突发事件的

B. 未及时消除已发现的可能引发突发事件的隐患，导致发生严重突发事件的

C. 未做好应急设备、设施日常维护、检测工作，导致发生严重突发事件或者突发事件危害扩大的

D. 突发事件发生后，不及时组织开展应急救援工作，造成严重后果的

283. 可以预警的自然灾害、事故灾难和公共卫生事件的预警级别，按照突发事件发生的紧急程度、发展势态和可能造成的危害程度分为一级、二级、三级和四级，分别用（　）标示，一级为最高级别。

A. 红色　　B. 橙色　　C. 黄色　　D. 蓝色

284. 发生危险化学品事故，有关地方人民政府及其有关部门应当按照（　）规定，采取必要的应急处置措施，减少事故损失，防止事故蔓延、扩大。

A. 立即组织营救和救治受害人员，疏散、撤离或者采取其他措施保护危害区域内的其他人员

B. 迅速控制危害源，测定危险化学品的性质、事故的危害区域及危害程度

C. 针对事故对人体、动植物、土壤、水源、大气造成的现实危害和可能产生的危害，迅速采取封闭、隔离、洗消等措施

D. 对危险化学品事故造成的环境污染和生态破坏状况进行监测、评估，并采取相应的环境污染治理和生态修复措施

285. 编制应急预案应做好以下准备工作（　）。

A. 全面分析本单位危险因素、可能发生的事故类型及事故的危害程度；排查事故隐患的种类、数量和分布情况，并在隐患治理的基础上，预测可能发生的事故类型及其危害程度

B. 确定事故危险源，进行风险评估；客观评价本单位应急能力

C. 针对事故危险源和存在的问题，确定相应的防范措施

D. 充分借鉴国内外同行业事故教训及应急工作经验。

286. 针对可能发生的事故，按照有关规定和要求编制应急预案。应急预案编制过程中，应注重全体人员的参与和培训，使所有与事故有关人员均掌握危险源的（　）。

A. 危险性　　B. 应急处置方案　　C. 技能　　D. 措施

287. 应急预案的管理遵循（　）的原则。

A. 综合协调　　B. 分类管理　　C. 分级负责　　D. 属地为主

288. 专项应急预案是针对具体的事故类别（如煤矿瓦斯爆炸、危险化学品泄漏等事故）、危险源和应急保障而制定的（　），是综合应急预案的组成部分。

A. 事故类别　　B. 计划　　C. 方案　　D. 措施

289. 综合应急预案应当包括本单位的（　）等主要内容。

A. 应急组织机构及其职责　　B. 预案体系及响应程序

C. 事故预防及应急保障　　D. 应急培训及预案演练

290. 通信与信息保障必须（　）。

A. 明确与单位或人员通信联系方式和方法　　B. 提供备用方案

C. 建立信息通信系统及维护方案　　D. 确保保障通信与信息保障畅通

291. 信息报告程序主要包括：报警系统及程序和（　）。

A. 确定现场报警方式，如电话、警报器等

B. 确定 24 小时与相关部门的通信、联络方式

C. 明确相互认可的通告、报警形式和内容

D. 明确应急反应人员向外求援的方式

292. 现场处置方案的事故特征主要包括（　）。

A. 危险性分析，可能发生的事故类型

B. 事故发生的区域、地点或装置的名称

C. 事故可能发生的季节和造成的危害程度

D. 事故前可能出现的征兆

293. 生产经营单位申请应急预案备案，应当提交（　）材料。

A. 应急预案备案申请表　　B. 应急预案评审或者论证意见

C. 应急预案文本及电子文档　　D. 应急预案附件

294. 应急预案演练结束后，应急预案演练组织单位应当（　）。

A. 对应急预案演练效果进行评估　　B. 撰写应急预案演练评估报告

C. 分析存在的问题　　D. 对应急预案提出修订意见

295. 桌面演练针对事故情景，利用（　）等辅助手段，依据应急预案而进行交互式讨论或模拟应急状态下应急行动的演练活动。

A. 图纸、沙盘　　B. 流程图、计算机

C. 视频　　D. 桌面

296. 应急演练应符合（　）原则。

A. 符合相关规定　B. 切合企业实际　C. 注重能力提高　D. 确保安全有序

297. 生产经营单位编制的（　）之间应当相互衔接，并与所涉及的其他单位的应急预案相互衔接。

A. 安全操作规程　B. 综合应急预案　C. 专项应急预案　D. 现场处置方案

298. 指挥与协调就是根据事故情景，成立应急指挥部，调集（　），开展应急救援行动。

A. 应急救援队伍　B. 相关资源　C. 应急物资　D. 应急装备

299. 在综合应急演练前，对（　）进行检查确认，确保安全保障方案可行，所有设备、设施完好。

A. 应急演练安全保障方案　　B. 设备、设施

C. 通信器材　　D. 检测设备

300. 生产经营单位申请应急预案备案，应当提交的材料包括（　）。

A. 应急预案备案申请表　　B. 应急预案评审意见

C. 应急预案论证意见　　D. 应急预案文本及电子文档

301. 组织应急演练的部门（单位）应督促相关部门和人员，（　），并应跟踪督查整改情况。

A. 制定整改计划　　B. 明确整改目标

C. 制定整改措施　　D. 落实整改资金

302. 企业要建立健全（　），实现快速预警研判、科学决策指挥，并与地方政府和有关部门应急平台互联互通。

A. 应急预案数据库　　B. 重大危险源数据库

C. 各类应急资源的数据库　　D，化学品数据库

303. 有关单位和人员报送、报告突发事件信息，应当做到及时、客观、真实，不得

（ ）。

A. 迟报　　B. 谎报　　C. 瞒报　　D. 漏报

304. 各地区、各有关部门和单位要建立健全（ ），确保储备到位、调运顺畅、及时有效、发挥作用。

A. 安全生产应急装备机制　　B. 安全生产物资储备机制

C. 安全生产物资调运机制　　D. 安全生产应急物资调运机制

305. 企业要将安全生产应急工作规章制度建设作为企业安全生产管理的重要组成部分，制定完善（ ）等规章制度。

A. 事故预防、预测　　B. 预警和应急值守

C. 信息报告、现场处置　　D. 应急投入、物资保障

306. 各地要高度重视（ ）建设工作，把具有相关专业知识、技能和装备的社会救援组织、志愿者组织纳入安全生产应急救援体系建设之中。

A. 社会安全生产组织　　B. 志愿者组织

C. 非政府组织　　D. 综合应急救援组织

307. 预案中要明确规定在遇到险情时，企业（ ）具有第一时间下达停产撤人命令的直接决策权和指挥权。

A. 总指挥　　B. 生产现场带班人员

C. 班组长　　D. 调度人员

308. 企业要与地震、气象、海洋、国土资源等部门密切配合，建立并完善（ ）机制，加强协作，有效防范和有力应对自然灾害引发的事故灾难。

A. 预报机制　　B. 预警机制　　C. 预防机制　　D. 应急处置机制

309. 各级负有安全监管职责的有关部门应加强应急培训，提高企业各级管理人员和全体员工的（ ）能力。

A. 应急意识和应急处置　　B. 避险、逃灾

C. 自救、互救　　D. 应急救援

310. 生产经营单位向安全监管监察部门报告事故隐患的形式分别为（ ）。

A. 季报　　B. 年报

C. 月报　　D. 重大事故隐患及时报告

311. 重大危险源的辨识依据是物质的（ ）。

A. 危险特性　　B. 应用特性　　C. 颜色　　D. 数量

312. 对重大危险源管理的技术措施包括化学品的选用，设施的（ ）、维修以及有计划的检查。

A. 设计　　B. 建造　　C. 运行　　D. 监督

313. 制定应急预案的目的是抑制突发事件的发生，降低事故对（ ）的危害和损失。

A. 人员　　B. 工艺　　C. 环境　　D. 财产

314. 安全报告应详细说明重大危险源的情况，可能发生事故的危险因素以及前提条件、安全操作和预防失误的控制措施，（ ），现场应急预案等。

A. 社会救援力量情况　　B. 可能发生的事故类型

C. 事故发生的可能性后果　　D. 限制事故后果的措施

315. 在控制事故发展的同时，应急救援人员应将伤员救出危险区域和组织群众（　），消除危险化学品事故的各种隐患。

A. 撤离　　B. 抢险　　C. 疏散　　D. 救护

316. 危险化学品的泄漏处理包括（　）。

A. 泄漏源控制　　B. 危害监测　　C. 泄漏物处理　　D. 个人防护

317. 应急救援预案的总目标是（　）。

A. 将事故扩大化　　B. 将紧急事故局部化

C. 尽可能消除事故　　D. 尽量缩小事故对人和财产的影响

318. 根据实际情况，按事故的（　）、影响范围、严重后果分等级地制定相应的预案。

A. 性质　　B. 大小　　C. 类型　　D. 数量

319. 应急预案要有权威性，各级应急救援组织应（　）。

A. 独立操作　　B. 职责明确　　C. 通力协作　　D. 相互指导

320. 在编制事故应急救援预案时，第一阶段的工作是（　）。

A. 调查研究　　B. 科学评价　　C. 收集资料　　D. 购买物资

321. 对已确定的重大危险源应在（　）方面采取有关的消防、安全设计。

A. 建筑设计　　B. 道路设计　　C. 设备设计　　D. 环境设计

322. 对构成重大危险源的库房应采取（　）措施。

A. 通风　　B. 避雷　　C. 排毒　　D. 加固

323. 企业应对各种消防设备、设施、器材合理配备，经常维修、保养，并按有关要求，对灭火器具及时（　）。

A. 检验　　B. 喷漆　　C. 报废　　D. 更新

324. 企业应对各种救援设备、设施建立健全各种（　）。

A. 分配制度　　B. 规章制度　　C. 操作规程　　D. 实施规程

325. 企业对应急设备、设施的管理方面应制定的主要制度有（　）。

A. 购买制度　　B. 安全生产责任制度

C. 安全生产教育培训制度　　D. 安全生产检查制度

326. 应急救援组织机构应包括（　）、安全防护救护组等。

A. 应急处置行动组　　B. 通信联络组

C. 疏散引导组　　D. 人口普查组

327. 生产经营单位安全部门协助应急救援总指挥做好（　）等工作。

A. 人员清查　　B. 事故报警　　C. 情况通报　　D. 事故处置

328. 在应急组织机构中，保卫部门一般负责（　）治安保卫、疏散、事故现场通信联络和对外联系、道路管制等工作。

A. 灭火　　B. 警戒　　C. 防卫　　D. 赔偿

329. 在企业应急组织机构中，物资供应部门一般负责抢险和抢救物资的（　）工作。

A. 供销　　B. 供应　　C. 保障　　D. 保险

330. 由重大危险源引发的事故可能对企业内、外人员构成威胁时，必须在指挥部的统一指挥下，对事故救援无关的人员进行紧急疏散，在应急预案中应规定疏散的（　），应是安全的重点。

A. 方向　B. 工具　C. 距离　D. 地点

331. 应急指挥机构接到报警后，应立即根据事故情况，（ ），下达救援指令，迅速赶赴事故现场。

A. 调集救援力量　B. 携带专用器材　C. 分配救援任务　D. 组建抢险队伍

332. 在应急救援程序中，控制危险区域实施要点有（ ）。

A. 实施警戒　B. 清除火源　C. 勘查现场　D. 维护秩序

333. 按照社会危害程度，影响范围等因素，自然灾害、事故灾难、公共卫生事件分为（ ）、一般四级。

A. 特别重大　B. 重大　C. 特大　D. 较大

334. 根据突发公共事件的发生过程，性质和机理，突发事件主要分为（ ）。

A. 自然灾害　B. 事故灾难　C. 公共卫生事件　D. 社会安全事件

335. 生产经营单位应急预案体系由（ ）构成。

A. 综合应急预案　B. 专项应急预案　C. 部门应急预案　D. 现场处置方案

336. 应急演练的形式包括（ ）。

A. 桌面演习　B. 全面演习　C. 功能演习　D. 实际演习

337. 制定《中华人民共和国突发事件应对法》是为了保护人民生命财产安全，维护（ ）。

A. 国家安全　B. 公共安全　C. 环境安全　D. 社会秩序

338. 2005 年 6 月某职业病防治所接到报告，某电器公司员工杨某由于三氯乙烯中毒导致死亡。卫生监督人员现场检查发现该电器公司清洗工序设有一台超声波清洗机，使用三氯乙烯作为清洗剂。该公司已向安监部门申报存在三氯乙烯职业危害，清洗工序未设立警示标志和中文警示说明。该单位工人进公司时检查过肝功能，但没有进行在岗期间、离岗时的职业健康检查，公司没能提供工作场所职业病危害因素监测及评价资料，订立劳动合同时没有告知劳动者职业病危害真实情况，经检测清洗房中的三氯乙烯浓度最高为 243 mg/m^3。根据以上描述，以下做法违反《职业病防治法》规定的是（ ）。

A. 作业场所没有采用有效的职业病防护设施

B. 没有为劳动者提供个人使用的职业病防护用品

C. 向卫生部门申报存在三氯乙烯职业危害

D. 没有进行在岗期间、离岗时的职业健康检查

339. 2007 年 4 月 13 日早 8 时许，某县某村公路旁的麦田里发现 7 桶不明化学物品。经过专家化验，该化学物品为“三氯化磷”，剧毒，易散发。被遗弃的 7 桶“三氯化磷”都已经过期。周围小麦被“烧”死，造成严重污染。根据以上情况，请选择，危险化学品的生产、储存、使用单位（ ）的，应当采取有效措施，处置危险化学品生产或储存设备、库存产品及生产原料，不得留有事故隐患。

A. 转产　B. 停产　C. 停业　D. 解散

340. 甲驾驶超载、盛装很满液氯的槽罐车在高速公路上与乙驾驶的货车相撞。液氯泄漏，造成除甲外的两人死亡。甲不顾槽车严重损坏、液氯泄漏的危险情况，逃离事故现场，形成大范围污染，造成 30 人中毒死亡，285 人住院治疗，近万人疏散。根据以上情

况，请分析案例中违规之处有（　）。

A. 液氯超载超装　　B. 没有配备押运人员

C. 甲没有报警和采取措施　　D. 甲事故逃离现场

341. 甲驾驶超载、盛装很满液氯的槽罐车在高速公路上与乙驾驶的货车相撞。液氯泄漏，造成除甲外的两人死亡。甲不顾槽车严重损坏、液氯泄漏的危险情况，逃离事故现场，形成大范围污染，造成30人中毒死亡，285人住院治疗，近万人疏散。根据上述情况，运输危险化学品，应当根据危险化学品的危险特性采取相应的安全防护措施，并配备必要（　）。

A. 检验仪器　　B. 防护用品　　C. 应急救援器材　　D. 备用配件

342. 某车库发生了严重的火灾，事后经调查得知，该车库平时用于堆放油料和纸箱之类的杂物，存放大约有2t左右的汽油、柴油等油品，当晚20时左右，车库老板在库内把车库反锁后，在开车库灯的时候发生爆炸，车库门被炸开，里面火光冲天，大火使整个车库几乎化为废墟。根据上述情况，分析这次事故发生的主要原因有（　）。

A. 车库内不得存放汽油等危险化学品及其他杂物

B. 车库应该配置灭火器等必要消防器材

C. 加强相关人员的安全教育

D. 严格易燃易爆场所的安全管理

343. 某化工有限公司未经批准擅自利用某单位空房间设置危险化学品仓库，并大量储存包装不符合国家标准要求的连二亚硫酸钠（保险粉）和高锰酸钾等危险化学品。2006年5月10日，由于下雨，房间漏雨进水，地面返潮，连二亚硫酸钠（保险粉）受潮，发生化学反应引起火灾。造成7 000多人疏散，103人感到不适。根据上述情况，危险化学品安全管理，应当坚持（　）的方针，强化和落实企业的主体责任。

A. 防消结合　　B. 安全第一　　C. 预防为主　　D. 综合治理

344. 某加油站汽油加油机的吸管止回阀发生故障，加油员张某请来农机站修理工进行修理，修理完毕后修理工离开，张某与另一闲杂人员周某滞留在罐室。因张某打火机掉落地上，周某拣起打火机后，随手打火，检修中溢出的汽油气体遇火引起爆燃。造成2人死亡。根据上述情况，分析本次事故的直接原因是（　）。

A. 修理现场没有进行清理，现场滞留可燃气体

B. 张某在罐室使用打火机

C. 管理不严，张某擅自带闲杂人员周某到加油站内滞留

D. 动火作业没有安全措施，监督管理不到位

345. 某肉联厂一辆农用车内装2只容积各为400 L的空液氨钢瓶，到某化肥厂购买液氨。为了能多装点，便找熟人打通关系得到“关照”，上午10时充装结束。下午3时10分，在返回途中一只钢瓶突然爆炸，冲击波将汽车挡板冲坏，驾驶室冲扁，玻璃全部震碎，司机罗某和乘车人杨某被冻灼伤并中毒。下午5时左右，在清理现场时，第2只钢瓶又突然爆炸，造成2人中毒受伤，从钢瓶喷出的大量液氨迅速挥发成气氨向周围扩散，致使100 m外下风头的2名过路群众中毒倒地。这起事故造成1人重伤，5人轻伤，直接经济损失2万余元。根据上述情况，分析这起事故发生的原因有（　）。

A. 违章过量充装且出厂

B. 违规用农用车运输危险化学品。

C. 事故现场处理不力

D. 加强气瓶充装人员的安全管理

346. 某肉联厂一辆农用车内装 2 只容积各为 400 L 的空液氨钢瓶，到某化肥厂购买液氨。为了能多装点，便找熟人打通关系得到“关照”，上午 10 时充装结束。下午 3 时 10 分，在返回途中一只钢瓶突然爆炸，冲击波将汽车挡板冲坏，驾驶室冲扁，玻璃全部震碎，司机罗某和乘车人杨某被冻灼伤并中毒。下午 5 时左右，在清理现场时，第 2 只钢瓶又突然爆炸，造成 2 人中毒受伤，从钢瓶喷出的大量液氨迅速挥发成气氨向周围扩散，致使 100 m 外下风头的 2 名过路群众中毒倒地。这起事故造成 1 人重伤，5 人轻伤，直接经济损失 2 万余元。根据上述情况，分析这起事故发生后，相关单位应采取的措施有（　）。

A. 严格按充装系数充装

B. 充装后出厂前要严格检查

C. 液氨钢瓶不允许充装

D. 只能委托有危险化学品运输资质的运输企业承运

347. 事发当天上午，该加油站站长陈某在未办理动火审批手续的情况下，带领 2 名临时雇来的无资格证的修理工，对装过 90 号汽油的一卧式罐扶梯进行焊补作业，在焊接过程中发生爆炸，陈某和 1 名焊工当场被炸死，另 1 人重伤。直接经济损失 16 万元。根据上述情况，分析这起事故发生的原因有（　）。

A. 没有动火审批手续　　B. 没有监护人

C. 焊工无证上岗违章操作　　D. 在动火前没有按规定检测油蒸气浓度

五、简答题

348. 生产经营单位的应急预案按照针对情况的不同，分为哪几种？

349. 应急预案的管理遵循的原则是什么？

参考答案

习题一参考答案

一、判断题

1. √；2. √；3. ×；4. √；5. ×；6. ×；7. ×；8. ×；9. √；10. √；11. √；12. ×；13. ×；14. ×；15. √；16. √；17. √；18. ×；19. √；20. √；21. ×；22. √；23. √；24. ×；25. √；26. √；27. √；28. √；29. √；30. ×；31. √；32. √；33. √；34. √；35. √；36. √；37. ×；38. √；39. ×；40. √；41. ×；42. √；43. √；44. √；45. √；46. ×；47. ×；48. √；49. √；50. √；51. ×；52. ×；53. √；54. √；55. √；56. √；57. ×；58. √；59. ×；60. √；61. ×；62. ×；63. √；64. ×；65. √；66. √；67. √；68. ×；69. √；70. ×；71. √；72. √；73. ×；74. ×；75. √；76. √；77. ×；78. ×；79. ×；80. √；81. ×；82. ×；83. √；84. ×；85. √；86. ×；87. √；88. √；89. ×；90. √；91. √；92. ×；93. √；94. √；95. √；96. √；97. √；98. ×；99. ×；100. √

二、填空题

101. 30、100、1；102. 安全生产工作；103. 安全生产管理机构；104. 资格证书；105. 3

三、单选题

106-100 CABBA；　111-115 ACBCB；　116-120 CCACC；　121-125 BCBBB；
126-130 CABBB；　131-135 BCCBA；　136-140 BCABC；　141-145 CBCAB；
146-150 CBCBB；　151-155 CABAB；　156-160 CABCB；　161-165 AABBC；
166-170 BBCCA；　171-175 BABAA；　176-180 CCCBC；　181-185 BBABC；
186-190 BBCAC；　191-194 BABB

四、多选题

195. BCD；196. AB；197. ACD；198. ABCD；199. ABC；200. ABD；201. BCD；202. ABC；203. BC；204. BC；205. AD；206. ABCD；207. AB；208. BCD；209. AB；210. AB；211. AC；212. ABC；213. ABCD；214. CD；215. ABCD；216. ABCD；217. ABCD；218. BCD；219. ABCD；220. BCD；221. ABC；222. AB；223. BC；224. AD；225. ABCD；226. ABC；227. ABCD；228. BC；229. CD；230. ABC；231. ACD；232. AB；233. ABCD；234. ABCD；235. ABD；236. BCD；237. ACD；238. ABC；239. ABCD；240. ABD；241. ABCD；242. ABC；243. ACD；244. ABCD；245. ABD；246. ABC；247. ABCD；248. ABCD；249. ABCD；250. ABCD；251. BCD

五、简答题

252. 答：1. 建立、健全本单位安全生产责任制；2. 组织制订本单位安全生产规章制度和操作规程；3. 组织制订并实施本单位安全生产教育和培训计划；4. 保证本单位安全生产投入的有效实施；5. 督促、检查本单位的安全生产工作，及时消除生产安全事故隐患；6. 组织制定并实施本单位的生产安全事故应急救援预案；7. 及时、如实报告生产安全事故。

习题二参考答案

一、判断题

1. ×；2. √；3. ×；4. ×；5. ×；6. ×；7. ×；8. ×；9. √；10. ×；11. ×；12. ×；13. ×；14. √；15. √；16√；17. √；18. ×；19. √；20. √；21. ×；22. ×；23. √；24. √；25. ×；26. √；27. √；28. ×；29. √；30. ×；31. √；32. √；33. ×；34. ×；35. √；36. ×；37. ×；38. √；39. √；40. √；41. ×；42. ×；43. √；44. ×；45. ×；46. ×；47. ×；48. √；49. ×；50. √；51. √；52. ×；53. √；54. √；55. √；56. √；57. √；58. ×；59. √；60. √；61. ×；62. √；63. ×；64. √；65. ×；66. ×；67. √；68. √；69. √；70. √；71. ×；72. √；73. √；74. √；75. ×；76. ×；77. √；78. √；79. ×；80. ×；81. ×；82. ×；83. √；84. √；85. √；86. ×；87. √；88. √；89. √；90. ×；91. √；92. ×；93. √；94. √；95. √；96. √；97. √；98. √；99. ×；100. √；101. ×；102. √；103. √；104. ×；105. √；106. ×；107. ×；108. √；109. √；110. √；111. ×；112. √；113. ×；114. √；115. √；116. √；117. √；118. ×；119. ×；120. √；121. √；122. √；123. ×；124. √；125. √；126. √；127. √；128. ×；129. ×；130. √；131. √；132. ×；133. ×；134. ×；135. ×；136. ×；137. ×；138. √；139. √；140. √；141. √；142. ×；143. √；144. ×；145. ×；146. √；147. √；148. ×；149. √；150. ×；151. √；152. √；153. √；154. √；155. √；156. √；157. ×；158. √；159. √；160. √；161. √；162. √；163. ×；164. ×；165. ×；166. ×；167. √；168. √；169. ×；170. √；171. √；172. √；173. √；174. ×；175. ×；176. ×；177. √；178. ×；179. √；180. √；181. √；182. √；183. √；184. ×；185. ×；186. ×；187. √；188. √；189. ×；190. √；191. √；192. √；193. ×；194. √；195. √；196. √；197. ×；198. √；199. √

二、填空题

200. 闪点；201. 0. 5；202. 越大；203. 增大；204. 越少；205. 其他

三、单选题

206-210 CCCBC；　211-215 CACCB；　216-220 CAABA；　221-225 CCBBC；
226-230 CCABA；　231-235 CBBAA；　236-240 CBCCC；　241-245 ABCBB；
246-250 ABCBB；　251-255 BCACC；　256-260 BBCCB；　261-265 AACAA；
266-270 CBBCA；　271-275 AABAB；　276-280 BCABB；　281-285 AAABC；
286-290 AABCA；　291-295 CBAAA；　296-300 BCBAA；　301-305 BABCA；
306-310 ACABA；　311-315 AAAAB；　316-320 CAACA；　321-325 ABCAC；
326-330 CCBCB；　331-335 BABBB；　336-340 CAACB；　341-345 CACCB；
346-350 ABBCA；　351-355 AABCA；　356-360 BBCBB；　361-365 CBCCA；
366-370 ACAAB；　371-375 BCCAA；　376-380 CCCAC；　381-385 BBCBA；
386-390 ABBCA；　391-395 CBACB

四、多选题

396. ABC；　397. ABCD；　398. ABCD；　399. ACD；　400. ABCD401. ABCD402. BCD；403. CD404. ABC；　405. AB；　406. ABCD；　407. AB；　408. ABCD；　409. CD；　410. ABCD；

411. ABCD；412. ABCD；413. ABC；414. AB；415. AD；416. ABC；417. ABCD；418. ABC；419. ABCD； 420. AD； 421. AB； 422. BCD； 423. ACD； 424. ABCD； 425. BD； 426. AD；427. AB； 428. CD； 429. AB； 430. ABCD； 431. ACD； 432. ACD； 433. BC； 434. ABCD；435. BCD； 436. ABD； 437. ABC； 438. ABC； 439. ABC440. ABC； 441. ABCD； 442. ABC；443. ABC； 444. ABC； 445. ABC； 446. ABC； 447. ABCD； 448. ABCD； 449. ABC；450. ABC； 451. AB； 452. ABC； 453. ABC； 454. ABC； 455. ABC； 456. ABCD； 457. ABC；458. ABC； 459. ABC； 460. ABC； 461. ABC； 462. BD； 463. BCD； 464. BCD； 465. ACD；466. BC； 467. ABC； 468. BD； 469. ABCD； 470. ABCD； 471. ABCD； 472. ABCD；473. ABCD； 474. ABCD； 475. BD； 476. ABCD； 477. BCD； 478. ABCD； 479. ABCD；480. ACD； 481. AD； 482. ABD； 483. BC484. ABCD； 485. ACD； 486. ABCD； 487. ABC；488. ABCD；489. ABCD；490. ABC；491. ACD；492. ABCD；493. ABCD

五、简答题

494. 答：红色、黄色、绿色。

习题四参考答案

一、判断题

1. ×；2. √；3. √；4. √；5. ×；6. √；7. √；8. √；9. ×；10. ×；11. ×；12. √；13. √；14. √；15. √；16. √；17. ×；18. √；19. ×；20. ×；21. ×；22. √；23. ×；24. √；25. ×；26. ×；27. ×；28. ×；29. ×；30. √；31. √；32. √；33. √；34. √；35. ×；36. √；37. √；38. √；39. √；40. √；41. ×；42. ×；43. ×；44. √；45. √；46. √；47. ×；48. ×；49. ×；50. √；51. √；52. √；53. ×；54. √；55. ×；56. ×；57. √；58. √；59. √；60. ×；61. ×；62. √；63. √；64. √；65. √；66. ×；67. ×；68. ×；69. √；70. √；71. ×；72. √；73. ×；74. ×；75. √；76. ×；77. √；78. ×；79. √；80. ×；81. √；82. √；83. √；84. √；85. √；86. √；87. ×；88. ×；89. √；90. ×；91. ×；92. ×；93. √；94. ×；95. √；96. √；97. √；98. √；99. ×；100. √；101. ×；102. √；103. √；104. √；105. ×；106. ×；107. √；108. √；109. ×；110. √；111. √；112. √；113. √；114. ×；115. √；116. ×；117. √；118. √；119. √；120. √；121. ×；122. ×；123. √；124. √；125. √；126. √；127. √；128. ×；129. √；130. ×；131. √；132. √；133. √；134. √；135. √；136. √；137. √；138. √；139. √；140. ×；141. √；142. √；143. ×；144. ×；145. ×；146. √；147. ×；148. ×；149. √；150. ×；151. √；152. √；153. √；154. √；155. ×；156. √；157. √；158. ×；159. √；160. √；161. √；162. √；163. √；164. √；165. ×；166. 167. √；168. ×；169. ×；170. ×；171. √；172. √；173. √；174. √；175. √；176. √；177. √；178. ×；179. √；180. ×；181. √；182. √；183. ×；184. √；185. ×；186. √；187. ×；188. √；189. ×；190. √；191. √；192. √；193. √；194. ×；195. √；196. √；197. √；198. ×；199. √；200. ×；201. √；202. √；203. √；204. √；205. √；206. ×；207. √；208. ×；209. ×；210. √；211. ×；212. √；213. √；214. √；215. √；216. √；217. ×；218. ×；219. √；220. √；221. √；222. √；223. √；224. √；225. √；226. ×；227. ×；228. √；229. √；230. √；231. √；232. ×；233. √

二、填空题

234. 0.8；235. 30；236. 一个月；237. 责任；238. 500

三、单选题

239-243 CACCA； 244-248 CBBCA； 249-253 BBCCB； 254-258 BCCBC；
259-263 BCAAC； 264-268 CBCBC； 269-273 CACAA； 274-278 CBCCB；
279-283 BCBBC； 284-288 BAACB； 289-293 ACBCA； 294-298 BAABC；
299-303 BABAB； 304-308 ACBAB； 309-313 BBBBA； 314-318 AAABA；
319-323 CCACC； 324-328 CBCAB； 329-333 BAACB； 334-338 ABACC；
339-343 BCBAA； 344-348 ABBAB； 349-353 CAACB； 354-358 ACACB；
359-363 BBAAC； 364-368 ACACA； 369-373 BBCAB； 374-378 ACBBA；
379-383 ACCAC； 384-388 BBCCA； 389-393 CBACA； 394-398 ABBCA；
399-403 BABBB； 404-408 BCCCC； 409-413 BACCA； 414-418 CCBAA；
419-423 AABAB； 424-428 BCBBA； 429-433 BCAAA； 434-438 BABAB；
439-443 BAACC； 444-448 CACBB； 449-453 BAAAC； 454-458 CACBC；
459-463 AAAAA； 464-468 BBCAA； 469-472 ACBB

四、多选题

473. ABCD； 474. ABCD； 475. ABC； 476. ABC； 477. ABCD； 478. ACD； 479. ACD； 480. ACD； 481. ABC； 482. ABCD；483. BCD； 484. ABD； 485. ABC； 486. BC； 487. ABC； 488. ABD； 489. AB； 490. ABCD； 491. ABCD； 492. ABD； 493. ABCD； 494. AB； 495. ABCD；496. ABCD；497. ABCD；498. ACD；499. AC；500. ABC；501. ABC；502. AD； 503. ABD； 504. ACD； 505. ABCD； 506. ABD； 507. ABC； 508. ABCD； 509. ABCD； 510. ABD； 511. ABC； 512. ABD； 513. BC； 514. ABCD； 515. ABCD； 516. ABC； 517. ABCD； 518. ABC； 519. ABCD； 520. ABCD； 521. ABCD； 522. ABCD； 523. ABCD； 524. AB； 525. BCD； 526. ABCD； 527. ABCD； 528. ABCD； 529. ABC； 530. ABC； 531. BCD；532. ABCD；533. ABD；534. ABCD；535. ACD；536. ABCD；537. BD；538. CD； 539. BCD；540. BCD；541. BCD；542. ABC；543. ABC；544. ABC；545. ABC；546. ABC； 547. ABCD； 548. ABCD； 549. ABC； 550. ABC； 551. ABCD； 552. ABC； 553. ABCD； 554. ABC；555. ABC；556. ABC；557. ABC；558. ABC；559. ABC；560. ABCD；561. ABC； 562. ABC； 563. AB； 564. ABCD； 565. ABCD； 566. ABCD； 567. AD； 568. ACD； 569. ABCD； 570. AD； 571. AB； 572. BCD； 573. AD； 574. ABC； 575. ABC； 576. ACD； 577. AC； 578. AB； 579. ACD； 580. AB； 581. AB； 582. BCD； 583. ABCD； 584. ACD； 585. BCD；586. ABCD；587. ABCD；588. ABCD；589. ABCD；590. ABCD；591. ABCD

五、简答题

592. 答：故意犯罪的、醉酒的、吸毒的、自残或者自杀的情况。

习题五参考答案

一、判断题

1. √；2. √；3. ×；4. ×；5. √；6. √；7. √；8. √；9. √；10. ×；11. √；12. √；13. ×；14. √；15. √；16. ×；17. √；18. √；19. √；20. √；21. √；22. √；23. √；24. ×；

25. ×；26. √；27. √；28. √；29. ×；30. √；31. √；32. √；33. √；34. ×；35. ×；36. ×；37. √；38. √；39. √；40. √；41. ×；42. √；43. √；44. ×；45. √；46. √；47. √；48. √；49. √；50. √；51. ×；52. ×；53. √；54. √；55. √；56. √；57. ×；58. √；59. √；60. √；61. ×；62. ×；63. ×；64. ×；65. ×；66. √；67. √；68. √；69. √；70. ×；71. √；72. √；73. ×；74. ×；75. √；76. √；77. √；78. √；79. √；80. ×；81. √；82. √；83. √；84. ×；85. ×；86. ×；87. √；88. √；89. ×；90. √；91. √；92. ×；93. ×；94. √；95. ×；96. √；97. ×；98. ×；99. √；100. √；101. √；102. √；103. √；104. ×；105. √；106. √；107. ×；108. √；109. √；110. ×；111. √；112. √；113. √；114. √；115. √；116. √；117. √；118. √；119. ×；120. √；121. √；122. √；123. √；124. √；125. ×；126. ×

二、填空题

127. 5；128. 1. 15-1. 3；129. 保护接零；130. 3；131. 5

三、单选题

132-136 CBABA；137-141 CACBA；142-146 CCCCB；147-151 ACACA；
152-156 BBABA；157-161 BBABA；162-166 BABAA；167-171 BCBCA；
172-176 BBCCC；177-181 ACCCC；182-186 CCCBA；187-191 BBABA；
192-196 ACAAA；197-201 CCABC；202-206 BBCBC；207-211 BCCCC；
212-216 CCCAB；217-221 BCCCA；222-226 CBCCB；227-231 BBBCC；
232-236 BCAAC；237-241 ABCCB；242-246 CCCCA；247-251 CACCA；
252-256 CCBAB；257-261 BCCAB；262-266 ABCBC；267-269 ABC

四、多选题

270. ABC；271. ABC；272. ABCD；273. ABC；274. ABCD；275. ABC；276. BC；277. ABC；278. AB；279. AC；280. ABCD；281. AB；282. AC；283. ABCD；284. ABCD；285. BC；286. ABC；287. ABC；288. AB；289. ABC；290. ABCD；291. ABD；292. ABC；293. AB；294. AC；295. ABCD；296. BD；297. ABCD；298. ABCD；299. BCD；300. CD；301. AB；302. ABCD；303. ACD；304. ABD；305. ABCD；306. ABD；307. ABCD；308. AB；309. ABD；310. BCD；311. ABCD；312. ABCD；313. ABD；314. AC；315. ABC；316. AC；317. ABC；318. AC；319. ABC；320. ABC；321. ABCD；322. ABC；323. ABCD；324. ABCD；325. ABC；326. ABC；327. ABCD；328. ABCD；329. ACD；330. ABCD；331. ABCD；332. ABCD；333. ABD；334. ABCD；335. ABC；336. ABCD；337. ABD；338. ACD；339. ABCD；340. ACD；341. AB

五、简答题

342. 答：特别重大、重大、较大、一般。

习题六参考答案

一、判断题

1. √；2. ×；3. √；4. √；5. √；6. √；7. ×；8. √；9. √；10. ×；11. √；12. √；13. √；14. 15. √；16. ×；17. √；18. ×；19. ×；20. ×；21. ×；22. √；23. √；24. √；25. ×；26. ×；27. ×；28. √；29. ×；30. ×；31. ×；32. ×；33. ×；34. √；35. √；36. √；37. √；38. √；39. √；40. ×；41. √；42. √；43. ×；44. ×；45. √；46. ×；47. √；48. √；49. √；

50. √；51. √；52. √；53. ×；54. √；55. √；56. √；57. √；58. √；59. √；60. √；61. √；62. √；63. √；64. ×；65. ×；66. √；67. ×；68. √；69. √；70. ×；71. √；72. √；73. √；74. √；75. √；76. √；77. √

二、填空题

78. 放射性物质；79. 4；80. 5 万元以上 20 万元以下；81. 一

三、单选题

82-86 CBAAB；　87-91 CAAAB；　92-96 AAABB；　97-101 CBBAC；
102-106 CCCAB；　107-111 CCACA；　112-116ABACB；　117-121 CBAAC；
122-126 ABCAB；　127-131 AABCA；　132-136ACBAA；　137-141 BCAAA；
142-146 CBABA；　147-151 CCAAC；　152-154 BCA

四、多选题

155. ABCD；156. BD；157. ABD；158. ABCD；159. ABD；160. ABCD；161. ABCD；162. ABCD；163. ABCD；164. ABC；165. ABD；166. ABD；167. BCD；168. ABCD；169. ABCD；170. ABCD；171. ABC；172. ABC；173. ABC；174. BCD；175. ABCD；176. CD；177. ABCD；178. ABCD；179. ABC；180. ABCD；181. ABC；182. ABC；183. CD；184. ABC；185. ABC；186. AB；187. AB；188. ABCD；189. ABD；190. AB；191. BC；192. ABC；193. AB

五、简答题

194. 答：有两种，一种是过滤式，一种是隔离式。

习题七参考答案

一、判断题

1. √；2. ×；3. √；4. √；5. ×；6. √；7. ×；8. ×；9. ×；10. ×；11. √；12. √；13. √；14. √；15. √；16. ×；17. √；18. ×；19. √；20. ×；21. √；22. √；23. ×；24. ×；25. √；26. √；27. ×；28. ×；29. √；30. ×；31. ×；32. ×；33. √；34. ×；35. √；36. ×；37. ×；38. √；39. √；40. ×；41. √；42. ×；43. ×；44. √；45. √；46. ×；47. ×；48. √；49. √；50. √；51. √；52. √；53. √；54. √；55. ×；56. √；57. √；58. ×；59. √；60. ×；61. ×；62. ×；63. ×；64. √；65. √；66. ×；67. √；68. ×；69. √；70. ×；71. ×；72. √；73. ×；74. √；75. √；76. √；77. ×；78. ×；79. √；80. √；81. √；82. √；83. ×；84. √；85. √；86. √；87. √；88. √；89. √；90. √；91. √；92. ×；93. √；94. √；95. √；96. √；97. √；98. √；99. ×；100. √；101. √；102. √；103. √；104. ×；105. √；106. √；107. √；108. √；109. ×；110. √；111. √；112. √；113. ×；114. ×；115. √；116. √；117. ×；118. √；119. ×；120. ×；121. ×；122. √；123. ×；124. ×；125. √；126. ×；127. √；128. ×；129. ×；130. √；131. √；132. √；133. √；134. √；135. ×；136. √；137. √；138. √；139. ×

二、填空题

140. 民事责任；141. 应急终止的条件；142. 事故；143. 危险目标

三、单选题

144-148 AACBC；　149-153 AABBC；　154-158 CBCBB；　159-163 BACCC；

164-168 BBCBC；　169-173 CCACA；　174-178 BCBAB；　179-183 ABAAC；
184-188 BABCB；　189-193 BABBA；　194-198 BACBA；　199-203 BABCA；
204-208 CABAC；　209-213 BACBC；　214-218 AAAAC；　219-223 CCBBA；
224-228 ACBAC；　229-233 BBCBB；　234-238 ABBCC；　239-243 ACBAA；
244-248 BBCAC；　249-253 ACCAB；　254-258 CACBA；　259-263 CCBAA；
264-268 BBCBA；　269-273 ACAAC；　274-278 BBCAC

四、多选题

279. ABCD；　280. ABCD；　281. ABCD；　283. ABCD；　284. ABCD；　285. ABCD；
286. ABC；　287. ABCD；　288. BC；　289. ABC；　290. ABCD；　291. ABCD；　292. ABCD；
293. ABC；294. ABCD；295. ABC；296. ABCD；297. BCD；298. AB；299. AB；300. ABCD；
301. ABCD；　302. ABC；　303. ABCD；　304. ABC；　305. ABCD；　306. ABD；　307. BCD；
308. ABC；309. ABC；310. ABD；311. AD；312. ABC；313. ACD；314. BCD；315. AC；
316. ABC；317. BCD；318. AC；319. BC；320. AC；321. ACD；322. ABC；323. ACD；
324. BC；325. BCD；326. ABC；327. BCD；328. AB；329. BC；330. ACD；331. ABC；
332. ABD；　333. ABD；　334. ABCD；　335. ABD；　336. ABC；　337. ABCD；　338. ABD；
339. ABCD；　340. ABCD；　341. BC；　342. ABCD；　343. BCD；　344. AB；　345. ABC；
346. ABD；347. ABCD

五、简答题

348. 答：综合应急预案、专项应急预案、现场处置方案。

349. 答：综合协调分类管理、分级负责、属地为主。

教材意见反馈表

<table>
<tr><td colspan="2">教材名称</td><td></td></tr>
<tr><td colspan="2">意见和建议</td><td></td></tr>
<tr><td rowspan="4">联系方式</td><td>姓　　名</td><td></td></tr>
<tr><td>单　　位</td><td></td></tr>
<tr><td>联系电话</td><td></td></tr>
<tr><td>电子邮箱</td><td></td></tr>
</table>

注：1. 纸质版反馈信息，请寄北京市朝阳区北苑路 32 号甲 1 安全大厦 21 层，应急管理部培训中心收。

2. 电子版反馈信息，可发至 pxzx_ks@163.com。

3. 联系电话：010-64463729/64463761 应急管理部培训中心。